AF551757

EUL
VERLAG

Schriften des Instituts für Entwicklung zukunftsfähiger Organisationen · Band 4
Herausgegeben von Prof. Sonja A. Sackmann, Ph. D., Prof. Dr. Stephan Kaiser, Prof. Dr. Hans A. Wüthrich und Prof. Dr. Axel Schaffer, Universität der Bundeswehr München

Martin Rost

Kompetenzmanagement und Dynamic Capabilities

Eine empirische Fallstudie bei einem Unternehmen aus der Automobilzulieferindustrie

Mit einem Geleitwort von Prof. Dr. Stephan Kaiser
Universität der Bundeswehr München

Bibliografische Information der Deutschen Nationalbibliothek

Die Deutsche Nationalbibliothek verzeichnet diese Publikation in der Deutschen Nationalbibliografie; detaillierte bibliografische Daten sind im Internet über <http://dnb.d-nb.de> abrufbar.

Dissertation, Ludwig-Maximilians-Universität München, 2013

ISBN 978-3-8441-0381-6
1. Auflage Dezember 2014

JOSEF EUL VERLAG GmbH
Brandsberg 6
53797 Lohmar
Tel.: 0 22 05 / 90 10 6-6
Fax: 0 22 05 / 90 10 6-88
E-Mail: info@eul-verlag.de
http://www.eul-verlag.de

Bei der Herstellung unserer Bücher möchten wir die Umwelt schonen. Dieses Buch ist daher auf säurefreiem, 100% chlorfrei gebleichtem, alterungsbeständigem Papier nach DIN 6738 gedruckt.

Geleitwort

Dynamik und Wettbewerbsdruck erhöhen die Geschwindigkeit der Wandelprozesse in Unternehmen. Dabei ist zu beachten, dass nicht jeder Wandel zu vollständig neuartigen Lösungen führt und somit eine Exploration neuer Welten notwendig wird. Vielmehr ist Wandel oft auch (nur) im Zusammenhang mit der Optimierung bestehender Routinen zu sehen und somit eher inkrementeller Art. In der aktuellen Organisationsforschung wird dieses Spannungsfeld zwischen explorativen und exploitativen Veränderungen unter dem Schlagwort der Ambidextrie diskutiert. Es wird gefordert, dass die Unternehmensführung beidhändig sowohl innovative Wege geht als auch bestehende Pfade ausbaut. Hierfür sind nicht nur spezifische individuelle und organisationale Kompetenzen notwendig, sondern diese müssen auch in ihren Verknüpfungen spezifisch zusammenwirken.

Die vorliegende Arbeit nimmt sich dieses Feldes an und beantwortet dabei mehrere sowohl theoretisch interessante als auch praktisch relevante Fragen. Ein Schwerpunkt liegt dabei auf dem Prozess der Verknüpfung individueller und organisationaler Kompetenzen, der Bedeutung von individuellen Kompetenzen und Kompetenzklassen für die Entstehung organisationaler Kompetenzen sowie auf der Gestaltung von Lernprozessen zur Unterstützung von Dynamic Capabilities. Im Hinblick auf die Entstehung von Ambidextrie zeigt Martin Rost, dass diese durch konkrete Maßnahmen, wie z. B. durch die räumlich-organisatorische Trennung oder durch die Entwicklung einer Kultur der Beidhändigkeit, hergestellt werden kann.

Es ist der vorliegenden Arbeit zu wünschen, dass sie von Akteuren und Entscheidern in der Unternehmenspraxis und von Forschern in diesem Bereich aufgegriffen wird. Martin Rost legt mit seiner Arbeit einen wertvollen Grundstein, um eine überaus komplexe Fragestellung der theoretischen Forschung, aber auch der Unternehmenspraxis besser zu verstehen und darauf aufbauend Gestaltungsempfehlungen vorzuschlagen. Somit leisten die Arbeit und ihr Verfasser in dieser Reihe einen wichtigen Beitrag zur Forschung und Praxis zukunftsfähiger Unternehmensführung.

München, im Dezember 2014 Prof. Dr. Stephan Kaiser

Vorwort

Die vorliegende Arbeit wurde im Wintersemester 2012/2013 von der Fakultät für Psychologie und Pädagogik an der Ludwig-Maximilians-Universität München als Dissertation angenommen.

Diese Dissertation beschäftigt sich mit Menschen und Organisationen, die sich in einer immer schneller wandelnden Umwelt zurechtfinden müssen. Individuen und Organisationen benötigen für die Bewältigung der dafür notwendigen Anpassungs- und Gestaltungsprozesse Kompetenzen (Erpenbeck & Rosenstiel, 2007a; Teece & Shuen, 1997). Ziel dieser Arbeit ist es zu analysieren, welche Kompetenzen Mitarbeiterinnen und Mitarbeiter benötigen, um die Veränderungsfähigkeit der jeweiligen Organisation, in der sie arbeiten, zu unterstützen. Dazu sollen Erkenntnisse aus der psychologischen Kompetenzforschung mit dem Resource-based View Ansatz aus dem strategischen Management zusammengeführt werden.

Die empirische Studie, auf der diese Dissertation beruht, wurde bei einem Unternehmen aus der Automobilzulieferindustrie durchgeführt. Ich möchte allen Mitarbeiterinnen und Mitarbeitern im Partnerunternehmen herzlich für die Unterstützung bei der Erstellung der empirischen Studie danken! Aus Gründen der Wahrung der Anonymität verzichte ich auf die Nennung des Namens des Unternehmens und einzelner Personen. Mein besonderer Dank gilt den mich betreuenden Mitarbeiterinnen und Mitarbeitern in der Personalabteilung sowie einigen Führungskräften der Abteilung Produktentwicklung, die sehr wertvolle inhaltliche Beiträge geleistet haben.

Die Abläufe und die Unternehmenskultur im Partnerunternehmen waren sehr stark durch die eingesetzten Technologien geprägt. Interesse an und Beschäftigung mit den verwendeten Technologien waren für das Verständnis der Erfolgsfaktoren und der Veränderungsfähigkeit des Unternehmens unabdingbar. Dieses Interesse an technologischer Innovation weckte in mir sehr früh mein Vater in zahlreichen Gesprächen über bzw. Erzählungen von Entwicklungsprojekten im Bereich der Flugsimulation, an denen er als Ingenieur bei einem Unternehmen aus der Luft- und Raumfahrtindustrie mitarbeitete. Dabei ging es häufig weniger um die technischen Entwicklungen selbst, als vielmehr um förderliche und hinderliche Rahmenbedingung für die Verwirklichung neuer Ideen im Unternehmen. In dieser Arbeit sollen Möglichkeiten aufgezeigt werden, wie durch Kompetenzmanagement und Organisationsentwicklung die Voraussetzungen für Innovationen verbessert und die Arbeit beispielsweise von Produktentwicklerinnen und Produktentwicklern unterstützt werden kann.

Ich danke meinem Doktorvater, Prof. Dr. Dr. h. c. Lutz von Rosenstiel, dass er mir die Erstellung dieser Dissertation ermöglicht hat. Trotz schwerer Krankheit schenkte er mir die notwendige Zeit und Aufmerksamkeit, um diese Dissertation abschließen zu können. Prof. Lutz von Rosenstiel war für mich seit meinem Studium ein Leitstern, der mein Verständnis des Wesens und der Bedeutung der Arbeits- und Organisationspsychologie wesentlich geprägt hat. Als Professor und damit Führungskraft hat er dies aber nicht nur alleine oder unmittelbar getan. Er baute an seinem Lehrstuhl ein Team auf, das mir als Student und Doktorand die Möglichkeit gab, an der wissenschaftlichen Forschung und an Praxisprojekten mitzuwirken und dadurch Kompetenzen in beiden Bereichen aufzubauen.

Diesbezüglich gilt mein besonderer Dank Herrn PD Dr. Jürgen Kaschube, meinem Zweitgutachter. In einem der ersten Doktorandenkolloquien sagte er, die Promotion sei vor allem ein Ausbildungs- und Entwicklungsschritt. Durch die Kombination aus großen Freiräumen und sehr konstruktivem Feedback, wenn ich und die anderen Mitglieder der Doktorandengruppe an unsere Grenzen stießen, hat er einen fruchtbaren Boden für die Kompetenzentwicklung seiner Doktorandinnen und Doktoranden bereitet. Die Diskussionen mit ihm halfen mir an sehr vielen Stellen dieser Arbeit, aus Ideen Forschungsfragen und Konzepte zu entwickeln. Zusammen mit Frau Prof. Dr. Birgit Renzl, Professorin für Strategie und Organisation an der Privatuniversität Schloss Seeburg, unterstützte er mich, das Spannungsfeld von psychologischer Forschung und strategischem Management, das diese Arbeit bestimmt, zu handhaben. Frau Prof. Dr. Birgit Renzl gilt darüber hinaus mein besonderer Dank für die Unterstützung, einige Aspekte dieser Arbeit auf Konferenzen vorzustellen und in Fachzeitschriften publizieren zu können. Frau Prof. Dr. Rafaela Kraus danke ich herzlich für die Möglichkeit, während der Erstellung dieser Arbeit an ihrem Lehrstuhl zu arbeiten, für ihre fachliche und emotionale Unterstützung und die gewährten Freiräume. Danken möchte ich auch meinen Kolleginnen und Kollegen im Doktorandenkolloquium, Frau Dr. Alexandra Moers, Frau Dr. Nicole Malewski, Frau Dr. Melanie Lais und Herrn Dr. Daniel Werth, für die Diskussionen und die freundschaftliche Atmosphäre bei unseren Treffen sowie meinen Kolleginnen und Kollegen an der Universität der Bundeswehr, insbesondere Frau Dr. Katharina Schuster, Frau Dr. Ulrike Bonss, Frau Sabine Hofinger und Herrn Dr. Arjan Kozica, für den Austausch und die gemeinsam verbrachte Zeit.

Mein besonderer Dank gilt meiner Familie, meiner Mutter Hildegard Rost, ihrem Lebensgefährten Alwin Kloth und meiner Schwester Sabine Kreich, die mir in der Zeit der Erstellung dieser Arbeit vielfältige Unterstützung zukommen ließen und mich in meiner Arbeit an dieser Dissertation bestärkt haben. Dies gilt auch für meine besten Freunde Dr. Nikolas Katzendobler, Markus Käser, Christoph Vogl und Dr. Arjan Kozica.

München, im Dezember 2014 Martin Rost

Inhaltsverzeichnis

Abbildungsverzeichnis

Tabellenverzeichnis

Abkürzungsverzeichnis

A	Aktivitäts- und Handlungskompetenz
BMW	Bayerische Motoren Werke Aktiengesellschaft
CEO	Chief Executive Officer
CTO	Chief Technical Officer
D-[Nr. X]	Interview im Rahmen der Delphi-Befragung mit Nummer X
D1-F-[Nr. X]	Delphi 1, Fragebogen Nummer X
DC	Dynamic Capability
Dok-[Nr. X]	Dokument mit Nummer X
EVH	Eigenverantwortliches Handeln
F	Fach- und Methodenkomeptenz
F&E	Forschung und Entwicklung
H	Holding des Unternehmens aus der Fallstudie
HRM	Human Ressource Management
INNO	Fragebogen zum Innovationsklima
KK	Kernkompetenz
KKR	Kassler-Kompetenz-Raster
L	Laufbahn
LPI	Leitfaden zur qualitativen Personalplanung bei technisch-organisatorischen Innovationen
M	„Mutterunternehmen" und Hauptstandort des Unternehmens aus der Fallstudie
MbE	Management by Exception
NEO	Neuroticism-Extraversion-Openness
O-[Nr. X]	Interview im Rahmen der Befragung zu den organisationalen Kompetenzen mit Nummer X
P	Personale Kompetenz
S	Soziale Kompetenz
SWOT-Analyse	Strength-Weakness-Opportunities-Treath Analyse
T 1	Tochterunternehmen 1 mit neuer Komponentenfertigung
T 2	Tochterunternehmen 2 mit Bearbeitung von neuem Werkstoff
TMT	Top-Management-Team
USD	United States Dollar
VW	Volkswagen Aktiengesellschaft
W-[Nr. X]	Workshop zum Projekt „Kompetenzmanagement" mit Nummer

1 Einleitung

1.1 Die Bedeutung von individuellen Kompetenzen für Veränderungsprozesse und Dynamic Capabilities

Unternehmen sind durch Veränderungen auf den Konsumentenmärkten oder in den Technologien ständig mit Veränderungen konfrontiert (Pescher, 2010; Reiß, 1997a). Dies führt für Unternehmen zu einer erheblichen Unsicherheit in Bezug auf ihre langfristige Planung und Positionierung auf den Märkten (Freiling, Gersch & Goeke, 2006). In der strategischen Unternehmensführung werden Ressourcen und organisationale Kompetenzen als zentral angesehen, um Wandlungsprozesse bewältigen zu können (Prahalad & Hamel, 1990; Teece & Shuen, 1997; Wernerfelt, 1984). Der Resource- und der Competence-based View führen die langfristige Wettbewerbsfähigkeit von Unternehmen auf Ressourcen und organisationale Kompetenzen zurück (Freiling, Gersch, & Goeke, 2006). Kernkompetenzen sind organisationale Kompetenzen, die einem Unternehmen den Aufbau von nachhaltigen Wettbewerbsvorteilen ermöglichen und durch ihre vielseitige Einsetzbarkeit (Hamel & Prahalad, 1996) ein gewisses Veränderungspotenzial beinhalten.

Um sich allerdings langfristig an starke Veränderungen im Markt anpassen und aktiv Bewältigungsstrategien für derzeitige und zukünftige Herausforderungen entwickeln zu können, benötigen Unternehmen zusätzlich dynamische Fähigkeiten. Diese werden im Konzept der Dynamic Capabilities zusammengefasst. Teece und Shuen (1997) definieren Dynamic Capabilities "... as the firm's ability to integrate, build, and reconfigure internal and external competences to address rapidly changing environments" (S. 516). Unternehmen, die über Dynamic Capabilities verfügen, sind folglich in der Lage, Kompetenzen innerhalb des Unternehmens zu identifizieren oder Kompetenzen aus der externen Umwelt einzubinden, um die Herausforderungen des Wandels zu bewältigen.

Für die in dieser Arbeit betrachtete Wandlungsfähigkeit und die Unterstützung von Veränderungsprozessen sind zwei Arten von organisationalen Kompetenzen entscheidend: Bestehende Wettbewerbsgrundlagen müssen genutzt sowie weiterentwickelt werden und gleichzeitig neue durch die Erschließung von Technologien und Geschäftsfeldern aufgebaut werden. Dieses Spannungsfeld wird insbesondere durch das Konzept der Ambidextrie (O'Reilly III & Tushman, 2004) abgebildet, das eine spezielle Dynamic Capability darstellt (O'Reilly III & Tushman, 2008).

Das Vorliegen von organisationalen Kompetenzen wird in der Literatur zumeist auf die Aktivitäten des Top-Management-Teams zurückgeführt, das Strukturen, Prozesse und die Kultur steuert und dadurch die Entwicklung des Unternehmens wesentlich beeinflusst (Hobus & Busch, 2011; O'Reilly III & Tushman, 2008). Diese Fokussierung auf das Top Management Team soll in der vorliegenden Arbeit um eine Betrachtung der Kompetenzanforderungen aller Fach- und Führungskräfte ergänzt werden. Dazu werden der ressourcenorientierten Perspektive des strategischen Managements Erkenntnisse aus der Organisationspsychologie hinzugefügt. Im Rahmen einer Fallstudie wird gezeigt, welche individuellen Kompetenzen benötigt werden, um die verschiedenen organisationalen Kompetenzen zu unterstützen. Zudem wird betrachtet, welchen Beitrag Kompetenzentwicklungsmaßnahmen und Führungsverhalten zur Gestaltung von Ambidextrie leisten können.

1.2 Aufbau der Arbeit und zentrale Forschungsfragen

In Kapitel 2 werden nach einer Einführung zum Thema Veränderung von Organisationen und der damit häufig verbundenen Unsicherheit Möglichkeiten aus Sicht des Resource-based View aufgezeigt, wie der Wandel aktiv gestaltet werden kann. Dazu werden die Begriffe der strategischen Ressource (Barney, 1991), der Kernkompetenz (Prahalad & Hamel, 1990) und der Dynamic Capability (Teece & Shuen, 1997) eingeführt. Im Rahmen der Dynamic Capability Diskussion wird auf die verschiedenen Arten wie beispielsweise Ambidextrie (O'Reilly III & Tushman, 2008) eingegangen (Kapitel 2.1-2.3). In Kapitel 2.4 wird die Problematik der Identifizierung von Kernkompetenzen und Dynamic Capabilities im Unternehmenskontext beleuchtet. Dieses Kapitel soll auch einen Beitrag zum Verständnis der Unterschiede zwischen individuellen und organisationalen Kompetenzen leisten. In Kapitel 2.5 werden die Grundlagen von organisationalen Kompetenzen beschrieben und es wird aufgezeigt, wie diese über die Gestaltung von Lernprozessen, Kultur, Führungsverhalten und Human Ressource Management Prozessen gefördert werden können. In Kapitel 2.5.5 wird dabei erläutert, inwiefern die Forschung zum Resource-based View und insbesondere zu Ambidextrie durch organisationspsychologische Erkenntnisse ergänzt werden kann. Den zentralen Anknüpfungspunkt dazu bieten die individuellen Kompetenzen von Mitarbeiterinnen und Mitarbeitern[1] (Hülsmann & Müller-Martini, 2006). In Kapitel 3 wird die psychologische Kompetenzforschung vorgestellt und auf Möglichkeiten zur Entwicklung von individuellen Kompetenzen aus psychologischer Sicht eingegangen.

Die Zusammenführung von individueller und organisationaler Ebene erfolgt in Kapitel 4. Dort werden zunächst bestehende Ansätze zur Verknüpfung von individuellen und organisationalen Kompetenzen betrachtet. Darauf aufbauend, werden aus den in der Literatur zum Resource-based View genannten Herausforderungen und den sich für das Management und die Mitarbeiter daraus ergebenden zu bewältigenden Aufgaben individuelle Kompetenzen abgeleitet und um Erkenntnisse aus der psychologischen Kompetenzforschung ergänzt. In Kapitel 4.3 werden die Ansatzpunkte für die eigene Forschung herausgearbeitet und in Kapitel 4.4 die Forschungsfragen formuliert. Die **Forschungsfragen** gliedern sich in drei Abschnitte: Der erste Fragenblock bezieht sich auf die Suche nach einem Prozess der Kompetenzmodellierung, der geeignet erscheint, individuelle und organisationale Kompetenzen zu verknüpfen. Dabei wird die Frage gestellt, welche Ansatzpunkte die Konzepte der organisationalen Kompetenzen für die Ableitung von individuellen Kompetenzen bieten. Darauf aufbauend, soll erörtert werden, welcher Ansatz der

[1] Im Folgenden wird für Personen die maskuline Form (z. B. „Mitarbeiter") verwendet. Dies schließt Frauen ausdrücklich mit ein. Da das Verhalten von Mitarbeiterinnen und Mitarbeitern das zentrale Thema des Textes darstellt, hätte eine Verwendung der femininen und maskulinen Form für personenbezogene Substantive (insbesondere Mitarbeiterinnen und Mitarbeiter) erheblichen Einfluss auf die Länge und damit auch auf die Lesbarkeit des Textes.

Kompetenzmodellierung aus der organisationspsychologischen Forschung für die Verknüpfung von individuellen und organisationalen Kompetenzen am besten geeignet ist und wie ein derartiges Kompetenzmodell aufgebaut sein sollte. Der Schwerpunkt der Arbeit liegt im zweiten Fragenblock, in dem die **Bedeutung von individuellen Kompetenzen** und Kompetenzklassen für die Entstehung von **organisationalen Kompetenzen** diskutiert wird. Eine besondere Bedeutung in der Analyse kommt den Metakompetenzen (Briscoe & Hall, 1999; Dimitrova, 2009) und dem Konstrukt des eigenverantwortlichen Handelns (Kaschube, 2006) zu, bei denen ein starker Zusammenhang mit den Dynamic Capabilities angenommen wird. Im dritten Teil der Untersuchung wird die Fallstudie ausgeweitet auf die verschiedenen Gestaltungsmöglichkeiten für die Entstehung von Ambidextrie. Sie kann erreicht werden, indem eine räumlichen Trennung zwischen Bereichen zur Erschließung neuer Technologien und organisationaler Kompetenzen und solchen Bereichen, die bestehende organisationale Kompetenzen für die Entwicklung des derzeitigen Kerngeschäftes des Unternehmens möglichst effizient nutzen, vorgenommen wird (Raisch & Birkinshaw, 2008). Eine zweite Möglichkeit zur Verwirklichung von Ambidextrie ist die Gestaltung einer Kultur, die Mitarbeiter dazu motiviert, die beiden beschriebenen Prozesse parallel zu bearbeiten (Birkinshaw & Gibson, 2004). Güttel, Garaus, Konlechner, Lackner und Müller (2011) zeigen in einer theoriegestützten Analyse, wie beide Varianten der Ambidextrie kombiniert werden können. Ziel dieser Fallstudie ist es zu analysieren, welche psychologischen Elemente, wie die Kompetenzmanagementaktivitäten und die Gestaltung einer Führungskultur, zum Gelingen der Gestaltung von Ambidextrie beitragen können.

In **Kapitel 5** werden die verschiedenen empirischen Methoden der Fallstudie beschrieben, die sich auf eine Dokumentenanalyse, Experteninterviews, eine zweistufige Delphi-Befragung sowie eine quantitative Befragung stützt.

In **Kapitel 6** werden die Ergebnisse zum Prozess der Verknüpfung von individuellen und organisationalen Kompetenzen sowie eine Kompetenzliste vorgestellt, in der die Bedeutungen der einzelnen individuellen Kompetenzen für organisationale Kompetenzen erklärt werden. In **Kapitel 7** wird darauf eingegangen, wie Ambidextrie insbesondere durch Kompetenzmanagement und Führungsverhalten unterstützt werden kann.

2 Organisationale Kompetenzen zur Bewältigung von Veränderungsprozessen

In Kapitel 2 werden zunächst die Themengebiete der Veränderung von Organisationen und die damit verbundene „Unsicherheit" diskutiert. Um diese Veränderungen und die Unsicherheit zu handhaben, müssen sich Unternehmen durch organisationale Kernkompetenzen am Markt positionieren (Prahalad & Hamel, 1990) und zugleich durch dynamische organisationale Kompetenzen in der Lage sein, diese Positionierung anzupassen (Teece, 2007). In Kapitel 2.2 und 2.3 werden zunächst verschiedene Konzepte von organisationalen Kompetenzen vorgestellt, bevor in Kapitel 2.4 und 2.5 Möglichkeiten zu deren Identifizierung und für ihren Aufbau diskutiert werden.

2.1 Veränderungsprozesse und Unsicherheit

Unternehmen befinden sich unter zunehmendem Veränderungsdruck. Dieser wird hervorgerufen durch die Dynamik auf den Güter-, Kapital- und Arbeitsmärkten, die Beschleunigung der technologischen Entwicklung sowie eine zunehmende internationale Verflechtung. Damit verbunden sind auch die vielfältigen Erwartungen sehr unterschiedlicher Kundengruppen sowie eine Vielzahl an sich ständig wandelnden Wettbewerbern, die die Wünsche dieser Kundengruppen bedienen. Die genannten Veränderungen führen zu einer Verkürzung der Reaktionszeit und somit zu einer Verringerung der Planungsmöglichkeiten sowie einer Erhöhung der Unsicherheit für Organisationen und Individuen (Doppler & Lauterburg, 2008; Pescher, 2010; Tramelan, 2005). Im Folgenden sollen die Formen des Wandels sowie der Begriff der Unsicherheit näher betrachtet werden.

Reiß (1997b) unterscheidet drei grundlegende Formen des Unternehmenswandels. Die erste Form ist der Strategiewandel. Dieser ist beispielsweise getrieben von Internationalisierungsprozessen oder der Ausrichtung an Kernkompetenzen. Diese Kernkompetenzen (Prahalad & Hamel, 1990) und die Möglichkeit zu ihrer Veränderung stehen im Mittelpunkt der Betrachtung der vorliegenden Arbeit. Die zweite Form, der Ressourcenwandel, wird insbesondere durch eine Veränderung der Technologien oder der Einstellung zur ökologischen Umwelt hervorgerufen. Der Strukturwandel, die dritte Form, wird durch eine Veränderung der Organisationsform oder Akquisitionen ausgelöst (Reiß, 1997 b). Diese verschiedenen Formen können alle in unterschiedlichen Ausprägungen der Dimensionen Breite, Tiefe und Geschwindigkeit des Wandels auftreten (Reiß, 1997b).

Um den Wandel zu bewältigen, kann sich das Management auf die Anpassung der Werte und Überzeugungen („Rollenmodellierung" (Krüger, 1994, S. 200)), der Fähigkeiten und des Verhaltens („Revitalisierung" (S. 199)), der Strategie („Reorientierung" (S. 199)) und/oder der Strukturen, Prozesse und Systeme („Restrukturierung" (S. 199)) konzentrieren (Krüger, 1994, S. 200). Das in dieser Arbeit betrachtete Kompetenzmanagement basiert auf Prozessen des Human Ressource Managements. Seine Einführung oder Neuausrichtung ist damit eine Restrukturierung. Durch die Kompetenzmanagementsysteme sollen Verhalten und Kompetenzen der Mitarbeiter in einer bestimmten Art und Weise weiterentwickelt und dadurch eine Revitalisierung der Organisation vollzogen werden.

Diese Veränderungsprozesse bringen in hohem Maße Unsicherheit für die beteiligten Akteure mit sich (Nemanich & Vera, 2009). Milliken (1987) versteht unter Unsicherheit "... an individual's perceived inability to predict something accurately" (S. 136). Ein Akteur ist folglich in Unsicherheitssituationen nach seiner eigenen Einschätzung nicht in der Lage, etwas in der Zukunft Liegendes angemessen vorherzusagen. Milliken (1987) unterscheidet dabei zwischen "state uncertainty", "effect uncertainty" und "response uncertainty" (S. 137). "State uncertainty" (Milliken, 1987, S. 136) liegt vor, wenn die Akteure nur unzureichend vorhersagen können, in welcher Weise sich die Umwelt verändert. Das Ausmaß an Unsicherheit ist bei dieser Form sehr groß. Ihr Auftreten könnte in der Zukunft weiter zunehmen. Einerseits werden die Prognoseverfahren zwar ständig verfeinert und damit zuverlässiger. Andererseits verkürzen sich aber die Zeiträume, in denen derartige Veränderungen stattfinden (Doppler & Lauterburg, 2008; Pescher, 2010; Tramelan, 2005). Organisationen können jedoch auch dann von Unsicherheit bedroht werden, wenn sie die Veränderungen der Umwelt vorhersagen können, deren Folgen für die eigene Organisation jedoch kaum abschätzbar sind. Diese Form der Unsicherheit nennt Milliken (1987) "effect uncertainty" (S. 137) (Milliken, 1987, S. 136 f.). Die dritte Form, "response uncertainty" "... is defined as a lack of knowledge of response options and/or an inability to predict the likely consequences of a response choice ..." (Milliken, 1987, S. 137). Die handelnden Personen können bei dieser Form nicht angemessen abschätzen, wie sie auf die Situation reagieren sollten und welche Folgen dies haben wird. So muss beispielsweise die Geschäftsleitung häufig Entscheidungen unter hohem Zeitdruck treffen und kennt deshalb nicht alle Entscheidungsalternativen (Milliken, 1987, S. 137 f.). Alle drei genannten Formen der Unsicherheit schränken damit die Planungsmöglichkeiten des Managements gegenüber sicheren Umweltbedingungen ein.

Wenn aber exakte Planung aufgrund der beschriebenen Umweltdynamik kaum möglich erscheint, sollten Unternehmen daran arbeiten, ihre Handlungsmöglichkeiten unter Unsicherheit zu vergrößern. Eine zentrale Möglichkeit zur Vergrößerung dieser Handlungsmöglichkeiten unter Unsicherheit stellen organisationale Kompetenzen dar (Freiling et al., 2006).

2.2 Ressourcen und organisationale Kernkompetenzen

Unternehmen versuchen, durch Planungsaktivitäten mit der beschriebenen Unsicherheit umzugehen. Diese Art der Planung zur Bewältigung der langfristigen Herausforderungen von Unternehmen wird als strategische Unternehmensführung bezeichnet (Kirsch, 1997, 2001). Doch was bedeutet nun „strategisch"? Kirsch bezeichnet als „strategisch" jene Aktivitäten, die einen erheblichen Einfluss auf die Fähigkeiten des Unternehmens haben. Unternehmen versuchen, sich durch den Aufbau von organisationalen Fähigkeiten auf nur unzureichend prognostizierbare Ereignisse und Herausforderungen vorzubereiten (Kirsch, 1997, 2001). Neben seinem systemtheoretisch geprägten Zugang wird der Fähigkeiten- oder Kompetenzbegriff auf organisationaler Ebene insbesondere von der Forschungsrichtung des Resource-based Views (Barney, 1991; Wernerfelt, 1984) aufgegriffen.

2.2.1 Strategisches Management: Ressourcen- und kompetenzorientierter Ansatz

Im strategischen Management kann zwischen marktorientierten und ressourcenorientierten Ansätzen unterschieden werden. Nach dem marktorientierten Ansatz ergeben sich die Renditeaussichten und die Wettbewerbsposition eines Unternehmens aus der Branche, in der es tätig ist und seiner strategischen Positionierung in dieser (Träger, 2006). Unter den ressourcenorientierten Ansätzen bildet der Resource-based View (Barney, 1991; Wernerfelt, 1984) die Grundlage (Freiling et al., 2006). Weiterentwicklungen sind der Competence-based View, der wesentlich durch den Kernkompetenzenansatz von Prahalad und Hamel (1990) geprägt wurde, der Dynamic Capability Ansatz von Teece und Shuen (1997) und der Knowledge-based View (Freiling et al., 2006).

Theoretische Grundlage dieser Arbeit aus Sicht des strategischen Managements sind der Resource-based und der Competence-based View und die Weiterentwicklung zum Dynamic Capability Ansatz. Die Wirkungsweise von Ressourcen und Kompetenzen zur Erzielung von Wettbewerbsvorteilen ist in Abbildung 1 dargestellt.

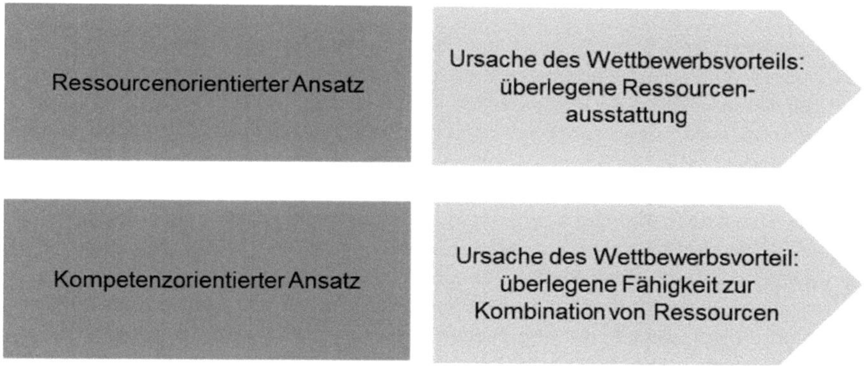

Ressourcenorientierter Ansatz

Ursache des Wettbewerbsvorteils: überlegene Ressourcenausstattung

Kompetenzorientierter Ansatz

Ursache des Wettbewerbsvorteil: überlegene Fähigkeit zur Kombination von Ressourcen

Abbildung 1: Ressourcen- und kompetenzorientierter Ansatz (modifiziert nach Träger, 2006, S. 44)

Während beim Resource-based View Unternehmen dadurch Wettbewerbsvorteile erzielen, dass sie wertvolle und seltene Ressourcen besitzen und nutzen, verschaffen sich Unternehmen nach dem kompetenzorientierten Ansatz Wettbewerbsvorteile, indem sie die Fähigkeit besitzen, Ressourcen in einer bestimmten Weise zu bündeln. Beim Resource-based View erzielen Unternehmen folglich eine Rente, die auf seltenen Ressourcen beruht. Durch die Fähigkeit, die vorhandenen Ressourcen in neuartiger Weise zusammenstellen zu können, eröffnet sich für das jeweilige Unternehmen die Möglichkeit zur Innovation und zum damit verbundenen zusätzlichen Einkommen in Form einer Innovationsrente (Träger, 2006, S. 41 ff.).

Zentrale Autoren des Ressource-based View sind insbesondere Wernerfelt (1984) und Barney (1991) (Freiling et al. 2006). Im Zentrum der Analyse der Quelle von Wettbewerbsvorteilen stehen bei ihnen Ressourcen. Ressourcen sind nach Freiling et al. (2006) „...

das Ergebnis durch Veredelungsprozesse weiterentwickelter Inputgüter, die wesentlich zur Heterogenität der Unternehmung und zur Sicherstellung aktueller und zukünftiger Wettbewerbsfähigkeit des Unternehmens beitragen (sollen)" (Freiling et al., 2006, S. 19). Freiling et al. (2006) grenzen Ressourcen damit gegenüber Inputgütern beziehungsweise Produktionsfaktoren ab, die über die Märkte bezogen werden können. Barney (1991) spricht nur dann von „Ressourcen", wenn diese wertvoll, selten, schwer imitierbar und nicht substituierbar sind. Ressourcen können unterschieden werden in Humanressourcen, Organisationsressourcen und physikalische Ressourcen. Die technologische Ausstattung oder die Möglichkeiten zur Beschaffung von Rohstoffen zählen zu den **physischen Ressourcen**. Seltene und wertvolle **Organisationsressourcen** können durch eine besondere Gestaltung der Organisationsstruktur oder der Planungssysteme aufgebaut werden. Zudem werden die Organisationsressourcen sehr wesentlich durch die Art der Beziehungen der Organisationsmitglieder im Unternehmen und zu der externen Umwelt bestimmt. Der Wert der **Humanressourcen** hängt davon ab, welche Ausbildung, welche spezifischen Erfahrungen und damit verbunden welche Fähigkeiten und Kompetenzen Manager und Mitarbeiter in einem Unternehmen haben (Barney, 1991).

Im kompetenzorientierten Ansatz werden Wettbewerbspotenziale nicht durch den Besitz, sondern erst durch die Zusammenstellung der Ressourcen erreicht. Diese Bündelung erfolgt durch organisationale Kompetenzen (Freiling et al., 2006; Träger, 2006). Da der Competence-based View allerdings nicht als einheitlicher Theorieansatz angesehen wird, arbeiten Freiling et al. (2006) einige Kernelemente heraus. Ein Element ist die „radikale Unsicherheit" (S. 15), unter der alle handelnden Personen ihre Entscheidungen treffen müssen. Eine exakte Planung erscheint unter diesen Bedingungen kaum möglich zu sein. Deshalb wird auch von einem „gemäßigten Voluntarismus" (S. 14) ausgegangen, bei dem der Einfluss der handelnden Personen begrenzt und in vielen Fällen nur eine Anpassung an Vorgaben aus der Umwelt möglich ist. Für das Erreichen von Wettbewerbsvorteilen ist zudem der Faktor Zeit von entscheidender Bedeutung. Wettbewerber können einerseits eine Entwicklung eines Unternehmens nicht vollständig nachbilden, auch wenn sie die zentralen Einflussfaktoren identifizieren. Andererseits bestehen Wettbewerbsvorteile nur für einen bestimmten Zeitraum. Entscheidungen werden von Individuen und nicht von Unternehmen gefällt. Die Qualität dieser Entscheidungen hängt damit wesentlich vom Wissen und den Fähigkeiten der handelnden Personen ab. Ein einheitliches Menschenbild liegt aber nicht vor (Freiling et al., 2006).

Da organisationale Kompetenzen eine zentrale Grundlage dieser Arbeit bilden, werden sie im nächsten Abschnitt ausführlich betrachtet.

2.2.2 Organisationale Kernkompetenzen als Grundlage von Wettbewerbsvorteilen

Definition von Kern- und organisationalen Kompetenzen

Wie bereits herausgearbeitet, sind Kernkompetenzen nicht alleine auf den Besitz von bestimmten Ressourcen zurückzuführen, sondern auf deren Bündelung. Dies kommt in der folgenden Definition von Hamel (1994) zum Ausdruck:

"[A] competence is a bundle of constituent skills and technologies, rather than a single, discrete skill or technology. For example, the competence Federal Express possesses in package transport and delivery includes barcoding technologies, linear programming skills and much more besides. A core competence represents the integration of a variety of individual skills." (S. 11)

Eine organisationale Kompetenz beruht folglich auf der Zusammenführung von verschiedenen technologischen und organisatorischen Fähigkeiten eines Unternehmens (Hamel, 1994; Hamel & Prahalad, 1996). Diese Zusammenführung der Fähigkeiten geschieht durch Lernprozesse, wie die Definition von Prahalad und Hamel (1990) zeigt: "Core competencies are the collective learning in the organization, especially how to coordinate diverse production skills and integrate multiple streams of technologies." (S. 82) Diese Lernprozesse finden auf individueller und organisationaler Ebene statt. Durch sie entstehen nachhaltige Wettbewerbsvorteile, die in einer dynamischen Umwelt deutlich langfristiger bestehen als solche, die auf Produkt-Markt-Kombinationen beruhen (Hamel & Prahalad, 1996). Die Definition von Prahalad und Hamel (1990) kann im Rahmen der Diskussion um Kernkompetenzen als zentral angesehen werden. Da diese Definition allerdings bei Weitem nicht alle Fragen für die Anwendung von Kernkompetenzen in der betrieblichen Praxis beantwortet, sollen weitere Definitionen betrachtet werden.

Hinterhuber und Stuhec (1997) fassen die verschiedenen Bestandteile von Kernkompetenzen, die durch den organisationalen Lernprozess gebündelt werden, als „... integrierte und durch organisationale Lernprozesse koordinierte Gesamtheiten von Technologien, Know-how, Prozessen und Einstellungen" (S. 3) zusammen, die bestimmten Kriterien genügen müssen. Anhand dieser Definition kann die Frage gestellt werden, wie diese Bündelung zustande kommt. Diese Zusammenführung von Ressourcen erfolgt gezielt und nicht rein zufällig (Raich & Schober, 2006). Auch aus der Diskussion um die Möglichkeit der Entwicklung und Nutzung von Kernkompetenzen (z. B. Boos & Jarmai, 1994; Krüger & Homp, 1997; Prahalad & Hamel, 1990) kann geschlossen werden, dass diese Bündelung durch Entscheidungs- und Planungsprozesse zentraler Akteure erfolgt. Eine vollständige Planbarkeit des Entstehungsprozesses von Kernkompetenzen erscheint allerdings nicht möglich zu sein. Dieser Möglichkeit stehen sowohl die „kausale Ambiguität"[2] (Güttel, 2006, S. 416), also die nicht vollständige Rekonstruierbarkeit von Kernkompetenzen, als auch die Annahme des gemäßigten Voluntarismus im Rahmen des Competence-based View (Freiling et al., 2006) entgegen.

Stegmaier und Sonntag (2007) führen bei der Betrachtung von organisationalen Kompetenzen unter anderem noch die Definition von Freiling et al. (2006), Grant (1991) und Wagner, Debo und Bültel (2005) an. Diese werden im Folgenden neben weiteren Zugängen zum Begriff der organisationalen Kompetenz erläutert.

[2] Im Original kursiv gedruckt.

Nach Grant (1991) bilden sich organisationale Kompetenzen durch die Verknüpfung von Routinen heraus:

„A capability is, in essence, a routine, or a number of interacting routines. These include the sequence of routines which govern the passage of raw material and components through the production process, and top management routines which include routines for monitoring business unit performance, for capital budgeting, and for strategy formulation." (Grant, 1991, S. 122)

Als Routinen werden Verhaltensweisen angesehen, die auf eine bestimmte Art und Weise häufig ausgeführt werden und auch systematisch wiederholt werden können (Becker, 2004; Becker, 2005; Wollersheim, 2010). Diese Verhaltensmuster können gemäß einer Literaturanalyse von Becker (2004) aus Aktion, Aktivität, Verhalten und Interaktion bestehen. Außerdem können Routinen auch als kognitive Regulationen oder Denkmuster und somit als Regeln verstanden werden. Diese Regeln werden in Wenn-Dann-Form formuliert. Beispiele im Unternehmenskontext sind Heuristiken oder standardisierte Arbeitsanweisungen und Programme (Becker, 2004, S. 644 f.). Güttel (2006, S. 419) differenziert bei seiner Betrachtung von organisationaler Kompetenz zwischen Regeln und Routinen. Regeln bilden für ihn die Grundlage von Routinen. Ihre Anwendung führt zur Regelmäßigkeit in den Verhaltensmustern beziehungsweise Routinen. Um die Möglichkeiten einer Veränderung von Routinen in Organisationen zu analysieren, müssen deshalb die Regeln, beispielsweise die Art und Weise wie Entscheidungen getroffen werden, betrachtet werden (Güttel 2006). Wie das oben angeführte Zitat von Grant (1991, S. 122) zeigt, werden als Beispiele für Routinen Prozesse, die beispielsweise in der Produktion oder bei Managementaktivitäten ablaufen, genannt. Routinen können insofern auch als Teile der Geschäftsprozesse in den einzelnen Bereichen, wie beispielsweise der Produktion, beziehungsweise als Teilprozesse angesehen werden (Güttel 2006). Die Analyse derartiger Prozesse bildet für Krüger und Homp (1997) die Basis für den Zugang zur Erschließung von Kernkompetenzen. Neben den eben beschriebenen Routinen, die als operative Routinen bezeichnet werden können, gibt es auch dynamische Routinen, die als Grundlage für dynamische Fähigkeiten beziehungsweise Dynamic Capabilities dienen. Beispiele für derartigen Routinen sind die Zusammenstellung und der Einsatz von bereichsübergreifenden Produktentwicklungsteams, neuartige Produktentwicklungsverfahren oder die Möglichkeit, Wissen auszutauschen (Eisenhardt & Martin, 2000; Teece, 2007, S. 1322).

Deutlich abstrakter als Prahalad und Hamel (1990) verstehen auch Schreyögg und Kliesch (2003) organisationale Kompetenz

„... als komplexe, prozessuale Selektions- und Verknüpfungsleistung [...], die einen erfolgreichen Umgang mit komplexen Sachverhalten, so die Annahme, erfordert und mehr als nur die reine Kombination von Wissen darstellen muss." (S. 77)

Sie unterscheiden damit zwischen der organisationale Kompetenz und den Ressourcen, die in einer Organisation durch das Vorhandensein der organisationalen Kompetenzen zusammengeführt (Schreyögg & Kliesch, 2003) und in besonderer Weise nutzbar gemacht werden können. Ein ähnliches Verständnis von organisationaler Kompetenz haben Wagner et al. (2005):

„Organisationale Kompetenzen sind kollektive Handlungspotenziale, die durch die Koordination tangibler und intangibler Ressourcen (einschließlich Werten und Normen) in- und außerhalb der Organisation sowie durch interne und externe Kooperation zur Realisierung der Organisationsziele und -strategien beitragen, wettbewerblich also relevant sind. Sie werden durch Lernprozesse langfristig aufgebaut und ermöglichen aufgrund der ihnen immanenten Reflexionsfähigkeit das re- und proaktive Agieren in sich verändernden Umwelten. Ihrer Eigenschaft nach sind sie rückgekoppelt und bedürfen (daher) ihrer Anwendung, um a) ihre Erosionen zu vermeiden und um b) sie (bewusst) zu verändern oder zu stabilisieren. Kompetenzen „manifestieren“ sich in der organisationalen Handlung bzw. Performance.“ (S. 95)

Nach Schreyögg und Kliesch (2003) sowie Wagner (2005) erweitern organisationale Kompetenzen also Möglichkeiten einer Organisation zu handeln. Sie entstehen durch kollektive Lernprozesse in der Organisation. Ihre Weiterentwicklung vollzieht sich durch die Anwendung der organisationalen Kompetenzen (Schreyögg & Kliesch, 2003). Diese Erweiterung der Handlungsmöglichkeiten steht auch bei der Definition von Freiling et al. (2006) im Mittelpunkt der Betrachtung. Er definiert organisationale Kompetenz folgendermaßen:

*„**Kompetenzen** sind wiederholbare, auf der Nutzung von Wissen beruhende, durch Regeln geleitete und daher nicht zufällige Handlungspotenziale einer Organisation, die zielgerichtete Prozesse sowohl im Rahmen der Disposition zukünftiger Leistungsbereitschaft als auch konkreter Markzufuhr- und Marktprozesse ermöglichen. Sie dienen dem Erhalt der als notwendig erachteten Wettbewerbsfähigkeit und gegebenenfalls der Realisierung konkreter Wettbewerbsvorteile.“ (Freiling et al., 2006, S. 58).*

Auch bei Freiling sind Lernprozesse für die Entstehung, aber auch die Nutzung von organisationalen Kompetenzen entscheidend. Diese abstraktere Fassung von organisationalen Kompetenzen, die nicht wie bei Prahalad und Hamel (1990) konkrete Technologien mit einbezieht, bereitet auch den Weg für die Dynamisierung von organisationalen Kompetenzen (Schreyögg & Kliesch, 2003). Diesen dynamischen organisationalen Fähigkeiten kommt im weiteren Verlauf der Arbeit eine besondere Bedeutung zu.

Kriterien für Kernkompetenzen

Kernkompetenzen müssen bestimmten Anforderungen bzw. Kriterien genügen, um als solche gelten zu können. Nach Hamel (1994) sind diese Kriterien ein besonderer Beitrag zum wahrgenommenen Kundennutzen, eine deutliche Differenzierungsmöglichkeit zu den Wettbewerbern sowie die Schaffung eines Zugangs zu verschiedenen neuen Märkten. Eine langfristige Differenzierungsmöglichkeit von den Wettbewerbern ergibt sich, wenn die Kernkompetenz einzigartig oder zumindest selten ist und für die Wettbewerber erhebliche Schwierigkeiten bestehen, diese zu imitieren (Hamel, 1994; Prahalad & Hamel, 1990; Hamel & Prahalad, 1996). Kernkompetenzen zeichnen sich aufgrund dieses letzten Kriteriums auch dadurch aus, dass sie in verschiedenen Produkten und Produktgruppen eingesetzt werden können (Hamel, 1994). In der Regel gehen mehrere Kernkompetenzen in ein oder mehrere Kernprodukte ein. Diese Kernprodukte werden von unterschiedlichen Geschäftseinheiten genutzt und stellen jeweils eine zentrale Grundlage für die jeweiligen Endprodukte dar. Diese vielseitige Einsetzbarkeit ermöglicht es dem Unternehmen, bei größeren Veränderungen in der Umwelt in neue Märkte vorzudringen und so Wandlungsfähigkeit zu zeigen (Hamel, 1994; Hamel & Prahalad, 1996). Weitere Kriterienlisten für Kernkompetenzen, wie beispielsweise von Hinterhuber und Stuhec (1997), Hümmer (2001) sowie Friesl (2007), differenzieren diese drei genannten zentralen Kriterien aus (siehe Tabelle 1).

Hinterhuber und Stuhec (1997): *„Kernkompetenzen sind integrierte und durch organisationale Lernprozesse koordinierte Gesamtheiten von Technologien, Know-how, Prozessen und Einstellungen,* • *die für den Kunden erkennbar wertvoll sind,* • *Werte auch für die anderen „Stakeholder“ schaffen,* • *gegenüber der Konkurrenz einmalig sind,* • *schwer imitierbar sind und* • *potentiell den Zugang zu einer Vielzahl von Märkten eröffnen.“ (S. 3)*
Hümmer (2001): *„Herausragende strategische Relevanz*“ (S. 88), *„Nutzenstiftung am Markt*“ (S. 88), *„Ausbaufähigkeit und Anwendbarkeit auf einer Vielzahl von Märkten*“ (S. 89), *„Differenzierung von den Wettbewerbern*“ (S. 89) und *„Nachhaltigkeit des Kompetenzvorsprungs*“ (S. 90).
Friesl (2007): „Strategische Relevanz“, „Nutzenstifung“, „Anwendung auf einer Vielzahl von Märkten“, „Abgrenzung vom Wettbewerb“ und „Nachhaltigkeit“ (S. 83).

Tabelle 1: Kriterien für Kernkompetenzen bei unterschiedlichen Autoren

Hinterhuber und Stuhec (1997) arbeiten damit zusätzlich zu den genannten Kriterien die Bedeutung der Betrachtung von Personen heraus, die nicht zu den unmittelbaren Kunden zählen. Friesl (2007, S. 84) weist für das Kriterium Nutzenstiftung mit Bezugnahme auf Hamel (1994) darauf hin, dass nicht alle Kernkompetenzen unmittelbar zu zusätzlichen Nutzen für den Kunden führten. So führen Kernkompetenzen, die zu einer Erhöhung der Effizienz beziehungsweise einer Senkung der Kosten führen, zunächst nur zu einer Nutzensteigerung für das Unternehmen, sofern diese Kostensenkung nicht an die Kunden weitergeben wird (Friesl, 2007; Hamel, 1904, S. 14). Die Nachhaltigkeit der Kernkompetenz (Friesl, 2007; Hümmer, 2001) wird bei Hamel (1994) sowie Prahalad und Hamel (1990) im Rahmen der schweren Imitierbarkeit angesprochen. Friesl (2007) merkt an, dass die Nachhaltigkeit von Kernkompetenzen analog zu den Kriterien für Ressourcen nach Barney (1991) neben der schweren Imitierbarkeit auch dadurch gewährleistet wird, dass sie nicht substituierbar, d. h. ersetzbar, sind. Auch Rose (2006, S. 58) wendet die Kriterien für strategisch relevante Ressourcen auf Kernkompetenzen an. Dadurch wird das Kriterium der Organisationsspezifität in der Analyse für Kernkompetenzen berücksichtigt, nach dem Kernkompetenzen aufgrund ihrer Entstehungsgeschichte unternehmensspezifisch sind (Güttel, 2006, S. 416) und deshalb in einem Kontext außerhalb der jeweiligen Organisation nur eingeschränkt genutzt werden können (Rose, 2006, S. 58).

In der Unternehmenspraxis haben sich nicht alle dieser Kriterien in gleicher Weise durchgesetzt. In einer empirischen Untersuchung bei deutschen Unternehmen wurden die Kriterien „Wesentlicher Beitrag zum Kundennutzen", „Nachhaltiger Wettbewerbsvorteil" und „Wesentlicher Beitrag zur Wertschöpfung" (Thomsen, 2001, S. 71) als die für den Einsatz in Unternehmen relevantesten Kriterien herausgearbeitet. Einige in der Literaturanalyse dargestellten Kriterien wie „Einzigartigkeit" beziehungsweise „Seltenheit" und schwere „Imitier- und Substituierbarkeit" werden von Praktikern nur als nachgeordnete Faktoren angesehen (Thomsen, 2001, S. 70 f.). Die stark vereinfachte Sichtweise von Kernkompetenzen bei Praktikern führt allerdings häufig dazu, dass organisationale Kompetenzen als Kernkompetenzen eingestuft werden, die bei sehr vielen oder sogar den meisten Unternehmen in der jeweiligen Branche vorliegen oder die Kompetenzausprägung des jeweiligen Unternehmens deutlich hinter den besten Wettbewerbern zurückbleibt. Das Ableiten einer Wettbewerbsgrundlage ist von derartigen organisationalen Kompetenzen nicht möglich (Hamel & Prahalad, 1996). In Tabelle 2 werden die Kriterien für Kernkompetenzen aus den genannten Definitionen zusammengeführt.

Wert
Durch eine Kernkompetenz kann sowohl ein besonderer Nutzen (Wert) für den Kunden und weitere Stakeholdergruppen als auch für die strategische Entwicklung des Unternehmens gestiftet werden.
Seltenheit
Kernkompetenzen sind einzigartig oder zumindest sehr selten.
Nicht vollständig imitierbar und substituierbar
Kernkompetenzen können nicht vollständig nachgeahmt (imitiert) werden. Zudem ist es nicht möglich, unter Einsatz anderer Fähigkeiten und Ressourcenbündel einen vergleichbaren Nutzen für die Kunden und/oder das Unternehmen zu erzielen (fehlende Substituierbarkeit).
Organisationsspezifität
Kernkompetenzen sind spezifisch für die jeweilige Organisation. Ihre Nutzung außerhalb des jeweiligen Unternehmens ist aufgrund der historischen Entwicklung der Kernkompetenz nur eingeschränkt möglich.
Ermöglichen Zugang zu zahlreichen Märkten und Eingang in mehrere Produkte
Kernkompetenzen ermöglichen es einem Unternehmen, auf verschiedenen Märkten aktiv zu werden. Sie fließen in verschiedene Kernprodukte und damit auch Endprodukte ein.

Tabelle 2: Merkmale von Kernkompetenzen (Güttel, 2003; Güttel, 2006; Friesl, 2007; Hinterhuber, 2004; Hinterhuber & Stuhec, 1997; Hümmer, 2001, S. 88 ff.; Prahalad & Hamel, 1990; Rose, 2006)

Arten von Kernkompetenzen und Beispiele

Hamel (1994) unterscheidet drei verschiedene Bereiche, in denen Kernkompetenzen angesiedelt sein können: *„market-access competencies“*, *„integrity-related competencies“* und *„functionality-related competencies“* (S. 16). Market-access competencies sind solche Kompetenzen, die dem Unternehmen Zugang und Nähe zu den Kunden ermöglichen. Dazu zählen insbesondere Verkauf und Marketing, das Management von Marken und der technische Kundenservice, aber auch Unterstützungsfunktionen wie die Logistik. Integrity-related competencies (S. 16) sorgen dafür, dass sich ein Unternehmen in Bezug auf Qualität, Flexibilität oder Schnelligkeit von den Wettbewerbern absetzen kann. Functionality-related competencies beziehen sich auf die Möglichkeit, die eigenen Produkte mit unverwechselbaren Eigenschaften auszustatten. Beispielsweise können die Miniaturisierung in der Mikroelektronik von Sony oder die besonderen Fähigkeiten im Bereich Motoren und Antriebstechnik von Honda vornehmlich als functional-related Kernkompetenz angesehen werden (Hamel, 1994, S. 16–18). Die Kompetenz in der Gestaltung von operativen Systemen der Citigroup und die Qualitätsstandards der japanischen Automobilindustrie in den 1980er Jahren hingegen sind integrity-related Kernkompetenzen. Als Beispiele für market-access competencies gelten die weltweite Verkaufsinfrastruktur von Ford bis in die siebziger Jahre oder die den Vertrieb unterstützende Logistikkette von Wal-

Mart. Die Grenzen zwischen den verschiedenen Arten von Kernkompetenzen können jedoch nicht eindeutig gezogen werden, da den Kernkompetenzen teilweise mehre Funktionen zukommen oder diese sich über die Zeit hinweg ändern können (Hamel, 1994, S. 17 f.; Hamel & Prahalad, 1996, 1990, S. 82 f.).

Nachdem nun die Kriterien für und die Arten von Kernkompetenzen diskutiert wurden, wird im folgenden Kapitel darauf eingegangen, wie Kernkompetenzen entstehen und verändert werden können.

2.3 Dynamisierung des Kernkompetenzansatzes: Dynamic Capabilities

2.3.1 Dynamic Capabilities

Wie der Kernkompetenzansatz sind Dynamic Capabilities (Zollo & Winter, 2002) als Weiterentwicklungen des Resource-based View zu sehen (Freiling et al., 2006). Aufgrund der Veränderung des Umfeldes der Organisation bleibt diese nur wettbewerbsfähig, wenn sie bestehende Kernkompetenzen grundlegend verändert und neue aufbaut. Dafür ist es häufig sogar notwendig, die den Kernkompetenzen zugrundeliegenden Routinen zu verlernen, um die Entstehung von „core rigidities“ (Leonard-Barton, 1992, S. 111) zu vermeiden (Güttel, 2006; Leonard-Barton, 1992; Teece & Shuen, 1997; Zollo & Winter, 2002). Dafür benötigen Unternehmen Dynamic Capabilities (Güttel, 2006; Teece & Shuen, 1997; Zollo & Winter, 2002). Eisenhardt und Martin (2000, S. 1107) definieren Dynamic Capabilities folgendermaßen:

*“The firm’s processes that use resources – specifically the processes to integrate, reconfigure, gain and release resources – to match and even create market change. Dynamic capabilities thus are the organizational and strategic routines by which firms achieve new resource configurations as markets emerge, collide, split, evolve, and die.” (*Eisenhardt & Martin, *2000, S. 1107)*

Teece und Shuen (1997, S. 516) bereiten mit ihrer Definition “… the firm’s ability to integrate, build, and reconfigure internal and external competences to address rapidly changing environments” eine zentrale Grundlage für die weitere Dynamic Capability Forschung.

Dynamic Capabilities ermöglichen es Unternehmen folglich, ihre aktuelle Ressourcen- und Kompetenzbasis anzupassen. Allerdings ist nicht jede Anpassung an die Umwelt auf Dynamic Capabilities zurückzuführen. Kirsch (1997) vergleicht die Entwicklung von Unternehmen mit dem Prozess der Evolution und stellt die exakte Planung von Unternehmen damit in Frage. Er erläutert in dem genannten Werk, wie Unternehmen durch den Einsatz von strategischem Management auch in einem Umfeld mit hoher Unsicherheit Orientierung finden können und dadurch zu einer „geplanten Evolution“ (Kirsch, 1997, S. 41) gelangen. Es ist davon auszugehen, dass viele Anpassungen in Organisationen auf spontane Entscheidungen des Managements zurückzuführen sind. In diesen Fällen liegen jedoch keine Dynamic Capabilities vor. Dynamic Capabilities beruhen ähnlich wie Kernkompetenzen auf Routinen (Winter, 2003). Diese Art der Routinen bezieht sich jedoch auf

Lernprozesse, die es dem Unternehmen ermöglichen, seine den Geschäftsprozessen zugrundeliegenden Routinen systematisch zu verändern (Zollo & Winter, 2002). Die systematische Vorgehensweise als Merkmal von Dynamic Capabilities kommt durch das folgende Zitat von Zollo von Winter (2002) zum Ausdruck:

"A dynamic capability is a learned and stable pattern of collective activity through which the organization systematically generates and modifies its operating routines of improved effectiveness." (S. 340)

Zollo und Winter (2002, S. 340) unterscheiden in „first-order" und „second-order" Dynamic Capabilities. Die second-order Dynamic Capabilities beschreiben dabei die grundsätzlichen Lernmechanismen einer Organisation. Ihr Ausmaß ergibt sich dadurch, inwieweit es einer Organisation beziehungsweise ihren Mitgliedern gelingt, systematisch Erfahrungen zu sammeln, diese zu artikulieren und mit anderen zu teilen und schließlich zu kodifizieren, d. h. schriftlich festzuhalten und das Wissen in Prozesse einzubetten (Güttel, 2006, S. 418; Zollo & Winter, 2002, S. 340). Nach Güttel (2006, S. 418) geben sie den Rahmen vor, in dem sich eine Organisation verändern kann. Sie sind allerdings relativ allgemein formuliert.

Deutlich konkreter und damit auch etwas leichter erfassbar sind die first-order Dynamic Capabilities, die durch die Anwendung von second-order Dynamic Capabilities in der Organisation entstehen (Güttel, 2006). Solche first-order Dynamic Capabilities liegen vor, wenn Unternehmen Produktentwicklungsprozesse, Restrukturierungsprozesse oder Integrationsprozesse nach Übernahmen und Fusionen in besonderer Weise beherrschen und sich dadurch neue Ressourcen erschließen können (Ambrosini & Bowman, 2009; Güttel, 2006, S. 418; Zollo & Winter, 2002, S. 340). In der weiteren Diskussion zu Dynamic Capabilities hat eine Ausdifferenzierung und Verknüpfung mit anderen Forschungssträngen stattgefunden. Zunehmend als Dynamic Capability werden auch Ambidextrie (Raisch & Birkinshaw, 2008), Absorptive Capacity (Zahra & George, 2002) oder die Fähigkeit, Allianzen mit anderen Unternehmen eingehen zu können (Kupke, 2006; Kupke & Lattemann, 2008; Annand, Oriani, Vassolo, 2010), angesehen.

2.3.2 Ambidextrie

Als eine besondere Dynamic Capability kann Ambidextrie angesehen werden (O'Reilly III & Tushman, 2008; O'Reilly & Tushman, 2007). Dieser Dynamic Capability kommt im Rahmen der Verknüpfung mit den individuellen Kompetenzen (siehe Kapitel 6) und dem anhand einer Fallstudie beschriebenen Kompetenzmanagementprozess zur Unterstützung von Dynamic Capabilities (siehe Kapitel 7) eine besondere Bedeutung in dieser Arbeit zu.

Die Konzepte der Ambidextrie

O'Reilly III und Tushman (2008) beschreiben diese organisationale Fähigkeit als „... the ability of a firm to simultaneously explore and exploit [...] [which] enables a firm to adapt over time" (S. 185). Die Fähigkeit, gleichzeitig Exploitations-Prozesse für die effiziente Nutzung von bestehendem Wissen und derzeitigen Kernkompetenzen und Explorations-

Prozesse zur Erschließung von neuen Kernkompetenzen in einer Organisation durchführen zu können, scheint folglich geeignet zu sein, um die langfristige Wettbewerbsfähigkeit eines Unternehmens zu sichern (O'Reilly und Tushman, 2008). Die beiden Begriffe Exploitation und Exploration wurden von March (1991) in die Diskussion zum organisationalen Lernen eingeführt und mit der Wettbewerbsfähigkeit eines Unternehmens verbunden (Raisch & Birkinshaw, 2008, S. 377). Die Bedeutung von Exploitation und Exploration kommt in folgendem Zitat zum Ausdruck:

"Exploration includes things captured by terms such as search, variation, risk taking, experimentation, play, flexibility, discovery, innovation. Exploitation includes such things as refinement, choice, production, efficiency, selection, implementation, execution. Adaptive systems that engage in exploration to the exclusion of exploitation are likely to find that they suffer the costs of experimentation without gaining many of its benefits. They exhibit too many undeveloped new ideas and too little distinctive competence. Conversely, systems that engage in exploitation to the exclusion of exploration are likely to find themselves trapped in suboptimal stable equilibria. As a result, maintaining an appropriate balance between exploration and exploitation is a primary factor in system survival and prosperity". (March, 1991, S. 71)

Dieses Zitat ist von entscheidender Bedeutung für diese Arbeit, da aus ihm die Aufgaben und Anforderungen von Organisationseinheiten mit Fokus auf Exploitation, wie Produktion, Implementierung von Prozessen und allgemein die Erzielung von Effizienz in einer Organisation, abgeleitet werden können. Organisationseinheiten im Bereich Exploration sollen vor allem Innovationen hervorbringen und dürfen dafür experimentieren und Risiken eingehen (March, 1991). In einer unsicheren dynamischen Umwelt, wie sie im Rahmen des Competence-based View angenommen wird (Freiling et al., 2006), sind Veränderungen und Innovationen und die dafür notwendigen Explorationsprozesse von entscheidender Bedeutung, um die langfristige Überlebensfähigkeit des Unternehmens zu sichern. Das Beispiel der New-Economy zeigt jedoch, dass Unternehmen, die sich zu stark auf die Erschließung neuer Geschäftsfelder konzentrieren, ohne sich eine starke Stellung in den derzeitigen Geschäftsfeldern zu sichern und daraus ausreichend finanzielle Mittel zu genieren, häufig Insolvenz anmelden müssen, bevor sie ihr exploriertes Wissen nutzen können (Konlechner & Güttel, 2009). Organisationen müssen folglich eine Balance zwischen den beiden Lernmodi Exploitation und Exploration finden, um ihr langfristiges Überleben zu sichern (Konlechner & Güttel, 2009; Levinthal & March, 1993). Die zentrale Rolle für diesen Balanceakt beziehungsweise die Maßnahmen zur Gestaltung von Ambidextrie hat dabei in der Regel das Top-Management-Team (Lubatkin, Simsek, Ling & Veiga, 2006; O'Reilly III & Tushman, 2008). Die Einflussmöglichkeiten des einzelnen Mitarbeiters für die Verwirklichung von Ambidextrie, also beispielsweise der Fachkräfte oder des mittleren Managements, hängen von der Art und Weise ab, wie Ambidextrie in einem Unternehmen verwirklicht wird (Birkinshaw & Gibson, 2004).

Die beiden zentrale Möglichkeiten zur Verwirklichung von Ambidextrie in einem Unternehmen sind die räumliche Trennung von Organisationseinheiten, die sich auf Exploitation konzentrieren von solchen, deren Schwerpunkt in der Exploration liegt (strukturelle Ambidextrie) (Raisch & Birkinshaw, 2008) oder die Gestaltung einer Kultur, die Mitarbeiter dazu anleitet, ihre Zeit in einem angemessenen Verhältnis für Exploitations- und Explorations-Aktivitäten einzusetzen (kontextuelle Ambidextrie) (Birkinshaw & Gibson, 2004; Güttel & Konlechner, 2009). In Tabelle 3 werden die beiden Formen der Ambidextrie gegenübergestellt.

	strukturelle Ambidextrie	**kontextuelle Ambidextrie**
Konflikthandhabung: Exploration/Exploitation	räumliche und prozessuale Trennung von Exploitation und Exploration	parallele Bearbeitung von Exploitation und Explorations-Aufgaben in einer Organisationseinheit, Handhabung des Konfliktes durch Kulturgestaltung
Entscheidungen über Konzentration auf Exploitation oder Exploration	im Top-Management	auf Mitarbeiter- und Abteilungsebene

Tabelle 3: Gestaltung von kontextueller und struktureller Ambidextrie (modifiziert nach Birkinshaw & Gibson, 2004, S. 50)

Bei struktureller Ambidextrie wird eine organisatorische Trennung zwischen Exploitations- und Explorations-Aktivitäten geschaffen, um Konflikten zwischen diesen beiden Lernmodi entgegenzuwirken (Birkinshaw & Gibson, 2004; Konlechner & Güttel, 2009, S. 48). Während bei struktureller Ambidextrie das Top Management darüber entscheidet, ob sich eine Organisation auf Exploitation oder Exploration konzentriert, wird diese Entscheidung bei kontextueller Ambidextrie den Leitern der jeweiligen Organisationen oder sogar den einzelnen Mitarbeitern überlassen. Aufgrund dieser Entscheidungsmöglichkeit sind die Rollen bei kontextueller Ambidextrie flexibel und bieten Interpretationsspielraum zur Gestaltung, bei struktureller Ambidextrie hingegen werden sie von der Organisation relativ eindeutig festgelegt (Birkinshaw & Gibson, 2004; Konlechner & Güttel, 2009). Exploitations- und Explorations-Bereiche unterscheiden sich dadurch häufig in ihrer Kultur. Damit verbunden ist auch eine unterschiedliche Art zu kommunizieren und Begriffe zu verwenden. Dies kann in der Abstimmung zwischen den Bereichen, beispielsweise dem Vertrieb und der Abteilung Forschung und Entwicklung, zu erheblichen Problemen führen. Das Top-Management sollte diese Bildung von Subkulturen zwar zulassen, aber auf die Entwicklung einer gemeinsamen Vision achten sowie Wissen zwischen Exploitations- und Explorations-Bereichen verteilen und somit die Rolle eines „Knowledge Brokers"[3] (Hobus & Busch, 2011, S. 191) übernehmen (Hobus & Busch, 2011, S. 191; Konlechner & Güttel, 2009, S. 48 f.; O'Reilly III & Tushman, 2008).

Bei kontextueller Ambidextrie hingegen übernehmen Mitarbeiter in einer Abteilung sowohl Aufgaben im Bereich der Exploitation als auch der Exploration. Die Mitarbeiter und Orga-

[3] Im Original kursiv gedruckt.

nisationseinheiten müssen zumindest teilweise selbst entscheiden, inwieweit sie sich Exploitations- oder Explorations-Aufgaben zuwenden. Dazu bedarf es einer Kultur des gegenseitigen Vertrauens, aber auch starker Leistungs- und Gruppennormen (Birkinshaw & Gibson, 2004; Güttel & Konlechner, 2009; Konlechner & Güttel, 2009). Güttel, Garaus, Konlechner, Lackner & Müller (2011) zeigen in einem Prozessmodell, dass sich Unternehmen in der ersten Phase nach der Gründung häufig in kontextueller Ambidextrie befinden, also im Rahmen von Wachstumsprozessen ihre Strukturen ausdifferenzieren, so dass dadurch strukturelle Ambidextrie entsteht und schließlich Großunternehmen beide Formen kombinieren. Auf die einzelnen Gestaltungsmöglichkeiten von kontextueller und struktureller Ambidextrie durch Strukturbildung und kulturelle Beeinflussung wird in Kapitel 2.5 noch detailliert eingegangen.

Abgrenzungsprobleme zwischen Exploitation und Exploration

Wie bereits beschrieben, ordnet March (1991) Begriffe wie Effizienz und Implementierung der Exploitation und Innovation der Exploration zu. Um die beiden Lernmodi auch bei empirischen Untersuchungen eindeutig gegeneinander abzugrenzen, reicht dies jedoch nicht aus. Im Folgenden wird deshalb die Thematik der Abgrenzung von Exploitation und Exploration diskutiert.

Um das Konstrukt der Ambidextrie differenziert zu beschreiben, hat Wollersheim (2010) für dieses ein Modell entwickelt. Sie sieht Ambidextrie wie O'Reilly III & Tushman (2008) als eine Dynamic Capability an und setzt Exploration mit Veränderungsfähigkeit gleich. Aufbauend auf der Arbeit von Wilkens, Keller & Schmette (2006), (siehe dazu Kapitel 4.1.3.2) beschreibt sie diese Veränderungsfähigkeit mit den vier Kompetenzdimensionen „Komplexitätsbewältigung“, „Selbstreflexion“, „Kombination“ und „Kooperation“ (S. 12). Durch diese können bestehende Routinen aufgebrochen und neue gebildet werden. Exploitation wird hingegen auf das Routinenkonzept bezogen und mit den Dimensionen „[w]iederholte Handlungsabfolge“ und „[g]elegentliche Suboptimalität“ (Wollersheim, 2010, S. 12) beschrieben. Grundsätzlich erscheint dieses Modell geeignet, um das Konzept der Ambidextrie der quantitativen Forschung zugänglich zu machen. Sowohl der Rückgriff auf das Kompetenzkonzept von Wilkens et al. (2006) als auch auf die Routinenforschung bieten derartige Zugänge. O'Reilly III und Tushman (2008, S. 200) betrachten allerdings einige Beispiele aus der Literatur und zeigen, dass die Entwicklung neuer Produkte und Produktentwicklungsprozesse nicht zwangsläufig der Exploration zuzuordnen sind, sondern auch im Rahmen von Exploitation stattfinden können. Diese Produktentwicklungsprozesse im Bereich der Exploitation dürften vermutlich nicht ausschließlich mit den von Wollersheim (2010, S. 12) für Exploitation genannten Kriterien „[w]iederholte Abfolgen“ und „[g]elegentliche Suboptimalität“ erfassbar sein und sicherlich „Kooperation“ und „Kombination“ aber auch „Komplexitätsbewältigung“ (S. 12) erfordern. An dieser Stelle sei auf die sehr komplexen Prozesse zur Weiterentwicklung der bestehenden Kernkompetenzen im Unternehmen aus der Fallstudie in dieser Arbeit (siehe Kapitel 6) verwiesen. Das Kriterium „Selbstreflexion“ dürfte vor allem wichtig sein, um Veränderungen im Bereich der Routinen zu erreichen und könnte insofern ein derartiges Abgrenzungskriterium darstellen.

Auch Busch und Hobus (2012) zeigen die Abgrenzungsproblematik zwischen Exploration und Exploitation sehr deutlich auf. Nach ihrer Ansicht sind nur relativ wenige Prozesse und Produktinnovationen in Unternehmen ausschließlich der Exploration zuzuordnen. Selbst „radikale Innovationen" (Busch & Hobus, 2012, S. 30), wie die Erfindung der Digitalfotographie oder der Digital Video Disc (DVD), basieren in der Regel auch auf Anteilen von bekanntem Wissen, das mit neuem kombiniert wird. Ein Beispiel für reine Exploration ist die Grundlagenforschung. Ausschließlich der Exploitation zuzuordnen sind beispielsweise Montageprozesse. Aber selbst inkrementelle Verbesserungen von Prozessen resultieren hingegen trotz des Schwerpunktes im Bereich der Exploitation auch aus Explorations-Lernprozessen (Busch & Hobus, 2012).

2.3.3 Absorptive Capacity

Der Begriff „absorptive capacity" und seine Entwicklung wird häufig mit Bezugnahme auf Cohen und Levinthal (1990) verwendet (Zahra & George, 2002, S. 186). Die Autoren verstehen darunter eine „... ability of a firm to recognize the value of new, external information, assimilate it, and apply it to commercial ends is critical to its innovative" (Cohen & Levinthal, 1990, S. 128), also die organisationale Fähigkeit, neues Wissen angemessen bewerten zu können, nützliches Wissen aufzugreifen und dadurch die eigenen Innovationen zu fördern.

Nach Zahra und George (2002, S. 185) ist „absorptive capacity" eine Dynamic Capability. Ausgehend von einer Analyse des Forschungsstandes zu absorptive capacity, entwickeln sie ein Modell mit den folgenden vier Komponenten: "Acquisition", "Assimilation, "Transformation" und "Exploitation" (Zahra & George, 2002, S. 189).

Die erste Stufe umfasst die Akquisition von Wissen. Unternehmen können sich in Bezug auf diese Stufe durch den Umfang der Suchaktivitäten, die Geschwindigkeit mit der sie neues Wissen aufnehmen, sowie die Bereiche, in denen sie nach neuem Wissen suchen, unterscheiden. Unternehmen müssen dieses gesammelte Wissen auf einer zweiten Stufe (Assimilation) verstehen und interpretieren. Nur dadurch kann das häufig kontextabhängige Wissen für die Organisation nutzbar gemacht werden. Im Transformationsprozess (3. Stufe) wird das neu erworbene Wissen mit bestehendem Wissen zusammengebracht und es werden daraus neue Routinen entwickelt. Im Exploitations-Prozess (4. Stufe) wird das Wissen schließlich in operativen Prozessen genutzt (Zahra & George, 2002, S. 189 f.). Diese letzte Stufe (Exploitation) ist auch Teil der Dynamic Capability Ambidextrie.

2.4 Identifizierung von Kernkompetenzen und Dynamic Capabilities

Auf der Grundlage der Begriffsklärung von Kernkompetenzen und Dynamic Capabilities werden im Folgenden Ansätze zu deren Identifizierung vorgestellt.

2.4.1 Identifizierung von Kernkompetenzen

Prahalad und Hamel (1990) zeigen durch ihre Definition von Kernkompetenzen als integrierendem Lernprozess und die von ihnen genannten Kriterien für deren Abgrenzung gegenüber anderen Konzepten bereits erste Wege für deren Identifikation auf. Demnach bieten Kernkompetenzen einen Zugang zu verschiedenen Märkten, leisten einen erheblichen Beitrag zum wahrgenommenen Kundennutzen und sind schwer zu imitieren. Um diese und daraus abgeleitete Kriterien für Kernkompetenzen in Unternehmen zu überprüfen, wurden verschiedene Verfahren entwickelt, von denen ausgewählte im Folgenden vorgestellt werden. Eine weitergehende Übersicht über die Identifizierung von Kernkompetenzen bieten Edge, Klein, Hiscocks und Plasoning (1995) oder Raich und Schober (2006).

Mapping Methoden

Einen sehr umfassenden Ansatz zur Identifikation von organisationalen (Kern-)Kompetenzen stellt Güttel (2006) mit seiner Übersicht zu „Mapping" Methoden vor. Bei dieser Methode werden die Geschäftsprozesse analysiert und als Ergebnis Kompetenzen aufgelistet, deren Wert für die nachhaltige Wettbewerbsfähigkeit des Unternehmens intern ermittelt und mit Wettbewerbern verglichen wird. Organisationale Kompetenzen können vor allem dann gut mit der Mapping-Methode erfasst werden, wenn diese auf Routinen und Geschäftsprozessen beruhen, die sich sehr häufig wiederholen und das Unternehmen prägen (Güttel, 2006, S. 426). Diese Routinen und Prozesse werden herausgearbeitet, indem die Mitarbeiter über Interviews zu ihren Tätigkeiten befragt und die Aussagen zu Routinen, Geschäftsprozessen (wie beispielsweise zum Vertriebsprozess) und Prozessketten verdichtet werden. In Workshops wird anschließend analysiert, ob die identifizierten Aktivitäten die Kriterien für Kernkompetenzen erfüllen (siehe dazu Kapitel 2.2.2), indem ihnen insbesondere eine strategische Relevanz für das Unternehmen zukommt und sie schwer zu imitieren sind (Güttel, 2006).

Während Güttel (2006) mit seinem Ansatz zum Skill-Mapping nur eine grundsätzliche Vorgehensweise beschreibt, ist der Ansatz von Edge, Klein, Hiscocks und Plasoning (1995) sehr konkret. Bei der Mapping-Methode werden die organisationalen Kompetenzen schwerpunktmäßig von den Strukturen der Organisation abgeleitet (Güttel, 2006). Dementsprechend werden vor allem die Organisationsstruktur, Produkte und Dienstleitungen analysiert sowie die Aussagen von Mitarbeitern und Kunden als Ergänzung herangezogen (Edge et al., 1995, S. 201).

Das Konzept des Skill-Mapping umfasst nach Edge et al. (1995) drei Stufen. In der ersten Stufe werden die Organisationsstrukturen analysiert. Sofern bei der Analyse der Aufbaustruktur eigenständige Abteilungen für Funktionen, wie beispielsweise die Marktforschung, identifiziert werden können, ist dies ein wesentliches Indiz dafür, dass die Organisation über organisationale Kompetenzen in diesem Bereich verfügt. Aufbauend auf dieser Analyse, werden Interviews mit Mitarbeitern, Kunden und Marktbeobachtern geführt sowie Produkte und Dienstleistungen analysiert. Als Beispiel für die Analyse von wettbewerbsrelevanten Produkteigenschaften diskutieren die Autoren deren Verlässlichkeit. Wenn diese höher ist als bei Konkurrenzprodukten, deutet dies auf das Vorhandensein von organisationalen Kompetenzen in diesem Bereich hin. Gespräche mit Kunden und Marktbeobachtern öffnen den Blick nach außen und liefern wichtige Hinweise über die Grundlage von langfristigen Wettbewerbsvorteilen (Edge et al., 1995, S. 201 f.). In der zweiten Stufe werden die ermittelten Skills kategorisiert und anschließend bewertet. Sie beziehen sich bei dieser Analyse auf den Bewertungsansatz von Leonard-Barton (1992) und bewerten die Skills nach den Dimensionen „technische Systeme", „Managementsysteme", „Skills und Wissen" sowie „Werte und Normen" (Edge et al., 1995, S. 202). Die für die Bewertung notwendigen Daten sollen über verschiedene Datenerhebungsmethoden ermittelt werden. So sollen Interviews mit Mitgliedern der Organisation und Branchenbeobachtern geführt, die Anlagegüter identifiziert und Kultur, Produkte und die Managementsysteme analysiert werden. Die gewonnen Erkenntnisse werden durch das Rating auf einer fünfstufigen Skala bewertet.

In der dritten Stufe wird die Bedeutung der einzelnen Skills in Form einer Matrix dargestellt. Auf der vertikalen Achse werden die Skills abgetragen und auf der horizontalen ihre Bedeutung für die Wettbewerbsfähigkeit des Unternehmens, seine Produkte und Märkte. Als "Key Skills" (Edge et al., 1995, S. 203) sind nach diesem Ansatz jene Fähigkeiten anzusehen, die in allen drei Kriterien hohe Ausprägungen haben (Edge et al., 1995, S. 203). Edge et al. (1995) zeigen damit einen praktikablen Weg auf, der auch in der Unternehmens- und Beratungspraxis gut zu vermitteln ist. Die Kriterien für das Vorliegen von Kernkompetenzen (siehe Kapitel 2.2.2) werden dabei jedoch nicht ausreichend berücksichtigt. Die mit dieser Methode identifizierten Kompetenzen könnten durchaus imitierbar sein.

Einen ähnlichen Ansatz, der ebenfalls dem Skill-Mapping zugeordnet werden kann, verfolgen Boos und Jarmai (1994) (Raich & Schober, 2006, S. 444). Bei diesem Ansatz werden die historische Entwicklung des Unternehmens und insbesondere die den Kernkompetenzen zugrundeliegenden Wissensquellen analysiert. Dazu werden erfolgreiche Produkte, die Wahrnehmung des Unternehmens durch Kunden und Lieferanten sowie Einzelpersonen, Teams oder Abteilungen mit erfolgsrelevantem Wissen und diesbezüglichen Fähigkeiten analysiert. Zudem werden Zukunftstrends betrachtet und die eigene Position durch Benchmarking mit den besten Unternehmen im jeweiligen Bereich verglichen (Boos & Jarmai, 1994; Raich & Schober, 2006, S. 444). Aus der psychologisch orientierten Perspektive dieser Arbeit ist insbesondere die Einbeziehung der Fähigkeiten von Individuen und Gruppen ein interessanter Aspekt dieses Ansatzes.

Skill Cluster Analyse

Die Methode der Skill Cluster Analyse setzt an der Kritik der nach Ansicht von Edge et al. (1995) sehr allgemein formulierten Kernkompetenzen nach Prahalad und Hamel (1990) an. Prahalad und Hamel würden beispielsweise die Beherrschung von Mikroelektronik als

Kernkompetenz bezeichnen. Eine klare Begriffsfassung und Möglichkeiten zur Identifizierung von Kernkompetenzen ergäben sich aus ihren Ausführungen allerdings nicht (Edge et al., 1995). Skill Cluster Analyse ist nach Ansicht von Edge et al. (1995) eine Methode, Kernkompetenzen wissenschaftlich auf der Grundlage von quantifizierbaren Daten zu identifizieren. Dazu werden jedem Produkt und jeder Dienstleistung sogenannte Skills, wie beispielsweise Fähigkeiten im Bereich der Digitaltechnik, zugeordnet und es wird bewertet, wie hoch die Ausprägung für diesen Einsatzbereich sein sollte. Um die längerfristige Unternehmensentwicklung in der Analyse zu berücksichtigen, sollten auch neue beziehungsweise geplante Produkte in die Analyse mit aufgenommen werden (Edge et al., 1995, S. 212). Mit einer Matrix wird daraufhin ermittelt, welche Skills am häufigsten gemeinsam für ein Produkt benötigt werden und zu einigen zentralen Kernkompetenzen des Unternehmens gruppiert (Edge et al., 1995).

Kompetenzportfolios

Prahalad und Hamel (1990) (siehe auch Hamel 1994) verdeutlichen das Konzept der Kernkompetenzen anhand einiger Unternehmensbeispiele wie der Fähigkeiten von Sony und Honda. In den dort dargestellten Fällen verfügten die Unternehmen (beispielswiese Sony im Bereich der Mikroelektronik) über eine herausragende weltweite Wettbewerbsposition. Diese führten die genannten Autoren auf bestimmte organisationale Kompetenzen der Unternehmen zurück. Bei vielen Unternehmen dürften Kernkompetenzen allerdings weniger leicht der Betrachtung zugänglich sein. Hinterhuber und Stuhec (1997) bilden für ihre Identifizierung aus zentralen Kriterien für das Vorliegen für Kernkompetenzen (siehe Kapitel 2.2.2) ein Portfolio für die Bewertung von organisationalen Kompetenzen (Hinterhuber, 2004). Die Abszisse des Portfolios bildet dabei das Merkmal „relative Kompetenzstärke“, die Ordinate der „Kundenwert“ (Hinterhuber, 2004, S. 123).

Kernkompetenzen verhelfen Unternehmen zu deutlichen Wettbewerbsvorteilen gegenüber ihren Konkurrenten (Prahalad & Hamel, 1990). Hinterhuber (2004) bildet dies in der Abszisse seines Portfolios durch das Merkmal „relative Kompetenzstärke“ (S. 123) ab. Die relative Kompetenzstärke wird mit einem Stärken-/Schwächen-Profil im Vergleich zu den Wettbewerbern ermittelt. Dabei werden insbesondere die Wertschöpfungskette, die Produktfamilien und die Prozesse bewertet. Für die Produktentwicklung kann dies beispielsweise der Umfang der Produktinnovationen oder auch die Koordination mit anderen Abteilungen sein. Der Vergleich mit den Wettbewerbern erfolgt über eine Benchmarkanalyse (Hinterhuber, 2004). Die Dimension „Kundenwert“ (S. 123), die die Ordinate der Matrix bildet, wird durch eine Analyse der kritischen Erfolgsfaktoren bestimmt. Dazu werden die Unternehmensumwelt, die Branche des Unternehmens und seine Kunden betrachtet. Über verschiedene relativ aufwendige Verfahren kann dadurch der Kundenwert einer organisationalen Kompetenz bestimmt werden (Hinterhuber, 2004).

Kritische Betrachtung der dargestellten Ansätze

Eine Ableitung der Kernkompetenzen mit der diskutierten Portfoliomethode (Hinterhuber & Stuhec, 1997; Hinterhuber, 2004) scheint genauso wie die Skill-Cluster Analyse (Edge et al., 1995) und das Skill Mapping nach Edge et al. (1995) ein relativ aufwendiges Verfahren zu sein, da teilweise eine Vielzahl an Methoden kombiniert wird. Deshalb beschränkten sich nach einer Befragung von Thomsen (2001) die meisten deutschen Industrieunternehmen auf eine Selbsteinschätzung der eigenen Kernkompetenzen. Ob diese über Selbsteinschätzung herausgearbeiteten Kernkompetenzen allerdings den in der Literatur für diese genannten Kriterien (siehe Kapitel 2.2.2) genügen, ist fraglich. Bei allen dargestellten Verfahren müssen Experten die Angaben von Organisationsmitgliedern bewerten. Dies stellt für empirische Studien, die über die vertiefte Betrachtung einiger Fälle hinausgehen, eine erhebliche Herausforderung dar, die bisher nach Ansicht des Autors nur unzureichend bewältigt wurde.

2.4.2 Ansätze zur Identifikation von Dynamic Capabilities

Identifizierung von „allgemeinen" Dynamic Capabilities

Güttel (2003, S. 153) nennt drei Möglichkeiten zur Identifikation von Metafähigkeiten beziehungsweise Dynamic Capabilities. Die erste Möglichkeit bezieht sich auf die Forschungstradition des Wissensmanagements. Dabei sollen die bestehenden Wissensbestände und Lernprozesse analysiert werden. Eine weitere Möglichkeit bietet eine spezifische Kulturanalyse. Als dritte und vom Autor favorisierte Möglichkeit werden offene qualitative Interviews mit Mitgliedern der Organisation (Führungskräften und Mitarbeitern) vorgeschlagen. Aufgrund dieser Gespräche soll die Veränderungsfähigkeit der Organisation analysiert und daraus Hypothesen über das Vorliegen sogenannter „Metafähigkeiten" (S. 153) abgeleitet werden (Güttel, 2003). In der von Güttel (2006, S. 427) vorgestellten Interpretationsmethode werden die angesprochenen qualitativen Interviews oder auch Gruppendiskussionen und Beobachtungen vorgeschlagen, um zu analysieren, inwieweit die Regeln der Organisation Veränderung ermöglichen und in welchem Ausmaß dadurch Kernkompetenzen verändert oder neu aufgebaut werden können. Für die Regelanalyse zieht Güttel (2006) die Systematisierung von Frank und Lueger (1995, 1998) heran, die Regeln in die sachlich-instrumentelle, die politisch-soziale und die kulturell-reflexive Ebene unterteilen. Die sachlich-instrumentelle Ebene bezieht sich auf das Treffen effizienter Entscheidungen und darauf, welchen Sachzwängen sie unterliegen, die kulturell-reflexive Ebene auf die geteilten Werte und die grundlegenden Annahmen beziehungsweise die in der Organisation vorherrschende Weltanschauung und die politisch-soziale Ebene auf das Beziehungsgefüge der beteiligten Personen und die Durchsetzung ihrer Interessen. Durch die Analyse der politisch-sozialen Ebene kann insbesondere ermittelt werden, welche Einfluss- und Handlungsmöglichkeiten die Akteure haben und wie Probleme gelöst werden können (Frank & Lueger, 1995; 1998, S. 37 f.; Güttel, 2006). Durch die Regeln auf der kulturell-reflexiven Ebene wird wesentlich bestimmt, wie mit Abweichungen von den Regeln der Organisation umgegangen wird. Da derartige Abweichungen notwendig für Veränderungen sind, bilden die Regeln auf der kulturell-reflexiven Ebene die Grundlage für Dynamic Capabilities. Zudem untersucht Güttel (2006) für die Analyse der Dynamic Capabilities die Sozialstruktur in der Organisation. Das Ergebnis dieser Analysen sind Hypothesen über die Entstehung des organisationalen Regelsystems, die im weiteren Analyseprozess anhand der Interviewsequenz überprüft werden (Güttel, 2006).

Für empirische Studien müssen jedoch möglichst eindeutig operationalisierbare Formen von Dynamic Capabilities gefunden werden. Dies dürfte das vorgestellte Regelsystem kaum leisten können. Ambrosini und Bowman (2009) finden in ihrer Literaturanalyse beispielsweise die Erhöhung von Forschungs- und Entwicklungsausgaben, die Beherrschung von Akquisitionsprozessen, die Umgestaltung von Strukturen, das Ausmaß an Produktinnovationen sowie die Aufnahme von Wissen aus der Umwelt und dessen Nutzung in der Organisation in Form der Absorptive Capacity (Ambrosini & Bowman, 2009, S. 36; Zahra & George, 2002) als Möglichkeit zur Operationalisierung von Dynamic Capabilities. Trotz dieser Konkretisierung bleibt das Konstrukt der Dynamic Capabilities unscharf. So sind Produktinnovationen nicht grundsätzlich als Dynamic Capabilities anzusehen, sondern teilweise nur eine kontinuierliche Weiterentwicklung von Kernkompetenzen (O'Reilly III & Tushman, 2008, S. 200). Vor allem für die quantitative empirische Forschung müssten sie noch eindeutiger formuliert werden. Diesbezüglich leisten Sprafke, Externbrink und Wilkens (2011; 2012) einen wesentlichen Beitrag, indem sie Dynamic Capabilities über die vier Kompetenzdimensionen „Kombination“, „Kooperation“, „Selbstreflexion“ und „Komplexitätsbewältigung“ (Sprafke et al., 2011, S. 8) operationalisieren (siehe dazu ausführlich Kapitel 4.1.4).

Identifizierung von Ambidextrie

Uotila, Maula, Keil und Zahra (2009) identifizieren zwei zentrale Herangehensweisen zur Identifizierung von Ambidextrie in Unternehmen. Die erste Herangehensweise ist eine Bewertung sogenannter „Suchaktivitäten“[4] (S. 224) des jeweiligen Unternehmens. Das Ausmaß hängt davon ab, inwieweit sich diese Aktivitäten auf verschiedene Technologien oder Bereiche beziehen (Uotila et al., 2009, S. 224). Die zweite Herangehensweise beinhaltet Verfahren, bei denen zentrale Organisationsmitglieder das Ausmaß einschätzen, in dem ihre Organisation und deren Innovationsaktivitäten auf Exploitation oder Exploration ausgerichtet sind (Uotila et al., 2009). Die Autoren selbst analysierten Dokumente in Bezug auf die Stichworte, die March (1991) selbst Exploitation („... refinement, choice, production, efficiency, selection, implementation, execution“) (March, 1991, S. 71) und Exploration („... search, variation, risk taking, experimentation, play, flexibility, discovery, innovation“ (March, 1991, S. 71) zugeordnet hat. Das Ausmaß an Exploitation oder Exploration in einem Unternehmen wurde nach der relativen Worthäufigkeit bestimmt (Uotila et al., 2009). Die Ambidextrie kann zudem über Skalen gemessen werden. Für die Messung von Exploitation und Exploration entwickelten Jansen, Vera und Crossan (2009) sowie Nemanich und Vera (2009) Skalen.

[4] „search activity“, übersetzt durch den Verfasser.

2.5 *Aufbau von Kernkompetenzen und Dynamic Capabilities*

Im Folgenden wird näher betrachtet, wie organisationale Kompetenzen (insbesondere Kernkompetenzen und Dynamic Capabilities) aufgebaut werden können. Anhand der Darstellung der Komplexität des Aufbaus von organisationalen Kompetenzen wird auch gezeigt, wie beispielsweise die schwere Imitierbarkeit als Kriterium für Kernkompetenzen (siehe Kapitel 2.2.2) zustande kommt. Kernkompetenzen entstehen durch unternehmensspezifische Lernprozesse (Hagan, 1996; Hinterhuber, 2004, S. 120; Prahalad & Hamel, 1990; Wagner et al., 2005; Lei, Hitt & Bettis, 1996, S. 553). Da sie wesentlich mit der Unternehmensgeschichte verbunden sind, können sie nicht vollständig imitiert werden (Hümmer, 2001, S. 87).

2.5.1 Modelle zum Aufbau von organisationalen Kompetenzen

2.5.1.1 Modelle zum Aufbau von Kernkompetenzen

Einen ersten Ansatz zum Aufbau von Kernkompetenzen liefern bereits Prahalad und Hamel (1990) durch ihre Definition von Kernkompetenzen als Lernprozesse. Zudem wird von den Autoren das gemeinsame Verständnis von Technologien und Märkten angesprochen. Durch die Nutzung von Kernkompetenzen für verschiedene Produkte und Marktsegmente ergibt sich die Notwendigkeit der Verknüpfung zwischen verschiedenen Bereichen. Schreyögg und Kliesch (2003) greifen dies auf und konzipieren organisationale Kompetenz

„... als komplexe, prozessuale Selektions- und Verknüpfungsleistung [...], die einen erfolgreichen Umgang mit komplexen Sachverhalten, so die Annahme, erfordert und mehr als nur die reine Kombination von Wissen darstellen muss". (S. 77)

Für die Entwicklung dieser organisationalen Kompetenzen führen Schreyögg und Kliesch (2003, S. 76) organisationales Lernen, Unternehmenskultur und die Unternehmensstruktur an. Als zentrale Ansatzpunkte für die Entwicklung von organisationalen Kompetenzen nennen sie die Lerntheorie von Argyris und Schön (1999, 2006). Single-Loop Lernprozesse sind danach eine Voraussetzung für die Entstehung von organisationalen Kompetenzen. Durch sie können allerdings nur inkrementelle Veränderungen und Weiterentwicklungen vorgenommen werden. Erst durch Double-Loop Lernprozesse ist eine Organisation in der Lage, Ressourcen auf vollkommen neue Weise zu kombiniere (Schreyögg & Kliesch, 2003, S. 54 f.). In Bezug auf die Unternehmenskultur scheint die Ausprägung der grundlegenden Annahmen über die Beziehung der Organisation zu ihrer Umwelt oder zum vorherrschenden Menschenbild besonders entscheidend zu sein (Schreyögg & Kliesch, 2003, S. 60 ff.). Organisationsstrukturen können insbesondere die organisationale Selektions- und Verknüpfungsleistung fördern. Dafür sollten sie auf „... Flexibilität [...] ausgelegt und eine horizontale Integration im Sinne abteilungsübergreifender Kooperation zulassen" (Schreyögg & Kliesch, 2003, S. 75). An dieser Stelle sei auch auf den bereichsübergreifenden Einsatz von Kernkompetenzen bei Prahalad & Hamel (1990) und die Notwendigkeit der Verknüpfung durch das Top-Management-Team im Rahmen der

Ambidextrieforschung (O'Reilly III & Tushman, 2008) verwiesen. Als sehr förderlich werden auch Netzwerkbeziehungen genannt, die sich durch „... informelle Kommunikation und Spontankoordination" (Schreyögg & Kliesch, 2003, S. 72) auszeichnen.

2.5.1.2 *Modelle zum Aufbau von Dynamic Capabilities*

Zentrale Ansätze zum Aufbau von Dynamic Capabilities, die Ansatzpunkte für die Verknüpfung von individuellen und organisationalen Kompetenzen bieten, wurden von Teece (2007) und Wollersheim (2010) vorgelegt. Diese werden im Folgenden vorgestellt.

Sensing, Seizing und Reconfiguring nach Teece

Teece (2007) sieht „sensing" (wahrnehmen)[5] (S. 1319), „seizing" (ergreifen, sich bemächtigen)[6] (S. 1319) und „reconfiguring" (S. 1319) (neu gestalten oder konfigurieren)[7] als zentrale Prozesse oder Fähigkeiten an, die den Dynamic Capabilities auf Unternehmensebene zugrunde liegen.

Unter dem Begriff Sensing fast Teece (2007) die „[a]nalytical Systems (and Individual Capacities) to learn and to Sense, Filter, Shape, and Calibrate Opportunities" (S. 1326) zusammen. Um diese Möglichkeiten wahrzunehmen und durch eigene organisationale Lern- und Entwicklungsprozesse zu erzeugen, müssen Unternehmen in besonderer Weise in der Lage sein, eigene neuartige Forschungsaktivitäten zu betreiben und neue Technologien zu erschließen sowie auf Innovationen von beispielsweise Lieferanten zurückgreifen zu können. Zudem sollten sie nützliche Entwicklungen aus anderen Bereichen bzw. Wissenschaften erkennen können. Um den Veränderungen auf den Kundenmärkten gerecht zu werden, müssen sie Prozesse besitzen, um Veränderungen in den Kundenbedürfnissen oder Zielmärkte erkennen zu können (Teece, 2007, S. 1326).

Seizing stellt die Prozesse und Strukturen dar, mit denen die identifizierten Möglichkeiten kommerziell genutzt werden (Teece, 2007, S. 1326). Dazu müssen geeignete Geschäftsmodelle und Kundenlösungen sowie -gruppen ausgewählt sowie Entscheidungsstrukturen aufgebaut werden. Die Aufgabe des Top-Managements ist es, durch effektive Kommunikation und die Gestaltung einer entsprechenden Unternehmens- und Führungskultur den Bezug zu den Werten und die Bildung von Loyalität und Commitment bei den Mitarbeitern zu fördern (Teece, 2007). Die ausführliche Verknüpfung von Commitment mit dem Konzept der Dynamic Capabilities sieht Teece (2007) als noch zu füllende Forschungslücke an. In der psychologischen Literatur wird Commitment am umfangreichsten beschreiben durch das Modell von Allen und Meyer (1990).

Schließlich müssen im Rahmen des Reconfiguring materielle wie immaterielle Vermögensgegenstände neu zusammengestellt und so nutzbar gemacht werden (Teece, 2007,

---

[5] Übersetzt durch den Verfasser.

[6] Übersetzt durch den Verfasser.

[7] Übersetzt durch den Verfasser.

S. 1340). Aufbauend auf entsprechenden strategischen Zielen, sollten die Prozesse des Lernens und des Wissensaustausches durch ein Wissensmanagementsystem unterstützt werden (Teece, 2007, S. 1340).

Verknüpfungen zur psychologischen Kompetenzforschung lassen sich im Rahmen des Ansatzes von Teece (2007) vor allem im Sensing-Prozess finden, der neben organisationalen Systemen auf speziellen Kompetenzen von zentralen Akteuren beruht, die für die Analyse von neuen Geschäftsbereichen hilfreich sind. Seizing könnte vor dem Hintergrund der Unternehmenskultur- und Commitment-Forschung vertieft betrachtet werden. Die psychologische Grundlagen des Wissensaustausches könnten die Diskussion um den Reconfiguring-Prozess bereichern (Teece, 2007).

Modell zur Gestaltung von Ambidextrie nach Wollersheim

Raisch und Birkinshaw (2008) identifizieren in einer Literaturanalyse die Organisationsstrukturen, die Gestaltung des Kontextes, die Unternehmenskultur oder Leadership als Antezedentvariablen. Im Modell von Wollersheim (2010) kann Ambidextrie in Analogie zu Schreyögg und Kliesch (2003) durch die Organisationsstruktur, organisationales Lernen und die Unternehmenskultur beeinflusst werden. Die Übersicht wird in Abbildung 2 dargestellt.

Wie in Kapitel 2.3.2 dargestellt, wird Exploitation im Modell von Wollersheim (2010) durch „Wiederholte Handlungsabfolge“ (S. 18) und „Gelegentliche Suboptimalität“ (S. 18) und Exploration durch „Kombination“, „Kooperation“, „Komplexitätsbewältigung“ und „Selbstreflexion“ (S. 18) abgebildet. Die Wirkungsweisen von organisationalem Lernen, Kultur, Führung und Struktur auf die verschiedenen organisationalen Kompetenzen werden in den folgenden Kapiteln erläutert.

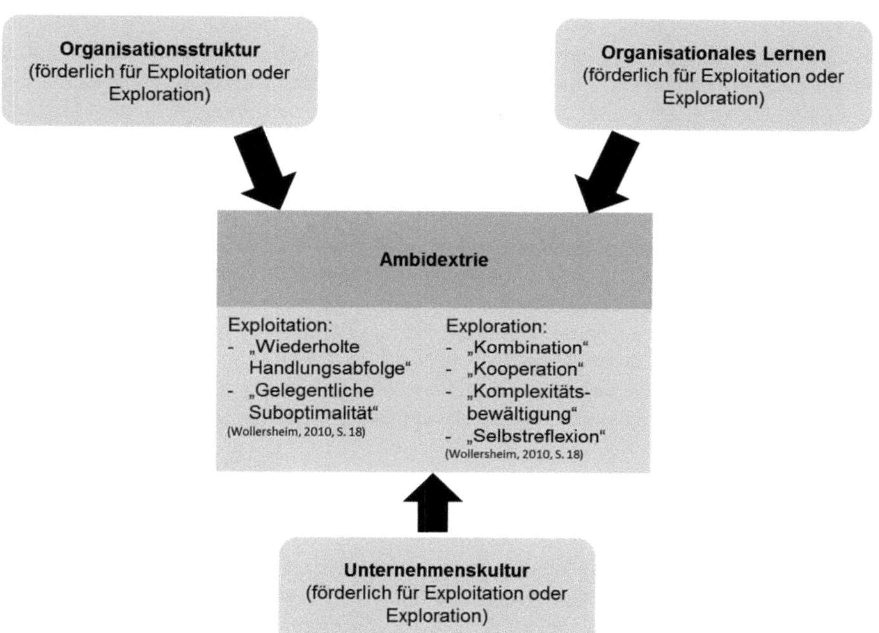

Abbildung 2: Ambidextrie-Modell: Wesen und förderliche Faktoren (modifizierte vereinfachte Darstellung nach Wollersheim, 2010, S. 18)

2.5.2 Organisationales Lernen

Zusammenhang von organisationalem Lernen und organisationalen Kompetenzen

Wie in Kapitel 2.2.2 dargestellt, basieren organisationale Kompetenzen auf Lernprozessen. In Bezug auf die Kernkompetenzen dienen sie dazu, Ressourcen wie Technologien und die Fähigkeiten der Mitarbeiter zu bündeln, um die Grundlage für nachhaltige Wettbewerbsvorteile zu bilden (Hamel, 1994; Prahalad & Hamel, 1990). Kernkompetenzen sind nach Ansicht vieler Autoren das Ergebnis von Double-Loop Lernprozessen (Hagan, 1996, S. 156; Lei et al., 1996, S. 551). Dynamic Capabilities stellen die Lern- und Veränderungsfähigkeit der Organisation dar (Güttel, 2006; Teece & Shuen, 1997). Im Rahmen des Konzepts der Second-order Dynamic Capabilities wird die Fähigkeit einer Organisation, Lernprozesse zu initiieren, thematisiert. Diese Dynamic Capabilities beziehen sich auf das systematische Sammeln von Erfahrungen sowie die Artikulation, Teilung und Kodifizierung von Wissen (Güttel, 2006; Zollo & Winter, 2002) und können als Ergebnis von Deutero-Loop-Learning (Argyris & Schön, 2006) Prozessen angesehen werden (Friesl, 2007, S. 122).

Aufgrund der Bedeutung von Lernprozessen für die Entwicklung von organisationalen Kompetenzen wird im Folgenden betrachtet, wie Organisationen lernen können. Lernen findet zunächst auf der individuellen Ebene statt, indem sich Individuen Wissen und Kompetenzen aneignen (Hümmer, 2007; Schaper, 2007). Diese Kompetenzen der Mitarbeiter stellen die zentrale Grundlage für die organisationalen Kompetenzen dar (Hümmer, 2001, S. 86 f.). Sie können jedoch nur wirksam werden, wenn eine Koordination zwischen den einzelnen Mitarbeitern stattfindet (Raich & Schober, 2006).

Als zentrales gemeinsames Element in den verschiedenen Definitionen von Lernprozessen sieht Schaper (2007) „...die dauerhafte Speicherung von Erfahrungen, den Aufbau neuer Wissensstrukturen und/oder die Veränderung von Verhaltens- und Denkweisen“ (S. 43) an. Er betrachtet dabei hauptsächlich das Lernen von Individuen, bezieht aber auch derartige Prozesse von Organisationen mit ein. Dieses Lernen von Organisationen entsteht, „... wenn Individuen lernen und das erworbene Wissen Einzelner zur gemeinsamen Lösung von komplexen Aufgabenstellungen zusammengeführt wird“ (Buhmann, 2006, S. 87).

Ansätze des organisationalen Lernens zur Unterstützung von organisationalen Kompetenzen

Die Forschung zum organisationalen Lernen ist durch sehr unterschiedliche Ansätze geprägt. Der Begriff des organisationalen Lernens kann deshalb nicht eindeutig definiert werden (Crossan, Lane & White, 1999, S. 522). Die einzelnen Ansätze beschreiben vielmehr bestimmte Aspekte, wie Organisationen lernen können und in welcher Art und Weise dadurch eine Verknüpfung von individuellen und organisationalen Handlungsmöglichkeiten stattfinden kann.

Senge (1996) prägte den Begriff der „Lernenden Organisation“ (Franken, 2010). Er zeigt auf, wie Unternehmen Lernhindernisse vermeiden und individuelles mit organisationalem Lernen verknüpfen können. Danach sind Menschen zunächst grundsätzlich bereit zu lernen (Franken, 2010; Senge, 1996). Lernende Organisationen sind nach Senge (1996) „... ein Ort, an dem Menschen kontinuierlich entdecken, dass sie ihre Realität selbst erschaffen“ (S. 22). Häufig entstehen bei der Arbeit in den Organisationen jedoch Hindernisse für Lernprozesse (Franken, 2010; Senge, 1996). Als zentrale Gestaltungsmaßnahmen schlägt Senge (1996) vor, Mitarbeiter zu motivieren sich weiterzuentwickeln und bekanntes Wissen und Prozesse zu hinterfragen. Durch diesen Schritt soll das Kompetenzniveau des einzelnen Mitarbeiters erhöht werden (Senge, 1996). Die für die Bildung von organisationalen Kompetenzen notwendige Koordination von einzelnen Mitarbeitern (Raich & Schober, 2006) erfolgt insbesondere durch *„mentale Modelle*“ (Senge, 1996, S. 214) und die Entwicklung von gemeinsamen Zielen und Visionen (Senge, 1996).

Argyris und Schön (1999, 2006) prägen die Systematik der unterschiedlichen Lernstufen Single-, Double- und Deutero-Loop-Learning. Diese Lernprozesse auf den unterschiedlichen Stufen sind die Grundlage für Kernkompetenzen, Dynamic Capabilities und Routinen (Hagan, 1996; Friesl, 2007; Kim, 1993; Schreyögg & Kliesch, 2003; Teece, 2007).

Diese Theorie bildet auch die Grundlage für die Ansätze weiterer Autoren wie beispielsweise von Kim (1993). Sein Ansatz (siehe Abbildung 3) wird in dieser Arbeit betrachtet, weil er den Prozess der Entstehung von Routinen durch individuelles und organisationales Lernen und die Verknüpfung dieser Lernarten erklärt.

Individuen lernen, indem sie handeln und die Folgen dieses Handelns beobachten. Diese Beobachtungen reflektieren und bewerten sie, um sich aus diesen Erkenntnissen ein Konzept für das weitere Handeln zu überlegen. Dieses Konzept testen sie durch seine Implementierung. Implementieren und Beobachten stellen dabei das operationale Lernen dar, bei dem neues Wissen und neue Fähigkeiten erworben werden. Die Bewertung und die Konstruktion eines Konzeptes bezeichnet Kim als konzeptionelles Lernen. Dieser individuelle Lernkreislauf beeinflusst die mentalen Modelle eines Individuums. Sie beinhalten zum einen ein Bezugssystem, in dem abgebildet ist, welchen Kriterien eine Handlung grundsätzlich genügen sollte, und zum anderen Routinen, die sich durch wiederkehrende Handlungen, die zuvor aufgrund des Bezugssystems ausgewählt wurden, herausbilden. Im Rahmen dieses individuellen Double-Loop-Learning Prozesses findet allerdings auch eine Rückkopplung von den mentalen Modellen auf den Lernkreislauf statt. Routinen wirken sich dabei auf operationale Lernprozesse aus, während das Bezugssystem das konzeptionelle Lernen beeinflusst. Individuelle mentale Modelle haben Einfluss auf solche auf der organisationalen Ebene, wenn sie artikuliert werden. Der Einfluss der mentalen Modelle verschiedener Individuen kann dabei sehr unterschiedlich sein. Eine besondere Bedeutung kommt in der Regel den mentalen Modellen der oberen Führungskräfte zu. Sie können in besonderem Maße die Weltanschauung beeinflussen, die wiederrum den Rahmen für das wiederkehrende Handeln in der jeweiligen Organisation in Form von Routinen vorgibt. Umgekehrt wird allerdings auch das Bezugssystem des Individuums von den organisationalen mentalen Modellen herausgefordert. In beide Richtungen entsteht ein Double-Loop-Learning Prozess (Kim, 1993).

Die organisationalen mentalen Modelle bestimmen das Handeln der Organisation. Individuen nehmen auf dieses Handeln Einfluss, erhalten aber auch Feedback durch die Umwelt. Daraufhin passen sie durch operationales Lernen im Rahmen eines individuellen Single-Loop Lernprozesses ihr Handeln an. Sofern erhebliche Anpassungen an die Umwelt notwendig sind, muss der beschriebene ebenenübergreifende Lernprozess erneut begonnen werden (Kim, 1993).

Die Lerntheorie von Kim (1993) scheint aus folgenden Gründen von zentraler Bedeutung für diese Arbeit zu sein: Erstens erklärt sie, wie individuelles Lernen, das Grundlage für die individuelle Kompetenzentwicklung ist (Erpenbeck et al., 2007), Einfluss auf das Handlungsvermögen einer Organisation bekommen kann. Zum zweiten macht sie deutlich, wie Organisationen das Handeln und Lernen von Individuen gezielt beeinflussen können. Zum Dritten erläutert sie, wie Individuen organisationale Routinen und das organisationale Bezugssystem, das auch als Ansammlung von Regeln verstanden werden kann, die den Dynamic Capabilities zugrunde liegen (Güttel, 2006), beeinflussen können und wie es sie selbst beeinflusst.

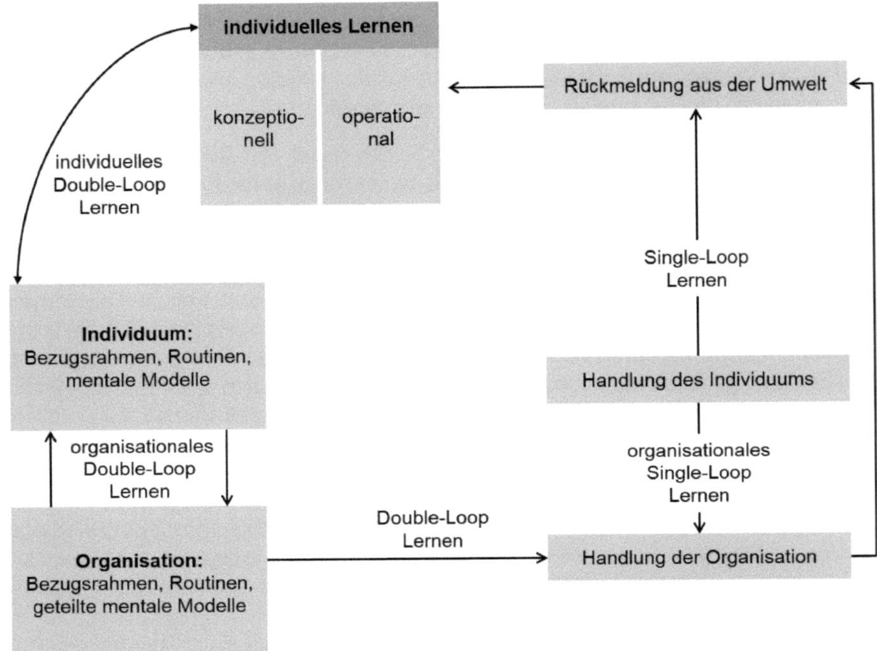

Abbildung 3: Integriertes Lernmodell nach Kim (Kim, 1993, S. 44, modifizierte vereinfachte Darstellung)

Crossan et al. (1999, S. 524) stellen mit dem 4 I-Modell die Beziehung zwischen Lernen und strategischer Erneuerung von Organisationen her. Im Modell sind die vier Lernprozesse, für die die vier „i" stehen, *"intuiting" (intuitiv erahnen)," interpreting" (interpretieren), "integration" (integrieren) und "institutionalizing" (institutionalisieren)* (Crossan et al., 1999, S. 525)[8] *sowie die* Ebenen Individuum, Gruppe und Organisation abgebildet (Crossan et al., 1999). Dieser Ansatz bildet ein wesentliches lerntheoretisches Fundament für die Verknüpfung von Explorations- und Exploitations-Prozessen im Rahmen der Ambidextrie (Nemanich & Vera, 2009; Vera & Crossan, 2004).

Das Lernen auf der Ebene der Individuen vollzieht sich noch unbewusst. Dies ist der „Intuiting"-Prozess. Indem im Interpretationsprozess bewusst bestimmte Elemente aufgegriffen und mit anderen geteilt werden, findet Lernen auf der Gruppenebene statt. Durch Integration wird das Erlernte der gesamten Organisation zugänglich und schließlich im Prozess der Institutionalisierung in Routinen und Strukturen abgebildet (Vera & Crossan, 2004, S. 225). Neues Wissen wird im Rahmen des „Feed forward" (Crossan et al., 1999, S. 532) Lernens ausgehend vom „Intuiting" des Individuums über das Lernen in der

[8] Übersetzt durch den Verfasser.

Gruppe schließlich institutionalisiert und damit in den angesprochenen Routinen und Strukturen verankert. Der Schritt vom Interpretieren hin zum Integrieren bewirkt den Wechsel von der Individuumsebene auf die Gruppenebene. Einzelne Mitarbeiter müssen in der Lage sein, ihre kognitiven Landkarten gegenüber anderen zu kommunizieren. Der Feedback-Lernprozess transportiert das bestehende und bereits institutionalisierte Wissen über die Gruppe zum Individuum. Durch den Feedback-Prozess wird das bestehende Wissen genutzt (Crossan et al., 1999, S. 532). Feed-forward Lernen entspricht dabei dem Exploration-Lernprozess und Feedback-Lernen dem Exploitations-Lernprozess (Crossan et al., 1999, S. 524; Vera & Crossan, 2004, S. 226).

2.5.3 Unternehmenskultur und Führung als Beitrag zum organisationalen Lernen

Weitere zentrale Einflussfaktoren auf die organisationalen Kompetenzen sind die Unternehmenskultur und das damit verbundene Verhalten von Führungskräften. Da organisationale Kompetenzen auf Lernprozessen beruhen (Prahalad & Hamel, 1990; Schreyögg & Kliesch, 2003), kann angenommen werden, dass eine lernorientierte Unternehmenskultur besonders förderlich für deren Entwicklung ist.

2.5.3.1 Unternehmenskultur und organisationale Kompetenzen

Bevor der Zusammenhang zwischen der Kultur einer Organisation und ihren organisationalen Kompetenzen hergestellt wird, werden die Konstrukte „Unternehmenskultur“ und „Lernkultur“ erklärt.

Unternehmens- und Lernkultur

Schein (1995) definiert Unternehmenskultur als

> *„[e]in Muster gemeinsamer Grundprämissen, das die Gruppe bei der Bewältigung ihrer Probleme externer Anpassung und interner Integration erlernt hat, das sich bewährt hat und somit als bindend gilt; und das daher an neue Mitglieder als rational und emotional korrekter Ansatz für den Umgang mit Problemen weitergegeben wird.“ (S. 25)*

Nach Sackmann (2004b) ist Unternehmenskultur

> *„... die von einer Gruppe gemeinsam gehaltenen grundlegenden Überzeugungen, die für die Gruppe insgesamt typisch sind. Sie beeinflussen Wahrnehmung, Denken, Handeln und Fühlen der Gruppenmitglieder und können sich auch in deren Handlungen und Artefakten manifestieren. Die Überzeugungen werden nicht mehr bewusst gehalten, sie sind aus der Erfahrung der Gruppe entstanden und haben sich durch die Erfahrungen der Gruppe weiterentwickelt, d. h. sie sind gelernt und werden an neue Gruppenmitglieder weitergegeben.“ (S. 25)*

Die Unternehmenskultur basiert somit auf grundlegenden gemeinsamen Überzeugungen von Individuen. Diese Überzeugungen beeinflussen ihre Wahrnehmung und die Art, wie Handlungen vollzogen und Probleme gelöst werden. Sie sind den beteiligten Personen nicht mehr unmittelbar bewusst, werden aber neuen Mitgliedern in einer Gruppe oder Organisation vermittelt (Sackmann, 2004b; Schein, 1995). Dieser Teil der Unternehmenskultur ist damit der Betrachtung durch Externe kaum zugänglich. Erkennbar sind hingegen Artefakte wie Organigramme sowie Teile des Verhaltens der Organisationsmitglieder und der Standards einer Organisation (Sackmann, 2004b). Gestaltet wird die Unternehmenskultur sehr wesentlich durch das obere Management, das die Rahmenbedingungen für deren Entwicklung setzt. Die Führungskräfte aller Hierarchieebenen sollen die festgelegte Unternehmenskultur repräsentieren (Sackmann, 2004a, S. 37).

Kultur beeinflusst das Lernen in Organisationen wesentlich. Besonders deutlich wird dies am Konzept der Lernkultur. Aufbauend auf einer Literaturanalyse, fasst Friebe (2005) die zentralen Aspekte des Konstrukts Lernkultur folgendermaßen zusammen:

„Lernkultur ist der Ausdruck des Stellenwertes von Lernen im Unternehmen und zielt auf berufliche Kompetenzentwicklung ab. Hierbei werden individuelle, gruppenbezogene und organisationale Lernprozesse verzahnt und lernrelevante Rahmenbedingungen geschaffen. Eine Lernkultur im Unternehmen zeigt sich durch Integration von Lernen in die Unternehmensphilosophie, durch Bereitstellen von unterstützenden, organisationalen Rahmenbedingungen und geeigneten Führungskonzepten.“ (S. 1)

Lernen ist in einer stark ausgeprägten Lernkultur ein elementarer Bestandteil der Erfüllung der Arbeitsaufgabe in der Organisation und ist damit nicht ergänzend zu den primären Aufgaben der Mitarbeiter zu sehen. Die Entwicklung des einzelnen Mitarbeiters wie auch von Gruppen und der Organisation insgesamt rückt damit in den Fokus des organisationalen Zielsystems (Friebe, 2005). Nach Sonntag und Stegmaier (2007) bezieht sich die Lernkultur auf die Entwicklung der Kompetenzen und die Fähigkeit des Unternehmens, Innovationen hervorzubringen und sich flexibel anzupassen (Sonntag & Stegmaier, 2007, S. 172). Damit werden die individuelle und die organisationale Ebene verbunden.

Ein wichtiges empirisches Instrument, um den Stellenwert des Unternehmens messbar zu machen, ist das Lernkulturinventar (Schaper, Friebe, Wilmsmeier & Hochholdinger, 2006; Sonntag & Stegmaier, 2007, S. 172). Das Instrument zeigt auch deutlich die Vielseitigkeit des Konstrukts „Lernkultur“ auf. Einige zentrale Themen in diesem Instrument sind Berücksichtigung des Lernens in der Unternehmensphilosophie, die Ausgestaltung der Personal- und Kompetenzentwicklung, die Lernbedingungen bei der Zusammenarbeit zwischen Mitarbeitern, der Wissensaustausch oder auch die Rolle der Führungskraft in der Förderung von Lernprozessen (Sonntag & Stegmaier, 2007, S. 173 ff.). Führungskräfte können die Lernkultur beispielsweise fördern, indem sie auf Lernmöglichkeiten bei Arbeitsaufgaben hinweisen, Feedback geben sowie dieses Thema bei Zielvereinbarungsgesprächen berücksichtigen (Sonntag & Stegmaier, 2007, S. 177).

Unternehmenskultur und organisationale Kompetenzen

Barney (1986) stellt den Bezug zwischen Resource-based View und Unternehmenskultur her und diskutiert, inwiefern Unternehmenskultur den Kriterien für eine Ressource (wertvoll, selten, nur unvollständig zu imitieren) genügen kann, um dadurch zu einem nachhaltigen Wettbewerbsvorteil zu werden. Sackmann (2004a) greift diesen Gedanken auf und sieht Kultur als wichtigen Einflussfaktor für den nachhaltigen Erfolg eines Unternehmens.

Schreyögg und Kliesch (2003) nennen in ihrem Modell folgende kulturelle Faktoren als förderlich für die Entwicklung von organisationalen Kompetenzen:

- „Offenheit für (neue) Impulse,
- Betonung von Kooperation und Vertrauen,
- Wahrnehmung der Umwelt als bewältigbare Größe,
- Revidierte Wahrheitsfindungsprozeduren und
- Entwicklungsfähigkeit, Lernbereitschaft, Kreativität und Aktivität von Individuen als Merkmale des impliziten Menschenbildes." (S. 74 f.)

Die in dieser Aufzählung angeführte Bereitschaft zu lernen, die Offenheit für neues sowie die Suchprozesse zur Findung der Wahrheit finden sich in den Definitionen der verschiedenen Arten von organisationalen Kompetenzen wie Kernkompetenzen (Prahalad & Hamel, 1990), Dynamic Capabilities (Teece & Shuen, 1997) sowie Exploration (March, 1991) wieder. Wollersheim (2010) greift das Modell von Schreyögg und Kliesch (2003) auf und sieht die „Offenheit", ein „positives Menschenbild" und eine „Lernkultur" (S. 18) als Voraussetzungen für Exploitations- wie Explorations-Lernprozesse. Dieser Liste fügt sie den Begriff „Unity-in-Diversity" (S. 18) hinzu und drückt damit zum einen aus, dass Diversität beziehungsweise das Zusammenwirken von Mitarbeitern, die sehr unterschiedliche Vorgehensweisen bei der Aufgabenbewältigung einsetzen, Exploration fördert. Zum anderen werden durch das Begriffspaar aber auch die gemeinsamen und verlässlichen Orientierungsmuster in einer Organisation betont (Wollersheim, 2010, S. 16). Die „Wahrheitsfindungsprozeduren" (Schreyögg & Kliesch, S. 74) finden sich hingegen in der Beschreibung einer ambidextriefördernden Kultur von Wollersheim (2010) nicht wieder. Diese dürften Reflexionsprozesse voraussetzen, die eine Voraussetzung für Exploration sind, in Teams mit reinen Exploitations-Aufgaben jedoch die Produktivität vermindern könnten (Busch & Hobus, 2012, S. 29) und deshalb nicht oder zumindest nicht in hohem Maße anzustreben sind.

Die im Modell von Wollersheim (2010) dargestellte „Unity-in-Diversity" (S. 18) wird auch durch die qualitative Studie von Güttel und Konlechner (2009) unterstützt.[9] Werte und Normen bei ambidextren Unternehmen unterscheiden sich häufig zwischen Organisationseinheiten mit Fokus auf Exploitation und Exploration. Eine wichtige Grundlage für die Bildung dieser Subkulturen liegt auch in der Ausbildung der jeweiligen Mitarbeiter bezie-

[9] Siehe hierzu auch Renzl, Rost und Kaschube 2011, S. 11 f..

hungsweise in der Zugehörigkeit zu ihren wissenschaftlichen Disziplinen, die die Entwicklung von Werten entscheidend prägen. Güttel und Konlechner (2009) können deshalb nicht grundsätzlich sagen, wie die Werte und Normen in ambidextren Organisationen gestaltet werden sollten. Nach ihrer Studie erscheinen jedoch die Faktoren einer starken Leistungsorientierung und Gruppennormen sowie ein einheitlicher Bezugsrahmen für die Schaffung von kontextueller Ambidextrie förderlich zu sein. Durch diese Mechanismen kann verhindert werden, dass sich einzelne Teammitglieder entweder nur Explorations- oder nur Exploitations-Prozessen zuwenden. In den untersuchten Unternehmen wurde der Leistungsgedanke in besonderer Weise betont und sowohl auf Forschungsaktivitäten als auch auf die Erbringung von Dienstleistungen bezogen. Durch die Einbindung der Mitarbeiter in Teams werden ihre Beiträge zu Exploitations- und Explorations-Aufgaben für die anderen Gruppenmitglieder gut erkennbar und es entsteht ein Gruppendruck, sich an beiden Aktivitäten zu beteiligen. Durch eine niedrige Führungsspanne kann die Verteilung der Projekte gezielt nach Exploitation und Exploration gesteuert und eine gleichmäßige Kompetenzentwicklung für beide Bereiche sichergestellt werden (Güttel & Konlechner, 2009, S. 161). Die Einbindung in verschiedene Projektteams für Explorations- und Exploitations-Aufgaben fördert auch die Gestaltung eines gemeinsamen Bezugsrahmens, der sich insbesondere durch ein einheitliches Verständnis aller Beteiligten bezüglich der zentralen Geschäftsidee ausdrückt. Dieser gemeinsame Rahmen fördert den unternehmensweiten Wissensaustausch und unterstützt das Lernen im Unternehmen. Güttel und Konlechner (2009, S. 162) konnten zeigen, dass durch den gemeinsamen Rahmen Wissen zu Exploitations- und Explorations-Prozessen im Gegensatz zur strukturellen Ambidextrie nicht nur aufgrund der Aktivitäten des Top-Management-Teams, sondern in hohem Maße auch durch die Mitarbeiter selbst zusammengeführt wurde.

Der Bezug des Konzeptes Lernkultur (Friebe, 2005) zu den Dynamic Capabilities scheint offensichtlich zu sein, da in diesem wie insbesondere in den Second-order Dynamic Capabilities (Zollo & Winter, 2002) die Lernprozesse auf individueller und organisationaler Ebene selbst thematisiert werden (Güttel, 2006; Sonntag & Stegmaier, 2007, S. 172). In der Ambidextrie-Forschung stellen Nemanich und Vera (2009) in einer quantitativen empirischen Studie, die begleitend zu einer Unternehmensakquisition durchgeführt wurde, einen Bezug zwischen Lernkultur, transformationaler Führung und Ambidextrie her. Demnach unterstützt Lernkultur zusammen mit transformationaler Führung Ambidextrie (Nemanich & Vera, 2009). Die Autoren operationalisieren Lernkultur dabei durch die Variablen „psychological safety“ (Psychologische Sicherheit)[10], „openness for diverse opinions“ (Offenheit für verschiedenartige Meinungen) und „participation in decision making“ (Teilnahme an Entscheidungsprozessen) (Nemanich & Vera, 2009, S. 28). In ihrer Studie zeigen sie, dass die von ihnen beschriebene Lernkultur Ambidextrie und damit sowohl Exploration als auch Exploitation fördert (Nemanich & Vera, 2009, S. 28). Die von ihnen gewählte Operationalisierung ermöglicht es, Lernkultur neben weiteren Variablen,

[10] Jeweils übersetzt durch den Verfasser.

wie in dieser Untersuchung transformationaler und transaktionaler Führung und Ambidextrie, in Befragungen in Organisationen zu messen. Vergleicht man den Ansatz zur Messung von Lernkultur von Nemanich und Vera (2009) jedoch mit den Ansätzen von Friebe (2005) oder Schaper et al. (2006), so wird deutlich, dass das Konstrukt Lernkultur darin sehr verkürzt abgebildet ist.

2.5.3.1 Führungsstile und Dynamic Capabilities

Führung und Führungsstile

Eine weitere Möglichkeit zur Förderung von organisationalen Kompetenzen ist die Führung von Mitarbeitern (Nemanich & Vera, 2009). Comelli und von Rosenstiel (2001) verstehen unter Führung eine „... zielbezogene Einflussnahme auf arbeitende Menschen" (S. 85). Neuberger (2002) arbeitet auf der Grundlage der Analyse zahlreicher Führungsdefinitionen die Folgende heraus: „Personelle Führung ist legitimes Konditionieren bestimmten Handelns von Geführten in schlecht strukturierten Situationen mit Hilfe von und in Differenz zu anderen Einflüssen" (Neuberger, 2002, S. 47). Einen starken Bezug zu Veränderungen in Organisationen beinhaltet die Führungsdefinition von Bass (1990, S. 19 f.: übersetzt von Neuberger, 2002, S. 14):

> *„Führung ist eine Interaktion zwischen zwei oder mehr Gruppenmitgliedern und beinhaltet oft eine Strukturierung oder Restrukturierung der Situation und der Wahrnehmungen und Erwartungen der Mitglieder. Führer sind Agenten des Wandels – Personen, die Handlungen anderer Menschen mehr betreffen als die Handlungen anderer Menschen sie betreffen"* (Bass, 1990, S. 19 f.).

Neben dem Veränderungsgedanken wird in diesen Definitionen auch die Interaktion mit anderen Organisationsmitgliedern deutlich. Anhand des handlungstheoretischen Führungsverständnisses von Neuberger soll gezeigt werden, wie die Elemente des Führungsprozesses aufeinander wirken.

Im Mittelpunkt der Betrachtung steht bei Neuberger (2002) die Führungskraft. Sie ist eingebunden in ein Beziehungsnetzwerk zu ihren Mitarbeitern und ihrem Vorgesetzten. Die Möglichkeiten, mit ihren Mitarbeitern Erfolge zu erzielen, hängen neben den Merkmalen der eigenen Person und der ihrer Mitarbeiter wesentlich vom Kontext wie der Ausprägung von Führungssubstituten (beispielsweise Anreizsystemen oder auch Kompetenzmodellen) ab. Die Führungskraft selbst nimmt in diesem Prozess Einfluss auf andere. Aber auch die Geführten, die in der Hierarchie höheren Führungskräfte sowie weitere Personen nehmen Einfluss auf die Führungskraft. Führung ist damit ein zweiseitiger Prozess. Schließlich verändert sich die Führungskraft durch ihr Handeln in den Führungssituationen auch selbst (Neuberger, 2002). Dieses Handeln in Verbindung mit Reflexionsprozessen ist damit die Grundlage für die Entwicklung von Führungskompetenzen (Heyse & Erpenbeck, 2004).

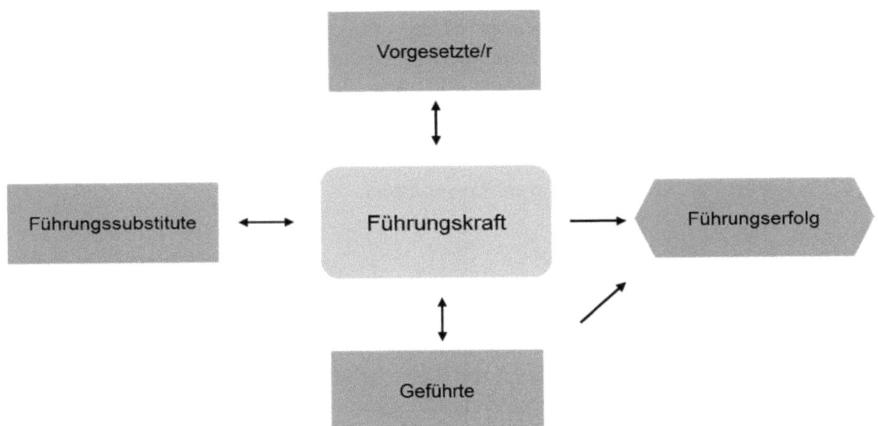

Abbildung 4: Führungsverständnis nach Neuberger (modifiziert nach Neuberger, 2002, S. 46)

Führungserfolg kann sich dabei auf die Individuums-, die Gruppen- und die Organisationsebene beziehen. Indikatoren für den Führungserfolg mit Bezug zu dem geführten Mitarbieter sind nach Muck (2007) beispielsweise „aufgabenbezogenes Leistungsverhalten, freiwilliges Arbeitsengagement, Arbeitszufriedenheit, Commitment [und] Gerechtigkeitsempfinden…“ (S. 355). Mögliche Indikatoren bezogen auf die Führungskraft sind „Gehalt, hierarchische Ebene, Karrieremöglichkeiten, Leistung“ (Muck, 2007, S. 356). Auf Gruppenebene zeigt sich Führungserfolg insbesondere durch „Problemlösungen, Innovationen, Gruppenkohäsion […] [und] kollektive Selbstwirksamkeit“ (Muck, 2007, S. 356). Auf der Ebene der Organisation bedeutet Führungserfolg beispielsweise „Gewinn, Umsatz, Marktanteil [und] Produktivität …“ (Muck, 2007, S. 356).

Aus dem dargestellten Führungsverständnis von Neuberger (2002) kann abgeleitet werden, dass der Erfolg einer Führungskraft nicht nur von ihren Eigenschaften, sondern von vielen weiteren Faktoren abhängig ist. Dennoch können einige zentrale Eigenschaften aus der Literatur abgeleitet werden, die Führungserfolg begünstigen. Von Rosenstiel (2009, S. 6-9) fasst die wesentlichen Eigenschaften für Führungserfolg folgendermaßen zusammen: Intelligenz hat in den meisten empirischen Studien eine mittlere bis hohe Bedeutung für den Führungserfolg. Zudem sollten Führungskräfte hohe Ausprägungen in sozialen Kompetenzen aufweisen, Offenheit für neue Erfahrungen und Lernfähigkeit zeigen sowie sich an gesetzte Ziele binden und hohe Motivation für deren Erreichen aufbringen. Auch für Sarges (2000) sind hohe Ausprägungen in den kognitiven Fähigkeiten zusammen mit sozialen Kompetenzen für den Umgang mit unterschiedlichen Persönlichkeitstypen und ein stark ausgeprägter Erfolgswille wesentliche Voraussetzungen für den Erfolg einer Person in einer Managementfunktion.

Neben den Eigenschaften wird Führungserfolg insbesondere auf das Verhalten der Führungskraft zurückgeführt, das an die Situation angepasst ist (Neuberger, 2002; von Rosen-stiel, 2009). In verschiedenen Studien wurde herausgearbeitet, dass die zentralen Dimensionen von Führungsverhalten die Orientierung an den Mitarbeitern und an den Aufgaben sind (von Rosenstiel, 2009). Die Einflüsse der Führungssituation wurden insbesondere in der Kontingenztheorie von Fiedler (1967) in die Führungsforschung eingeführt (Muck, 2007). Die Forschung zum Zusammenhang zwischen der Dynamic Capability Ambidextrie knüpft teilweise an diese situationsbezogene Tradition der Führungsforschung an. Für Exploitations-Bereiche mit stark standardisierten Prozessen und den damit verbundenen Kontrollen wird ein anderer Führungsstil empfohlen als für Explorations-Bereiche, in denen die Mitarbeiter sich die Aufgabe teilweise selbst definieren müssen (Birkinshaw & Gibson, 2004; Jansen, Vera & Crossan, 2009; Vera & Crossan, 2004). Für den Zusammenhang von Führung und Ambidextrie (Jansen et al., 2009; Vera & Crossan, 2004) werden vor allem der transaktionale und der transformationale Führungsstil diskutiert, die von Bass (1990; siehe auch Bass & Avolio, 1994) in die psychologische Führungsforschung eingeführt wurden (Neuberger, 2002). Diese werden im Folgenden erläutert.

Transaktionale und transformationale Führung und Ambidextrie

Die beiden Führungsstile unterschieden sich insbesondere in den zugrundeliegenden Werten, Interessen und Zielen. Während sich der transaktionale Führungsstil vor allem an die Interessen des Einzelnen richtet und „... den Tausch (Transaktion) von Belohnung gegen Gefolgschaft" (Neuberger, 2002, S. 202) anbietet, orientiert sich der transformationale Führungsstil an „... kollektiven Ziele[n] ..." und „...moralisch 'höhere[n]' Bedürfnisse[n] ..." (Neuberger, 2002, S. 202).

Die Wirkungsweise beim transaktionalen Führungsstil basiert auf Verstärkungsprozessen. Der Geführte wird für eine entsprechende Leistung belohnt, negative Zielabweichungen führen zu disziplinarischen Konsequenzen. Das zweite Prinzip der transaktionalen Führung ist Management-by-Exception (MbE). Die Führungskraft greift dabei nur in Ausnahmesituationen ein. Die Arbeit ist in hohem Maße durch Regeln und Standards strukturiert. In der aktiven Führungsvariante von MbE beobachtet der Vorgesetzte mögliche Abweichungen von diesen Standards und greift korrigierend ein, wenn er Fehler erkennt (Bass, 1990; Bass & Avolio, 1994).

In der passiven Variante des MbE hingegen wartet der Vorgesetzte bis tatsächlich Abweichungen und Fehler aufgetreten sind (Bass, 1990; Bass & Avolio, 1994, S. 4; Neuberger, 2002, S. 196). Die Führungsprinzipien „Management-by-Exception" (Neuberger, 2002, S. 198) und „Bedingte Belohnung" (S. 198) führen dazu, dass eine vorher klar vereinbarte „erwartete Anstrengung" erbracht wird. Dies führt zu einer „erwarteten Leistung" (S. 198) und stellt damit eine verlässliche Planungsgrundlage dar (Neuberger, 2002, S. 198). Dieser Führungsstil erfordert allerdings auch das Vorliegen von klar definierten Zielen und möglichst eindeutigen Vereinbarungen. Bei der Erforschung neuer Themen oder in Veränderungssituationen liegen diese allerdings häufig nicht vor. Insbesondere in Exploitations-Prozessen dürfte sich diese Führungsweise bewähren, da die Mitarbeiter sich gerade nicht kreativ einbringen, sondern die vorgegebenen Regeln befolgen sollen. Im Folgenden wird der transformationale Führungsstil dargestellt, der diese Kreativität hingegen anregen soll (Vera & Crossan, 2004).

Transformationale Führung liegt vor, wenn die Führungskraft charismatisch führt und einen idealisierenden Einfluss ausübt, inspirierende Motivation vermittelt, ihre Mitarbeiter intellektuell stimuliert und ihnen individualisierte Fürsorge zukommen lässt (Bass & Avolio, 1994, S. 3 f.). **Idealisierender Einfluss** einer Führungskraft liegt vor, wenn Mitarbeiter das Verhalten der Führungskraft als vorbildlich ansehen und sich daran orientieren. Es kommt zu einem Vertrauensverhältnis, in dem die Mitarbeiter ihre Ideen offen äußern. Das zweite Element ist die **inspirierende Motivation**. Indem die Führungskraft die Verpflichtung gegenüber den Zielen des Unternehmens oder der Organisationseinheit vorlebt und darauf aufbauend klare Erwartungen formuliert, gelingt es ihr, die Mitarbeiter auch für diese zu motivieren. Allerdings sollen beim transformationalen Führungsstil nicht einfach Vorgaben übernommen werden. **Intellektuelle Stimulation**, das dritte Element des Führungsstils bedeutet, dass Führungskräfte ihre Mitarbeiter dazu ermutigen, bestehende Annahmen zu hinterfragen und neue Lösungsmöglichkeiten zu suchen. Im Rahmen der **individualisierten Fürsorge** sollen die Führungskräfte sich um die Bedürfnisse des einzelnen Mitarbeiters kümmern. Dazu arbeiten sie gemeinsam mit der geführten Person deren eigene Ziele heraus und unterstützen sie dabei, diese zu erreichen (Bass, 1990; Bass & Avolio, 1994, S. 3 f.). Bereits aus dieser Definition ergeben sich einige Ansatzpunkte für die Unterstützung von Veränderungsfähigkeit. Um neue Märkte zu erschließen, müssen nicht nur Routinen verändert (Güttel, 2006), sondern die angestrebte Veränderung muss auch in Form von gemeinsamen Visionen kommuniziert werden (O'Reilly III & Tushman, 2008). Bei der Teilnahme an den Routinen könnte eine „individualisierte Vorsorge" den Mitarbeiter unterstützen.

Die Auswahl eines für eine Führungssituation geeigneten Führungsstils dürfte sich für Führungskräfte und Organisationen aus dem zu erwartenden Führungserfolg ergeben. Geyer und Steyrer (1998, S. 379 ff.) fassen mit Bezug auf 27 veröffentlichte Studien und eine Metaanalyse den Zusammenhang von transformationaler und transaktionaler Führung mit Erfolgsindikatoren folgendermaßen zusammen:

> *„1. Transformationale Führungsdimensionen korrelieren stärker mit Erfolgsindikatoren als Skalen transaktionaler Führung (Bedingte Belohnung). 2. Die Zusammenhänge mit MBE sind widersprüchlich und häufig nicht signifikant. 3. Laissez-Fair weist hingegen durchgehend eine signifikant negative Beziehung zu den Indikatoren auf. 4. Es wird deutlich, daß es einen beträchtlichen Unterschied zwischen subjektiven und objektiven Indikatoren gibt, wobei letztere jeweils schwächere Zusammenhänge liefern." (Geyer & Steyrer, 1998, S. 382)*

Subjektive Erfolgsindikatoren sind dabei beispielsweise Effektivität, Extra-Leistung oder Arbeitszufriedenheit, ein objektiver Indikator beispielsweise der Grad der Zielerreichung (Geyer & Steyrer, 1998, S. 380). Transformationale Führung scheint nach den dargestellten Ergebnissen gemäß der Theorie von Bass (1990) sowie Bass und Avolio (1994) insgesamt zu höherem Führungserfolg zu führen als transaktionale Führung. Laissez-Fair Verhalten von Führungskräften dürfte auch für Exploitations-Situationen wenig hilfreich sein. Im Rahmen einer Korrelationsanalyse konnten für die drei nach Ansicht der Autoren zentralen Dimensionen transformationaler Führung (Charisma, inspirierende Motivierung und intellektuelle Stimulierung) positive Zusammenhänge mit subjektivem Erfolg (Extra-Leistung) sowie mit kurz- und langfristigem objektiven Erfolg in Form von Verkaufszahlen festgestellt werden. Dies gilt auch für die Kerndimension von transaktionaler Führung, die neben der erwarteten Belohnung auch noch Feedbackelemente durch den Vorgesetzten enthält. Die Dimension „Individuelle Wertschätzung" als zusätzliches Element der transformationalen Führung hängt mit Extra-Leistung und kurzfristigem objektiven Erfolg zusammen, nicht aber langfristigem objektiven Erfolg. MBE korreliert mit allen Erfolgsindikatoren negativ (Geyer & Steyrer, 1998, S. 394). Mit Hilfe von weiteren statistischen Analysen konnte gezeigt werden, dass transformationales Führungsverhalten für alle Erfolgsindikatoren zusätzlich zu transaktionalem Führungsverhalten Effekte aufweist (Geyer & Steyrer, 1998, S. 395).

Gemäß der Übersicht von Busch und Hobus (2012, S. 30) zur Abgrenzung von Exploitation und Exploration (siehe Kapitel 2.3.2) dürften die Sparkassenmitarbeiter aus der Stichprobe von Geyer und Steyrer (1998) schwerpunktmäßig in Bereichen mit Fokus auf Exploitation gearbeitet haben. In der Diskussion zu Ambidextrie wird allgemein davon ausgegangen, dass der transformationale Führungsstil Explorations-Prozesse unterstützt, während der transaktionale Führungsstil sich für die Unterstützung von Exploitation am besten eignet (Busch & Hobus, 2012, S. 34; Nemanich & Vera, 2009, S. 29; Vera & Crossan, 2004). Vera und Crossan (2004) leiten aus der Literatur ab, dass sowohl transaktionales Führungsverhalten als auch transformationales Führungsverhalten einen positiven Einfluss auf Lernprozesse in Organisationen haben. Transformationale Führung ist günstig, wenn Routinen verändert werden sollen und bisher Gelerntes hinterfragt werden soll, während transaktionale Führung bisherige institutionelle Lernprozesse verstärkt (Vera & Crossan, 2004, S. 228). In ihrem Modell entspricht Feed-forward Lernen dabei dem Explorations-Lernprozess und Feedback-Lernen dem Exploitations-Lernprozess (Crossan et al., 1999, S. 524; Vera & Crossan, 2004, S. 226). Bei Unternehmen in einer schwachen wirtschaftlichen Situation unterstützt transformationale Führung sowohl „feed-forward" als auch „feedback" Lernen. Führungskräfte unterstützen beim „feed-forward" Lernen das Hinterfragen von bestehenden mentalen Modellen und Standards. Beim „feedback" Lernen vermitteln die Führungskräfte den Mitarbeitern Visionen und bestärken sie darin, neue Praktiken zu nutzen. Hingegen hat bei Unternehmen in einer wirtschaftlich starken Situation der transaktionale Führungsstil einen positiven Einfluss auf „feedback" Lernen. Dies führt beispielsweise zu einer Optimierung von Standards (Vera & Crossan, 2004, S. 233 f.). Grundsätzlich sehen Vera und Crossan (2004) transaktionale Führung als adäquate Führungsform in Verbindung mit dem Anstreben von Effizienz in relativ stabilen Situationen, die der Lernform Exploitation zugeordnet werden könnten. Transformationale Führung ist nach ihrer theoretischen Herleitung besonders in Veränderungssituationen von Vorteil. Um Lernprozesse in Organisationen anzustoßen, benötigen Führungskräfte in den verschiedenen auftretenden Situationen sowohl Verhaltensweisen des transformationalen als auch des transaktionalen Führungsstiles (Vera & Crossan, 2004, S. 227).

Nemanich und Vera (2009, S. 29) zeigen in einer quantitativen Studie in einem Unternehmen, das sich in einem Integrationsprozess nach einer Akquisition befand, dass transformationale Führung Ambidextrie fördert und damit sowohl Explorations- als auch Exploitations-Prozesse. Transformationale Führung fördert außerdem eine Lernkultur, die nach Nemanich und Vera (2009) auf beide Lernmodi einen positiven Einfluss hat. Der besonderer Beitrag dieser Studie liegt aber vor allem darin, dass der Führungsstil Ambidextrie auf der Teamebene fördern kann (Nemanich & Vera, 2009, S. 29). Integrationsprozesse zwischen verschiedenen Unternehmen bringen in hohem Maße Unsicherheit mit sich (Nemanich & Vera, 2009). Jansen et al. (2009) integrieren in einer quantitativen Untersuchung bei einem großen europäischen Finanzdienstleister die Bedeutung von Umweltdynamik in ihr Modell. Auf der Grundlage einer Regressionsanalyse finden sie die von Vera und Crossan (2004) angenommenen Zusammenhänge beziehungsweise Einflüssen von transformationaler Führung auf explorative Innovationen und transaktionaler Führung auf Innovationen im Bereich Exploitation. Der Einfluss von transformationaler Führung auf Exploitations-Innovationen ist nicht signifikant, der von transaktionaler Führung auf Explorations-Innovationen signifikant negativ. Bei Berücksichtigung der Umweltdynamik in diesem Modell zeigt sich, dass transformationale Führung in dynamischen Situationen sogar einen signifikant negativen Effekt auf Exploitations-Innovationen hat. In stabilen Situationen unterstützt transformationale Führung Exploitations-Innovationen wie die Verbesserung bestehender Produkte. Der Einfluss von transformationaler Führung auf Exploration und von transaktionaler auf Exploitation ist nach dieser Untersuchung allerdings unabhängig von der Umweltsituation (Jansen et al., 2009, S. 15).

Aus dem theoretischen Modell von Vera und Crossan (2004) und den empirischen Ergebnissen von Jansen et al. (2009) sowie Nemanich und Vera (2009) kann gefolgert werden, dass für die Förderung sowohl von struktureller als auch kontextueller Ambidextrie Führungskräfte Verhaltensweisen der transformationalen und der transaktionalen Führung grundsätzlich beherrschen und je nach Situation zeigen müssen. Mitarbeiter können durch klare Ziele, Feedbackprozesse und angemessene Belohnungen (Geyer & Steyrer, 1998) zu Exploitations-Innovation veranlasst werden. Explorations-Innovationen und Veränderungssituationen können allerdings nur durch transformationale Führung gefördert werden (Jansen et al., 2009; Nemanich & Vera, 2009; Vera & Crossan, 2004). Die Frage des Einflusses von statischen oder dynamischen Situationen auf die Wahl des Führungsstiles zur Förderung von Exploitation-Innovationen scheint ungeklärt. Während Nemanich und Vera (2009) in einer Situation mit hoher Unsicherheit und Veränderung nach einer Akquisition aufzeigen, dass Exploitations-Innovationen gerade in der Dynamik durch transformationale Führung gefördert werden können, zeigen Jansen et al. (2009), dass Exploitations-Innovationen nur in relativ stabilen Umweltsituationen durch diesen Führungsstil gefördert werden können und in dynamischen Situationen sogar einen negativen Einfluss haben.

2.5.4 Strukturen als Beitrag zum organisationalen Lernen

Nachdem als zentrale Einflussfaktoren auf die Entstehung von organisationalen Kompetenzen bereits organisationale Lernprozesse 2.5.2 und Unternehmenskultur 2.5.3 vorgestellt wurden, soll nun noch auf die Strukturen und Prozesse eingegangen werden, die organisationale Kompetenzen und insbesondere die Lernmodi Exploration oder Exploitation unterstützen.

2.5.4.1 Organisationsstrukturen

Um organisationale Kompetenzen zu unterstützen, sollten nach der Analyse von Schreyögg und Kliesch (2003) die Organisationsstrukturen die abteilungsübergreifende Zusammenarbeit und die Flexibilität fördern. Flexibilität kann erreicht werden, indem beispielsweise Arbeitsanweisungen oder Stellenbeschreibungen keinen zu hohen Detaillierungsgrad aufweisen und in ihrer Anwendung den Mitarbeitern ausreichend Gestaltungsmöglichkeiten bieten, um Ressourcen neu zu kombinieren (Schreyögg & Kliesch, 2003). Eine abteilungsübergreifende Zusammenarbeit beziehungsweise „horizontale Integration" (Schreyögg & Kliesch, 2003, S. 75) kann zur Bündelung von verschiedenen Ressourcen und zur Nutzung einer Kernkompetenz für verschiedene Produkte und Bereiche (Prahalad & Hamel, 1990) beitragen. Schreyögg und Kliesch (2003) empfehlen dazu, die Netzwerkbildung der mit den jeweiligen Aufgaben beauftragten Mitarbeiter zu fördern (Schreyögg & Kliesch, 2003, S. 72). Die Diskussion zur Dynamic Capability Ambidextrie (O'Reilly III & Tushman, 2008) zeigt allerdings, dass sehr unterschiedliche Strukturen und Prozesse für den Aufbau von neuen Kernkompetenzen und die Nutzung bestehender Kompetenzen notwendig sind (Raisch & Birkinshaw, 2008). Um strukturelle Ambidextrie zu gestalten, werden in der Literatur insbesondere die räumliche Trennung von Exploitations- und Explorations-Bereichen sowie parallelen Strukturen genannt (Raisch & Birkinshaw, 2008, S. 389). Beim Prinzip der räumlichen Trennung (Raisch & Birkinshaw, 2008, S. 389) werden die in der Regel relativ großen Organisationseinheiten wie Produktion oder Qualitätsmanagement, in denen es zu den meisten Prozessen eindeutige Vorgaben gibt, von Einheiten getrennt, die Aufgaben im Bereich Exploration übernehmen. Diese Organisationseinheiten, wie beispielsweise Forschung und Entwicklung, sind hingegen eher klein, dezentral angesiedelt und besitzen erhebliche Freiheitsgrade in Bezug auf die Ausgestaltung ihrer Prozesse. Aufgrund dieser strikten Trennung ist für das Zusammenwirken in einem Unternehmen allerdings eine Verknüpfung beziehungsweise Integration notwendig. Diese Integration kann durch bereichsübergreifende bzw. gemeinsame Kultur erfolgen, die die angesprochenen Unterschiede zulässt. Zudem sollte das Top-Management-Team als „Knowledge Broker" (Hobus & Busch, 2011, S. 191)[11] fungieren (Hobus &

[11] Im Original kursiv gedruckt.

Busch, 2011; Raisch & Birkinshaw, 2008). Ein Beispiel für die Anwendung dieser räumlichen Trennung ist die Entwicklung des Smarts in den 1990er Jahren, die bewusst abgetrennt vom Mutterhaus und in abgegrenzten Projekten auf neuartige Weise vollzogen wurde (Konlechner & Güttel, 2009). Beim Prinzip der parallelen Strukturen wird die primäre Organisationsstruktur für die Aufgaben aus dem Bereich Exploitation unter Anwendung von stark ausprägten Routinen verrichtet. In einer sekundären Struktur, die durch die Einbindung der Mitarbeiter in Projektteams und ihre Netzwerke entsteht, werden hingegen Innovationen vorangetrieben. Diese zweite Form der strukturellen Ambidextrie ist jedoch dem Konzept der kontextuellen Ambidextrie (Gibson & Birkinshaw, 2004) relativ ähnlich (Raisch & Birkinshaw, 2008, S. 390). Im Folgenden werden unterschiedliche Teamformen diskutiert, die als Teil der Organisationsstruktur verstanden werden.

2.5.4.2 *Team- und Netzwerkbildung*

Busch und Hobus (2012) sowie Nemanich und Vera (2009) weisen darauf hin, dass die Bedeutung von Teams im Rahmen der Ambidextrie bisher wenig untersucht wurde. Das Spektrum an möglichen Teams in ambidextren Unternehmen spannen zum einen solche „monodextere[n] Teams“ (Busch & Hobus, 2012, S. 29) auf, die ausschließlich Routineaufgaben ausführen und die damit Exploitation betreiben und zum anderen monodextre Teams wie Think Tanks und Forschungsteams, die Möglichkeiten zum Experimentieren haben und über Zukunftsszenarien nachdenken können (Busch & Hobus, 2012, S. 29). Dazwischen gibt es nach Busch und Hobus (2012) verschiedene Teamformen, die sowohl Exploitations- als auch Explorations-Aufgaben erfüllen. Um den gewünschten Innovationsgrad und die Teamformation aufeinander abzustimmen, gibt es drei zentrale Stellgrößen: „Autonomie“, „zeitliche und räumliche Einbindung der Teammitglieder“ sowie „fachlicher und hierarchischer Status der Teammitglieder“ (Busch & Hobus, 2012, S. 30). Der „Grad an Autonomie“ ergibt sich aus der Offenheit der Zielvorgaben und den Entscheidungsbefugnissen. Die „zeitliche und räumliche Einbindung der Teammitglieder“ (Busch & Hobus, 2012, S. 31) bezieht sich darauf, inwieweit diese nur zu einem gewissen Teil ihrer Arbeitszeit in Projekte eingebunden sind und ansonsten in ihrem Bereich verbleiben oder sich vollständig einer Projektaufgabe widmen können und auch räumlich zusammengeführt werden. Die Kategorie „hierarchische Stellung der Teammitglieder“ (Busch & Hobus, 2012, S. 31)[12] bezieht sich sowohl auf deren Stellung in der Hierarchie als auch auf ihren Expertenstatus (Busch & Hobus, 2012, S. 31).

Arbeitsteams führen Routineaufgaben wie beispielsweise Montage aus. Durch Anreizsysteme und Kontrolle soll sichergestellt werden, dass sie die festgelegten Prozesse einhalten. Reflexion der Mitarbeiter über die Prozesse und Verhaltensweisen könnte die Produktivität verringern und ist deshalb nicht erwünscht. In Think Tanks und Forschungsteams gehören derartige Reflexionsprozesse zu den zentralen Aufgaben von Mitarbeitern. Sie werden eingerichtet, um organisationale Lernprozesse im Bereich der Ex-

[12] Im Original kursiv gedruckt.

ploration voranzutreiben. Die Teams genießen ein hohes Maß an Autonomie von der Hierarchie (Busch & Hobus, 2012, S. 30 f.). Think Tanks und Forschungsteam werden in der Regeln nur in Großkonzernen gebildet (Busch & Hobus, 2012), bei denen sich im Laufe der Unternehmensentwicklung häufig strukturelle Ambidextrie herausbildet (Güttel et al., 2011). Grundsätzlich scheinen diese beiden Teamformen eine Möglichkeit zu sein, um die geforderte räumliche Trennung von Exploitation und Exploration (Raisch & Birkinshaw, 2008) auf Teamebene zu verwirklichen. Zur Umsetzung der kontextuellen Ambidextrie (Birkinshaw & Gibson, 2004) scheinen hingegen „funktionale Teams", „Lightweight Teams", „Heavyweight-Teams" und „Autonome Teams" (Busch & Hobus, 2012, S. 30), zu deren Aufgabenbeschreibungen jeweils in unterschiedlichem Ausmaß sowohl Exploitations- als auch Explorations-Aufgaben zählen, besonders gut geeignet zu sein (Busch & Hobus, 2012, S. 30-32).

Die inkrementelle Fortentwicklung bestehender Produkte geschieht in funktionalen Teams. Die Teammitglieder bleiben in den ursprünglichen Arbeitsbereichen angesiedelt und das Projekt beansprucht nur einen Teil der Arbeitszeit. Dadurch sind sie weiterhin über die Vorgänge in den jeweiligen Bereichen des Unternehmens informiert und können dieses Wissen und ihre Kontakte in die Projektarbeit einbringen. Die Integration einer von einem Automobilzulieferunternehmen entwickelten Innovation in ein neues Modell eines Automobilherstellers geschieht beispielsweise in „Lightweight-Teams". Derartige Teams werden von Projektleitern im mittleren Management geleitet. Die Mitarbeiter bleiben auf den Positionen in ihren Bereichen und investieren maximal 25 Prozent der Arbeitszeit in das Projekt. Bei größeren Innovationen werden Heavyweight-Teams eingesetzt. Der Projektleiter erhält durch seine direkte Berichtspflicht gegenüber dem Top-Management die Möglichkeit, Mitarbeitern und Führungskräften aus der Linie Weisungen zu erteilen. In derartigen Teams arbeiten Experten verschiedener Fachbereiche sehr eng zusammen. Diese Teams benötigen einerseits ein hohes Maß an Autonomie für ihre Explorations-Aktivitäten, andererseits muss ihre Verbindung zum Kerngeschäft des Unternehmens und seinen Strukturen sichergestellt werden, damit sie Wissen entwickeln, das in der Organisation nutzbar ist. Radikale Innovationen werden häufig in autonomen Teams erstellt. Ähnlich wie bei Think Tanks gehören Reflexionsprozesse zu ihren zentralen Aufgaben (Busch & Hobus, 2012).

Auch unabhängig von der Organisation in Teams bestehen zwischen Organisationsmitgliedern häufig intensive Kontakte, die zu Lernprozessen und Innovation führen (Fliaster, 2007; Wenger, 1999). Stegmaier und Sonntag (2007) thematisieren im Rahmen ihres Modells zu den organisationalen Kompetenzen die sozialen Beziehungen der Mitarbeiter als Ressourcen. Sie beziehen sich dabei auf die von Bolino, Turnley und Bloodgood (2002) aufgezeigte Bedeutung von Sozialkapital für die Organisation und ihre nachhaltige Wettbewerbsfähigkeit (Nahapiet, 1998). Eine besondere Form von sozialen Beziehungen entsteht in Communities of Practice (Wenger, 1999). In ihnen tauschen meistens Experten ihr Wissen innerhalb einer Organisation oder auch über deren Grenzen hinweg aus (Wenger, 1999). Dadurch kann die Handlungsfähigkeit im Sinne der organisationalen Kompetenzen erhöht werden (Wilkens et al., 2006).

2.5.5 Human Ressource Management Prozesse zur Unterstützung der organisationalen Kompetenzen

Zusätzlich zur Struktur können die organisationalen Kompetenzen auch durch Prozesse aus den verschiedenen betriebswirtschaftlichen Funktionsbereichen unterstützt werden (Güttel, Garaus, Konlechner, Lackner, Müller, 2011). Aufgrund der Ausrichtig der Arbeit findet eine Fokussierung auf Human Ressource Management Prozesse statt. Beispielhaft für einen Prozess in diesem Bereich wird der Beitrag des betrieblichen Vorschlagswesens für die Herausbildung von organisationalen Kompetenzen diskutiert. Das betriebliche Vorschlagswesen stellt eine besondere Form von Anreizsystemen dar (Bumann, 1991). Als Teil der kontinuierlichen Verbesserungsprozesse in Organisationen können die Systeme und Prozesse des betrieblichen Vorschlagswesens als organisationale Metakompetenz angesehen werden (Krüger & Homp, 1997). Die Prozesse der Personalarbeit zielen darauf ab, psychologische Konstrukte wie Arbeitszufriedenheit, organisationales Commitment oder auch die psychologischen Verträge zwischen Mitarbeiter und Organisation in einer bestimmten Weise zu beeinflussen. Deshalb wird auch die mögliche Bedeutung dieser Konstrukte für die organisationalen Kompetenzen diskutiert.

2.5.5.1 Human Ressource Management System und organisationale Kompetenzen

Ansatzpunkte für die Erzielung eines nachhaltigen Wettbewerbsvorteils sind entweder die Zusammenstellung eines besonders wertvollen Human Ressource Portfolios (Lepak & Snell, 1999) oder die Gestaltung von spezifischen Human Ressource Praktiken (Barney & Wright, 1998). Barney und Wright (1998) zeigen auf, wie durch Human Ressource Management Praktiken, die wertvoll, selten, schwer zu imitieren sowie spezifisch für die jeweilige Organisation sind, derartige Wettbewerbsvorteile entstehen. Um Werte im Unternehmen zu schaffen, kann das Personalmanagement die Mitarbeiter durch Anreizsysteme oder Kulturgestaltung derart motivieren, dass sie besondere Leistungen hervorbringen. Anreizsysteme können zudem dazu führen, dass ein Unternehmen besonders qualifizierte Mitarbeiter rekrutieren und langfristig binden kann. Dies bietet die Möglichkeit, beispielsweise Vertriebsteams aufzubauen, deren Fähigkeiten einzigartig in einer Branche und durch die organisationsspezifische Entwicklung auch kaum imitierbar sind. Zumeist sind es nicht einzelne Human Ressource Praktiken, die schwer zu imitieren sind, sondern ein ganzes System von Auswahl-, Trainings- und Anreizsystemen (Barney & Wright, 1998). Anreizsystemen kommt dabei eine besondere Bedeutung zu (siehe Barney & Wright, 1998; Lawler & Edward, 1994; Hagan, 1996). Lawler und Edward (1994) schlagen ein leistungsorientiertes Vergütungssystem vor, in dem die Nutzung der Kompetenzen eines Mitarbeiters als Maßstab herangezogen wird und welches auf Entwicklung ausgerichtet ist. Auch Hagan (1996) argumentiert, dass sich die Bezahlung an der Anwendung von Wissen ausrichten sollte. Um die Relevanz der Anwendung von Wissen zu messen, sollte die Bewertung aber stärker durch andere Mitarbeiter und Kunden geschehen als durch Vorgesetzte. Dabei wird auch diskutiert, wie Mitarbeiter zu Innovationsbeiträgen motiviert werden können (Hagan, 1996). Eine Verknüpfung von Anreizsystemen und den Fähigkeit einer Organisation, ihre Ressourcenbasis weiterzuentwickeln, liefern Krüger und Homp (1997, S. 164). Sie sehen kontinuierliche Verbesserungsprozesse als Grundlage für organisationale Metakompetenzen beziehungsweise Dynamic Capabilities an. Teil dieser kontinuierlichen Verbesserungsprozesse, bei dem Produkte und Prozesse kontinuierlich weiterentwickelt werden sollen, ist das Ideenmanagement (Reiß, 1997b). Wesentliche Merkmale dabei sind, dass Mitarbeiter angeregt werden sollen, über Verbesserungsmöglichkeiten im Rahmen ihrer Tätigkeit nachzudenken und Vorschläge einzureichen. Dafür erhalten sie materielle Anreize (Bumann, 1991). Eine Beziehung zwischen dem Ideenmanagement und der für diese Arbeit besonders relevanten organisationalen Kompetenz Ambidextrie stellen zudem Busch und Hobus (2012) her. Bei Teams, die ihren Fokus auf Exploitation haben, fänden Lernprozesse vor allem außerhalb der eigentlichen Tätigkeit statt. Möglichkeiten dazu seien Qualitätszirkel oder das betriebliche Vorschlagswesen.

Im Folgenden werden die speziellen Anforderungen an das Personalmanagement für die Unterstützung von Ambidextrie diskutiert, da dieser Dynamic Capability in der vorliegenden Arbeit eine besondere Bedeutung zukommt (O'Reilly III & Tushman, 2008). Lackner, Güttel, Garaus, Konlechner und Müller (2011, S. 8) stellen fest, dass Human Resource Management zwar aus der Perspektive des Resource-based View umfangreich untersucht wurde, jedoch in Bezug auf Personalmanagementsysteme zur Unterstützung von Ambidextrie noch ein erhebliches Forschungsdefizit besteht. An diesen Punkt knüpft auch diese Arbeit an. Für Unternehmen mit **struktureller Ambidextrie** ist es die zentrale Herausforderung, sowohl für Exploitations-Bereiche als auch für Explorations-Bereiche jeweils aufeinander abgestimmte Personalinstrumente und Maßnahmen zusammenzustellen. Die Instrumente sollen einerseits Spezialisierung in den Bereichen ermöglichen und andererseits den Wissensaustausch zwischen diesen Bereichen unterstützen (Lackner et al., 2011, S. 15). Um diesen Anforderungen gerecht zu werden, müssen beispielsweise Personalauswahlprozesse getrennt durchgeführt werden. In den Einarbeitungsprogrammen könnte der Kontakt zwischen neuen Mitarbeitern für die beiden Bereiche aber beispielsweise durch einen gemeinsamen Einarbeitungstag hergestellt werden. Als weitere Maßnahmen nennen die Autoren eine gemeinsame Personalentwicklung in Bezug auf soziale Kompetenzen, Job Rotation zwischen den Bereichen oder funktions- und bereichsübergreifende Projektteams (Lackner et al., 2011).

Als Maßnahmen des Human Resource Managements zur Gestaltung von **kontextueller Ambidextrie** erwähnen Güttel und Konlechner (2009, S. 160) in ihrer fallstudiengestützten Analyse die Bedeutung von Personalauswahlentscheidungen, von „[g]eplanten, aber begrenzten Fluktuationsraten…“ (Güttel & Konlechner, 2009, S. 160)[13], von unbefristeten Arbeitsverträgen nur für einen Teil der Mitarbeiter sowie von Kompetenzprofilen, die sowohl von Exploitations- als auch von Explorations-Prozessen abgeleitet werden (Güttel & Konlechner, 2009, S. 160). Die sich daraus ergebenden breiten Kompetenzprofile der für das Entstehen von kontextueller Ambidextrie erfolgskritischen Mitarbeitergruppen werden auch von Birkinshaw und Gibson (2004) angesprochen. Mitarbeiter sollten entweder in

[13] Übersetzt durch den Verfasser.

beiden Bereichen Erfahrung haben oder das Potenzial besitzen, um sich in die entsprechenden Gebiete einzuarbeiten (Lackner et al., 2011, S. 12). Neben diesen Erfahrungen und Kompetenzen ist aber auch die grundsätzliche Übereinstimmung mit den Werten der Organisation von entscheidender Bedeutung. Diese können den Mitarbeitern während Einführungsprogrammen vermittelt werden. Dadurch sollen die Mitarbeiter das Unternehmen trotz der Unterschiede zwischen Exploitations- und Explorations-Bereichen als Einheit begreifen. Damit Mitarbeiter sowohl Beiträge zur Exploitation als auch zur Exploration leisten können, müssen sie die Möglichkeit zum Austausch oder zur Zusammenarbeit mit Spezialisten aus beiden Bereichen haben. Zu kontextueller Ambidextrie können auch Job Rotation und Projektarbeit beitragen sowie ein Vergütungs- und Zielsystem, das beide Bereich berücksichtigt (Lackner et al., 2011).

Zentrale Mitarbeitergruppen für organisationale Kompetenzen

Wie bereits angesprochen, findet in der ressourcenorientierten Literatur des strategischen Managements neben den Systemen auch eine Diskussion dazu statt, welche Mitarbeiter zu einer Grundlage für einen strategischen Wettbewerbsvorteil werden können. Barney (1998) nennt dazu aus ressourcenorientierter Perspektive sowohl jeweils ein Beispiel für Vertriebsteams als auch für Bandarbeiter eines Automobilherstellers. In der Forschung zu Dynamic Capabilities und insbesondere zu Ambidextrie wird vielfach die Bedeutung von Top-Management-Teams herausgestellt (Hobus & Busch, 2011; O'Reilly III & Tushman, 2008). In Bezug auf den Aufbau von Dynamic Capabilities kommt zudem den Produktentwicklern und ihrer Einbindung in funktionsübergreifende Teams und Routinen eine besondere Bedeutung zu (Teece, 2007). Von besonderer Relevanz scheinen auch Personen zu sein, die Teams mit Fokus auf Exploitation oder Exploration (Busch & Hobus, 2012) führen können. Dies kann insbesondere aus der Diskussion zu angemessenen Führungsstilen für unterschiedliche Unternehmenskontexte (siehe Kapitel 2.5.3.1) geschlossen werden (Jansen et al., 2009; Nemanich & Vera, 2009). Eine allgemeingültige Antwort, welche Mitarbeitergruppen über das Top-Management-Team hinaus eine besondere Relevanz für die Bildung und Nutzung von organisationalen Kompetenzen haben, kann aber offenbar nicht gegeben werden. Dies scheint organisationsspezifisch zu sein.

Um die verschiedenen Mitarbeitergruppen aus ressourcenorientierter Perspektive zu beurteilen, erstellen Lepak und Snell (1999) aus den beiden Kriterien „Wert“ und „Seltenheit“, die strategisch wertvolle Ressourcen (Barney, 1991) erfüllen sollen, ein Personalportfolio auf. Demnach werden die Mitarbeiter in vier Gruppen eingeteilt. Erhebliche Humankapitalinvestitionen sollten nur vorgenommen werden, wenn die Fähigkeiten der entsprechenden Mitarbeiter „selten“ und „wertvoll“ für das Unternehmen sind (Gruppe 1). Diese Mitarbeiter verfügen in hohem Maße über firmenspezifisches Wissen, das nicht intern entwickelt werden muss. Als Beispiel nennen Lepak und Snell (1999) die besonderen Fähigkeiten der Ingenieure bei Intel. Die notwendigen Humankapitalinvestitionen lohnen sich für das Unternehmen jedoch nur, wenn eine langfristige arbeitsbezogene Bindung dieser Mitarbeitergruppe an das Unternehmen besteht. Dafür sollte auch das organisationale Commitment gefördert werden. Mitarbeiter mit hohem Wert aber geringer Seltenheit, wie beispielsweise jene für Bilanzierungsaufgaben, können vom externen Arbeitsmarkt rekrutiert werden (Gruppe 2). Das Wissen dieser Mitarbeiter hat organisationsübergreifend einen hohen Wert und die Mitarbeiter sind folglich in der Lage, ihre Karriere organisationsübergreifend zu planen. Die Organisation muss dieser Personengruppe folglich Anreize und Möglichkeiten für die eigene Weiterentwicklung bieten, um sie für eine Mitarbeit in der Organisation zu gewinnen. Die dritte Gruppe verfügt zwar über seltenes Wissen, das im Unternehmen allerdings nur in geringem Umfang benötigt wird. Es finden keine Investitionen in die Entwicklung dieser Personen statt, wohl aber eine intensive Pflege der Beziehungen. Zu Mitarbeitern schließlich, die weder für das Unternehmen besonders wertvolles noch seltenes Wissen besitzen (Gruppe 4), sollten eher kurzfristige und auf Transaktionen bezogene Verträge unterhalten werden, bei denen die Einhaltung der vereinbarten Regeln überprüft wird (Lepak & Snell, 1999).

Das Personalportfolio von Lepak und Snell (1999) zeigt zum einen, dass persönliche Einstellungen der Mitarbeiter wie die Loyalität in der ressourcenorientierten Theorie des strategischen Managements von zentraler Bedeutung sind, und zum anderen, dass bei der Betrachtung des Humankapitals eine Konzentration auf bestimmte Gruppen stattfindet.

Offene Fragen: Personalmanagement und Dynamic Capabilities

Insgesamt bewegt sich die Diskussion **zum Human Resource Management und zur ressourcenorientierten Forschung des strategischen Managements** schwerpunktmäßig auf der Ebene der Systeme und der grundsätzlichen Betrachtung von Mitarbeitergruppen. Unzureichend beantwortet sind allerdings beispielsweise folgende psychologisch orientierte Fragen: Welche spezifischen Kompetenzen benötigen diese Mitarbeiter beispielsweise unter den Bedingungen von kontextueller Ambidextrie? Wie wirkt sich Fluktuation auf die organisationalen Kompetenzen der Mitarbeiter aus? Wie kann die emotionale Verbundenheit, die Mitarbeiter für die organisationsspezifische Entwicklung von Kompetenzen (Barney, 1991; Lepak & Snell, 1999) und die Unterstützung von Veränderungs- und Innovationsprozessen im Rahmen der Dynamic Capabilities benötigen (Teece, 2007), gemessen und so für die Personalarbeit nutzbar gemacht werden?

Nach Hülsmann und Müller-Martini, (2006, S. 389) besteht die Notwendigkeit, die kompetenzorientierte Forschung des strategischen Managements durch eine detaillierte Betrachtung von Mitarbeiterkompetenzen zu ergänzen. Wie in Kapitel 4 gezeigt wird, existieren zwar einige Ansätze zur Verknüpfung von individuellen und organisationalen Kompetenzen. Die Bedeutung der einzelnen individuellen Kompetenzen für die organisationale Ebene erscheint aber noch unzureichend geklärt. Ausgehend von diesen ungeklärten Forschungsanliegen, sollen das Commitmentmodell von Allen und Meyer (1990) sowie ein damit eng zusammenhängendes Konstrukt, die Arbeitszufriedenheit (Tett & Meyer, 1993), in diesem Kapitel vorgestellt werden. Kompetenzen von Mitarbeitern werden in Kapitel 3 aus psychologischer Sicht gesondert betrachtet und in Kapitel 4 mit der ressourcenorientierten Forschung des strategischen Managements zusammengeführt.

2.5.5.2 *Psychologische Verträge und Konstrukte*

Lepak und Snell (1999) ziehen für die Bildung ihres Personalportfolios auch die psychologischen Verträge nach Rousseau (1995) heran. Wie dargestellt, soll je nach Wert und Seltenheit (Barney, 1991; Lepak & Snell, 1999) mit den Mitarbeitern eine längerfristige oder nur eine kurzfristig-transaktionsbezogene Zusammenarbeit eingegangen werden. Aus diesem Grund sollen im Folgenden zunächst psychologische Verträge und anschließend das damit verbundene organisationale Commitment (Allen & Meyer, 1990) betrachtet werden.

Rousseau und Wade-Benzoni (1994) verstehen unter psychologischen Verträgen

> *"... beliefs that individuals hold regarding promises made accepted, and relied upon between themselves and another. (In case of organization, these parties include an employee, client, manager, and/or organization as a whole)." (S. 466)*

Es handelt sich bei psychologischen Verträgen in Organisationen folglich um ein Versprechen zwischen einem Mitarbeiter und einer Organisation beziehungsweise ihren führenden Vertretern. Neben den juristischen Aspekten bezieht sich ein derartiger Vertrag folglich auch auf soziale Aspekte einer gegenseitigen Verpflichtung der Vertragspartner. Inwieweit die Mitarbeiter auf die Verpflichtung vertrauen, hängt wesentlich von der Zuverlässigkeit der Führungskräfte ab (Marr & Fliaster, 2003). Die Ausprägung dieser Verpflichtung kann sehr unterschiedlich sein. Rousseau und Wade-Benzoni (1994) unterscheiden zwischen transaktionalen, relationalen, balancierten und transitionalen psychologischen Verträgen. Die letzte genannte Vertragsart stellt eine negative Ausprägung des psychologischen Vertrages dar und wird deshalb in der weiteren Argumentation nicht berücksichtigt. In Tabelle 4 werden die zentralen Formen des psychologischen Vertrages zusammengestellt.

Vertragsform	zeitliche Orientierung	Leistungskriterien spezifiziert	weitere Merkmale
transaktional	kurzfristig	spezifiziert	Commitment: gering Integration: gering Verträge: jederzeit neu
relational	langfristig	nicht spezifiziert	Commitment: hoch Bindung: emotional und langfristig Stabilität & Sicherheit: hoch
balanciert	langfristig	spezifiziert	Commitment: hoch Mitarbeiterentwicklung: stark ausgeprägt Flexibilität und Anpassungsfähigkeit: hoch

Tabelle 4: Formen des psychologischen Kontraktes (modifiziert nach Marr & Fliaster, 2003, S. 84 und 85; modifiziert nach Rousseau, 1995, S. 98)

Unter der relationalen Form verstehen Rousseau und Wade-Benzoni (1994) eine Vertragsform, "... which focuses open-ended relationships involving considerable investments by both employees (company-specific skills, long-term career development) and employers (extensive training)" (S. 466). Die Mitarbeiter verbinden ihre persönliche Entwicklung mit dem Unternehmen und zeigen ein hohes affektives Commitment gegenüber diesem. Dafür erhalten sie die Zusage, langfristig im Unternehmen bleiben zu können, ohne dass dafür exakte Leistungskriterien definiert werden (Rousseau & Wade-Benzoni, 1994). In Deutschland stellt diese langfristig orientierte Form der Bindung zwischen Mitarbeitern und Unternehmen die traditionelle Vertragsform dar (Marr & Fliaster, 2003). Durch diese Verbundenheit mit dem Unternehmen und ein sich entwickelndes Vertrauensverhältnis werden Teamarbeit und Wissensaustausch gefördert. Dadurch kann eine Grundlage für Wettbewerbsvorteile entstehen, die nur unvollständig imitiert werden können. Zudem können der Humankapitalaufbau beziehungsweise die Personalentwicklungsmaßnahmen sehr langfristig angelegt werden. Dies ist insbesondere in Industrien mit sehr langfristigen Produktlebenszyklen von entscheidender Bedeutung (Marr & Fliaster, 2003). Relationale psychologische Verträge dürften Kernkompetenzen in diesen Bereichen folglich unterstützen. Der zentrale Nachteil des relationalen Vertrages ist der Verlust an Flexibilität. Das Unternehmen kann auf veränderte Marktbedingungen nur sehr langsam mit Personalabbau reagieren. Bei Entlassungen erfolgt die Auswahl der Mitarbeiter nicht nach der Bedeutung ihres Wissens und ihrer Fähigkeiten für die Wettbewerbsfähigkeit des Unternehmens, sondern hauptsächlich nach sozialen Kriterien (Marr & Fliaster, 2003, S. 163). Relationale psychologische Verträge könnten damit hinderlich sein für den Aufbau von Dynamic Capabilities im Bereich „Restrukturierung" (Zollo & Winter, 2002, S. 340).

Transaktionale psychologische Verträge zeichnen sich hingegen durch einen zeitlich begrenzten Austausch von hauptsächlich monetären Anreizen gegen die Erbringung einer spezifischen Leistung eines Mitarbeiters in der Organisation aus (Rousseau & Wade-Benzoni, 1994). Die Mitarbeiter bringen der Organisation nur eingeschränkt Loyalität und Commitment entgegen. Häufig ist diese Vertragsform auch damit verbunden, dass die Mitarbeiter Unsicherheit empfinden und Zukunftsängste haben (Marr & Fliaster, 2003). Transaktionale psychologische Verträge sehen Marr und Fliaster (2003) damit nicht als geeignete Möglichkeit an, die Beziehungen zwischen Unternehmen und Mitarbeiter im Sinne einer langfristigen Wettbewerbsfähigkeit des Unternehmens zu gestalten.

Die Flexibilitätsnachteile des relationalen psychologischen Vertrages gegenüber dem transaktionalen Vertrag könnten jedoch durch die Gestaltung eines balancierten Vertrages ausgeglichen werden (Marr & Fliaster, 2003, S. 84). Wie beim relationalen psychologischen Vertrag wird bei dieser Vertragsform von einem langfristigen Beschäftigungsverhältnis ausgegangen. Allerdings ist diese langfristige Beschäftigung eines Mitarbeiters in der Organisation mit der Erfüllung von spezifischen Leistungsanforderungen verbunden. Diese Anforderungen können auch angepasst werden (Rousseau & Wade-Benzoni, 1994, S. 468). Um die Anforderungen langfristig erfüllen zu können, werden Mitarbeiter in hohem Maße durch Personalentwicklungsmaßnahmen gefördert. Dadurch sollen sie kontinuierlich diejenigen Fähigkeiten und Kompetenzen erwerben, die für neue Aufgabengebiete eines Unternehmens in sich schnell verändernden Märkten jeweils benötigt werden. Dies dürfte sich auch positiv auf ihre Beschäftigungsfähigkeit in der Organisation sowie auf dem externen Arbeitsmarkt auswirken. Aufgrund dieser Fürsorge der Organisation in Bezug auf die Beschäftigungsfähigkeit des einzelnen Mitarbeiters bleiben hohes Commitment und Vertrauen, trotz einer gegenüber dem relationalen Vertrag gestiegenen Unsicherheit, erhalten (Marr & Fliaster, 2003).

Konstrukte für den Einsatz in der Personalarbeit: Organisational Commitment, Arbeitszufriedenheit und Kompetenzen der Mitarbeiter

Teece (2007) betont die Bedeutung von Loyalität und Commitment für die Bildung von Dynamic Capabilities. Er sieht darin allerdings noch eine erhebliche Forschungslücke. Deshalb sollen zunächst dieses Konstrukt und als Ergänzung die „Arbeitszufriedenheit“ (Bruggemann, Groskurth & Ulich, 1975) vorgestellt werden.

Allen und Meyer (1990) unterscheiden affektives, normatives und fortsetzungsbezogenes Commitment. Affektives Commitment drückt sich durch die emotionale Bindung einer Person an eine Organisation aus. Personen mit einer hohen Ausprägung im affektiven Commitment glauben an die Werte und Ziele der Organisation und sind bereit, sich in besonderer Weise für diese einzusetzen (Allen & Meyer, 1990; Schmidt, Hollmann & Sodenkamp, 1998, S. 94). Normatives Commitment ergibt sich aus einer moralischen Verpflichtung der Person gegenüber der Organisation (Allen und Meyer; 1990; Schmidt et al., 1998, S. S. 95 f.). Im Fall des fortsetzungsbezogenen Commitments, das auch als kalkulatives Commitment bezeichnet wird, bleiben Personen trotz vorhandenen Alternativen in einer Organisation. Gründe dafür können beispielsweise sein, dass sie beim Verlassen der Organisation Ansprüche der betrieblichen Altersvorsorge verlieren würden oder Spezialwissen nicht mehr angemessen nutzen können (Allen und Meyer, 1990; Schmidt et al., 1998). Es ist davon auszugehen, dass insbesondere das affektive Commitment die organisationalen Kompetenzen fördert, da die Mitarbeiter in Veränderungssituationen besonderen Belastungssituationen ausgesetzt sind und somit hohe Einsatzbereitschaft erforderlich ist (Schmidt et al., 1998, S. 94). Zudem sind gemeinsame Werte eine wesentliche Voraussetzung für das Entstehen von kontextueller Ambidextrie (Güttel & Konlechner, 2009).

Ein mit organisationalem Commitment eng verbundenes Konstrukt ist Arbeitszufriedenheit (Tett & Meyer, 1993). Unter Arbeitszufriedenheit verstehen Bruggemann et al. (1975) die „... „Zufriedenheit mit einem gegebenen betrieblichen Arbeitsverhältnis““ (S. 13). Nach Barney (1991) bilden Humanressourcen eine zentrale Grundlage für die Bildung von Wettbewerbsvorteilen. In Analogie zur Aufforderung von Teece (2007), die Grundlagen von Dynamic Capabilities mit psychologischen Konstrukten wie organisationales Commitment zu unterlegen, soll im Folgenden der Zusammenhang zwischen Elementen des Resource-based Views und der Arbeitszufriedenheit hergestellt werden. Die Leistung der

Mitarbeiter, niedrige Fluktuation und niedrige Fehlzeiten können in Bezug auf die Mitarbeiter als Unternehmensziele angesehen werden, die zur Wettbewerbsfähigkeit beitragen. Arbeitszufriedenheit wirkt sich bei dieser Betrachtung als unabhängige Variable auf diese Unternehmensziele aus (Gawellek, 1987; Rosenstiel, Molt, Rüttinger & Selg, 1995). Ein weiterer wesentlicher Zusammenhang ist der zwischen Arbeitszufriedenheit und Innovation (Gebert, 2002).

Der Zusammenhang zwischen Arbeitszufriedenheit und Leistung ist in den meisten Studien nur relativ schwach. Dies scheint allerdings auch wesentlich von der Messung von Arbeitszufriedenheit abhängig zu sein (Six & Eckes, 1991). Eine sehr differenzierte Möglichkeit zur Messung von Arbeitszufriedenheit bietet das Modell von Bruggemann et al. (1975). Sie unterscheiden in *„stabilisierte*" (S. 133), *„progressive*" (S. 132), *„resignative[.]*" (S. 133) und *„Pseudo-Arbeitszufriedenheit*" (S. 136) sowie in *„konstruktive*" (S. 133) und *„fixierte* Arbeitsunzufriedenheit" (S. 136). Konstruktive Arbeitsunzufriedenheit und progressive Arbeitszufriedenheit sind nach Comelli und von Rosenstiel (2001) mit einer gesteigerten Leistungsbereitschaft verbunden. Eine hohe Ausprägung dieser Arbeitszufriedenheits- bzw. -unzufriedenheitsformen dürfte auch die Teilnahme der jeweiligen Mitarbeiter an Veränderungsprozessen oder das Hinterfragen von Routinen im eigenen Arbeitsbereich begünstigen. In diese Richtung argumentiert auch Gebert (2002). Er leitet aus verschiedenen Studien und theoretischen Überlegungen den Zusammenhang zwischen den Arbeitszufriedenheitsformen nach Bruggemann et al. (1975) und Innovationen ab. Besonders innovationsförderlich ist nach Gebert (2002) die progressive Arbeitszufriedenheit. Neuentwicklungen und intrinsische Motivation werden gefördert, weil die Arbeitssituation den Vorstellungen der Person entspricht. Bei resignativer Arbeitszufriedenheit hat sich die Person hingegen mit der Situation abgefunden. Dies behindert Innovationen (Gebert, 2002). Bei der konstruktiven Arbeitsunzufriedenheit sucht die Person noch nach Verbesserungsmöglichkeiten. Sieht ein Individuum diese in Bezug auf seine Arbeitssituation nicht mehr, entsteht fixierte Arbeitsunzufriedenheit (Bruggemann et al., 1975; Gebert, 2002). In empirischen Studien konnte zudem gezeigt werden, dass Arbeitszufriedenheit die Fehlzeiten und die Fluktuation verringert (Rosenstiel et al., 1995). Auf eine vertiefte Betrachtung soll an dieser Stelle allerdings verzichtet werden. Die Auswirkungen von Fehlzeiten und Fluktuation auf Kernkompetenzen und Dynamic Capabilities können als Forschungslücke angesehen werden. Eine geringe Fluktuation in der Gruppe der zentralen Wissensträger dürfte von entscheidender Bedeutung sein, um die Kernkompetenzen zu erhalten. Für Exploitation dürften insbesondere geringe Fehlzeiten von hoher Bedeutung sein, um den reibungslosen Ablauf der Prozesse zu gewährleisten. Eine hohe Fluktuation könnte die Effizienz aufgrund der notwendigen Einarbeitungszeiten für Mitarbeiter beeinträchtigen. Um das Unternehmen im Sinne des Dynamic Capability Konzeptes (Teece & Shuen, 1997) systematisch anzupassen und neue Ressourcen zu integrieren, könnte eine gewisse Fluktuation aufgrund gesetzlicher Beschränkungen auf den Arbeitsmärkten eventuell hilfreich sein.

Ziel des Kapitels 2.5.5 war es, Ansatzpunkte für die Unterstützung der Entwicklung von Dynamic Capabilities durch das Personalmanagement herauszuarbeiten und einige Forschungslücken in diesem Bereich aufzuzeigen. Die Bedeutung des Konstruktes organisationalen Commitments für die organisationalen Kompetenzen wird in den Kapitel 6 und 7 anhand einer Fallstudie erneut diskutiert. Im Zentrum dieser Arbeit steht aber die Verknüpfung der beschriebenen organisationalen Kompetenzen mit den individuellen. Bevor diese Verknüpfung in Kapitel 4 anhand von Modellen aus der Literatur diskutiert wird, wird in Kapitel 3 ein Überblick über die psychologische Forschung zu den individuellen Kompetenzen gegeben.

3 Kompetenzen von Individuen und Kompetenzmanagement

3.1 *Konzepte der individuellen Kompetenz*

3.1.1 Kompetenzkonzepte und -bestandteile

Das Wort Kompetenz geht auf das lateinische Verb competere zurück, dessen Bedeutungen „zusammentreffen“, „zukommen“ und „zustehen“ sind (Erpenbeck & von Rosenstiel, 2007a, S. XVIII). Der Kompetenzbegriff in seiner heutigen Form hat in Abhängigkeit vom Kontext, in dem er verwendet wird, unterschiedliche Bedeutungen. Entscheidend für diese Arbeit ist die Unterscheidung zwischen der Bedeutung aus dem Staatsrecht und der Motivationspsychologie. Aus dem Staatsrecht abgeleitet, ist Kompetenz als eine Zuordnung von bestimmten Rechten beziehungsweise Befugnissen zu einer Behörde oder Person zu verstehen. In der Motivationspsychologie sind Kompetenzen hingegen „... Ergebnisse von Entwicklungen grundlegender Fähigkeiten, die weder genetisch angeboren noch das Produkt von Reifungsprozessen sind, sondern vom Individuum *selbstorganisiert* hervorgebracht wurden“ (Erpenbeck & von Rosenstiel, 2007a, S. XVIII). In Weiteren wird der Kompetenzbegriff in seiner psychologischen Bedeutung verwendet.

Einen zentralen Meilenstein in der psychologischen Kompetenzforschung legte McClelland (1973) (Sarges, 2006). In seinem Ansatz stellt er den in der Eignungsdiagnostik verbreiteten Intelligenztests das Kompetenzkonzept gegenüber. Die Arbeiten von McClelland hatten großen Einfluss auf die weitere Kompetenzforschung und den Einsatz des Kompetenzkonzepts in der betrieblichen Praxis. Seine Definition von Kompetenz war aber noch relativ offen beziehungsweise unscharf angelegt. Aufgrund dieser schon in den Anfängen der Kompetenzforschung angelegten Unschärfe setzen sich viele Kompetenzkataloge aus unterschiedlichen Elementen wie „ ... Persönlichkeitsmerkmalen, Motiven, Werten, Verhaltensweisen, Einstellungen, Leistungsvariablen, Fertigkeiten und Wissensbeständen ...“ zusammen (Sarges, 2006, S. 136).

Wesentliche Ansatzpunkte für die Struktur und die Abgrenzung des Kompetenzbegriffs können aus der Definition von Spencer und Spencer (1993) abgeleitet werden (Sarges, 2006, S. 137): „A competency is an underlying characteristic of an individual that is causally-related to criterion-referenced effective and/ or superior performance in a job or situation” (Spencer & Spencer, 1993, S. 9). Kompetenzen sind demnach also tieferliegende und dauerhafte Teile der Persönlichkeit, die sich in bestimmten Verhaltensweisen auswirken und die Vorhersage einer bestimmten Performance ermöglichen (Sarges, 2006; Spencer & Spencer, 1993).

North und Reinhardt (2005) definieren Kompetenzen in Beziehung zu den Anforderungen, die von außen an eine Person gestellt werden oder die eine Person sich selbst stellt. Erpenbeck und Rosenstiel (2007a) schließlich greifen bei ihrer Definition auf das Konzept der Selbstorganisation zurück. „*Kompetenzen* [sind] Dispositionen selbstorganisierten Handelns, sind *Selbstorganisationsdispositionen*“ (Erpenbeck & von Rosenstiel, 2007a,

S. XIX). Das zentrale Kriterium für das Vorliegen von Selbstorganisation ist die „... eigenständige Strukturierung und Ordnung von Prozessen" (Greif, 1998, S. 777). Erpenbeck et al. (2007) führen eine große Anzahl an Kompetenzforschern an, die auf den Selbstorganisationsaspekt in ihren Kompetenzkonzepten Bezug nehmen und verweisen darauf, dass er im Handbuch Kompetenzmessung (Erpenbeck & von Rosenstiel, 2007a) ein zentrales Kriterium zur Einteilung von Kompetenzmessverfahren ist. Selbstorganisation wird deshalb auch in dieser Arbeit als zentrales Definitionsmerkmal für Kompetenz aufgegriffen. Im mit dieser Definition verbundenen Kompetenzkonzept von Erpenbeck et al. (2007) sind die einzelnen Kompetenzbestandteile folgendermaßen verknüpft: *„Kompetenzen werden von Wissen **fundiert**, durch Werte **konstituiert**, als Fähigkeiten **disponiert**, durch Erfahrungen **konsolidiert**, auf Grund von Willen **realisiert**"* (S. 163).

In Kompetenzen werden folglich verschiedene Persönlichkeitsmerkmale gebündelt, die zusammenwirken, um eine Handlung eines Individuums zu ermöglichen. Dies kommt besonders gut in der Kompetenzdefinition von Lang-von Wins, Kaschube und von Rosenstiel (2006) zum Ausdruck: „Kompetenzen können als übergeordnete Steuerungseinheiten begriffen werden, die die Erfahrungen, Fähigkeiten, Einstellungen, Motive und Ziele von Personen im Dienst der Steuerung von Handlungen miteinander kombinieren" (S. 258).

In Tabelle 5 und Tabelle 6 werden einige für diese Arbeit als wesentlich angesehenen Kompetenzdefinitionen aufgeführt.

Kompetenzdefinitionen 1
„Kompetenzen sind Selbstorganisationsdispositionen des Individuums." (Erpenbeck et al., 2007, S. 159) „Was wird vom Individuum selbst organisiert? In der Regel Handlungen, deren Ergebnisse aufgrund der Komplexität des Individuums, der Situation und des Verlaufs (System, Systemumgebung, Systematik) nicht oder nicht vollständig voraussagbar sind." (Erpenbeck et al., 2007, S. 159)
„...*Kompetenzen* [sind] Dispositionen selbstorganisierten Handelns, sind *Selbstorganisationsdispositionen.*" (Erpenbeck & von Rosenstiel, 2007a, S. XIX) „Hierin besteht der entscheidende *Unterschied zu Qualifikationen*: Diese werden nicht erst im selbstorganisierten Handeln sichtbar, sondern in davon abgetrennten, normierbaren und Position für Position abzuarbeitenden Prüfungssituationen. Die zertifizierbaren Ergebnisse spiegeln das aktuelle Wissen, die gegenwärtig vorhandenen Fertigkeiten wider. Ob jemand davon ausgehend auch selbstorganisiert und kreativ wird handeln können, kann durch die Normierung und Zertifizierung kaum erfasst werden." (Erpenbeck & von Rosenstiel, 2007a, S. XIX)
*„Kompetenzen werden von Wissen **fundiert**, durch Werte **konstituiert**, als Fähigkeiten **disponiert**, durch Erfahrungen **konsolidiert**, auf Grund von Willen **realisiert**."* (Erpenbeck et al., 2007, S. 163)

Tabelle 5: Kompetenzdefinitionen 1

Kompetenzdefinitionen 2
„Kompetenzen können als übergeordnete Steuerungseinheiten begriffen werden, die die Erfahrungen, Fähigkeiten, Einstellungen, Motive und Ziele von Personen im Dienst der Steuerung von Handlungen miteinander kombinieren.“ (Lang-von Wins et al., 2006, S. 258)
„Unter der beruflichen Kompetenz werden alle Fähigkeiten, Fertigkeiten, Denkmethoden und Wissensbestände des Menschen, die ihn bei der Bewältigung konkreter sowohl vertrauter als auch neuartiger Arbeitsaufgaben selbstorganisiert, aufgabengemäß, zielgerichtet, situationsbedingt und verantwortungsbewusst – oft in Kooperation mit anderen – Handlungs- und reaktionsfähig machen und sich in der erfolgreichen Bewältigung konkreter Arbeitsanforderungen zeigen, verstanden.“ (Kauffeld et al., 2003, S. 261)
„A competency is an underlying characteristic of an individual that is causally related to criterion-referenced effective and/or superior performance in a job or situation.” (Spencer & Spencer, 1993, S. 9)
“A competency is defined as a capability or ability. It is a set of related but different sets of behavior organized around an underlying construct, which we call the “intent”. The behaviors are alternate manifestations of the intent, as appropriate in various situations or times. For example, listening to someone and asking him or her questions are several behaviors.” (Boyatzis, 2008, S. 6)
„Kompetenz ist die Fähigkeit, situationsadäquat zu handeln. Kompetenz beschreibt die Relation zwischen den an eine Person oder Gruppe herangetragenen oder selbst gestalteten Anforderungen und ihren Fähigkeiten beziehungsweise Potenzialen, diesen Anforderungen gerecht zu werden.“ (North & Reinhardt, 2005, S. 29)
„Mit ‚Kompetenz‘ wird die Verlaufsqualität der psychischen Tätigkeit bezeichnet. Der Verlaufsqualität der psychischen Tätigkeit eines Menschen kommt ein relativ habitueller Charakter zu, womit diese zu einem wesentlichen Kennzeichen der Persönlichkeit dieses Menschen wird. Die Art und Weise, wie ein Mensch Verknüpfungen zwischen seinen Erfahrungen, seinen Kenntnissen usw. herstellt [...], z. B. wie er sich beim Einsatz von Kenntnissen oder beim Wissenserwerb auf frühere Erfahrungen bezieht, welche er auswählt und wie er diese in einer aktuellen Situation bewertet, ist typisch für die Persönlichkeit.“ (Baitsch, 1985, S. 42 f.) „Das Konstrukt der Kompetenz [hebt sich] konzeptionell [ab] [...] gegenüber anderen psychologischen Konstrukten wie etwa Fertigkeiten, Einstellungen oder Normen: (1) der inhaltlich maximale ‚Umfang‘ einer Kompetenz ist grundsätzlich nicht exakt bestimmbar. Wir sprechen dabei von der „unscharfen Extensionalität“ von Kompetenzen. (2) Umgekehrt wird jeder Kompetenz eine „tätigkeitsregulierende Potenz“ zugeschrieben, d. h. der minimale ‚Umfang‘ von Kompetenz erstreckt sich mindestens auf Tätigkeiten, nicht auf Handlungen oder Operationen, womit weder Kompetenzen ohne Tätigkeiten noch Tätigkeiten ohne Kompetenzen vorstellbar sind.“ (Baitsch, 1985, S. 44)

Tabelle 6: Kompetenzdefinitionen 2

Individuelle Kompetenzen sollen im Folgenden in Anlehnung an die dargestellten Definitionen verstanden werden als „...Dispositionen selbstorganisierten Handelns...“ (Erpenbeck & von Rosenstiel, 2007a, S. XIX), welche die Aufgabenbewältigung auch in neuartigen komplexen Situationen erlauben. In ihnen sind Wissensbestände, Werte, Erfahrungen, Fähigkeiten, Einstellungen, Motive und Ziele gebündelt, die aufgrund des Willens eines Individuums gemeinsam eingesetzt werden können.

3.1.2 Abgrenzung des Kompetenzbegriffs von verwandten Konzepten

Eine wesentliche Abgrenzung des Kompetenzkonzeptes ist die zur Qualifikation. Kompetenzen sind Selbstorganisationsdispositionen und sind nicht direkt, sondern nur in Form des selbstorganisierten Handelns festzustellen. Eine Qualifikation hingegen kann in Prüfungsleistungen in kleine Einheiten unterteilt abgefragt und zertifiziert werden. Durch die Prüfung werden folglich das Wissen und die Fertigkeiten in einem bestimmten Bereich abgebildet (Erpenbeck & von Rosenstiel, 2007a, S. XIX). Neben Qualifikationen sind auch die Konzepte Fertigkeiten, Eignungen und Fähigkeiten dem Kompetenzkonzept ähnlich, da sie alle einen handlungsorientierten Betrachtungsfokus haben. Diese Konzepte beziehen sich allerdings alle „auf konvergent-anforderungsorientierte Handlungs- und Tätigkeitsdispositionen ..." (Erpenbeck & von Rosenstiel, 2007a, S. XXXVII)[14], also auf die Bewältigung von dem Individuum bereits von der Art her bekannten und weitgehend strukturierten Situationen. Kompetenzen hingegen zeichnen sich dadurch aus, dass sie auch in „... divergent-selbstorganisierte[n] Handlungs- und Tätigkeitssituationen ..." (S. XXXVII)[15] und damit in neuartigen unstrukturierten Situationen angewendet werden können. Eigenschaften können sich wie Kompetenzen sowohl auf konvergent-anforderungsorientierte als auch auf divergent-selbstorganisierte Handlungssituationen beziehen. Bei der Eigenschaft wird jedoch das Individuum selbst und nicht dessen Handlung in einer bestimmten Situation betrachtet (Erpenbeck & von Rosenstiel, 2007a). Während Kompetenz sich durch ein konkretes Handeln zeigt, beschreibt Potential die Entwicklungsmöglichkeiten eines Mitarbeiters (Rohrschneider, Friedrichs & Lorenz, 2010, S. 26-27; Schuler 2000, S. 54; Thomas & Schölmerich, 2011). Der Entwicklungs- und Lernaspekt von Potenzial kommt noch stärker im Konzept des Lernpotenzials zum Ausdruck. Lernpotential umfasst die Fähigkeit und den Willen, etwas Neues zu lernen. Dieses Lernen bezieht sich dabei auf den „kognitiven", den „emotional-motivationalen" und den „sozialen Bereich" (Sarges, 2000, S. 117; Sarges & Stracke, 2005). Der Kompetenzerwerb vollzieht sich über die angesprochenen Lernprozesse (Erpenbeck, Heyse, Meynhardt & Weinberg, 2005).

3.2 Kompetenzeinteilung und Kompetenzkonstrukte

Die zentrale Einteilung der Kompetenzen erfolgt in Kompetenzklassen (Erpenbeck et al., 2007). Darüber hinaus gibt es Konzepte für die Anwendung von Kompetenzen in der interkulturellen Zusammenarbeit (Ang, van Dyne & Koh, 2006; Bolten, 2005; Earley, 2002) und Kompetenzen, um andere Kompetenzen zu entwickeln (Briscoe & Hall, 1999).

---

[14] Im Original fett gedruckt.

[15] Im Original fett gedruckt.

3.2.1 Die Kompetenzklassen

Die zentrale Einteilung der Kompetenzen erfolgt in Kompetenzklassen. Diese Klassen werden danach gebildet, ob sich das Handeln des betrachteten Individuums auf ein Objekt, ein anderes Individuum oder sich selbst bezieht (Erpenbeck & von Rosenstiel, 2007a, XXIIII). Eine weit verbreitete Einteilung ist die von Erpenbeck und von Rosenstiel (2007a) in personale, sozial-kommunikative, aktivitäts- und umsetzungsorientierte sowie fachlich-methodische Kompetenzen (Erpenbeck et al., 2007). Erpenbeck und Heyse (1999) trennen noch die fachlichen und die methodischen Kompetenzen. Dies gilt auch für Kauffeld et al. (2003), die allerdings auf die Klasse der Aktivitäts- und Handlungskompetenzen verzichten. Diese Kompetenzklasse ist bei vielen Autoren keine eigene, sondern sie ist „... schlicht die Summe der anderen ..." Kompetenzklassen (Heyse & Erpenbeck, 2004, S. XV). Heyse und Erpenbeck (2004) kritisieren diese Einteilung allerdings, da sie nicht berücksichtigt, dass es durchaus sehr gute Führungskräfte gibt, die keine besonders starken Ausprägungen in den anderen drei Kompetenzklassen haben. An dieser Stelle soll bereits betont werden, dass Aktivitäts- und Handlungskompetenzen eine besondere Bedeutung für Führungskräfte zu haben scheinen. Grundsätzlich sind, so Heyse und Erpenbeck (2004, S. XV), die vier Kompetenzklassen, wenn auch in unterschiedlicher Form, in allen Einteilungen berücksichtigt.

Im Folgenden wird die Klassifizierung von Erpenbeck & von Rosenstiel (2007a) (siehe dazu auch Erpenbeck et al., 2007) weiter ausgeführt. Sie bildet für die weitere Arbeit die begriffliche Grundlage. **Personale Kompetenzklassen** beziehen sich auf den Umgang des Individuums mit sich selbst. Personale Kompetenz ist „...die Disposition einer Person, reflexiv selbstorganisiert zu handeln" (Erpenbeck & von Rosenstiel, 2007a, S. XXIV). Durch den Einsatz von Kompetenzen wie Lernbereitschaft, Offenheit, Risikobereitschaft oder Flexibilität entwickelt die Person Werthaltungen, Leistungsvorsätze oder Begabungen (Erpenbeck et al., 2007, S. 161). Die Grundlagen für Kompetenzdefinitionen und -messung sind aus der „Motivations- und Persönlichkeitspsychologie" (Erpenbeck & von Rosenstiel, 2007a, S. XXV) abgeleitet. Persönlichkeitseigenschaften „... können als Kompetenzen [aus dieser Kompetenzklasse] gesehen und gemessen werden, wenn sie Aussagen zu den *Dispositionen* selbstorganisierten Handelns machen" (Erpenbeck & von Rosenstiel, 2007a, S. XXV).

Die **sozial-kommunikativen Kompetenzen** ermöglichen den Blick nach außen hin zu anderen Individuen, Gruppen oder Organisationen. Sozial kompetente Personen setzen sich mit ihrer sozialen Umwelt kommunikativ auseinander, bauen Beziehungen auf und entwickeln mit anderen zusammen neue Ziele (Erpenbeck & von Rosenstiel, 2007a). Der Schwerpunkt von soziale Kompetenzen kann je nach Forschungstradition auf den Mechanismen der Anpassung oder Durchsetzung in der Interaktion mit anderen liegen (Kanning, 2002, S. 151). Nach Kanning (2002) verhält sich eine Person sozial kompetent, wenn das Verhalten „... in einer spezifischen Situation dazu beiträgt, die eigenen Ziele zu verwirklichen, wobei gleichzeitig die soziale Akzeptanz des Verhaltens gewahrt wird" (S. 151). Teamfähigkeit, Konfliktlösungsbereitschaft oder Verständnisbereitschaft sind Beispiele für diese Kompetenzklasse (Erpenbeck et al., 2007, S. 161).

Die Kompetenzen aus der **fachlich-methodisch Kompetenzklasse** beschreiben das selbstorganisierte Vermögen einer Person im Umgang mit Objekten beziehungsweise materiellen Gegenständen wie Produkten oder Prozessen (Erpenbeck et al., 2007; Erpenbeck & von Rosenstiel, 2007a, S. XXIV). Dies drückt sich in Kompetenzen wie analytischem Denken oder konzeptionellen Fähigkeiten aus (Erpenbeck et al., 2007, S. 161).

Aktivitäts- und umsetzungsorientierte (A) Kompetenzklassen schließlich beziehen sich auf die Disposition einer Person, Handlungen erfolgreich umzusetzen. Die Person ist dabei in der Lage, die anderen drei Kompetenzklassen erfolgreich zu nutzen. Beispiele dafür sind Entscheidungsfähigkeit oder Initiative (Erpenbeck & von Rosenstiel, 2007a).

Heyse und Erpenbeck (2004) bauen bei der Konstruktion des Kompetenzatlasses auf diesen Kompetenzklassen auf und ordnen 64 Einzelkompetenzen diesen vier Kompetenzklassen, die sie „Basiskompetenzen“ (XV) nennen, zu. Dabei gehen die Autoren empirisch vor. Sie unterteilen die Kompetenzen von Individuen in die vier Grundkompetenzen Personale Kompetenz (P), Aktivitäts- und Handlungskompetenz (A), Fachlich-Methodische Kompetenz (F) und Sozial-Kommunikative Kompetenz (S) (Heyse, 2010, S. 279). „Personale Kompetenz“ (P) bedeutet die „Fähigkeit (Disposition) zur Selbstorganisation des Handelns in Bezug auf“ (Heyse, 2007b, S. 15) „sich selbst als Person“, „Aktivitäts- und Handlungskompetenz“ (A) in Bezug „auf die eigene Handlungsausführung“, „fachlich-methodische Kompetenz“ (F) in Bezug „auf den Umgang mit Objekten“ und „sozial-kommunikative Kompetenz“ (S) in Bezug „auf den Umgang mit anderen Personen“ (Heyse, 2007b, S. 15). Die Entwicklung des Kompetenzatlasses erfolgte aufbauend auf mehreren empirischen Studien (siehe dazu Heyse, 2007b, S. 15; Heyse & Erpenbeck, 2004, XVII-XX). In einer davon wurden von 132 KODE-Beratern, Lehrern, Führungs- und Führungsnachwuchskräften und Studenten 120 Begriffe den vier Grundkompetenzen zugeordnet. Daraus wurden die 64 Kompetenzen ermittelt, die am eindeutigsten einer oder zwei Grundkompetenzen zugeordnet wurden. So wurde die Kompetenz „Ergebnisorientiertes Handeln“ am häufigsten der Grundkompetenz (A) zugeordnet, aber auch noch relativ häufig der Grundkompetenz (F). Die Kompetenz „Loyalität“ wurde hingegen von der überwiegenden Mehrheit der Befragten der Grundkompetenz (P) zugeordnet. Auf Grundlage dieser Ergebnisse wurde Loyalität ausschließlich (P), „ergebnisorientiertes Handeln“ jedoch der Teilkompetenzkombination (A/F) zugeordnet (Heyse, 2010, S. 93–95). Jede der Grundkompetenzen wird durch 16 Einzelkompetenzen abgebildet (Heyse, 2010, S. 123; Heyse & Erpenbeck, 2004). Diese 64 Kompetenzen sind in Tabelle 7 dargestellt. Die dargestellten Kompetenzen ergänzen Heyse und Erpenbeck (2004) um eine Liste an Synonymen.

Eine Einteilung mit Bezug zur Managertätigkeit in einer Organisation nimmt Katz (1974) vor. Er unterteilt in technische Kompetenz, soziale Kompetenz und konzeptionelle Kompetenz.

Personale Kompetenz			
P: Loyalität, Normativ-ethische Einstellung, Glaubwürdigkeit, Eigenverantwortung	**P/A:** Einsatzbereitschaft, Selbstmanagement, Schöpferische Fähigkeiten, Offenheit für Veränderung	**P/S:** Humor, Hilfsbereitschaft, Mitarbeiterförderung, Delegieren	**P/F:** Lernbereitschaft, Ganzheitliches Denken, Disziplin, Zuverlässigkeit
Soziale Kompetenz			
S: Kommunikations-fähigkeit, Kooperationsfähigkeit, Beziehungsmanagement, Anpassungsfähigkeit	**S/A:** Akquisitionsstärke, Problemlösungs-fähigkeit, Experimentierfreude, Beratungsfähigkeit	**S/P:** Teamfähigkeit, Konfliktlösungs-fähigkeit, Dialogfähigkeit/ Kundenorientierung, Integrationsfähigkeit	**S/F:** Sprachgewandtheit, Pflichtgefühl, Verständnisbereitschaft, Gewissenhaftigkeit
Fach- und Methodenkompetenz (F)			
F: Fachwissen Marktkenntnisse Planungsverhalten fachübergreifende Kenntnisse	**F/A:** Konzeptionsstärke, Fleiß, Organisationsfähigkeit, Systematisch-methodisches Vorgehen	**F/P:** Wissensorientierung, Sachlichkeit, Analytische Fähigkeiten, Beurteilungsvermögen	**F/S:** Projektmanagement, Lehrtätigkeit, Fachliche Anerkennung, Folgebewusstsein
Aktivitäts- und Handlungskompetenz (A)			
A: Mobilität, Tatkraft, Initiative, Ausführungsbereitschaft	**A/S:** Optimismus, Impulsgeben, Schlagfertigkeit, Soziales Engagement	**A/P:** Entscheidungsfähigkeit, Gestaltungswille, Belastbarkeit, Innovationsfreudigkeit	**A/F:** Ergebnisorientiertes Handeln, Zielorientiertes Führen, Konsequenz, Beharrlichkeit

Tabelle 7: Kompetenzeinteilung nach dem Kompetenzatlas (Heyse, 2010, S. 124 ff.; Heyse & Erpenbeck, 2004, S. V ff.)[16]

3.2.2 Metakompetenzen

Neben hohen Ausprägungen in den für den jeweiligen Beruf notwendigen Kompetenzklassen und Einzelkompetenzen sind die Metakompetenzen in einer dynamischen Umwelt für die erfolgreiche Bewältigung von entscheidender Bedeutung. Durch sie können Individuen ihre Kompetenzbasis selbstständig erweitern (Briscoe & Hall, 1999) und sich auf diese Weise an neue Herausforderungen anpassen.

Das Konzept der Metakompetenz kann sowohl aus der Kognitions- als auch aus der Metakognitionsforschung abgeleitet werden (Dimitrova, 2009). Dimitrova (2009) strukturiert

[16] P=Personale Kompetenz; A=Aktivitäts- und Handlungskompetenz; S=Sozial-kommunikative Kompetenz; F=Fach- und Methodenkompetenz

diese Ansätze. Als gemeinsame Merkmale stellt sie „... das Einbeziehen von Reflexionsfähigkeit sowie von sozialen und interpersonalen Kompetenzen" (Dimitrova, 2009 S. 74 f.) heraus. Metakompetenz werde nach ihr Analyse „... als die Fähigkeit, spezielle Fähigkeiten zu entwickeln, aufgefasst ..." (Dimitrova, 2009, S. 75), Lern- und Entwicklungsfähigkeit würden jedoch lediglich im Ansatz von Briscoe und Hall (1999) als Dimensionen von Metakompetenz genannt (Dimitrova, 2009, S. 75). Dimitrova (2009) definiert das Konzept „Self-Awareness" von Briscoe und Hall (1999) zusammenfassend als "Fähigkeiten zur Beurteilung von Vorhandensein, Verwendbarkeit und Erlernbarkeit von persönlichen Kompetenzen ..." (S. 80), das der „Adaptability" als „Kompetenzen für kontinuierliches Lernen und permanente Anpassung ..." (S. 80).

"Self-Awareness" (Hall, 2004, S. 153) oder „Identity", wie diese Metakompetenz von Briscoe und Hall (1999, S. 48) bezeichnet wird, ist die „... ability to gather self-related feedback, to form accurate self-perceptions, and to change one´s self-concept as appropriate." (Briscoe & Hall, 1999, S. 48-49) Mitarbeiter mit einer hohen Ausprägung von Self-Awareness sollten folglich Verhaltensweisen wie Selbstbeurteilung oder Offenheit für Feedback zeigen, aufgeschlossen gegenüber unterschiedlichen Ideen sein und Mitarbeiter für Entwicklungsschritte belohnen (Briscoe & Hall, 1999, S. 49).

Adaptability bezieht sich im Gegensatz zu der vor allem auf die Person gerichteten Self-Awareness hauptsächlich auf den Umgang mit veränderten Anforderungen bei der Aufgabenbewältigung (Morrison & Hall, 2002, S. 205). Diese zweite Komponente der Metakompetenz definieren Briscoe und Hall (1999) folgendermaßen:

„Adaptability learning competencies would incloude behaviors that would demonstrate: [.] Flexibility, [.] Exploration, [.] Openness to new and diverse people and ideas, [.] Dialogue skills, eagerness to accept new challenges in unexplored territory, and [.] Comfort with turbulent change." (Briscoe & Hall, 1999, S. 49)[17]

Mitarbeiter mit dieser Kompetenz sind folglich bereit, sich flexibel auf neue Herausforderungen einzulassen und verfügen auch über die kommunikativen Fähigkeiten dafür. Zur Bewältigung von Veränderungen identifizieren sie erfolgsrelevante Kompetenzen und können diese auch entwickeln.

Morrison und Hall (2002, S. 210) ergänzen in ihrem Modell zur adaptiven Kompetenz die Motivation, etwas zu adaptieren. Durch multiplikative Verknüpfung wird deutlich, dass eine hohe Adaptability nur entsteht, wenn sowohl die Komponente des Wollens als auch die des Könnens hoch sind. „Adaptive Competence" unterteilen sie weiter in „Identity Exploration", "Response Learning" und "Integrative Potential" (Morrison & Hall, 2002, S. 210 ff.), die aber an dieser Stelle nicht weiter vertieft werden sollen. Um sich selbst und ihre Karriere weiterentwickeln zu können, benötigen Mitarbeiter sowohl Adaptability als auch Self-Awareness (Briscoe & Hall, 1999, S. 49; Morrison & Hall, 2002, S. 205).

[17] Aufzählungszeichen weggelassen.

3.2.3 Interkulturelle Kompetenz

Interkulturelle Kompetenz kann sowohl als eigenständige Kompetenz angesehen werden oder als ein Konstrukt, das sich aus Kompetenzen anderer Kompetenzklassen zusammensetzt, die auf interkulturelle Interaktionen bezogen werden (Bolten, 2005). Interkulturelle Kompetenz als eigenständige Kompetenz umfasst nach Ansicht der meisten Autoren in diesem Feld die „... affektive, kognitive und verhaltensbezogene Dimensionen ... " (Bolten, 2005, S. 311).

Ein erweitertes Konzept der interkulturellen Kompetenz, in dem sie als eigenständige Kompetenz angesehen wird, ist das der „Cultural Intelligence" (Ang et al., 2006; Earley, 2002). Ng und Earley (2006) verstehen darunter die Fähigkeit eines Individuums, sich über Kulturen hinweg anpassen (Ng & Earley, 2006). Dieses Konzept setzt sich zusammen aus den Dimensionen Kognition, Motivation, Verhalten und Metakognition (Earley, 2002). Kognition beinhaltet das Wissen über verschiedene Kulturen. Motivation beinhaltet ein reflektiertes Selbstkonzept und die Motivation, sich an andere Kulturen anzupassen und Verhalten im Sinne der Cultural Intelligence setzt ein Repertoire an kulturell angemessenen Verhaltensweisen voraus. Durch Metakognition sind kompetente Personen in der Lage, sich Strategien im Umgang mit anderen Kulturen anzueignen und solche zu entwickeln (Ng & Earley, 2006, S. 7). Aufgrund der letzten Dimension kann „Cultural Intelligence" als Erweiterung des Konzeptes der Metakompetenz um den internationalen Aspekt angesehen werden.

Das Konzept der „Internationalen Handlungskompetenz" (Bolten, 2005, S. 312), „... die sich aus den interdependenten Bereichen der individuellen, sozialen, fachlichen und strategischen Kompetenz konstituiert und interkulturelle Kompetenz dabei gleichsam als Bezugsrahmen oder als Folie versteht" (S. 312), stellt die zweite angesprochene Möglichkeit der Abbildung interkultureller Kompetenz in einem Kompetenzmodell dar. Den Kern dieses Konzeptes bildet die „interkulturelle Kompetenz", die sich aus „Beschreibungs- und Erklärungsfähigkeit in Bezug auf eigen-, fremd- und interkulturelle Prozesse, Fremdsprachenkenntnisse" und „Metakommunikation, interkulturelle Lernbereitschaft, kulturbezogene Ambiguitätstoleranz und Polyzentrismus" (S. 313) zusammensetzt. Die interkulturelle Kompetenz ist eingebettet in die vier Kompetenzfelder „Soziale Kompetenz" (Kommunikationsfähigkeit, Führungsfähigkeit), „Individuelle Kompetenz" (z. B. „Fähigkeit zur Selbstkritik"), „Fachkompetenz" und „Strategische Kompetenz" (z. B. „Wissensmanagement", „Organisationsfähigkeit") (S. 313) und wird durch eine kulturell angemessene Nutzung der anderen Kompetenzklassen wirksam (Bolten, 2005). Die Konzepte der „interkulturellen Handlungskompetenz" (Bolten, 2005) und der „Cultural Intelligence" (Ang et al., 2006; Earley, 2002) enthalten damit Elemente wie die Selbstwahrnehmung und das selbstorganisierte Lernen, die in der Metakompetenz nach Briscoe und Hall (1999) abgebildet werden und können insofern als Erweiterung dieses Konzepts auf den interkulturellen Kontext angesehen werden.

3.2.4 Eigenverantwortliches Handeln

Ähnlich wie das dargestellte Konstrukt der interkulturellen Kompetenz kann auch „Eigenverantwortliches Handeln“ (Kaschube, 2006) als Konstrukt angesehen werden, in dem verschiedene Kompetenzen zusammenwirken. Eigenverantwortliches Handeln ist für das Handeln von Individuen in Organisationen insbesondere dann wichtig, wenn weder durch eine Person wie beispielsweise eine Führungskraft eindeutige Vorgaben gegeben noch derartige Vorgaben aufgrund der Situation vorhanden sind. Das Individuum muss folglich eigenständig und unter Risikobedingungen handeln, um die sich stellenden Aufgaben erfüllen zu können (Kaschube & Gasteiger, 2005). Eigenverantwortliches Handeln setzt sich aus den vier Komponenten „Verantwortungsübernahme“, „Eigeninitiative/Partizipation“, „Risikobereitschaft“ und „Unkonventionalität“ (Kaschube, 2006, S. 196) zusammen (Kaschube, 2006). Ordnet man diese vier Dimensionen den Grundkompetenzen gemäß dem Kompetenzatlas zu (Heyse, 2010) und bezieht dabei noch die in der erweiterten Fassung enthaltenen Synonyme (Heyse & Erpenbeck, 2004) mit ein, so ist Risikobereitschaft der Teilkompetenz A/P zuzuordnen. Das bedeutet, dass es eine Aktivitäts- und Handlungskompetenz mit Anteilen der personalen Kompetenz ist. Eigeninitiative entspricht im Kompetenzatlas mit 64 Kompetenzen am ehesten der „Initiative“, die eine Aktivitäts- und Handlungskompetenz darstellt. In der Synonymliste zum Kompetenzatlas findet sich „Eigeninitiative“ ebenfalls als Aktivitäts- und Handlungskompetenz, allerdings mit Anteilen der personalen Kompetenz (A/P). Zu „Verantwortungsübernahme findet sich nur im Synonymatlas die Entsprechung „Verantwortungsbewusstsein“ als Aktivitäts- und Handlungskompetenz mit Anteilen der sozialen Kompetenz (A/S) (Heyse & Erpenbeck, 2004, S. XXVI ff.). Menschen, die „eigenverantwortliches Handeln“ (Kaschube, 2006) in Organisationen zeigen, müssen folglich insbesondere Stärken im Bereich der „Aktivitäts- und Handlungskompetenzen“ haben und darüber hinaus auch mit sich selbst (personale Kompetenzen) und mit anderen (soziale Kompetenzen) angemessen umgehen können. Das Konstrukt „eigenverantwortliches Handeln“ (Kaschube, 2006) ist insbesondere hilfreich, um die Anforderungen in Veränderungssituationen, wie sie beispielsweise durch Internationalisierungs- oder Restrukturierungsprozesse in Unternehmen hervorgerufen werden, zu beschreiben. Regeln und Vorgaben, wie sie in Prozess- und Stellenbeschreibungen verankert sind, müssen in hohem Maße von den Mitarbeitern eigenständig interpretiert werden, um die sich häufig schnell verändernden Anforderungen bewältigen zu können. Mitarbeiter müssen dabei Risiken eingehen, eigeninitiativ und unkonventionell Prozesse vorantreiben und Verantwortung übernehmen (Kaschube und Koch, 2005; Kaschube, 2006).

3.2.5 Faktoren der Persönlichkeit

Eine Grundlage für Kompetenzen können Persönlichkeitseigenschaften bilden (Erpenbeck & von Rosenstiel, 2007a, S. XXV). Deshalb sollen ergänzend zu den dargestellten Kompetenzen und Kompetenzeinteilungen ausgewählte Eigenschaften dargestellt werden.

Ein zentrales Konzept der Persönlichkeitsforschung ist das Fünf-Faktoren-Modell. Seine Bestandteile sind Neurotizismus, Extraversion, Offenheit für Erfahrung, Verträglichkeit und Gewissenhaftigkeit (Borkenau & Ostendorf, 1993, S. 5). Im Rahmen dieser Arbeit stellt sich die Frage, welche Persönlichkeitseigenschaften Personen haben sollten, um den Aufbau und die Nutzung von organisationalen Kompetenzen zu fördern. Um diese Analyse durchführen zu können, werden in Tabelle 8 die Definitionen der fünf genannten Persönlichkeitseigenschaften aufgeführt, wie sie in einem deutschsprachigen Neuroticism-Extraversion-Openness (NEO) Fünf-Faktoren-Inventar verwendet werden.

„Probanden mit hohen Werten in *Neurotizismus* neigen dazu, nervös, ängstlich, traurig, unsicher und verlegen zu sein und sich Sorgen um ihre Gesundheit zu machen. Sie neigen zu unrealistischen Ideen und sind weniger in der Lage, ihre Bedürfnisse zu kontrollieren und auf Stresssituationen angemessen zu reagieren." (Borkenau & Ostendorf, 1993, S. 5)
„Probanden mit hohen Werten in *Extraversion* sind gesellig, aktiv, gesprächig, Personen-orientiert, herzlich, optimistisch und heiter. Sie mögen die Anregung und Aufregungen." (Borkenau & Ostendorf, 1993, S. 5)
„Probanden mit hohen Werten bezüglich *Offenheit für Erfahrung* zeichnen sich durch eine hohe Wertschätzung für neue Erfahrungen aus, bevorzugen Abwechslung, sind wißbegierig, kreativ, phantasievoll und unabhängig in ihrem Urteil. Sie haben vielfältige kulturelle Interessen und interessieren sich für öffentliche Ereignisse." (Borkenau & Ostendorf, 1993, S. 5)
„Probanden mit hohen Werten in der Skala *Verträglichkeit (Agreeableness)* sind altruistisch, mitfühlend, verständnisvoll und wohlwollend. Sie neigen zu zwischenmenschlichem Vertrauen, zu Kooperativität, zur Nachgiebigkeit, und sie haben ein starkes Harmoniebedürfnis." (Borkenau & Ostendorf, 1993, S. 5)
„Die Skala *Gewissenhaftigkeit* schließlich unterscheidet ordentliche, zuverlässige, hart arbeitende, disziplinierte, pünktliche, penible, ehrgeizige und systematische von nachlässigen und gleichgültigen Personen." (Borkenau & Ostendorf, 1993, S. 5)

Tabelle 8: Das NEO Fünf-Faktoren-Inventar (Borkenau & Ostendorf, 1993, S. 5)

Vergleicht man beispielsweise Definitionen von Verträglichkeit mit den kulturellen Anforderungen von kontextueller Ambidextrie (Güttel & Konlechner, 2009), so scheint diese Persönlichkeitseigenschaft sehr wesentlich für die Arbeit unter derartigen Bedingungen zu sein. Aufgrund der Beschreibung von gewissenhaften Personen (z. B. „systematisch", „hart arbeitend") kann eine Beziehung zu Exploitation (March, 1991) vermutet werden, aus der von „Offenheit für Erfahrung" eine zu Exploration. Eine weitergehende Analyse zur Verknüpfung von Eigenschaften und Kompetenzen von Individuen mit organisationalen Kompetenzen wird in Kapitel 4.2 dargestellt. An dieser Stelle wird die Bedeutung des Fünf-Faktoren-Modells für die Eignungsdiagnostik betrachtet. In verschiedenen Metaanalysen, wie beispielsweise in der von Barrick und Mount (1991), wurde der Zusammenhang zwischen den genannten Persönlichkeitsfaktoren und beruflicher Leistung aufgezeigt (Schuler & Höft, 2006). In dieser Metaanalyse zeigt sich für die Persönlichkeitseigenschaft Gewissenhaftigkeit für alle untersuchten Berufsgruppen ein deutlicher Zusammenhang (.22) mit beruflicher Leistung (Barrick & Mount, 1991, S. 13). Darüber hinaus ergab sich in Bezug auf die Persönlichkeitseigenschaft Extraversion für die im Rahmen des Kompetenzmanagements (Briscoe & Hall, 1999) und der Ambidextrieforschung (O'Reilly III &

Tushman, 2008) besonders relevante Mitarbeitergruppe der Manager ein Zusammenhang von .18, für die in Unternehmen ebenfalls wichtigen Fachkräfte ist dieser Persönlichkeitsfaktor zur Vorhersage der beruflichen Leistung nach dieser Untersuchung jedoch nicht geeignet (Barrick & Mount, 1991, S. 13). Als geeignete Persönlichkeitseigenschaft, die in ein Kompetenzmodell im Unternehmenskontext integriert werden sollte, ist insofern insbesondere Gewissenhaftigkeit anzusehen.

Ein Faktor, der eine Persönlichkeit auszeichnet, die mit Veränderungsprozessen erfolgreich umgehen kann, ist zudem **Ambiguitätstoleranz** (Judge, Thoresen, Pucik & Welbourne, 1999). Die Autoren beziehen sich dabei auf die Definition von Budner (1962), der unter Ambiguitätstoleranz „... the tendency to perceive ambigous situations desirable" (S. 29) versteht. Eine hohe Ambiguitätstoleranz hilft Individuen, mit weitgehend unstrukturierten Situationen umzugehen (Budner, 1962, S. 30).

3.3 Kompetenzmodelle

3.3.1 Kompetenzmodelle: Begriff und Ziele

Mansfield (1996) definiert Kompetenzmodelle als „... detaillierte, verhaltensspezifische Beschreibung der Fähigkeiten und Eigenschaften, die Mitarbeiter benötigen, um in einem Job effektiv zu sein" (S. 7)[18]. Nach Campion, Fink und Phillips (2011, S. 226), die ihre Definition auf vielen anderen Autoren aufbauend herausarbeiten, sind Kompetenzmodelle „... Sammlungen von Wissen, Fertigkeiten, Fähigkeiten und anderen Eigenschaften [...], die notwendig sind für eine erfolgreiche Leistungserbringung auf bestimmten Arbeitsstellen ..." (S. 226)[19]. Je nach Differenzierungsgrad können sich Kompetenzmodelle allerdings nicht nur auf Stellen oder Jobfamilien beziehen, sondern auch für die ganze Organisation gelten beziehungsweise für diese einen gemeinsamen Kern haben (Mansfield, 1996). Die wesentlichen Elemente dieser Definitionen sind damit der Inhalt von Kompetenzmodellen in Form von verhaltensbezogenen Beschreibungen von Kompetenzbestandteilen, der Geltungsbereich für eine Stelle bis hin zu einer Organisation und die kompetenzorientierte Festlegung von Anforderungen für eine erfolgreiche Aufgabenbewältigung in einem bestimmten Umfeld.

Mirabile (1997) verweist in seiner Definition auf die unterschiedlichen Möglichkeiten der datengestützten Entwicklung von Kompetenzmodellen und deren Anwendung zur Unterscheidung zwischen High- und Low-Performern im Rahmen des Personalmanagements:

„Competency model. This term describes the output from analyses that differentiate high performers from average and low performers. Competency models are represented in different formats, depending on the methods used to collect the data, customer´s requirements, and the particular biases of the people creating the models." (Mirabile, 1997, S. 75)

[18] Übersetzt durch den Verfasser.

[19] Übersetzt durch den Verfasser.

Die im ersten Teil der Definition von Mirabile (1997) angedeutete Anwendung im Human Ressource Management wird von Briscoe und Hall (1999) in ihrer Definition von Kompetenzmodellen deutlich herausgearbeitet. Danach kommt Kompetenzmodellen insbesondere eine Bedeutung bei Einstellungs-, Beförderungs- und Personalentwicklungsprozessen zu.

> *"Competencies are typically placed in an organized framework or grid. This competency framework is then used as a guide for making hiring and promotion decisions. Competency frameworks can also be used to suggest developmental needs and potentially helpful experiences or training for executives or lower level managers who wish to become executives." (Briscoe & Hall, 1999, S. 37)*

Ein Kompetenzmodell stellt demnach einen Rahmen dar, der mit Kompetenz und Kompetenzbestandteilen gefüllt werden kann, die auf der Grundlage verschiedener Datenerhebungsmethoden abgeleitet werden. Diese Kompetenzen und Kompetenzbestandteile beschreiben die Anforderungen für die erfolgreiche Aufgabenbewältigung im Geltungsbereich des Kompetenzmodells.

Bei der Entwicklung des Konzeptes des Kompetenzmodells wurden Erkenntnisse aus verschiedenen Forschungstraditionen zusammengeführt. Diese sind überwiegend der Psychologie zuzuordnen, aber auch andere wissenschaftliche Disziplinen wie die Wirtschaftswissenschaften leisteten bedeutende Beiträge. Shippmann, Ash, Battista, Carr, Hesketh, Kehoe et al. (2000, S. 707) fassen eine Auswahl dieser Beiträge in der nachfolgenden Liste zusammen:

- "Individual differences and educational psychology.
- Leadership research and the history of assessment centers.
- Job analysis research.
- The concept of multiple intelligences.
- Prahalad and Hamel's (1990) concept of "core competency"." (Shippmann et al. (2000, S. 707)

In dieser Arbeit wird auf der Ebene der Organisation das Konzept der Kernkompetenz nun erneut aufgegriffen, in Bezug auf seine Ansatzpunkte für die Verknüpfung mit der individuellen Ebene analysiert und um den Dynamic Capability Ansatz (Teece, 1997) ergänzt (siehe Kapitel 4 und 6). Aus individueller Perspektive werden Möglichkeiten zur Erfassung der Anforderungen an Mitarbeiter betrachtet und die besondere Bedeutung der Mitarbeitergruppe der Führungskräfte herausgearbeitet.

3.3.2 Kompetenzmodelle versus Anforderungsanalyse

Nach Shippmann et al. (2000, S. 704) liegt der Unterschied zwischen Anforderungsanalysen und Kompetenzmodellen hauptsächlich in den Bezugspunkten. Kompetenzmodelle beziehen sich eher auf die Fähigkeiten einer Person, Job Analysen auf die Aufgaben, die verrichtet werden sollen. Dafür dürfte insbesondere die deutlich stärkere Orientierung von

Kompetenzmodellen an den Kernkompetenzen des jeweiligen Unternehmens von Bedeutung sein, die Shippmann et al. (2000, S. 729) in ihrer Expertenbefragung feststellten. Dazu passt auch die im Vergleich zu Anforderungsanalysen höhere Bedeutung von Werten und persönlicher Orientierung in Kompetenzmodellen, wie oben genannte Befragung zeigt. Bei Anforderungsanalyse wird der Schwerpunkt stärker auf technische Fertigkeiten gelegt (Shippmann et al., 2000, S. 729). Ein wesentlicher Vorteil in der Anwendung von Kompetenzmodellen in Unternehmen ist deren Abfassung in arbeitsplatz- und organisationsspezifischer Sprache, auch wenn dadurch teilweise eine gewisse Unschärfe in der Begriffsfassung entsteht (Sarges, 2006, S. 137). Zudem wird ihre einfache Anwendung im betrieblichen Alltag häufig durch Bilder oder Schemata unterstützt (Campion et al., 2011, S. 227). Campion et al. (2011, S. 227) fassen die bisherige Forschung zu Kompetenzmodellen zusammen und stellen fest, dass Führungskräfte Kompetenzmodelle in höherem Maße nutzen als Anforderungsanalysen. In ihrer Liste zu den Vorteilen von Kompetenzmodellen finden sich der bereits von Shippmann et al. (2000) angesprochene Strategiebezug sowie die Möglichkeit, Kompetenzmodelle als Interventionsinstrument im Rahmen von Organisationsentwicklungsprozessen zu nutzen. In Verbindung mit dem Zukunftsbezug dürften Kompetenzmodelle damit Manager besser bei der Bewältigung ihrer Aufgaben auf dynamischen Märkten unterstützen. Aus Sicht des Personalmanagements ist es von hoher Bedeutung, dass an Kompetenzmodellen Human Ressource Systeme wie beispielsweise die Personalentwicklung besser ausgerichtet sowie hohe Leistungsbeiträge von Mitarbeitern gut erkannt werden können, Veränderungen in den Kompetenzanforderungen für die Mitarbeiter transparent sind und einige Kompetenzen aus dem Kompetenzmodell gemeinsam für verschiedene Jobfamilien verwendet werden können (Campion et al., 2011; Shippmann et al., 2000). Eine beispielhafte Darstellung zum Prozess der Kompetenzmodellierung und seiner Verknüpfung mit dem Human Resource Management bieten Sonntag und Schmidt-Rathjens (2004). Im Folgenden werden die zentralen Gestaltungsmöglichkeiten für Kompetenzmodelle dargestellt.

3.3.3 Klassifikation von Kompetenzmodellen

Tabelle 9 gibt einen Überblick über die Klassifikationsmöglichkeiten von Kompetenzmodellen.

Autoren	Aspekte der Kompetenzmodellierung	Zentrale Inhalte
Briscoe & Hall (1999)	Datenerhebung und Bezugsquelle	Forschungsbasierter/datenbasierter Ansatz, strategiebasierter Ansatz, wertebasierter Ansatz, Hybrid-Ansatz
Mansfield (1996)	Differenzierungsgrad	Single-Job, one-size-fits-all und multijob Kompetenzmodelle
Sarges (2006) Spencer & Spencer (1993)	Verallgemeinerbarkeit	allgemeingültige versus unternehmensspezifische Kompetenzmodelle
Mirabile (1997)	Gliederungstiefe des Modells	Clustermodell, Basisdefinitionsmodell

Tabelle 9: Klassifikationsmöglichkeiten von Kompetenzmodellen

Datenerhebung und Bezugsquelle

Ansätze zur Art der Entwicklung und Datenerhebung wurden insbesondere von Briscoe und Hall (1999) entwickelt. Sie unterteilen die Vorgehensweisen zur Entwicklung von Kompetenzmodellen in drei zentrale Ansätze: „Research-Based", „Strategy-Based" und „Value-Based" (S. 41). In ihrer Studie befragten sie Vertreter von 31 amerikanischen Unternehmen zu der Art und dem Einsatz von Kompetenzmodellen in ihren Organisationen.

Das zentrale Kriterium für die Differenzierung zwischen den genannten Arten von Kompetenzmodellen ist die Form der Datenerhebung. Beim forschungsbasierten Ansatz werden wie bei einer Anforderungsanalyse diejenigen Stelleninhaber befragt, die besonders hohe Leistungen erbringen. Bei diesem Ansatz wird folglich vom Individuum beziehungsweise der Mitarbeiterebene ausgegangen. Die Ergebnisse dieser Befragung können um Kompetenzen aus Kompetenzlisten aus der Literatur oder von Unternehmensberatungen ergänzt werden (Briscoe & Hall, 1999). Bei den beiden anderen Varianten, dem strategiebasierten und dem wertebasierten Ansatz, wird das Kompetenzmodell aus der Perspektive der Organisation beziehungsweise des Top-Managements konstruiert. Bei beiden Ansätzen wird jeweils vor allem das Top-Management entweder zur Unternehmensstrategie oder zu den zentralen Werten und Normen des Unternehmens befragt. Der wertebasierte Ansatz kann allerdings auch genutzt werden, um in einen umfassenden Dialogprozess einzutreten und dadurch die zentralen Werte und Normen der Organisation neu zu bestimmen (Briscoe & Hall, 1999).

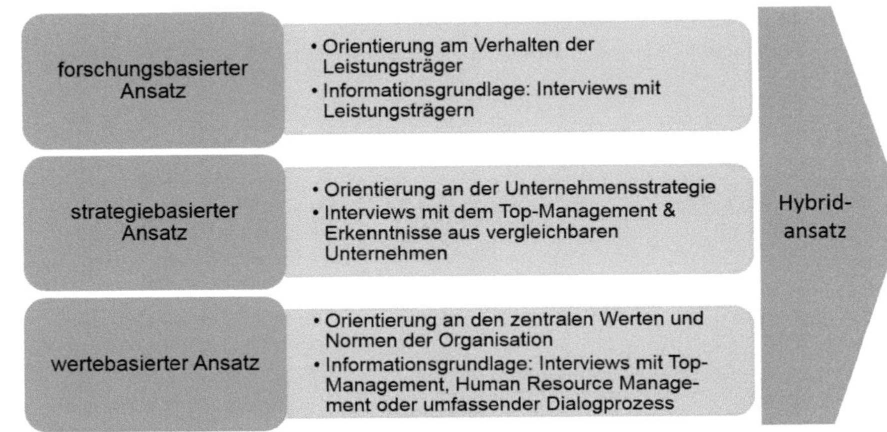

Abbildung 5: Ansätze zur Entwicklung von Kompetenzmodellen (siehe dazu Briscoe & Hall, 1999, S. 41 und 44)

Der forschungsbasierte Ansatz wird gemäß der Studie von Briscoe und Hall (1999) in der betrieblichen Praxis am häufigsten eingesetzt. Die Verhaltensbeschreibungen in derartigen Kompetenzmodellen basieren auf konkreten Verhaltensweisen in der jeweiligen Organisation. Dadurch und durch die Einbeziehung der Mitarbeiter bei der Erstellung des Kompetenzmodells finden derartige Kompetenzmodelle hohe Akzeptanz in der Organisation. Allerdings werden in den beschriebenen Kompetenzen die Anforderungen der Gegenwart und Vergangenheit abgebildet. In einer dynamischen Umwelt ist dies ein großer Nachteil. Der Vorteil des strategiebasierten Ansatzes ist es, dass ein mit ihm erstelltes Kompetenzmodell auf die angenommene zukünftige Entwicklung der Organisation und seiner Umwelt ausgerichtet ist, der des wertebasierten Ansatzes, dass die Werte einer Organisation auch in Veränderungsprozessen über längere Zeiträume relativ stabil bleiben. Allerdings sind Werte relativ schwer in konkrete Verhaltensweisen übersetzbar. Auch besteht gerade in einer dynamischen Umwelt die Gefahr, dass Werte ausgewählt werden, die der langfristigen Wettbewerbsfähigkeit eher entgegenstehen als sie unterstützen. Eine reine Orientierung an der Unternehmensstrategie birgt die Gefahr, dass die Personalentwicklung auf bestimmte Zukunftsszenarien ausgerichtet wird, die die Zukunft gar nicht angemessen abbilden. Um die Nachteile jeder der beschriebenen Vorgehensweisen auszugleichen, schlagen Briscoe und Hall (1999) den Hybridansatz vor. Bei diesem werden die Vorteile von mindestens zwei Varianten vereint. Ergänzend betonen Briscoe und Hall (1999, S. 48) die Bedeutung der Metakompetenzen (siehe Kapitel 3.2.2), die Kompetenzmodelle enthalten sollten, um die Mitarbeiter zur eigenständigen Entwicklung von Kompetenzen und somit zu einer Anpassung an sich verändernde Umweltbedingungen anzuregen.

Differenzierungsgrad und Gliederungstiefe

Der Differenzierungsgrad kann sich sowohl auf die Art der Zusammenfassung und Untergliederung verschiedener Kompetenzen (Gliederungstiefe) als auch auf die Differenzierung zwischen verschiedenen Mitarbeitergruppen innerhalb eines Unternehmens beziehen.

Mirabile (1997) unterscheidet zwischen „Clustermodellen" und solchen mit Basisdefinitionen. Der Unterschied zwischen diesen Arten von Kompetenzmodellen liegt in ihrer **Gliederungstiefe**. Bei den Clustermodellen werden relativ große Bereiche des Arbeitsverhaltens, wie beispielsweise Zusammenarbeit oder im technischen Bereich die Fähigkeiten, eine Systemarchitektur zu erstellen, zu einem Cluster zusammengefasst. Zu den einzelnen Clustern gibt es jeweils Skalen (beispielsweise 0 bis 4), die mit Verhaltensbeschreibungen hinterlegt sind. Deutlich umfangreicher ist der zweite Typ von Kompetenzmodellen gestaltet, bei dem es für jede einzelne Kompetenz eine Basisdefinition gibt und zusätzlich jeweils Verhaltensbeschreibungen mit einer Steigerung des Schwierigkeitsgrades für jede Stufe der Kompetenzausprägung. Während sich Kompetenzmodelle mit Basisdefinitionen vor allem für die Analyse des Trainingsbedarfs eignen, bieten die Cluster Vorteile in der Leistungsmessung (Mirabile, 1997, S. 76).

Differenzierungsmöglichkeiten in einem Kompetenzmodell in Bezug auf Stellen, Jobfamilien oder Organisationen bietet Mansfield (1996). Er unterscheidet Kompetenzmodelle für einzelne Stellen (single-job), für alle relevanten Gruppen in einem Unternehmen (one-size fits all) und Blockkompetenzmodelle (multi-job).

Single-job Kompetenzmodelle (Mansfield, 1996) werden für solche Stellen erstellt, die als besonders erfolgskritisch im Unternehmen angesehen werden. Neben den Stelleninhabern werden bei der Erstellung noch weitere Gruppen, wie Führungskräfte oder Kunden, befragt. Das Kompetenzmodell enthält zwischen 10 und 20 Fähigkeiten oder Eigenschaften, zu denen es jeweils eine Definition und Verhaltensbeschreibung gibt. Die Verhaltensbeschreibungen beziehen sich auf das Verhalten von Mitarbeitern mit hohen Leistungsbeiträgen. Da für die Erstellung jedes Single-job Kompetenzmodells ein Fragebogen zur Erfassung der Kompetenzen entwickelt und eigene Personalentwicklungsmaßnahmen gestaltet werden müssen, entstehen sehr hohe Kosten. Der Vorteil besteht allerdings gegenüber den im Folgenden beschriebenen übergreifenden Kompetenzmodellen darin, dass die Anforderungen an jede einzelne Stelle sehr genau beschrieben werden. Die Stelleninhaber können aus dem Kompetenzmodell relativ genau ablesen, welche Leistung sie derzeit erbringen und wie sie sich hin zu höheren Ausprägungen verbessern können (Mansfield, 1996). Für eine sehr dynamischen Umwelt erscheint dieser Typ von Kompetenzmodell jedoch nur sehr eingeschränkt geeignet zu sein, da die Lebensdauer aufgrund von sich ändernden Aufgaben häufig nur etwa zwei Jahre beträgt. Die meist schwach ausgeprägte Verbindung zu anderen Kompetenzmodellen im Unternehmen ermöglicht zudem kaum Vergleiche zwischen Mitarbeitern auf verschiedenen Stellen (Mansfield, 1996, S. 8 f.). Das schnelle Veralten der Kompetenzmodelle dürfte auch die Gefahr mit sich bringen, dass Mitarbeiter sehr spezifische Kompetenzprofile entwickeln, die auf anderen Stellen in der Organisation nicht von Nutzen sind. Die fehlende Vergleichbarkeit der Kompetenzbewertungen schränkt den funktionalen Wechsel innerhalb der Organisation vermutlich erheblich ein.

Einen entgegengesetzten Ansatz stellen einheitliche Kompetenzmodelle (Mansfield, 1996) für eine große Gruppe von Mitarbeitern, wie beispielsweise alle Führungskräfte, dar. Die Grundlage für die Erstellung bilden, sofern vorhanden, bestehende Kompetenzmodelle für einzelne Stellen und Konzepte aus der Kompetenz- und Führungsforschung oder Kompetenzlisten von Beratungsunternehmen. Durch die Beurteilung des Kompetenzmodells im Top Management soll der Bezug zur „...Mission und den Werten sowie zu andauernden Anstrengungen zur Kulturveränderung" (Mansfield, 1996, S. 10)[20] sichergestellt werden. Durch die Zusammenfassung einer großen Anzahl an Stellen ist diese Vorgehensweise deutlich günstiger als die der single-job Kompetenzmodelle. Zudem orientieren sich diese Kompetenzmodelle an der Strategie und Veränderungsfähigkeit des Unternehmens (Mansfield, 1996), wodurch sie sich für die Verknüpfung mit den organisationalen Kompetenzen eignen könnten (siehe dazu Kapitel 6.3.1). Die relativ allgemeine Gestaltung dieser Kompetenzmodelle führt allerdings häufig dazu, dass die Anforderungen für die Stelleninhaber kaum ersichtlich werden. Dies schränkt auch ihre Verwendung als Grundlage für Personalauswahlprozesse ein (Mansfield, 1996, S. 9 f.). Zudem enthält dieses übergreifende Kompetenzmodell keine technischen Fertigkeiten sowie keine Beschreibung der relevanten Wissensgebiete, die für die Auswahl von Personen für eine Stelle und ihren beruflichen Erfolg ebenfalls sehr hohe Bedeutung haben (Kauffeld, Frieling & Grote, 2002; Mansfield, 1996, S. 9 f.).

Aufgrund der erläuterten Schwächen der beiden erläuterten Typen von Kompetenzmodellen werden die jeweils vorteilhaften Elemente dargestellten Ansätze im multi-job Ansatz kombiniert (Mansfield, 1996). Bei diesem Ansatz bezieht sich das Kompetenzmodell auf eine hohe Anzahl von Stellen für Fach- und Führungskräfte. Für die einbezogenen Stellen und Jobfamilien werden zunächst single-job Kompetenzmodelle gebildet und diese durch Spezialisten im Bereich der Kompetenzmodellierung zu einem Block von 20 bis 40 Kompetenzen zusammengefasst, der für alle Bereiche gilt. Bei dieser Verdichtung wird auch das Top Management hinzugezogen, um die Ausrichtung auf Veränderungsprozesse sicherzustellen. Für jede Kompetenz werden fünf bis 15 erfolgsrelevante Verhaltensweisen beschrieben, die bereichsübergreifend Gültigkeit besitzen. Darauf aufbauend, werden für die einzelnen Bereiche zusätzlich spezifische Verhaltensbeschreibungen zu den einzelnen Kompetenzen formuliert. Technisches Wissen und technische Fertigkeiten werden bereichs- oder stellenbezogen ergänzt. Sofern bestimmte technische Fertigkeiten für eine größere Anzahl von Stellen benötigt werden, kann für diese ebenfalls ein Block gebildet werden (Mansfield, 1996, S. 10–13). Durch die Beschreibung der Stellen

[20] Übersetzt durch den Verfasser.

mit einem Block an gemeinsamen Kompetenzen können unternehmensweit gültige Trainingsprogramme entwickelt werden (Mansfield, 1996). Zudem können sich derartige Kompetenzmodelle an Veränderungszielen orientieren.

Verallgemeinerbarkeit von Kompetenzmodellen

Neben der Frage, ob Kompetenzmodelle sich auf verschiedenartige Stellen beziehen können, ergibt sich die Frage, inwieweit sie unternehmensspezifisch entwickelt oder in ihrem Kern über Organisationsgrenzen hinweg übertragbar sein können. Sarges (2006) meint dazu:

> *„Die allgemeinen Erkenntnisse aus der Vergangenheit und die allgemeine Zukunftserwartung spielen vermutlich doch eine größere Rolle als die Besonderheit der einzelnen Unternehmung im Hier und Jetzt bzw. im Dann und Dort – auch wenn die Eigenwahrnehmung oft anders aussieht." (S. 139 f.)*

Er sieht damit eine grundsätzliche Übertragbarkeit von Kompetenzmodellen zwischen den Unternehmen gegeben, auch wenn sie in der genauen Ausgestaltung und der Sprache angepasst werden müssten (Sarges, 2006). Spencer und Spencer (1993) stellen Kompetenzmodelle von Beratungsunternehmen dar, auf deren Grundlage für die Unternehmen und Funktionen spezifische Kompetenzmodelle entwickelt werden (Sarges, 2006). Spencer und Spencer (1993) räumen dabei ein, dass allgemeine Kompetenzmodelle nicht allen Anforderungen einer bestimmten Stelle gerecht würden, dafür aber eine Vergleichbarkeit zwischen verschiedenen Kompetenzmodellen und Stellen geschaffen würde. Dies begünstige auch die Validierung der Verhaltensbeschreibungen in den Kompetenzmodellen. Auch Paschen (2003) meint, dass zwar im Zusammenhang mit der Erstellung von Kompetenzmodellen Organisationsspezifität gefordert würde, aber „... Kommunikationsfähigkeit, Überzeugungskraft, Flexibilität, Teamorientierung und Leistungsbereitschaft [...] überall gefragt zu sein" (Paschen, 2003, S. 54) scheinen. Briscoe und Hall (1999) betrachten die Metakompetenz als zentralen Bestandteil von Kompetenzmodellen. Sie können damit als ein organisationsübergreifender Bestandteil von Kompetenzmodellen angesehen werden. Folgt man den Vorgehensweisen für die Erstellung von Kompetenzmodellen nach Briscoe und Hall (1999) oder dem Kode®X Verfahren (Heyse, 2007a; Heyse, 2007b; Heyse, 2010), so werden die einzelnen Kompetenzen aus den vier Kompetenzklassen nach Erpenbeck und von Rosenstiel (2007a) (siehe Kapitel 3.2.1) organisations- oder sogar bereichsspezifisch ausgewählt. Der Kompetenzatlas nach Heyse und Erpenbeck (2004) bildet dafür im Kode X Verfahren einen organisationsübergreifenden Kern. Vor dem Hintergrund eines an der Unternehmensstrategie oder den organisationalen Kompetenzen ausgerichteten Kompetenzmodells dürften sich allerdings Unterschiede ergeben, je nach dem ob das Unternehmen oder der Geschäftsbereich hauptsächlich auf die möglichst effiziente Erstellung von Produkten und Dienstleistungen oder die Erforschung neuer Technologien und Werkstoffe ausgerichtet ist (siehe dazu die Gegenüberstellung der beiden Lernmodi Exploration und Exploitation nach March (1991)).

3.4 Kompetenz- und Potentialmessung

Um die im Kompetenzmodell zusammengestellten Kompetenzen für die Arbeit im Human Ressource Management nutzen zu können, müssen sie messbar sein. Erpenbeck und von Rosenstiel (2007b) bieten zur Kompetenzmessung eine umfassende Übersicht. An dieser Stelle werden nur zwei Kompetenzmessverfahren vorgestellt, die Ansatzpunkte für die Verknüpfung zwischen individueller und organisationaler Ebene bieten sowie die Möglichkeit, Potenzial mit der Assessment Center Methode zu messen.

Kode X

Erpenbeck und Heyse stellen mit Kode ein Verfahren zur Überprüfung von individuellen Kompetenzen vor (Heyse, 2010). Der für diese Arbeit wesentliche Bezug zur Unternehmensstrategie wird in dem darauf aufbauenden Verfahren Kode®X (Heyse, 2007a; Heyse, 2007b; Heyse, 2010) hergestellt. Bei diesem Verfahren werden die strategischen Ziele abgeleitet und in Kompetenzanforderungen für die Individuen auf den jeweiligen Stellen übersetzt. Deshalb wird im Folgenden dieses Verfahren dargestellt.

Kode X ist ein wissenschaftlich überprüftes Verfahren und wird von zertifizierten Beratern in vielen Unternehmen eingesetzt (Heyse, 2007a; Heyse, 2007b; Heyse, 2010). Seine Durchführung erfolgt in sieben Schritten: Im ersten Schritt werden die strategischen Ziele für die nächsten zwei bis drei Jahre ausgearbeitet (1). Darauf aufbauend, werden die strategischen Kompetenzanforderungen erstellt (2). In Schritt 3 werden die Kompetenz-Definitionen aus dem Kompetenzatlas organisationsspezifisch ergänzt und neue definiert. In Schritt 4 wird das Kompetenz-Sollprofil formuliert und in Schritten 5 durch Selbst- und Fremdeinschätzung sowie in Schritt sechs durch einen 360-Grad Vergleich verfeinert. In Schritt 7 werden darauf aufbauend individuelle Kompetenzentwicklungsmaßnahmen formuliert (Heyse, 2010, S. 280 f.).

Für die Entwicklung eines Kompetenzmodells für Change Prozesse leisten Kode und KODE X folgende Beiträge: Der „Kompetenzatlas“ bietet eine besonders umfassende Zusammenstellung individueller Kompetenzen. Aus diesen können Kompetenzen ausgewählt werden, die eine besondere Bedeutung für Change Prozesse besitzen. Durch die Ableitung der individuellen Kompetenzanforderungen von den strategischen Zielen und den strategischen Kompetenz-Anforderungen wird die Lücke zwischen individueller und organisationaler Ebene geschlossen. Allerdings knüpft das Verfahren an die strategischen Ziele (Heyse, 2010) und nicht wie die vorliegende Arbeit an die deutlich längerfristig ausgerichteten in Bezug auf Veränderungen robusteren Ressourcen, Kernkompetenzen und Dynamic Capabilities (Barney, 1991; Prahalad & Hamel, 1990; Zollo & Winter, 2002) an. Ziele können sich relativ schnell ändern, Kernkompetenzen und Dynamic Capabilities sind über viele Jahre hinweg gewachsen und sollen Change Prozesse unterstützen und überdauern.

Kassler Kompetenzraster

Als ein weiteres Verfahren zur Kompetenzmessung wird das Kassler Kompetenz Raster (Kauffeld, 2009) vorgestellt. Das Verfahren zeichnet sich dadurch aus, dass die Kompetenzen in Situationen erhoben werden, die denen bei der tatsächlichen Bewältigung der beruflichen Aufgaben der jeweiligen Person sehr ähnlich sind. Die im Rahmen der Kompetenzmessung beobachteten Personen bearbeiten mit Kollegen ein tätigkeitsnahes betriebliches Optimierungsproblem. Das gewählte Problem ist dabei zwar fiktiv, wird aber von der tatsächlichen Situation im Unternehmen abgeleitet. Die fünf bis sieben Personen in einer Gruppe haben für die Bearbeitung des Problems im Rahmen einer Gruppendiskussion 60 bis 90 Minuten Zeit. Die Gruppenarbeit wird auf Video aufgenommen und die einzelnen Szenen werden anhand eines vorgegebenen Rasters mit Kompetenzbeschreibungen ausgewertet (Edelmann & Tippelt, 2004, S. 8; Kauffeld, 2009).

Für die in dieser Arbeit thematisierte Unterstützung der organisationalen Veränderungsfähigkeit leistet das Kassler Kompetenz Raster damit die folgenden beiden Beiträge: Der Problemlösungsprozess in der Gruppendiskussion gleicht dem Vorgehen im Rahmen des kontinuierlichen Verbesserungsprozesses (KVP) (Kauffeld, 2009, S. 582). Diese Prozesse fördern die Lern- und Veränderungsfähigkeit und werden deshalb von Krüger und Homp (1997) als organisationale Metafähigkeit bezeichnet. Zudem wird mit dem Kassler Kompetenz Raster ein Instrument zur Messung von Kompetenzen auf den Ebenen Individuum, Team und Organisation angeboten. Auf individueller Ebene werden die Kompetenzen unterteilt nach Fachkompetenz, Methodenkompetenz, Sozialkompetenz und Selbstkompetenz. Die Interaktion der gesamten Gruppe wird anhand der Kategorien Inhalt, Beziehung und Steuerung betrachtet. Aus den Ergebnissen von vier bis sechs Gruppen kann häufig die Kompetenz des jeweiligen Bereichs abgeleitet werden, aus der Aggregation der Kompetenzen der einzelnen Bereiche die Kompetenz auf der Ebene der Organisation (Kauffeld, 2009). Das Kassler Kompetenzraster leistet damit einen wichtigen Beitrag zur Verknüpfung der Kompetenzen von Individuen aus der psychologischen Kompetenzforschung und organisationalen Kompetenzen aus der Forschungstradition des strategischen Managements.

Die mit dem dargestellten Instrument ermittelten organisationalen Kompetenzen sind allerdings keine Kernkompetenzen nach Prahalad und Hamel (1990), da sie nicht an den dafür notwendigen Kriterien (siehe Kapitel 2.2.2) geprüft werden. Diese aggregierte Problemlösungsfähigkeit der einzelnen Gruppen dürfte alleine auch nicht zu einer hohen Ausprägung der Dynamic Capabilities im Sinne von Teece und Shuen (1997) sowie Zollo und Winter (2002) führen, sondern ist vermutlich nur ein dafür in hohem Maße förderlicher Faktor.

Potenzialmessung und Potenzialanalyseverfahren

Für die Ermittlung der Veränderungsfähigkeit auf organisationaler Ebene dürfte die Anpassungs- und Lernfähigkeit von Individuen von zentraler Bedeutung sein. Das Vermögen von Individuen, neue Fähigkeiten und Kompetenzen zu erwerben, wird durch die Konstrukte Potenzial und Lernpotenzial (siehe Kapitel 3.1.2) beschrieben (Sarges, 2000; Sarges & Stracke, 2005; Thomas & Schölmerich, 2011).

Zentrales Merkmal eines Lernpotenzial Assessment Centers ist die Messung zu zwei Zeitpunkten, zwischen denen eine Trainingsphase liegt (Sarges & Stracke, 2005). Sarges und Stracke (2005) empfehlen zusätzlich noch eine Lernphase im Vorfeld des Assessment Centers, da viele Verhaltensmerkmale im Rahmen eines relativ kurzen Zeitraumes wie in einem AC nur eingeschränkt entwickelt werden können. Zu Beginn des AC wird die erste Kompetenzmessung durchgeführt. Es folgt eine Trainingsphase, in der die Teilnehmer zu den Übungen intensives Feedback erhalten und eine Messung zu Ende des ACs. Aus der Differenz ergibt sich die Lernfähigkeit. Das Lernpotential ergibt sich als Summe oder Produkt aus Lernfähigkeit und Lernwilligkeit (Sarges & Stracke, 2005).

Thomas und Schölmerich (2011) nennen als Übungen im Rahmen eines Lernpotenzial ACs z. B. Fallstudien, Mitarbeiter- und Kundengespräche sowie Gruppendiskussionen in den Testphasen und eine Begleitung von Übungen und Trainings in der Lernphase durch intensive Feedbackprozesse wie beispielsweise durch Coaching. Sarges und Stracke (2005) leiten ihre Bezugspunkte für mögliche Übungen eines Lernpotenzial ACs von den Beziehungen zwischen Unternehmen, Kunden und der Konkurrenz ab. Potenzialkandidaten sollen sich auf der kognitiven, emotional-motivationalen und sozial-interaktiven Ebene mit entsprechenden Problemen auseinandersetzen und daraus lernen. Als mögliche Bezugspunkte für Übungen nennen sie Schnittstellenprobleme in einem Produktionsprozess, Durchführung von Konkurrenzanalysen, Gespräche über Kundenkontakte, Entwerfen von innovativen Geschäftsideen, Vorbereitung von Personalentscheidungen oder Bearbeitung von gesellschaftlichen Fragen. Zur Vorbereitung des Trainings der Methodenkompetenz sollen sich die Teilnehmer im Lernzeitraum vor dem AC mit praxisorientierter Managementliteratur zu Themen wie Moderation, Problemlösung oder Verhandlung beschäftigen (Sarges & Stracke, 2005).

3.5 Kompetenzentwicklung

3.5.1 Entwicklung in Abhängigkeit von der Art der Kompetenz

In diesem Kapitel soll erörtert werden, wie die individuellen Kompetenzen entwickelt werden können. Die Zusammenführung von individuellen Kompetenzen mit den organisationale Kompetenzen wird erst in Kapitel 4 erfolgen. Dennoch findet an dieser Stelle eine Fokussierung auf jene Kompetenzen und Mitarbeitergruppen statt, die von besonderer Bedeutung für die Veränderungsfähigkeit von Organisationen sind. Nach einer Einführung zur Entwicklung aller vier Kompetenzklassen werden die Entwicklungsmöglichkeiten für die Metakompetenzen (Briscoe & Hall, 1999; Dimitrova, 2007) sowie für eigenverantwortliches Handeln (Kaschube, 2006) erörtert. Wie in Kapitel 3.2.2 und 3.2.4 dargestellt, weisen diese Kompetenzblöcke einen sehr starken Bezug zu Veränderungsfähigkeit auf. In Bezug auf die Mitarbeitergruppen sollen insbesondere solche Mitarbeiter entwickelt werden, die eine wertvolle und schwer zu imitierende Ressource im Sinne des Resource-based Views (Lepak & Snell, 1999) darstellen.

Erwerb von Kompetenzen durch Lernprozesse

In der Motivationspsychologie wird heute davon ausgegangen, dass Kompetenzen vom Individuum **selbstorganisiert** hervorgebracht werden und sie damit weder genetisch angeboren noch das Ergebnis eines Reifungsprozesses sind (Erpenbeck & von Rosenstiel, 2007a, S. XVIII). Sie können folglich erlernt werden. Eine unmittelbare Vermittlung durch die Tätigkeit eines Lehrenden ist jedoch nicht möglich. Vielmehr müssen sich Individuen Kompetenzen selbstständig erarbeiten. Damit ist auch der Begriff der Selbstorganisation verbunden, der ein wesentliches Merkmal in der Begriffsdefinition von Kompetenzen darstellt (Erpenbeck & von Rosenstiel, 2007a; Heyse & Erpenbeck, 2004). Selbstorganisiertes Lernen kann insbesondere durch die Abgrenzung gegenüber solchen Lernformen erklärt werden, die wesentlich durch dritte Personen bestimmt werden, die den Lernenden im Lernprozess anleiten (Erpenbeck et al., 2007). Erpenbeck et al. (2007) beschreiben diese Abgrenzung folgendermaßen:

- *„Beim (völlig) fremdgesteuerten Lernen bestimmt der „Lehrer" Lernziele, Operationen/Strategien, Kontrollprozesse und deren Offenheit.*
- *Beim (völlig) selbstgesteuerten Lernen werden alle diese Komponenten vom lernenden System selbst vorgegeben, „entäußert".*
- *Beim (völlig) fremdorganisierten Lernen werden vom „Lehrer" komplexe, wechselnde, mit bisherigen Operationen/Strategien und Kontrollprozessen nicht zu bewältigende Lern- und Arbeitssituationen so vorgegeben, dass sie im lernenden System Selbstorganisationsprozesse in Gang setzen und erwünschte fachliche, methodische, soziale und personale Dispositionen zur Folge haben. (Insofern baut auch fremdorganisiertes Lernen immer auf die Selbstorganisationsfähigkeit des lernenden Systems).*
- *Beim (völlig) selbstorganisierten Lernen begibt sich das lernende System selbst in solche Situationen, um die eigenen Dispositionen zu erweitern." (S. 132)*

Diese Lernformen treten in Lernprozessen in der Regel nicht in Reinform auf, die Klassifikation kann deshalb nur nach den „... Anteile[n] von fremdgesteuertem, selbstgesteuertem, fremdorganisiertem und selbstorganisiertem Lernen ..." (Erpenbeck et al., 2007, S. 133) erfolgen. Damit selbstorganisiertes Lernen stattfindet und ein Individuum seine Kompetenzen weiterentwickelt, benötigt es vor allem den Willen, selbstständig zu handeln (Erpenbeck et al., 2007). Begünstigt wird die Kompetenzentwicklung von Individuen zudem durch eine lernförderliche Unternehmenskultur, die auch als Lernkultur (Friebe, 2005) bezeichnet wird. Diese wurde im Rahmen der Kulturdiskussion zu den organisationalen Kompetenzen (siehe Kapitel 2.5.3) bereits vorgestellt.

Entwicklung von Kompetenzen und Kompetenzklassen

Die für ein Kompetenzmodell eines Unternehmens als besonders wichtig identifizierten Kompetenzen müssen anschließend bei den Mitarbeitern entwickelt werden. Von zentraler Bedeutung für die Frage, wie die einzelnen Kompetenzen zu entwickeln sind, dürften die Kompetenzbestandteile und die Zuordnung zu den Kompetenzklassen sein.

Kompetenzlisten enthalten eine Mischung von „... Persönlichkeitsmerkmalen, Motiven, Werten, Verhaltensweisen, Einstellungen, Leistungsvariablen, Fertigkeiten und Wissensbeständen ..." (Sarges, 2006, S. 136). Wissensbestände können in Lehrprozessen, wie Unterricht in der Schule oder Vorlesungen an Hochschulen, vermittelt werden (Heyse & Erpenbeck, 2004). Im Kompetenzatlas (Heyse & Erpenbeck, 2004; Heyse, 2010) werden diese Wissensbestandteile am deutlichsten abgebildet durch die Kompetenz „Fachwissen" (F).

Erfahrungen, Werte und Kompetenzen müssen sich die jeweiligen Personen jedoch in „... emotions- und motivationsaktivierenden Lernprozessen aneignen ..." (Heyse & Erpenbeck, 2004, S. XX). Die jeweiligen Individuen müssen folglich selbst Handeln. Sie müssen Entscheidungen treffen und Probleme lösen und dabei Emotionen erleben und Werte verinnerlichen. Dieser Kompetenzerwerb kann sowohl bei der beruflichen Tätigkeit als auch im sozialen Umfeld erfolgen (Heyse & Erpenbeck, 2004, S. XX). Die gemeinsamen Merkmale der Trainingsvorschläge zu den 64 Kompetenzen im Kompetenzatlas (Heyse & Erpenbeck, 2004, S. XXII f.) sind Selbsteinschätzungs- und Reflexionsfragen. Im Rahmen des Forschungsprojektes „Lernkultur Kompetenzentwicklung" werden neben den angesprochenen Bereichen zum Kompetenzerwerb, dem „Lernen im sozialen Umfeld" (Bootz & Kirchhöfer, 2003) und „Lernen im Prozess der Arbeit" (Reuther & Weiß, 2003) noch das „Lernen in Weiterbildungseinrichtungen" (Aulerich, 2003) und das „Lernen im Netz und mit Multimedia" (Matiaske & Keil-Slawik, 2003) genannt.

In Bezug auf Metakompetenzen wird grundsätzlich die Frage gestellt, ob und in inwieweit diese entwickelt werden können (Dimitrova, 2009). Anhand der von Dimitrova (2009) zusammengestellten und im Folgenden dargestellten Studien und vorgeschlagenen Entwicklungsmöglichkeiten wird allerdings deutlich, dass dies zumindest bis zu einer gewissen Kompetenzausprägung durchaus möglich ist.

Entwicklung von Metakompetenzen

Nach Dimitrova (2009) kann Self-Awareness vor allem durch Maßnahmen entwickelt werden, die „... die Reflexion bezüglich der eigenen Kompetenzen, im Alleingang und im Austausch mit anderen, z. B. Kollegen, [...] anregen" (S. 106). Sie identifiziert in der Literatur Techniken wie Feedback zur eigenen Arbeit, Paraphrasieren oder das Stellen von zirkulären und hypothesengestützten Fragen. Für die Möglichkeiten zur Entwicklung von Metakompetenzen im Prozess der Arbeit stellt Dimitrova (2009) die Arbeit von Seibert (1999) heraus. Als die fünf zentralen Gestaltungsfaktoren des Arbeitsumfeldes nennt dieser Autonomie, Feedback, Interaktion mit unterschiedlichen Menschen, Druck und die Möglichkeit zum Rückzug, um das eigene berufliche Handeln immer wieder reflektieren zu können. Autonomie gibt den Menschen die Möglichkeit, ihre Arbeit selbstständig zu strukturieren. Durch den Kontakt mit unterschiedlichen Menschen können verschiedene Perspektiven erworben werde und es besteht die Möglichkeit, über intensive Beziehungen Unterstützung für die eigenen Lernprozesse zu erhalten (Seibert, 1999, S. 62).

Der Metakompetenzbestandteil Adaptability erscheint noch weniger direkt vermittelbar zu sein als Self-Awareness (siehe dazu Dimitrova, 2009). Briscoe und Hall (1999) nennen dafür „[m]anaging a major change process, leading a turnaround, or launching a start-up venture …“ und “international assignments” (S. 49). Die Übernahme von besonders herausfordernden Aufgaben wie beispielsweise der Gestaltung von Veränderungssituationen scheinen folglich besonders geeignet zu sein, um die Metakompetenzdimension Adaptability zu entwickeln. Als derartige Herausforderungen können nach Dimitrova (2009) auch folgende von Pätzold und Lang (2004) vorgeschlagenen Strategien angesehen werden: *„Strategien zur positiven Gestaltung von Lernsituationen“* (S. 7) (beispielsweise Selbstmotivation, Selbstmanagement, Bewältigung von Ängsten), *„Strategien zum Erwerb von Wissen“* (S. 7) (beispielsweise Vorgehensweisen zur Ordnung und Verarbeitung von Informationen), *„Kontroll- und Selbstreflexionsstrategien“* (S. 7) (insbesondere die gezielte Auseinandersetzung mit eigenen Lernprozessen). Auch die von Briscoe und Hall (1999, S. 49) angegebene Personalentwicklungsmaßnahme des Diversity Trainings dürfte für viele Trainingskandidaten eine derartige Herausforderung darstellen. Allerdings vollzieht sich dieser Lernprozess nicht alleine durch herausfordernde Situationen oder durch ein sich Aneignen von Strategien, sondern durch Reflexionsprozesse, die beispielsweise durch Evaluation oder Lernpartnerschaften angeregt werden können (Dimitrova, 2009).

Entwicklung von eigenverantwortlichem Handeln

Wie in Kapitel 3.2.4 beschrieben, wird „eigenverantwortliches Handeln“ (EVH) (Kaschube, 2006) insbesondere dann von Mitarbeitern gefordert, wenn in Veränderungssituationen bestehen Prozess- und Stellenbeschreibungen den tatsächlichen Arbeitsanforderungen nicht mehr gerecht werden. Mitarbeiter müssen die vorhandenen Regeln folglich eigenständig für die Anwendung in den für sie neuartigen Situationen interpretieren (Kaschube, 2006). Möglichkeiten der Entwicklung wären folglich, den Mitarbeitern entsprechende Freiräume einzuräumen, damit sie das eigenständige Treffen von Entscheidungen auch in neuartigen Situationen üben. Begleitend sollten den Mitarbeitern vermutlich aber auch Möglichkeiten der Reflexion und der vorlaufenden Selbsteinschätzung geboten werden, die Heyse und Erpenbeck (2004) für die Entwicklung fast aller Kompetenzen aus dem Kompetenzatlas vorschlagen. Dafür dürften Maßnahmen wie Potenzialanalysen, Coaching, Fallstudien und Planspiele mit Einheiten zur Reflexion geeignet sein. Aus dem Trainingskatalog von Heyse und Erpenbeck (2004, S. 164 ff.) könnten Übungen zur Kompetenz Initiative für die Dimension „Eigeninitiative“ entnommen werden. Beispielsweise sollen Personen für die Entwicklung von Initiative die Energiequellen und Antriebsbremsen aus ihrem Umfeld einschätzen und daraus Maßnahmen ableiten. Die Wirksamkeit dieser Vorschläge bedarf allerdings noch der empirischen Überprüfung. Kaschube (2006) selbst unterteilt die Maßnahmen zur Förderung von eigenverantwortlichem Handeln in jene zur individuellen Förderung und solche, bei denen die Organisation verändert wird. Auf individueller Ebene kann EVH in einem Unternehmen gefördert werden, indem Verantwortungsbewusstsein entweder als Kriterium für die Personalauswahl festgelegt oder derartiges Verhalten trainiert wird. Für die Eigenschaft Verantwortungsübernahme stehen nach Kaschube (2006) keine standardisierten Tests für die Personalauswahl zur Verfügung. Als mögliche Alternativen nennt er die Messung von Verantwortungsübernahme mit einem Persönlichkeitstest, „... die Nutzung von Verfahren zur Analyse abweichenden Arbeitsverhaltens (integrity tests) und die Analyse unternehmerischen Potenzials als besonderer Form eigenverantwortlichen Handelns“ (Kaschube, 2006, S. 129). Für die Entwicklung der EVH-Dimension Verantwortungsübernahme in Trainings beschreibt Kaschube (2006) ein Beispiel. Allerdings konnte in dem beschriebenen Fall kein ausreichender Trainingstransfer festgestellt werden. Insgesamt kann festgehalten werden, dass es zwar einzelne Konzepte zur Auswahl von Mitarbeitern mit EVH oder zur Entwicklung dieses Verhaltens gibt, diese aber bisher nicht ausreichend überprüft wurden.

Die Maßnahmen, bei denen die Organisation verändert wird, um EVH zu fördern, scheinen hingegen mit größeren Erfolgsaussichten verbunden zu sein. Kaschube (2006) leitet die von ihm vorgeschlagenen Gestaltungsmaßnahmen aus der psychologische Empowerment Forschung ab und gliedert sie in solche zur die Gestaltung des Arbeitsumfeldes sowie solche zur Gestaltung der organisationalen Rahmenbedingungen.

Die relevanten Aspekte zur Förderung von Eigenverantwortlichem Handeln im Arbeitsumfeld werden wesentlich durch die Führungskraft bestimmt. Sie soll ein Klima mit prägen, das zu einem offenen Austausch über innovative Ideen und Ziele führt und in dem sich die Mitarbeiter gegenseitig unterstützen. Führungskräfte sollten ihre Mitarbeiter bei der eigenständigen Bewältigung von Problemen auch in unklaren Situationen unterstützen, indem sie ihnen entsprechende Entscheidungsbefugnisse übertragen und notwendige Ressourcen zuteilen. Um Entwicklungsprozesse bei ihren Mitarbeitern anzustoßen und schnell voranzubringen, sollte die Führungskraft transformational (siehe Kapitel 2.5.3.1) führen. Um entsprechende Verhalten anschließend einzuüben und zu festigen, erscheint der transaktionale Führungsstil hingegen besonders gut geeignet zu sein (Kaschube, 2006, S. 136 f.). Um zudem Extra-Rollen-Verhalten zu fördern, sollten durch ein Informationssystem die Vorgaben in einer Organisation transparent gemacht werden. Für die Gestaltung der organisationalen Rahmenbedingungen werden vor allem verschiedene Arten von Unternehmenskulturen vorgeschlagen, wie Problemlösekulturen, Fehlerkulturen, Streit- und Konfliktkulturen und Lernkulturen. Zur Förderung einer Lernkultur, die die Offenheit der Organisationsmitglieder für Veränderungen beinhaltet, können Unternehmensleitbilder eingesetzt werden. Förderlich für das Wirken von Intrapreneuren sind auch große Freiräume, verbunden mit der Bereitstellung einer ausreichenden finanziellen Ausstattung und der Unterstützung durch „Sponsoren“. Damit Innovationen aber auch umgesetzt werden, müssen „... eindeutige und anwendbare Vorgaben der Vorgesetzten und der Organisation existieren“ (Kaschube, 2006, S. 141). Eine solche sehr eindeutige Vorgabe mit Bezug zu Innovationen sind die Prozesse des betrieblichen Vorschlagswesen (Kaschube, 2006, S. 140 f.).

Die von Kaschube (2006) dargestellten Maßnahmen zur Förderung von EVH durch Veränderungen in der Organisation erscheinen erfolgversprechender als jene auf der individuellen Ebene. Allerdings unterlassen Organisationen häufig offenbar nicht nur die Förderung von EVH, sondern sie verhindern dessen Entwicklung sogar bewusst (Kaschube, 2006). In derartigen Organisationen werden Intrapreneure teilweise sogar als Bedrohung angesehen. Tatsächlich werden die beschriebenen positiven Auswirkungen von EVH kaum wirksam (siehe Kapitel 3.2.4), wenn die Identifikation des Mitarbeiters mit der Organisation gering ist und es kaum gemeinsame Ziele gibt. Die positiven Effekte treten zudem nur auf, wenn die Mitarbeiter Freiheiten für die eigenständige Bewältigung der durch die organisationalen Veränderungen entstehenden Aufgaben erhalten. Zu beachten ist dabei allerdings auch, dass viele Mitarbeiter dadurch eventuell überfordert sind (Kaschube, 2006).

3.5.2 Human Ressource Management Maßnahmen und Kompetenzentwicklung

In Kapitel 3.5.1 wurden einige Aspekte herausgearbeitet, wie Kompetenzen entwickelt werden können. Im Folgenden sollen ausgewählte Instrumente vorgestellt werden, wie die Kompetenzentwicklung in Organisationen durch das Personalmanagement unterstützt werden kann.

Feedbackprozesse: Mitarbeitergespräche und 360 Grad Feedback

Im Rahmen der Entwicklung von Metakompetenzen wurde die Bedeutung von Feedbackprozessen herausgearbeitet. Von dieser Kompetenz wird vom Autor eine erhebliche Bedeutung für die Dynamic Capabilities erwartet. Deshalb sollen an dieser Stelle Mitarbeiterjahresgespräche in der Form der Entwicklungsgespräche und 360 Grad Feedbackprozesse erläutert werden.

Mitarbeitergespräche sind regelmäßig stattfindende Gespräche zwischen Mitarbeiter und Vorgesetztem, die je nach Unternehmen relativ offen bis weitgehend strukturiert ablaufen können. Sie sind ein Führungsinstrument, das die Qualität der Zusammenarbeit und die Motivation fördern soll, und sind das in Unternehmen am häufigsten eingesetzte Personalbeurteilungsinstrument (Nerdinger, 2009). Schuler (2007) nennt zehn Funktionen von Mitarbeitergesprächen, von denen im Rahmen von Kompetenzeinschätzungs- und Entwicklungsgesprächen die folgenden drei als besonders relevant erscheinen: Leistungsbeurteilung, Planung von Entwicklungsmaßnahmen und Kommunikation von erwartetem Verhalten. Eine Leistungsbeurteilung kann eine verhaltensbeeinflussende Feedbackfunktion haben (Schuler, 2007). Diese ist insbesondere für die Entwicklung von Metakompetenzen von besonderer Bedeutung (siehe Kapitel 3.5.1). Die Planung von Entwicklungsmaßnahmen kann sich auf den einzelnen Mitarbeiter oder auf die Belegschaft insgesamt beziehen. Zudem können in Mitarbeitergesprächen Anforderungen sowie erwünschte Verhaltensweisen kommuniziert werden, die den Zielen der Organisation entsprechen (Schuler, 2007, S. 543). Diese drei Funktionen können in einem Gespräch berücksichtigt werden, das auf Kompetenz- und Karriereentwicklung ausgerichtet ist. Eine weitere Funktion, die Lohn und Gehaltsfindung, sollte in einem eigenen Gespräch ermittelt werden, da sich die für das gemeinsame Finden von geeigneten Entwicklungsmaßnahmen notwendige Offenheit kaum mit der Absicht des Mitarbeiters bei gehaltsrelevanten Gesprächen vereinbaren ließe, sich und seine Arbeit besonders positiv darzustellen (Schuler, 2007).

Das Mitarbeitergespräch als ein Instrument der Personalbeurteilung kann in die drei Einheiten Rückblick, Standortbestimmung und Ausblick unterteilt werden (Nerdinger, 2009). Im Rückblick werden das Verhalten und die Zielerreichung für die letzte Periode besprochen. In der Standortbestimmung sollte eine Stärken-Schwächen-Analyse des Mitarbeiters vorgenommen werden und es sollte besprochen werden, ob und warum es zu Abweichungen von den gesetzten Zielen gekommen ist und inwieweit der Mitarbeiter diese zu vertreten hat. Der Ausblick bezieht sich auf die weitere Zusammenarbeit und die gemeinsame Festlegung der Ziele für die nächste Periode. Neben der Möglichkeit, die Leistung am Ende dieser Periode angemessen beurteilen zu könne, soll der Mitarbeiter dadurch motiviert werden (Nerdinger, 2009).

Ein weiteres Feedbackinstrument, das sich vor allem an Führungskräfte richtet (Nerdinger, 2009) und Teil des Talentmanagements sein kann, ist die 360-Grad-Beurteilung beziehungsweise das 360-Grad-Feedback. Die zentralen Feedbackgeber sind dabei die eigene direkte Führungskraft und die von der Person geführten Mitarbeiter. Diese Urteile werden um die Einschätzungen der Kollegen und/oder Kunden ergänzt (Schreiber & Rietiker, 2010). Durch die verschiedenen Perspektiven kann zwar ein differenziertes Bild des Verhaltens, aber keine „objektive Wahrheit“ (Nerdinger, 2009, S. 260) herausgearbeitet werden. Führungskräfte können durch die Rückmeldung der Ergebnisse jedoch lernen, ihr eigenes Verhalten und ihre eigene Wirkung einzuschätzen und die Erwartungen der für sie zentralen beruflichen Anspruchsgruppen zu verstehen (Nerdinger, 2009).

Kompetenzorientiertes Talentmanagement

Nach einer Umfrage der Economist Intelligence Unit (2005, S. 7) unter 4000 Führungskräften wurde die Identifizierung von Talenten als die wichtigste Aufgabe des Personalmanagements für die Jahre von 2005 bis 2010 eingestuft. Im Folgenden wird zunächst dargestellt, welche Merkmale Mitarbeiter aufweisen sollten, um als Talente angesehen zu werden. Anschließend wird der Prozess des Talentmanagements vorgestellt.

Nach Schreiber und Rietiker (2010)

> *„... wird heute von einem Talent gesprochen, wenn eine Person eine besondere Leistungsvoraussetzung oder überdurchschnittliche Fähigkeiten besitzt als geistige und/oder körperliche und oft auch angeborene Begabung auf einem oder mehreren Gebieten.“ (S. 312)*

Gemäß dieser Definition ordnen Schreiber und Rietiker (2010) „Talente“ in ein Personalportfolio ein, das sich durch die Achsen „Zukünftiges Potential für die Übernahme anspruchsvoller Aufgaben resp. Funktionen“ und „Erfüllungsgrad der momentanen Leistung (Kompetenzen/Aufgaben/Ziele)“ (Schreiber & Rietiker, 2010, S. 315) ergibt. Talente verfügen demnach über hohes bis sehr hohes Potenzial für die Übernahme von höherwertigen Aufgaben. Sofern allerdings die Leistungen auf der gegenwärtigen Stelle noch zu gering sind, werden diese Mitarbeiter der Gruppe der „Mitarbeitende[n] mit Potenzial" (S. 315) zugeordnet, bei sehr hohen Leistungsausprägungen in Bezug auf die derzeitigen Aufgaben der Gruppe „»High-Potenzials«" (S. 315). Bei Talenten handelt es sich folglich um Personen, bei denen angenommen wird, dass sie in der Zukunft hohe Leistungen insbesondere in Führungspositionen erbringen können (Schreiber & Rietiker, 2010). Dafür müssen sie das Vermögen besitzen, die dafür notwendigen Kompetenzen zu entwickeln (Thomas & Schölmerich, 2011).

Im Folgenden werden diejenigen Mitarbeiter als Talente angesehen, die über ein sehr hohes Potenzial verfügen und in ihrer derzeitigen Funktion die Anforderungen in Bezug auf Leistung grundsätzlich erfüllen. Insgesamt scheint die Begriffsfassung in der Literatur und betrieblichen Praxis wenig einheitlich zu sein. Dies dürfte zum einen daran liegen, dass der Begriff Talent häufig gleichgesetzt wird mit Begriffen wie High-Potential, Hochbegabter oder gar High-Performer, zum anderen daran, dass auch die Strategie einer Organisation die Definition des Begriffes wesentlich beeinflusst (Ritz & Sinelli, 2010).

Den Kern jedes Talentmanagementsystems „... bildet der Prozesskreislauf, welcher die zentralen Funktionen von Gewinnung, Beurteilung, Einsatz und Erhaltung, Entwicklung sowie Abgang und Kontakterhaltung unterscheidet ..." (Ritz & Sinelli, 2010, S. 11 f.). Diese Funktionen sind zwischen der Personalabteilung und den Führungskräften aus der Linie aufgeteilt. Der Personalabteilung kommen dabei die Steuerungs- und Querschnittsfunktionen des strategischen Talentmanagements, seine grundsätzliche Organisation sowie im Talentmanagementprozess die Planung, das Controlling und das Marketing zu. Die Aufgabe, die Talente angemessen zu führen, übernehmen die Führungskräfte (Ritz & Sinelli, 2010).

Kompetenzorientierte Laufbahngestaltung

Aufbauend auf dem Talentmanagement, wird an dieser Stelle die Frage gestellt, wie Unternehmen Laufbahnen für ihre Mitarbeiter im Sinne eines Kompetenzmanagements gestalten können, das sich an den organisationalen Kompetenzen der Organisation orientiert. Um die bestehende Wissensbasis zu sichern, sollte das Unternehmen seine Fachkräfte langfristig binden (Lepak & Snell, 1999; Marr & Fliaster, 2003). Für die Anpassung an sich verändernde Umweltbedingungen benötigen dieselben Unternehmen allerdings auch die Flexibilität, Personal abbauen zu können (Schreiber & Rietiker, 2010, S. 298 f.). Mitarbeiter, denen keine langfristigen Beschäftigungsmöglichkeiten geboten werden, haben allerdings vermutlich kaum ein Interesse, ihre eigene Kompetenzentwicklung an den organisationalen Kompetenzen einer Organisation auszurichten. Dieser Zielkonflikt kann zum einen zumindest teilweise aufgelöst werden, wenn die unternehmensspezifische Laufbahngestaltung neben einer Orientierung an den organisationalen Kompetenzen auch zu einer Erhöhung der allgemeinen Employability (Fugate, Kinicki & Ashforth, 2004), also der Beschäftigungsfähigkeit der Mitarbeiter, führt. Zum anderen könnten sich derartige Laufbahnmodelle auf den Teil der Belegschaft mit langfristigen Arbeitsverträgen beziehen. Diese Mitarbeitergruppe wird ergänzt um Mitarbeiter mit kurzfristigen und variablen Beschäftigungsverhältnissen, die der Organisation sowohl Flexibilität in Bezug auf die Kapazität ermöglichen (Lepak & Snell, 1999) als auch für die Aufnahme von neuem Wissen im Sinne der Dynamic Capabilities von zentraler Bedeutung sein können (Kozica, Bonss & Kaiser, 2014).

Grundsätzlich können laufbahnbezogene Bewegungen nach Schein (2004) durch die drei Dimensionen Funktion, Rang und Zentralität geordnet werden (Gasteiger, 2007). Vertikale Bewegungen sind verbunden mit dem Rang, also dem Auf- oder Abstieg von Fach- oder Führungskräften in der Hierarchie. Der funktionale Wechsel vollzieht sich zwischen verschiedenen Abteilungen wie Marketing, Vertrieb oder Produktion. Bei radialen Bewegungen in einer Laufbahn wechseln Mitarbeiter zwischen Abteilungen im Zentrum einer Organisation, in denen die Entscheidungen für die Gesamtorganisation getroffen werden und solchen, die eher der Peripherie zuzuordnen sind (Schein, 2004).

Karriere ist insbesondere im deutschsprachigen Raum traditionell mit einem Aufstieg in der Hierarchie verbunden. Neuere Entwicklungstendenzen zeigen allerdings, dass Karriere nicht mehr ausschließlich objektiv gemessen werden kann, sondern die Wahrnehmung des eigenen beruflichen Weges und die Zufriedenheit damit zunehmend an Bedeutung gewinnen (Gasteiger, 2007; Marr, 2002). In Abbildung 6 werden die traditionellen Annahmen von Karriere den Entwicklungstendenzen gegenübergestellt.

Traditionelles Laufbahnverständnis
- einmalige Berufswahl
- langfristige Bindung an eine Organisation
- Aufstieg in der Hierarchie einer Organisation
- Organisation gestaltet Karrierewege
- Position und Gehalt als Erfolgskriterien

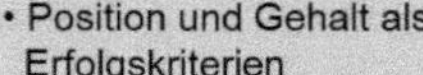

Entwicklungstendenzen
- mehrmalige Berufswahl
- Ausübung einer Profession in mehreren Organisationen
- multidirektionaler Aufstieg (vertikal, in der Hierarchie auch mit Rückschritten)
- Person gestaltet Karriereweg
- individuelle Festlegung von Erfolgskriterien; hohe Bedeutung von Zufriedenheit

Abbildung 6: Veränderungen im Laufbahnverständnis (modifiziert nach Gasteiger, 2007, S. 40)

Wie Abbildung 6 zu entnehmen ist, findet als Entwicklungstendenz der Karriereforschung eine Fokussierung auf die eigene Person statt. Karrieren werden zunehmend nicht mehr mit einer bestimmten Organisation verbunden, sondern die Person sucht nach einer eigenen beruflichen Identität (Gasteiger, 2007). Tendenziell planen Berufstätige mit einem eher kurzfristigen zeitlichen Horizont in Bezug auf ihre Arbeit in einer Organisation. Ihre langfristige Planung bezieht sich hingegen auf ihre Profession und ihre persönlichen Ziele, die sie durch einen Entwicklungsprozess über unterschiedliche Positionen erreichen können. Zumindest grundsätzlich können für diese Entwicklung auch Rückschritte in der hierarchischen Position als sinnvoll angesehen werden. Dies steht in deutlichem Gegensatz zum klassischen Karriereverständnis. Individuen, die einem derartigen neuen Karriereverständnis folgen, gestalten ihre Laufbahn selbst und überlassen dies nicht der Organisation (Gasteiger, 2007). Bei der Ausrichtung eines Laufbahnkonzeptes auf organisationale Kompetenzen dürfte folglich zu prüfen sein, ob sich dessen Anforderungen mit der beruflichen Identität der jeweiligen Mitarbeiter beziehungsweise -gruppen vereinbaren lassen.

4 Verknüpfung individueller und organisationaler Kompetenzen

In diesem Kapitel werden zunächst in 4.1 bestehende Ansätze zur Verknüpfung von individuellen und organisationalen Kompetenzen betrachtet. Darauf aufbauend, werden in 4.2 aus den Anforderungen, die in der Literatur zum Resource-based View genannt werden, individuelle Kompetenzen abgeleitet und um Erkenntnisse aus der psychologischen Kompetenzforschung ergänzt. In Kapitel 4.3 werden die Ansatzpunkte für die eigene Forschung herausgearbeitet und in Kapitel 4.4 die Forschungsfragen formuliert.

4.1 Ansätze zur Verknüpfung von individuellen und organisationalen Kompetenzen

4.1.1 Individuelle und kollektive Verhaltensweisen

Wie in Kapitel 3.3.3 bereits erwähnt, können sich Kompetenzmodelle auf die Unternehmensstrategie beziehen (Shippmann et al., 2000). In diesen Kompetenzmodellen sind individuelle Kompetenzen enthalten. Diese individuellen Kompetenzen wie Kommunikationsfähigkeit (Heyse & Erpenbeck, 2004) unterscheiden sich wesentlich von den organisationalen Kernkompetenzen wie dem Management einer Marke oder einer Fabrik, die Hamel (1994) als Beispiele nennt. Zentrale Grundlagen dieser organisationalen Kernkompetenzen sind explizites und implizites Wissen und damit verbunden auch die Eigenschaften und Kompetenzen der Individuen in der jeweiligen Organisation (Hamel, 1994, S. 12; Raich & Schober, 2006).

Die Summe der Eigenschaften, Fertigkeiten und Kompetenzen von Individuen stellt die Grundlage für Kernkompetenzen dar, aber noch keine organisationale Kernkompetenz selbst (Raich & Schober, 2006, S. 440-441). In den Verfahren zur Identifizierung organisationaler Kompetenzen sind die Fähigkeiten zentraler Mitarbeiter eine wichtige Dimension neben weiteren wie den zentralen Produkten (Boos & Jarmai, 1994) oder Prozessen (Krüger & Homp, 1997). Mitarbeiter leisten dann einen wesentlichen Beitrag zu den organisationalen Kompetenzen, wenn sie ihre Fähigkeiten in die gemeinschaftliche Leistungserstellung mit anderen einbringen (Boos & Jarmai, 1994; Raich & Schober, 2006, S. 440 f.). Auch aus den Definitionsansätzen zu organisationalen (Kern-)kompetenzen kann abgeleitet werden, dass für die Entstehung von organisationalen Kompetenzen eher die Qualität der Partizipation der Individuen an kollektiven Handlungsweisen beziehungsweise Routinen (Grant, 1991; Güttel, 2006) sowie die gemeinsame Nutzung und Weiterentwicklung von Technologien (Hinterhuber & Stuhec, 1997; Prahalad & Hamel, 1990) entscheidender sind als die Summe der Kompetenzen aller Individuen in einer Organisation. Zudem hat die Kultur einer Organisation wesentlichen Einfluss auf die Möglichkeiten der Entwicklung von organisationaler Kompetenz (Schreyögg & Kliesch, 2003). Die Bedeutung der Abstimmung der Individuen wird auch in der Literaturdiskussion zu Dynamic Capabilities (siehe Teece, 2007) und Ambidextrie (siehe Güttel & Konlechner, 2009; Hobus & Busch, 2011) sehr deutlich. Diese notwendige Abstimmung mit anderen gibt einen ersten Hinweis auf die mögliche Bedeutung jener Kompetenzen, die der Kompetenzklasse der sozialen Kompetenzen (Erpebenbeck & von Rosenstiel, 2007b) zugeordnet werden.

Mitarbeiter und Mitarbeitergruppen mit ihren Fähigkeiten stellen zunächst einmal eine Ressourcengruppe dar (Barney, 1991). Die Bedeutung dieser Ressourcen wird im Folgenden diskutiert.

4.1.2 Ressourcen und individuelle Kompetenzen

In der Resource-based View Forschung wird davon ausgegangen, dass Humanressourcen einen wesentlichen Beitrag zur nachhaltigen Wettbewerbsfähigkeit von Unternehmen leisten können. Dies ist dann der Fall, wenn die Humanressourcen selten, in besonderer Weise wertvoll für das Unternehmen, schwer zu imitieren oder zu substituieren sowie organisationsspezifisch sind (Barney, 1991; Barney, 2001). Stegmaier und Sonntag (2007) zeigen ausgehend von der psychologischen Kompetenzforschung in einer theoretischen Analyse, wie Kompetenzmanagement auf individueller Ebene die Nichtimitierbarkeit von organisationalen Kompetenzen erhöhen kann. Individuelle Kompetenzen scheinen damit sowohl aus der Perspektive des strategischen Managements als auch der psychologischen Kompetenzforschung geeignet, um nachhaltige Wettbewerbsvorteile zu begründen. Auf eine weiterführende Analyse der individuellen Kompetenzen als Ressource soll deshalb verzichtet werden. Verwiesen sei an dieser Stelle noch auf eine Möglichkeit, den Wert von Humanressourcen zu ermitteln. Die Humankapitalforschung bietet hierfür einige Ansätze an. Diese Ansätze können in „Marktwertorientierte Ansätze" „Accounting-orientierte Ansätze", „Indikatorenbasierte Ansätze", „Value Added Ansätze" und „Ertragsorientierte Ansätze" unterteilt werden (Scholz, Stein & Bechtel, 2004). Ihr Ziel besteht darin, den Wert der Mitarbeiter in quantitativen und monetären Kennzahlen messbar zu machen. Die „Saarbrücker Formel" kombiniert verschiedene Forschungsansätze (Scholz, 2000; Scholz & Stein, 2007). Sie besteht aus vier Komponenten, die in einem summativen und multiplikativen Verhältnis stehen (Scholz, 2007). Folgende vier Komponenten bilden die Grundlage der Saarbrücker Formel: „Wertbasis" (Mitarbeiterzahl und Marktgehalt), „Wertverlust" („Wissenserosion"), „Wertkompensation" („Neueinstellungen", „Personalentwicklung") und „Wertänderung" („Commitment", „Context", „Retention") (Scholz, 2007, S. 254). Die Frage, inwieweit die durch die Humankapitalforschung bewerteten Humanressourcen auch tatsächlich zu einem nachhaltigen Wettbewerbsvorteil im Sinne des Resource-based Views (Barney, 1991) beitragen, wird nach Ansicht des Autors dieser Arbeit zumindest explizit nicht ausreichend beantwortet. Im Gegensatz zum Ansatz in dieser Arbeit werden die Kompetenzen der Mitarbeiter in der Humankapitalforschung zumeist nur indirekt thematisiert (siehe hierzu die Ansätze bei Scholz, Stein & Bechtel, 2004).

4.1.3 Kernkompetenzen und Capabilities und individuelle Kompetenzen

Im Folgenden werden die Ansatzpunkte für die Verknüpfung von individuellen und organisationalen Kompetenzen bei Prahalad und Hamel herausgearbeitet. Die angeführten Arbeiten von Prahalad und Hamel (1990) und Hamel (1994) bilden für die kompetenzorientierte Forschung des strategischen Managements allerdings nur eine zentrale Grundlage. In anderen Ansätzen zum Konstrukt der organisationalen Kompetenzen wurde dieses differenzierter operationalisiert (z. B. Schreyögg & Kliesch, 2003). Sie bieten damit weiterführende Ansatzpunkte zur Verknüpfung von psychologischer Kompetenzforschung und strategischem Management.

4.1.3.1 Kernkompetenzen nach Prahalad und Hamel und individuelle Kompetenzen

Ansatzpunkte bei Prahalad und Hamel (1990)

Prahalad und Hamel (1990) sehen Kernkompetenzen als Lernprozess an, bei dem verschiedene Fähigkeiten und Technologien kombiniert werden. Anhand dieser Definition wird deutlich, dass Mitarbeiter, die Kernkompetenzen unterstützen wollen, an diesem kollektiven Lernprozess teilnehmen müssen. Wie die Lerntheorie von Kim (1993) zeigt, ist individuelles Lernen eine wesentliche Voraussetzung für organisationales Lernen. Die Kompetenz „Lernbereitschaft" (P/F) aus dem Kompetenzatlas (Heyse, 2010; Heyse & Erpenbeck, 2004) erscheint deshalb als wesentlich für ein Kompetenzmodell, das individuelle und organisationale Kompetenzen verknüpft. Da es sich bei diesem Lernprozess um die Bündelung von Ressourcen und Fähigkeiten handelt, ist eine intensive Zusammenarbeit zwischen verschiedenen Bereichen zur Nutzung von Kernkompetenzen notwendig (Prahalad & Hamel, 1990; Schreyögg & Kliesch, 2003). Raich und Schober (2006) verdeutlichen in ihren Ausführungen, dass Kernkompetenzen durch dieses Zusammenwirken von Individuen entstehen. Die für die Zusammenarbeit von Individuen notwendigen Kompetenzen gehören insbesondere der Klasse der sozialen Kompetenzen an (Heyse & Erpenbeck, 2004). Folglich dürften „Teamfähigkeit" (S/P), „Kooperationsfähigkeit" (S) und „Beziehungsmanagement" (S) eine besondere Bedeutung haben.

Kompetenzzuordnung über die Subjekt-Objekt Zuordnung

Meynhardt (2007) stellt in seinem Modell den vier Klassen individueller Komopetenz (fachlich-methodische, soziale, personale und Aktivitäts- und Umsetzungskompetenz) (siehe Kapitel 3.2) die verschiedenen Arten von Kernkompetenzen (Hamel, 1994) gegenüber. Demnach können functional-related competencies mit den auf den Umgang mit Objekten bezogenen Fach- und Methodenkompetenzen in Beziehung gesetzt werden. Market-access competencies werden auf individueller Ebene durch soziale Kompetenzen unterstützt, die auf die Beziehungen zu anderen Personen ausgerichtet sind. Aktivitäts- und Umsetzungskompetenzen benötigen Mitarbeiter, um integrity-related competencies zu unterstützen. Zu den personalen Kompetenzen sieht Meynhardt (2007) keine Entsprechung bei Prahalad und Hamel (1990). Eine mögliche Übersetzung in die organisationale Ebene könnte nach Ansicht von Meynhardt (2007) eine „Selbstbeobachtungs- und Selbstreflexionskompetenz" (S. 305) sein.

Einige Ansatzpunkte zur Kritik dieses Ansatzes zeigt Meynhardt (2007, S. 305) selbst auf. Demnach lägen market-access competencies auch individuelle Fach- und Methodenkompetenzen zugrunde. In Bezug auf die functionality-related und integrity-related competencies dürften zudem insbesondere auch soziale Kompetenzen von entscheidender Bedeutung sein, um beispielsweise Qualitätsmanagementprozesse im Rahmen der integrity-related competencies überhaupt durchführen zu können (Meynhardt, 2007). Der Ansatz liefert somit ein Verständnis für die Verknüpfung der individuellen und der organisationalen Kompetenzebenen, die Ableitung von individuellen Kompetenzen im Rahmen eines Kompetenzmodells dürfte jedoch nur eingeschränkt möglich sein.

Das Modell von Green

Einen direkten Bezug zwischen organisationalen Kernkompetenzen nach Prahalad und Hamel sowie Kompetenzmodellen aus dem Human Resource Management stellt das Modell von Green (1999) her. Der Ansatz wird anhand von wissenschaftlichen Quellen begründet, bei der Publikation von Green (1999) handelt es sich nach eigenen Angaben des Autors aber um praxisorientierte Literatur. Im Zentrum des Ansatzes steht der kreisförmig dargestellte Anwendungsbereich für Kompetenzen mit den folgenden vier Quadranten (Green, 1999):

- "I. Core competencies and capabilities" (S. 23),
- "II. Core Values and priorities" (S. 23),
- "III. Technical knowledge and job skills" (S. 23),
- "IV. Performance skills and competencies" (S. 23).

Den ersten Quadranten des Kreises bilden die Kernkompetenzen nach Prahalad und Hamel, (1990). Ergänzend werden sogenannte „capabilities" (Green, 1999, S. 23) mit aufgenommen, die zwar nicht die Anforderungen an Kernkompetenzen erfüllen (siehe Kriterien von Kernkompetenzen in Kapitel 2.2.2), aber für die Leistungserstellung des Unternehmens und sein Auftreten am Markt von zentraler Bedeutung sind (Hamel, 1994). Diese Kernkompetenzen und Capabilities sollen im Unternehmen in einem Leitbild abgebildet und darauf aufbauend Prozesse vermittelt werden. Sie sind im zweiten Quadranten durch Kernwerte und Prioritäten unterlegt. Die Kernwerte bilden die den Kernkompetenzen zugrundeliegenden gemeinsamen Überzeugungen und die Kultur ab. Die Prioritäten bestimmen wesentlich, wie individuelle Kompetenzen eingesetzt und Ziele wie Qualität und Innovation erreicht werden sollen (Green, 1999). Der dritte Quadrant bezieht sich auf das branchen- und arbeitsplatzbezogene Wissen und die dafür notwendigen Fertigkeiten und Fähigkeiten, die den Kernkompetenzen zugrunde liegen. Ein Beispiel dafür ist das Beherrschen und das Erstellen von Lösungen in einer bestimmten Computersprache. Der vierte Quadrant bezieht sich schließlich auf jene Kompetenzen, die in dieser Arbeit im Mittelpunkt der Betrachtung stehen. Sie beinhalten nach Green (1999) „... Arbeitseinstellungen, Kommunikationsstile, Führung und Teamwork." (S. 28)[21]. Diese Kompetenzen

[21] Übersetzt durch den Verfasser.

sind vielseitig und damit auch in vielen Berufen, Stellen und verschiedenen Branchen einsetzbar. Sie sollten die Kernwerte und Prioritäten in der Organisation unterstützen. Die Orientierung an den Kernwerten kann als wertebasierter Ansatz der Kompetenzmodellierung nach Briscoe und Hall (1999) angesehen werden. Der Bezug auf die Kernkompetenz ist strategiebasiert. Folglich handelt es sich bei dem Modell von Green (1999) um einen Hybridansatz (Briscoe& Hall, 1999).

Green (1999) setzt seinen eigenen Kompetenzrahmen mit vier Blöcken zur Beschreibung von Individuen in Beziehung: Wissen, Fähigkeiten, Kompetenzen und anderen Persönlichkeitseigenschaften. Demnach stellen auf organisationaler Ebene die Kernkompetenzen und Capabilities das technische Wissen und die Fähigkeiten, mit Instrumenten oder Werkzeugen umzugehen, dar. Die Kernwerte und Prioritäten, die sich in Merkmalen der Organisation wie seiner Lernfähigkeit oder seiner Arbeitsethik ausdrücken, werden mit den Kompetenzen und den anderen Persönlichkeitseigenschaften von Individuen in Beziehung gesetzt (Green, 1999, S. 34 f.).

Green (1999) zeigt aufbauend auf seinem Kompetenzrahmen auf, wie dieser in der betrieblichen Personalarbeit angewendet werden kann. So sollen bei der Konstruktion von Leitfäden für Einstellungsinterviews die Fragen zum Arbeitskontext von den Kernkompetenzen und Werten abgeleitet werden. Die arbeitsplatzbezogenen Fähigkeiten und Kompetenzen bilden die Bezugsgrundlage für die Fragen zu den Arbeitsinhalten (Green, 1999).

Das Modell von Green (1999) eignet sich, um als Rahmen für andere Ansätze zur Verknüpfung von individuellen und organisationalen Kompetenzen zu dienen. Ein Ziel eines derartigen Kompetenzmanagements ist es, Mitarbeiter zur Orientierung an den Werten und der Kultur der Organisation anzuleiten. Dies kann in Verbindung gesetzt werden mit dem Modell zur Entstehung von organisationalen Kompetenzen von Schreyögg und Kliesch (2003) (siehe Kapitel 2.5.1) und den Regeln nach Güttel (2006), die den Dynamic Capabilities zugrunde liegen und in der Unternehmenskultur verankert sind. Der dritte Quadrant des Kompetenzkreises von Green (1999) wird bestimmt durch technisches Wissen und stellenbezogene Fähigkeiten. In Abhängigkeit von den Kernkompetenzen sollen die Mitarbeiter diese erwerben (Green, 1999).

4.1.3.2 Organisationale Kompetenz als Verknüpfungsleitung und individuelle Kompetenzen

Im Folgenden werden solche Modelle zur Verknüpfung der Kompetenzebenen erläutert und diskutiert, bei denen die organisationale Kompetenz im Gegensatz zu den relativ konkret gefassten Kernkompetenzen bei Prahalad und Hamel (1990) auf abstrakten Verknüpfungsleistungen beruht.

Das Modell von Schreyögg und Kliesch

Schreyögg und Kliesch (2003, S. 23) unterscheiden sich in ihrer Definition von organisationaler Kompetenz nach eigenen Angaben wesentlich von der Ressource-based View

Literatur beziehungsweise dem Verständnis von Prahalad und Hamel (1990). Auf Grundlage dieser Loslösung der organisationalen Kompetenzen von den darin gebundenen organisationalen Ressourcen verknüpfen sie in einer theoretischen Analyse individuelle und organisationale Kompetenzen (Schreyögg & Kliesch, 2003, S. 40). Sie sehen die „... Qualität der Selektions- und Verknüpfungsleistung und ihre fortwährende[.] Anpassung an veränderte Gegebenheiten“ (Schreyögg & Kliesch, 2003, S. 48) als Bewertungsgrundlage für organisationale Kompetenzen. Durch ihre Bezugnahme auf Teece und Shuen (1997) orientieren sie sich damit stärker am Konzept der Dynamic Capabilities als an dem der Kernkompetenzen (Prahalad & Hamel, 1990). Die Voraussetzung für organisationale Kompetenzen bilden „Wissen und Gedächtnis, Könnerschaft und Routinen, Beziehungen und Sozialkapital sowie Emotionen...“ (Schreyögg & Kliesch, 2003, S. 77). Diese werden durch die Kompetenzdimensionen „Organisationales Interpretationsvermögen“, „Organisationales Kooperationsvermögen“ und „Organisationales Verknüpfungs-Know-how“ (Schreyögg & Kliesch, 2003, S. 49) ausgewählt und verknüpft. Eine bestimmte Unternehmenskultur, eine entsprechende Unternehmensstruktur sowie organisationale Lernprozesse fördern die Entwicklung der organisationalen Kompetenz (Schreyögg & Kliesch, 2003, S. 77). Die notwendigen Ausprägungen dieser Gestaltungsmöglichkeiten wurden bereits in Kapitel 2.5.3 diskutiert. Die Grundlagen und Dimensionen der organisationalen Kompetenz selbst sind in Abbildung 7 zusammengefasst.

Abbildung 7: Grundlagen und Dimensionen organisationaler Kompetenz (modifiziert nach Schreyögg & Kliesch, 2003, S. 76)

Die Ableitung der Dimensionen für die organisationale Kompetenz von den Kompetenzeinteilung von Katz (1974) (siehe Kapitel 3.2.1) ermöglicht es, individuelle und organisationale Kompetenzen in Beziehung zu setzen (Schreyögg & Kliesch, 2003). Dies wird in Abbildung 8 dargestellt.

individuelle Kompetenzen		organisationale Kompetenzen
„technische Kompetenz – *Managementwissen* – *Fähigkeit Wissen und Methoden anzuwenden“ (Schreyögg & Kliesch, 2003, S. 40)*		**„Organisationales Verknüpfungs-Know-how** – *Know-how in Bezug auf die Verknüpfungsleistung selbst, also wie Anschlüsse hergestellt werden“ (S. 40)*
„soziale Kompetenz – *Kommunikations- und Kooperationsfähigkeit* – *Empathie* – *Interkulturelles Verstehen“ (S. 40)*		**„organisationales Kooperationsvermögen** – *Fähigkeit der effektiven Nutzung von Beziehungen bzw. Netzwerken* – *Emotionales Vermögen* – *Internationale Anschlussfähigkeit“ (S. 40)*
„Konzeptionelle Kompetenz – *Fähigkeit komplexe Problemfelder zu strukturieren (erfolgreiche Bewältigung von Unsicherheit → Beurteilungs-vermögen)* – *Verständnis von Kausal-zusammenhängen, Denken in (widersprüchlichen) Kate-gorien“ (S. 40)*		**„organisationales Interpretationsvermögen** – *Fähigkeit komplexe (interne und externe) Umwelt zu strukturieren* – *Beurteilungsvermögen der Probleme (Chancen und Risiken) und entsprechende Selektion“ (S. 40)*

Abbildung 8: Individuelle Kompetenzen und organisationale Kompetenzdimensionen (modifiziert nach Schreyögg & Kliesch, 2003, S. 40)

Konzeptionelle Kompetenzen auf individueller Ebene setzen Schreyögg und Kliesch (2003, S. 40) mit dem organisationalen Interpretationsvermögen, also der Fähigkeit einer Organisation, die Möglichkeiten und Risiken in der eigenen Organisation und der externen Umwelt für Entscheidungsprozesse strukturiert aufzubereiten und angemessen zu beurteilen, in Beziehung.

Die sozialen Kompetenzen (Heyse, 2010; Kanning, 2002) übersetzen Schreyögg und Kliesch (2003) auf organisationaler Ebene mit „organisationales Kooperationsvermögen“ (S. 40). Diese Dimension bildet das praktische Umsetzungsvermögen der Organisation ab. Dadurch erfolgt „... die Integration der Ressourcen Beziehungen und Sozialkapital sowie auch der Emotionen in den Selektions- und Verknüpfungsprozess...“ (Schreyögg & Kliesch, 2003, S. 45).

Die technische Kompetenz auf individueller Ebene, die der Fach- und Methodenkompetenz (Heyse, 2010) sehr ähnlich ist, entspricht auf organisationaler Ebene dem organisationalen Verknüpfungs-Know-how. „Mit Organisationalem Verknüpfungs-Know-how wird [...] auf ein „Metavermögen“ in Bezug auf Verknüpfungen selbst abgezielt, also ein Know-how darüber, wann und insbesondere wie man Verknüpfungen zwischen Ressourcen herstellt“ (Schreyögg & Kliesch, 2003, S. 45). Organisationen sollen dadurch in der Lage sein, ihre „... gesamten Wissens-, Könnens-, Beziehungs- und Emotionsressourcen ...“ zu überblicken ...“ (Schreyögg & Kliesch, 2003, S. 46), um sie beispielsweise für die Entwicklung eines neuen Produktes zu verknüpfen.

Das Modell von Wilkens

Ähnlich wie Schreyögg & Kliesch (2003) verstehen auch Wilkens et al. (2006) organisationale Kompetenzen im Gegensatz zu Prahalad und Hamel (1990) nicht als sehr konkret beschriebene Bündel von Fertigkeiten und Ressourcen, wie sie beispielsweise in Form einer Miniaturisierung im Elektronikbereich auftreten. Vielmehr sehen sie organisationale Kompetenz in diesem Modell als eine „*...situationsübergreifende Handlungs- und Problemlösungsfähigkeit...*“ (Wilkens et al. 2006, S. 125) an. Die Autorinnen und Autoren arbeiten aufbauend auf einer Literaturanalyse vier Dimensionen von Kompetenzen heraus und wenden sie auf die Ebenen Individuum, Gruppe, Organisation und Netzwerk an. Die ersten beiden Kompetenzdimensionen „Selbstreflexion“ und „Kooperation (über Interaktion wirksam sein)“ beziehen sich auf die sozialen individuellen Kompetenzen. Sie verdeutlichen unmittelbar den Bezug zu den kollektiven Kompetenzebenen. „Komplexitätsbewältigung (Strukturierung und Ordnung in komplexen Handlungssituationen)“ und „Kombination (Wissensanwendung und -generierung)“ (Wilkens et al., 2006, S. 137) beziehen sich hingegen im Wesentlichen auf die individuellen kognitiven Fähigkeiten (Wilkens et al. 2006).

Bei der empirischen Anwendung dieses Ansatzes schätzen die Mitarbeiter ihre eigenen Kompetenzen und die Kompetenzen auf den verschiedenen kollektiven Ebenen wie Gruppe, Organisation oder Netzwerk, in die sie eingebunden sind, ein (Wikens & Gröschke, 2007). Die Validierung erfolgt über Kontrollvariablen wie den Aktienkurs eines Unternehmens oder das Drittmittelbudget einer Hochschule auf der organisationalen Ebene oder persönliche Netzwerke auf der Individuumsebene (Wilkens et al., 2006). Wikens und Gröschke (2007) untersuchen in einer quantitativen empirischen Befragung in zwei wissenschaftlichen Einrichtungen mit 34 Teilnehmern die Zusammenhänge zwischen individuellen und organisationalen Kompetenzen. In einer Korrelationsanalyse zeigten sich lediglich zwischen der Gruppen- und der Organisationsebene positive Effekte für beide Organisationen (r zwischen .20 und .37). Die Beziehung zwischen Individuum und Organisation ist hingegen in einer Einrichtung positiv (r=.24), aber in der zweiten Einrichtung negativ (r = -.19).

Der besondere Wert dieser Untersuchung liegt im empirischen Nachweis des Zusammenhangs von Gruppenkompetenz und organisationaler Kompetenz. Die Bedeutung des Zusammenwirkens von Individuen in Gruppen für die Entstehung von organisationalen Kompetenzen wird im Resource-based View von Grant (1991) und in der Ambidextrieforschung von Busch und Hobus (2012) betont. Aus strategischer Perspektive ist zu kritisieren, dass unklar bleibt, ob die angesprochenen organisationalen Kompetenzen tatsächlich einen nachhaltigen Wettbewerbsvorteil darstellen. Ihr besonderer Wert, ihre Seltenheit, die schwere Imitierbarkeit (Hinterhuber & Stuhec, 1997; Prahalad & Hamel, 1990) werden zumindest nicht explizit thematisiert. Der Wert von externen Kontrollvariablen wie beispielsweise dem Aktienkurs erscheint dem Autor der Arbeit beschränkt zu sein. Zwar bilden Aktienkurse grundsätzlich das langfristige Entwicklungspotenzial eines Unternehmens ab, Entwicklungen wie der Telekom-Boom Ende der 1990er Jahre zeigen jedoch, dass die Branchenzugehörigkeit oder auch Konjunktureinflüsse auf dieses erhebliche Auswirkungen haben können. Auf der Ebene der individuellen Kompetenzen scheinen die dargestellten Kompetenzsituationen ein sehr hohes Abstraktionsniveau zu haben. Eine ähnlich differenzierte Betrachtung von unterschiedlichen Kompetenzen, wie sie der Kompetenzatlas (Heyse, 2010) bietet, ist dabei nicht möglich.

Das Modell von Stegmeier und Sonntag

Stegmaier und Sonntag (2007) betrachten die Verknüpfung von individuellen und organisationalen Kompetenzen aus der Struktur-, der Prozess-, der Funktions- und der Bewertungsperspektive.

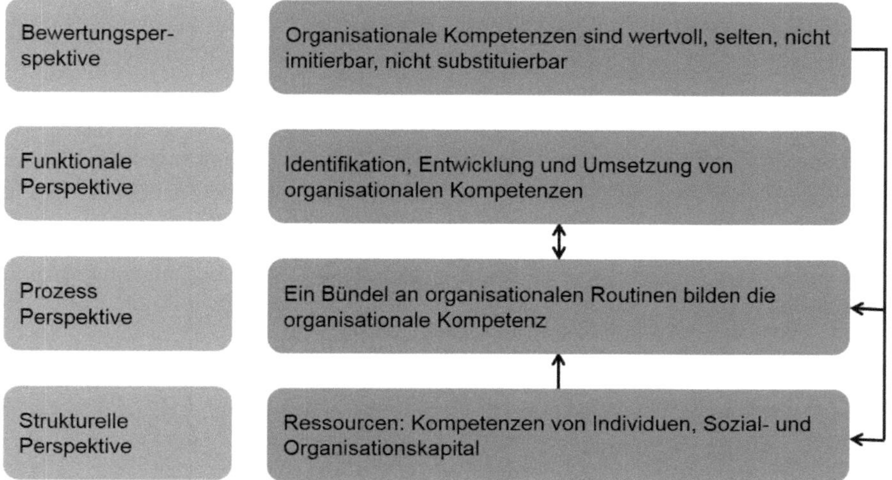

Abbildung 9: Perspektiven organisationaler Kompetenz (modifiziert nach Stegmaier & Sonntag, 2007, S. 98)

Neben den individuellen Kompetenzen zählen zu den Ressourcen noch „[s]oziales Kapital“ und „[o]rganisationales Kapital“ (Stegmaier & Sonntag, 2007, S. 98). Zur Analyse des sozialen Kapitals betrachten Stegmaier und Sonntag (2007) mit Bezugnahme auf Bolino et al. (2002) die Netzwerkverbindungen der Personen. Durch das Organisationskapital schließlich kann Wissen unabhängig von bestimmten Personen in einer Organisation etwa in Prozessbeschreibungen gespeichert werden (Stegmaier & Sonntag, 2007). Soziales Kapital hat nach Bolino et al. (2002) eine strukturelle, eine relationale und eine kognitive Dimension. Die strukturelle Dimension bezieht sich dabei auf die Netzwerkbeziehungen der Personen, die relationale Dimension auf das Vertrauen zwischen den durch das Netzwerk verbundenen Personen und die kognitive Dimension auf das Ausmaß, in dem diese eine gemeinsame Sprache und gemeinsame Geschichten herausgebildet haben (Bolino et al., 2002; Stegmaier & Sonntag, 2007).

Die Ressourcen individuelle Kompetenzen, soziales Kapital und organisationales Kapital werden nach Stegmaier und Sonntag (2007, S. 98) in Routinen zusammengeführt. Organisationale Kompetenzen werden in der Prozessperspektive mit Bezugnahme auf Grant (1991) als Verknüpfung organisationaler Routinen verstanden. Routinen entstehen durch organisationale Lernprozesse (Kim, 1993; Stegmaier & Sonntag, 2007). Aus der funktionalen Perspektive werden die Funktionen der organisationalen Kompetenzen beschrieben. Auf Basis einer Literaturanalyse arbeiten Stegmaier und Sonntag (2007) folgende drei Funktionen heraus: „(1) die Identifikation erforderlicher organisationaler Kompetenz, (2) die Entwicklung (Aufbau, Modifikation, Abstoßen) sowie (3) die Nutzung organisationaler Kompetenz.“ (S. 102) Die Betrachtung der Bewertungsperspektive ermöglicht es schließlich zu entscheiden, ob eine derartige organisationale Kompetenz vorliegt, die die Grundlage für einen strategischen Wettbewerbsvorteil sein kann (Stegmaier & Sonntag, 2007).

Das Modell bietet insbesondere durch die Verknüpfung der individuellen Kompetenzen mit dem Sozial- und Organisationskapital und den Routinen wertvolle Ansatzpunkte für die Beschreibung des Zusammenhangs von individuellen und organisationalen Kompetenzen. Die Autoren zeigen zudem auf, wie die einzelnen Bestandteile ihres Modells den strategischen Wert erhalten. Damit sind die Kompetenzen nicht abstrakt gefasst, sondern setzen sich aus organisationsbezogenen Routinen zusammen und werden mit Bezugnahme auf die Umwelt im Hinblick auf ihren Wert im Wettbewerbsverhalten des Unternehmens bewertet.

Zudem leiten die Autoren aus dem Kompetenzatlas (Heyse, 2010) explorativ und ohne empirische Analyse jeweils einige individuelle Kompetenzen ab, die die Funktionen organisationaler Kompetenz unterstützen sollen (Stegmaier & Sonntag, 2007, S. 96). Um organisationale Kompetenzen identifizieren zu können, sind nach Ansicht der Autoren „... ganzheitliches Denken, Dialogfähigkeit, Kundenorientierung sowie analytische Fähigkeiten ...“ (S. 97) notwendig. Die Entwicklung organisationaler Kompetenzen erfordert auf individueller Ebene insbesondere „... Lernbereitschaft, Offenheit für Erfahrung oder Innovations- und Experimentierfreudigkeit ...“ (Stegmaier & Sonntag, 2007, S. 97). Für die

Teilnahme der Mitarbeiter an Routinen sind "... Hilfsbereitschaft, Zuverlässigkeit, Kommunikations-, Kooperations- und Konfliktfähigkeit ..." (Stegmaier & Sonntag, 2007, S. 97) zentrale Voraussetzungen. Die Kompetenzen „... Disziplin, Initiative, Beharrlichkeit, Fachwissen ..." unterstützen die Nutzung von organisationalen Kompetenzen (Stegmaier & Sonntag, 2007, S. 97). Bei einer Anwendung dieses Ansatzes auf das Ambidextrie-Konzept könnten die Identifikation und die Entwicklung der Exploration zugeordnet werden, während die Teilnahme an den Routinen und die Nutzung von organisationalen Kompetenzen auf Exploitation bezogen werden könnten.

4.1.4 Dynamic Capabilities und individuelle Kompetenzen

Im Rahmen dieses Kapitels sollen nun Ansatzpunkte zur Verknüpfung von Dynamic Capabilities und individuellen Kompetenzen herausgearbeitet sowie bestehende Ansätze diskutiert werden. Ansatzpunkte zu einer derartigen Verknüpfung bieten beispielsweise March (1991) über die Beschreibung der beiden Lernmodi Exploitation und Exploration, Busch und Hobus (2012) sowie O'Reilly III und Tushman (2008) in Bezug auf die Aufgabenbeschreibung für verschiedene Teamarten oder Birkinshaw und Gibson (2004) durch die Verhaltensbeschreibung von ambidextren Personen. Als zentraler bestehender Ansatz zur Verknüpfung von Dynamic Capabilities und individuellen Kompetenzen wird der von Sprafke et al. (2012) diskutiert werden, in dem individuelle, teambezogene und organisationale Dynamic Capabilities unterschieden werden. Einen weiteren Ansatz stellen die „Dynamic Managerial Capabilities" (Adner & Helfat, 2003) dar.

Individuelle, teambezogene und organisationale Dynamic Capabilities

Zur Verknüpfung von organisationalen Dynamic Capabilities und individuellen Kompetenzen entwickeln Sprafke et al. (2011; 2012) ein Modell und testen dieses empirisch. Dabei beziehen sie sich auf das Kompetenzmodell von Wilkens et al. (2006) mit den Kompetenzdimensionen Kombination, Kooperation, Selbstreflexion und Komplexitätsbewältigung und setzen es mit dem Konzept der Microfundierung von Teece (2007) in Beziehung. Nach Teece (2007) werden Dynamic Capabilities durch die Prozesse des Sensing, des Seizing und des Reconfiguring/Transforming bestimmt (siehe Kapitel 2.5.1.2). Kombination und Kooperation bilden in dem Modell das Transforming; Komplexitätsbewältigung und Selbstreflexion das Seizing ab. Auf Sensing beziehen sich alle vier Kompetenzdimensionen nach Wilkens et al. (2006) (Sprafke et al., 2011, S. 30).

Die empirische Modellüberprüfung beruht auf einer quantitativen Studie mit 112 Teilnehmern in einem mittelständischen technologieorientierten Unternehmen (Sprafke et al., 2011, S. 11 f.; Sprafke et al. 2012, S. 129). Um die Operationalisierung der Kompetenzen auf den Ebenen Individuum, Team und Organisation zu veranschaulichen, werden in Abbildung 10 einige Items dargestellt.

Dealing with complexity
• Individual: "In a complex situation it is difficult for me to identify the core of the problem" (Sprafke et al., 2011, S. 31). • Team: "In our team we purposefully filter available information" (Sprafke et al., 2011, S. 31). • Organization: "In our organization we systematically analyze environmental conditions" (Sprafke et al., 2011, S. 31).
Self-reflection
• Individual: "I actively seek feedback from others in order to increase my performance" (Sprafke et al., 2011, S. 31). • Team: "In our team we regularly reflect on our approach to team work" (Sprafke et al., 2011, S. 31). • Organization: "In our organization, we regularly reflect on ways to improve our processes" (Sprafke et al., 2011, S. 31)

Abbildung 10: Ebenenübergreifende Messung von Dynamic Capabilities (modifizierte vereinfachte Darstellung nach Sprafke et al., 2011, S. 31)

Die Ergebnisse zeigen sowohl für die Gruppe der Manager als auch für die Gruppe der Mitarbeiter ohne Führungsverantwortung einen signifikanten Einfluss ($p<.01$) der individuellen Dynamic Capabilities auf die organisationalen Dynamic Capabilities (Sprafke et al., 2012, S. 135). Der Einfluss der Mitarbeiter auf die organisationalen Dynamic Capabilities kann als sehr wichtiges Forschungsergebnis dieser Studie angesehen werden. Es bereitet den Weg für eine mögliche Abkehr von der Fokussierung der Literatur zu Dynamic Capabilities und insbesondere zu Ambidextrie auf Top-Management-Teams (z. B. Raisch & Birkinshaw, 2008, S. 389; Sprafke et al., 2011). Bei der Einführung der Teamebene in das Regressionsmodell zeigt sich, dass die individuellen Kompetenzen der Mitarbeiter ohne Führungsverantwortung allerdings nicht direkt auf die organisationalen Dynamic Capabilities wirken, sondern über ihren Einfluss auf Teamkompetenz. Bei der gleichzeitigen Einführung von individuellen und Team-Dynamic Capabilities in ein Regressionsmodell ergab sich ein nicht signifikanter negativer Effekt von der individuellen auf die organisationale Ebene. Die Effekte der individuellen Ebene auf die Teamebene und der Teamebene auf die Organisationsebene waren hingegen signifikant positiv und stark ausgeprägt. Die Teamebene kann folglich als Mediator angesehen werden, durch die sich Mitarbeiter ohne Führungsverantwortung bei der Förderung von organisationalen Dynamic Capabilities einbringen können (Sprafke et al., 2011, S. 21).

Eine Fokussierung auf die Gruppe der Manager und insbesondere das Top Management Team findet hingegen in der Diskussion zu den Dynamic Managerial Capabilities statt (Adner & Helfat, 2003). „Dynamic managerial capabilities are the capabilities with which managers build, integrate, and reconfigure organizational resources und competences" (Adner & Helfat, 2003, S. 1020). Dynamic Managerial Capabilities setzen sich zusammen aus dem Humankapital, dem Sozialkapital und den grundlegenden Überzeugungen und Denkmodellen von Managern („[m]anagerial cognition" (Adner & Helfat, 2003, S. 1021).

Sozialkapital ergibt sich durch die sozialen Beziehungen eines Managers. Es hilft ihm bei der Erschließung von neuen Wissensquellen. Humankapital bildet die Fähigkeiten und Kompetenzen eines Managers ab. Diese können unterschieden werden in firmenspezifische-, branchenspezifische und übergreifende Fähigkeiten und Kompetenzen. Die Operationalisierung findet häufig über die Ausbildung, das Alter oder auch die Erfahrung der Manager eines Unternehmens statt (Adner & Helfat, 2003). Der Ansatz zeigt die Bedeutung der Fähigkeit, soziale Beziehungen eingehen zu können, für die Bildung von Dynamic Capabilities auf. Diese Fähigkeiten werden in der Kompetenzklasse der sozialen Kompetenzen beschrieben (Erpenbeck & Rosenstiel, 2007). Zudem werden die Hintergründe von Entscheidungsprozessen von Managern analysiert. Für die Findung von guten Entscheidungen ist sicherlich eine Vielzahl von Kompetenzen notwendig, die Entscheidungsfähigkeit (A/P) (Heyse, 2010) dürfte eine davon sein. Schließlich wird die Bedeutung von Humankapital für Dynamic Capabilities herausgearbeitet. Die erwähnte Operationalisierung über Alter, Ausbildung oder Erfahrung (Heyse, 2010) zeigt allerdings, dass das zentrale Ziel dieses Ansatzes die Abbildung eines Humankapitalstocks ist und nicht so sehr die Analyse der Bedeutung einzelner individueller für organisationaler Kompetenzen.

Ansatzpunkte für die Ableitung von Aufgaben und Kompetenzen von Personen unter Ambidextrie

Ein weiterer Ansatzpunkt für die Ableitung von individuellen Kompetenzen von der organisationalen Ebene bieten die Begriffe, die March (1991) den Lernmodi Exploitation und Exploration zuordnet.[22] Demnach werden mit Exploitation die Begriffe „... Verbesserung, Entscheidung, Produktion, Effizienz, Auswahl, Implementierung, Durchführung" in Verbindung gebracht, während „... Suche, Variation, Übernahme von Risiken, Experimentieren, Spielen, Flexibilität, Innovation" (March, 1991, S. 71)[23] Exploration charakterisieren. Im Kompetenzatlas, der um die Synonyme ergänzt ist, (Heyse & Erpenbeck, 2004) finden sich für die der Exploration zugeordneten Begriffe „Innovationsfreudigkeit" (S. XXVIII) (A/P) der Begriff Innovation, für „Experimentierfreude" (S. XXVII) (S/A) das Experimentieren, für „Risikobereitschaft" (S. XXIX) (A/P) die Übernahme von Risiken und „Flexibilität" (S. XXVII) (A/S) direkt. Zur Exploitation findet sich für die Kompetenz die „Entscheidungsfähigkeit" (S. 243) (A/P). Weitere Begriffe könnten sicherlich insbesondere auch für die Exploitations-Bereiche interpretativ zugeordnet werden, eine Kompetenzliste auf der individuellen Ebene kann daraus aber nicht direkt abgeleitet werden. So ist die Innovationsfreudigkeit einiger zentraler Mitarbeiter in einer Organisation vermutlich eine Voraussetzung (siehe Kapitel 4.2.4), dies dürfte jedoch alleine nicht dazu führen, dass die Organisation tatsächlich Innovationen hervorbringt. Ähnliches gilt für Flexibilität. Die Begriffe bieten jedoch wesentliche Ansatzpunkte für die Verknüpfung von individueller und organisationaler Ebene.

---

[22] Uotila, Maula, Keil und Zahra (2009) verwenden diese Begriffsliste, um Exploitations- und Explorations-Aktivitäten zu identifizieren.

[23] Übersetzt durch den Verfasser.

Die erfolgskritischen Kompetenzen für Top-Management-Teams sollen im Folgenden aus der Dynamic Capability und Ambidextrie Forschung abgeleitet werden. O'Reilly III und Tushman (2008) sehen im Rahmen der Gestaltung von Ambidextrie die Aufgaben des Top-Management-Teams insbesondere darin, gemeinsame Ziele und eine Vision für das gesamte Unternehmen sowie die Zusammenarbeit zwischen den verschiedenen Bereichen zu fördern. Da diese Zusammenarbeit konfliktträchtig ist, muss das Top-Management-Team geschlossen auftreten und derartige, insbesondere auf Diversität beruhenden Probleme lösen. Dies ist eine wesentliche Voraussetzung für den zu leistenden Wissensaustausch zwischen Exploitations- und Explorations-Bereichen (O'Reilly III & Tushman, 2008). Um diese Anforderung erfüllen zu können, dürften insbesondere soziale Kompetenzen, wie Kommunikationsfähigkeit, Teamfähigkeit, Kooperationsfähigkeit und Beziehungsmanagement, für die Zusammenarbeit im Top-Management-Team oder mit den unterschiedlichen Bereichen notwendig sein. Mitarbeiter mit den Kompetenzen Konfliktlösungsfähigkeit und Problemlösungsfähigkeit könnten vermutlich wesentlich zur Handhabung der auftretenden Konflikte beitragen. Für die Entwicklung einer gemeinsamen Vision und deren Vermittlung dürften aber auch Planungsverhalten (P) und zielorientiertes Führen (A/F) benötigt werden.

Busch und Hobus (2012) zeigen in ihrer Konzeption von verschiedenen Teamformen unter den Bedingungen von Ambidextrie, dass Mitarbeiter im Rahmen von Projekten sowohl in Exploitations- als auch Explorations-Prozesse eingebunden sind. Zumindest die sozialen Kompetenzen, die für das Top-Management-Team abgeleitet wurden, dürften insofern auch für diese Mitarbeiter von hoher Relevanz sein.

Birkinshaw und Gibson (2004) finden in ihrer Studie, dass Personen, die ambidexter sind, folgende Verhaltensweisen zeigen:

- „Ambidextrous individuals take the initiative and are alert to opportunities beyond the confines of their own jobs." (S. 49)[24]
- "Ambidextrous individuals are cooperative and seek out opportunities to combine their efforts with others." (S. 49)
- "Ambidextrous individuals are brokers, always looking to build internal linkages." (S. 49)
- "Ambidextrous individuals are multitaskers, who are comfortable wearing more than one hat." (Birkinshaw & Gibson, 2004, S. 49)

Damit dürften „ambidextre" Personen insbesondere Initiative (A) zeigen, Kooperationsfähigkeit (S) ausweisen und Beziehungen pflegen (siehe Beziehungsmanagement (S)). Zudem sind für kontextuelle Ambidextrie eine Vertrauenskultur, gegenseitig Unterstützung sowie stark ausgeprägte Leistungsnormen notwendig (Güttel & Konlechner, 2009; Konlechner & Güttel, 2009). Dafür dürften Mitarbeiter personale Kompetenzen wie Glaubwürdigkeit (P), Vertrauenswürdigkeit (P/S), Hilfsbereitschaft (P/S) und Einsatzbereitschaft

[24] Im Original jeweils fett gedruckt.

(P/A) benötigen. Die Kompetenz Zuverlässigkeit könnte zudem wichtig sein, damit trotz der vorhandenen Freiheiten (Birkinshaw & Gibson, 2004; Güttel & Konlechner, 2009) sowohl Exploitations- als auch Explorations-Aufgaben erfüllt werden.

Zudem zeigen die Autoren (Birkinshaw & Gibson, 2004), dass Personen in kontextueller Ambidextrie eher Generalisten sein sollten, während in Bereichen mit Fokus auf strukturelle Ambidextrie eher Spezialisten gefragt sind (Birkinshaw & Gibson, 2004).

4.1.5 Zwischenfazit: Relevante individuelle Kompetenzen aus der Perspektive des Resource-based View

In den Tabelle 10 und Tabelle 11 werden nun alle Kompetenzen zusammengestellt, die direkt oder indirekt aus dem Ressource-based View abgeleitet werden können. Mit einer direkten Ableitung ist die Nennung der entsprechenden individuellen Kompetenz oder von kompetenzorientiertem Verhalten in der Literatur gemeint, mit einer indirekten Ableitung die Bezugnahme auf Aufgaben, Begriffe oder zentrale Themen im Rahmen der wissenschaftlichen Diskussion.

Wie aus den Tabelle 10 und Tabelle 11 deutlich wird, werden offenbar auf individueller Ebene in hohem Maße **soziale Kompetenzen** benötigt, um sowohl die bestehenden Kompetenzen zu nutzen als auch im Sinne der Dynamic Capabilities neue aufzubauen. Die Verknüpfungsleistungen der zentralen Akteure im Management zwischen verschiedenen Ressourcen (Prahalad & Hamel, 1990; Schreyögg & Kliesch, 2003) oder zwischen Exploitations- und Explorations-Bereichen (O'Reilly III & Tushman, 2008) deuten darauf hin. Im Rahmen der Exploration sollten Mitarbeiter zudem Experimentierfreude zeigen. Als zentrale soziale Kompetenzen wurden deshalb die folgenden identifiziert: Kommunikationsfähigkeit, Teamfähigkeit, Kooperationsfähigkeit, Beziehungsmanagement, Kundenorientierung, Konfliktlösungsfähigkeit, Problemlösungsfähigkeit, Experimentierfreude.

Für die **personalen Kompetenzen** werden aus der Literatur zum Resource-based View folgende Kompetenzen abgeleitet: Aus den Definitionen von Dynamic Capabilities (Teece & Shuen, 1997; Zollo & Winter, 2002) ergibt sich die Notwendigkeit für die Kompetenz Lernbereitschaft (und in der stärkeren Ausprägung Adaptability und Self-Awareness), denn Lernen auf organisationaler Ebene setzt individuelles Lernen voraus (Kim, 1993). Da second-order Dynamic Capabilities sich auf Lernprozesse in Organisationen selbst beziehen, (Güttel, 2006; Zollo & Winter, 2002) müssen Führungskräfte Mitarbeiterförderung leben und auch reflektieren können. Die Grundlage von organisationalen Kompetenzen bilden in hohem Maße Werte und Einstellungen (Green, 1999; Hinterhuber & Stuhec, 1997). Für die Teilnahme an einer Kultur im Rahmen von kontextueller Ambidextrie (Güttel & Konlechner, 2009) dürften insbesondere die Kompetenzen wie Glaubwürdigkeit, Vertrauenswürdigkeit, Hilfsbereitschaft, Zuverlässigkeit und Einsatzbereitschaft von Bedeutung sein. Teece (2007) betont die Bedeutung von Commitment im Rahmen der Entstehung von Dynamic Capabilities, das durch die Kompetenz Loyalität (P) im Kompetenzatlas (Heyse, 2010; Heyse & Erpenbeck, 2004) abgebildet werden kann. Als zentrale personale Kompetenzen wurden deshalb die folgenden identifiziert: Lernbereitschaft (sowie

Adaptability und Self-Awareness), Mitarbeiterförderung, Glaubwürdigkeit, Vertrauenswürdigkeit, Hilfsbereitschaft, Zuverlässigkeit und Einsatzbereitschaft.

In Bezug auf die **Aktivitäts- und Handlungskompetenzen** finden sich Entscheidungsfähigkeit (A/P), Initiative (A), Risikobereitschaft (A/P) und zielorientiertes Führen (A/F) für die Gestaltung von Ambidextrie (mit Bezug auf Birkinshaw & Gibson, 2004; March, 1991).

Die Kernkompetenzen beruhen schließlich maßgeblich auf der Beherrschung und dem Einsatz von Technologien (Prahalad & Hamel, 1990). Dafür sind insbesondere **Fach- und Methodenkompetenzen** wie beispielsweise „Fachwissen" notwendig (Green, 1999), genauso wie dies für die Beherrschung von Produktentwicklungsprozessen der Fall sein dürfte (Zollo & Winter, 2002). Für das Finden von neuen organisationalen Kompetenzen sind analytische Fähigkeiten (F/P) und für die Gestaltung von Ambidextrie Planungsverhalten (F) notwendig.

Aus der Literatur zu den organisationalen Kompetenzen und den bisherigen Ansätzen zur Verknüpfung mit der individuellen Ebene wird das in Tabelle 12 dargestellte Kompetenzmodell abgeleitet.

Die Ableitung dieser Kompetenzen erfolgte allerdings zum großen Teil indirekt aus den Beschreibungen der Anforderungen im Rahmen der Nutzung und Entwicklung organisationaler Kompetenzen. Diese herausgearbeiteten Anforderungen werden im Folgenden mit der psychologischen Kompetenzforschung zusammengeführt.

Autoren	Konzept und Ableitung (direkt/indirekt)	Individuelle Kompetenzen
Individuelle Kompetenzen und organisationale (Kern-)kompetenzen		
Prahalad & Hamel (1990)	Lernprozess zur Integration und gemeinsame Nutzung von Fähigkeiten und Technologien (indirekt)	Lernbereitschaft, Teamfähigkeit, Kooperationsfähigkeit, Beziehungsmanagement (zur Erlangung von Integration)
Meynhardt (2007)	Subjekt-Objekt-Beziehung (direkt)	Soziale Kompetenzen für market-access Kernkompetenzen Fach- und Methodenkompetenzen für functionality-related Kernkompetenzen; Aktivitäts- und Umsetzungskompetenzen für integrity-related Kernkompetenzen
Green, (1999)	Bezug von technischem Wissen und arbeitsplatzbezogener Fähigkeiten zu Kernkompetenzen (indirekt)	Fachkompetenzen: insbes. Fachwissen (Kernkompetenzen beruhen nach Green (1999) nicht nur auf Fachkompetenz, das Modell stellt diesen Aspekt aber besonders gut da.)
Stegmaier & Sonntag (2007)	Teilnahme an Funktionen organisationaler Kompetenzen (direkt-explorative Ableitung)	**Identifikation von organisationalen Kompetenzen:** „ganzheitliches Denken, Dialogfähigkeit, Kundenorientierung sowie analytische Fähigkeiten" (S. 97) **Entwicklung:** „Lernbereitschaft, Offenheit für Erfahrung oder Innovations- und Experimentierfreudigkeit" (S. 97) **Teilnahme an Routinen:** „Hilfsbereitschaft, Zuverlässigkeit, Kommunikations-, Kooperations- und Konfliktfähigkeit" (S. 97) **Nutzung:** „Disziplin, Initiative, Beharrlichkeit, Fachwissen und Organisationsfähigkeit" (S. 97)
Schreyögg & Kliesch (2003)	Kompetenzdimensionen (direkt)	**Technische Kompetenz**: *„Managementwissen"*, *„Fähigkeit, Wissen und Methoden anzuwenden"* (S. 40) **Soziale Kompetenz**: *„Kommunikations- und Kooperationsfähigkeit"*, *„Empathie" „Interkulturelles Verstehen"* (S. 40) **Konzeptionelle Kompetenz**: *„Fähigkeit, komplexe Problemfelder zu strukturieren (erfolgreiche Bewältigung von Unsicherheit → Beurteilungsvermögen)"*, *„Verständnis von Kausalzusammenhängen"*, *„Denken in (widersprüchlichen) Kategorien"* (S. 40)
Wilkens et al., (2006)	Kompetenzdimensionen auf mehreren Ebenen (indirekt)	„Selbstreflexion" und „Kooperation " (S. 136): Bezug zu den sozialen Kompetenzen; „Kombination" und „Komplexitätsbewältigung" (S. 136): Bezug zu den kognitive Fähigkeiten des Individuums (Wilkens et al., 2006, S. 136)

Tabelle 10: Individuelle Kompetenzen aus der Resource-based View Forschung I. Legende: direkt = als Kompetenz unmittelbar erwähnt; indirekt = Ableitung der Kompetenz aus Aufgaben und Beschreibungen

Autoren	Konzept und Ableitung (direkt/indirekt)	Individuelle Kompetenzen
Individuelle Kompetenzen und Dynamic Capabilities		
Güttel (2006); Teece & Shuen (1997); Zollo & Winter, (2002)	Lernen und Veränderungen in Definitionen von Dynamic Capabilities; first- und second order Dynamic Capabilities (indirekt)	Lernbereitschaft, Mitarbeiterförderung (als Unterstützung der Mitarbeiter beim Lernen), Offenheit für Veränderung
(March, 1991)	Begriffe zu Exploration u. Exploitation, Ambidextrie (indirekt)	Kompetenzen für Exploitation: Entscheidungsfähigkeit Kompetenzen für Exploration: Innovationsfreudigkeit, Experimentierfreude, Risikobereitschaft, Flexibilität
Sprafke et al. (2011)	Kompetenzdimensionen: alle Ebenen (direkt)	Komplexitätsbewältigung, Selbstreflexion, Kooperation, Kombination mit Dynamic Capabilities in Beziehung gesetzt, siehe auch Wilkens et al. (2006)
Adner & Helfat (2003)	Humankapital, Sozialkapital, mentale Modelle für Entscheidungsprozesse (indirekt)	Entscheidungsfähigkeit, Beziehungsmanagement
O'Reilly III & Tushman, (2008); Teece (2007)	Aufgaben des Top-Management-Teams (indirekt)	soziale Kompetenzen wie Kommunikationsfähigkeit, Teamfähigkeit, Kooperationsfähigkeit, Beziehungsmanagement, Konfliktlösungsfähigkeit, Problemlösungsfähigkeit, Planungsverhalten, zielorientiertes Führen
Jansen et al. (2009); Nemanich & Vera (2009)	Bedeutung der Führungskräfte und des Führungsstils (indirekt)	Transaktionales und transformationales Führungsverhalten fördert Ambidextrie: Mitarbeiterförderung, zielorientiertes Führen
Teece (2007)	Commitment (indirekt)	Loyalität (Heyse & Erpenbeck, 2004)
Eisenhardt & Martin (2000); Teece (2007)	Rolle von Produktentwicklung bei DC (indirekte Frageableitung)	Kompetenzen von Produktentwicklern (Möglichkeiten eines weiteren Analysefeldes, das nicht einbezogen wird)
Birkinshaw & Gibson (2004); Güttel & Konlechner (2009); Konlechner & Güttel (2009)	Kulturbeschreibung bei kontextueller Ambidextrie (indirekt)	Vertrauenskultur, Unterstützung und Leistungsnormen bei kontextueller Ambidextrie: Glaubwürdigkeit, Vertrauenswürdigkeit, Hilfsbereitschaft, Einsatzbereitschaft, Zuverlässigkeit
Busch & Hobus (2012); Teece (2007)	Zusammenarbeit in bereichsübergreifenden Teams (indirekt)	Teamfähigkeit, Kooperationsfähigkeit, Beziehungsmanagement
Birkinshaw & Gibson (2004)	ambidextre Personen (direkte Anforderungsbeschreibung)	Beschreibung des Verhaltens von ambidextren Personen: Initiative, Kooperationsfähigkeit, Beziehungsmanagement

Tabelle 11: Individuelle Kompetenzen aus der Resource-based View Forschung II. Legende: direkt = als Kompetenz unmittelbar erwähnt; indirekt = Ableitung der Kompetenz aus Aufgaben und Beschreibungen

Personale Kompetenz	Soziale Kompetenz
Lernbereitschaft (Adaptability und Self-Awareness) Mitarbeiterförderung Glaubwürdigkeit Vertrauenswürdigkeit Hilfsbereitschaft Zuverlässigkeit Einsatzbereitschaft	Kommunikationsfähigkeit Teamfähigkeit Kooperationsfähigkeit Beziehungsmanagement Konfliktlösungsfähigkeit Kundenorientierung Problemlösungsfähigkeit Experimentierfreude
Aktivitäts- und Handlungskompetenz	**Fach- und Methodenkompetenz**
Entscheidungsfähigkeit Initiative Risikobereitschaft Zielorientiertes Führen	Fachwissen Analytische Fähigkeiten Planungsverhalten

Tabelle 12: Aus der ressourcenorientierten Forschung abgeleitete individuelle Kompetenzen

4.2 Liste individueller Kompetenzen mit strategischer Relevanz

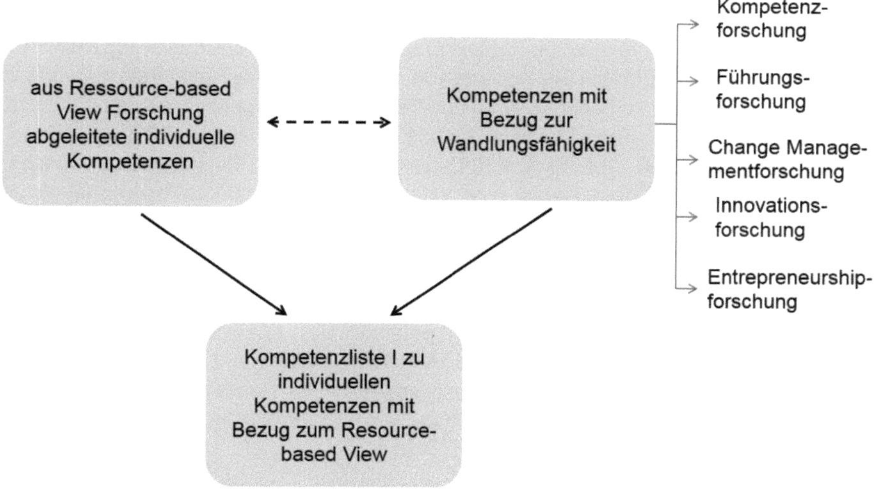

Abbildung 11: Erstellung einer Liste individueller Kompetenzen mit Bezug zum Ressource-based View

Im Folgenden werden Kompetenzen zusammengestellt, die Mitarbeiter gemäß verschiedener Forschungstraditionen für die Bewältigung arbeitsbezogener Herausforderungen benötigen. Zunächst werden die vier Kompetenzklassen (Erpenbeck & von Rosenstiel, 2007a), die Metakompetenzen (Briscoe & Hall, 1999) sowie eigenverantwortliches Handeln (Kaschube, 2006) und das Fünf-Faktoren-Modell der Persönlichkeit (Borkenau &

Ostendorf, 1993) daraufhin analysiert, inwieweit sie die bisherigen Erkenntnisse zur Verknüpfung individueller und organisationaler Kompetenz ergänzen. Die Führungsforschung wird herangezogen, da insbesondere höhere Führungskräfte im Rahmen des Resource-based Views und in den Weiterentwicklungen wie der Forschung zur Ambidextrie (O'Reilly III & Tushman, 2008) eine besondere Bedeutung haben. Da Dynamic Capabilities mit Veränderungen wie beispielsweise der Beherrschung von Restrukturierungs- und Produktentwicklungsprozessen verknüpft sind, (Zollo & Winter, 2002) werden die Change Management- und die Innovationsforschung im Hinblick auf Anforderungen und förderliche Kompetenzen analysiert. Zur Verwirklichung von Ambidextrie in großen Unternehmen werden teilweise neue, kleine und weitgehend unabhängige Tochterunternehmen gegründet, die unter den Bedingungen von kontextueller Ambidextrie arbeiten (Güttel et al., 2011). Es wird angenommen, dass für diese neu gegründeten und in neuen Geschäftsfeldern tätigen Unternehmen (Güttel et al., 2011) Mitarbeiter benötigt werden, die ähnlich wie Entrepreneure neue Organisationen gründen, Geschäftsmodelle aufbauen und Märkte erschließen können. Deshalb wird die Forschung zu den Kompetenzen von Entrepreneuren in die Analyse mit aufgenommen. Ziel der folgenden Kapitel ist es jedoch nicht, einen umfassenden Literatur-Review zu Kompetenzen in den einzelnen Forschungsfeldern zu leisten, sondern vielmehr anhand von einigen Studien und konzeptionellen Arbeiten Mitarbeiterkompetenzen herauszuarbeiten, die den bisherigen Stand der Forschung zur Verknüpfung von individueller und organisationaler Ebene ergänzen. Einschränkend ist zur folgenden Literaturanalyse anzumerken, dass eine Fokussierung auf solche Kompetenzen, Verhaltensweisen und Persönlichkeitseigenschaften stattfindet, die direkt oder in ähnlicher Form begrifflich dem Kompetenzatlas (Heyse, 2010), der Kode X Synonymliste (Heyse & Erpenbeck, 2004), dem Konzept der Metakompetenz (Briscoe & Hall, 1999) oder dem Konstrukt des eigenverantwortlichen Handelns zugeordnet werden können.

4.2.1 Kompetenzklassen, psychologische Konstrukte und organisationale Veränderungsfähigkeit

Im Folgenden werden anhand der vier Kompetenzklassen (Erpenbeck & von Rosenstiel, 2007a), der Metakompetenzen (Briscoe & Hall, 1999; Dimitrova, 2009), des eigenverantwortlichen Handelns (Kaschube, 2006) und ausgewählter Persönlichkeitseigenschaften die Voraussetzungen auf individueller Ebene für die Unterstützung von organisationalen Kompetenzen analysiert.

Heyse, Erpenbeck und Michel (2002) zeigen anhand einer empirischen Studie unter Personalverantwortlichen in der IT-Branche, die als Beispiel für eine innovative Industrie gelten kann, welche Kompetenzen für einzelne Berufsbilder als besonders wichtig angesehen werden (Heyse & Erpenbeck, 2004). Von diesen Berufsbildern werden im Folgenden die Berufe in der technischen Entwicklung sowie das Marketing und der Vertrieb betrachtet. In den Ergebnissen der Studie wird zum einen die hohe Bedeutung von Fach- und Methodenkompetenzen für Berufe in der technischen Entwicklung (z. B. Software- oder Anwendungsentwickler) deutlich, zu denen auch die für Dynamic Capabilities so wichtigen Produktentwickler (Teece, 2007; Zollo & Winter, 2002) zählen. Zum anderen kann daraus abgelesen werden, dass für viele Tätigkeiten (beispielsweise Vertrieb oder Systemprogrammierung) mindestens zwei Kompetenzklassen in mittelstarker bis starker Ausprägung gefordert werden. Der Umgang mit externen Kunden, der insbesondere die Tätigkeit von Mitarbeitern im Marketing und im Vertrieb bestimmt, erfordert sehr starke Ausprägungen in den sozial-kommunikativen Kompetenzen. Zusätzlich benötigen diese Mitarbeiter aber auch sehr stark ausgeprägte persönlichkeitsorientierte Kompetenzen sowie mittelstarke Ausprägungen in den aktivitätsorientierten Kompetenzen. In der IT-Beratung werden Fach- und Methodenkompetenzen, sozial-kommunikative Kompetenzen und persönlichkeitsorientierte Kompetenzen auf mittelstarkem Niveau erwartet (Heyse & Erpenbeck, 2004, S. 448 ff.; Heyse et al., 2002).

Die Untersuchung zeigt zwar, dass Mitarbeiter, die sich mit Technologien beschäftigen, insbesondere Fach- und Methodenkompetenzen benötigen, während für Mitarbeiter, deren Tätigkeitsschwerpunkt im Umgang mit Menschen liegt, hohe bis sehr hohe Ausprägungen bei den sozial-kommunikativen Kompetenzen erforderlich sind. Eine Kompetenzklasse alleine scheint allerdings meistens nicht mehr ausreichend zu sein. Dies dürfte auch daran liegen, dass von Experten im technischen Bereich ein hohes Maß an Interaktion und Gruppenarbeit erwartet wird (Heyse & Erpenbeck, 2004). Da zudem die Aufgaben häufig wechseln, müssen Mitarbeiter heute über eine deutlich breitere Wissens- und Kompetenzbasis verfügen als noch vor zwei Jahrzehnten (Gasteiger, 2007, S. 54).

Doch welche **Kompetenzklassen** haben gerade **in komplexen und dynamischen Situationen** besondere Bedeutung? An diesem Punkt setzt die Untersuchung von Kauffeld et al. (2002) an. Mit dem Instrument „Kassler-Kompetenz-Raster" (KKR) (siehe Kapitel 3.4) analysieren Kauffeld et al. (2002) Gruppendiskussionen zu Optimierungsaufgaben in Unternehmen. Die quantitative Analyse der Sinneinheiten ergab, dass Sozialkompetenz ähnlich häufig wie Fachkompetenz in den Diskussionsrunden eingesetzt wurde und dieser Kompetenzklasse nach der Häufigkeitsverteilung der Situationen der zweite Platz zukam. Die Sinneinheiten, in denen Methoden- oder Selbstkompetenz eingesetzt wurden, nahmen einen sehr viel geringeren Raum in der Diskussion ein. In einer Korrelationsanalyse wurde jedoch gezeigt, dass der Einsatz sozialer Kompetenzen sowohl mit der Zufriedenheit der Teilnehmer als auch mit der Güte des Problemlösungsprozesses und dessen Ergebnissen negativ korrelierte. Die hohe Anzahl an Sinneinheiten mit eingesetzten Sozialkompetenzen ergab sich auch durch Äußerungen wie Zustimmungen oder Lästern. Diese Ausprägungen stellten die negative Form der Sozialkompetenz dar. Aber auch die positiven Ausprägungen der Selbstkompetenz korrelierten nur moderat positiv mit der Lösung des Gruppenproblems. Einige Aspekte der Fachkompetenzen zeigen ebenfalls deutliche Zusammenhänge mit den genannten Güteindikatoren (Zufriedenheit der Teilnehmer, Güte des Problemlösungsprozesses, Ergebnisse), für die Methodenkompetenz konnten nur positive Zusammenhänge mit der Zufriedenheit der Diskussionsteilnehmer gefunden werden. Insgesamt belegt die Studie, dass für die innovativen Problemlösungsprozesse neben den Fachkompetenzen vor allem Selbstkompetenz benötigt wird. (Kauffeld et al., 2002)

Bei der Betrachtung und Analyse der second-order Dynamic Capabilities werden die Lernprozesse einer Organisation thematisiert (Güttel, 2006; Zollo & Winter, 2002). Da individuelles Lernen eine Voraussetzung für organisationales Lernen ist (Kim, 1993), ist davon auszugehen, dass die **Metakompetenzen „Adaptability" und „Self-Awareness"** (Briscoe & Hall, 1999; Dimitrova, 2009) zu deren Unterstützung auf individueller Ebene von besonderer Bedeutung sind. Die second-order Dynamic Capabilities (Güttel, 2006; Zollo & Winter, 2002) beziehen sich wie individuelle Metakompetenzen auf die Gestaltung von Lernprozessen selbst (Briscoe & Hall, 1999; Dimitrova, 2009). Indem Briscoe und Hall (1999) den Begriff „Exploration" (S. 49) der Metakompetenz Adaptability zuordnen, stellen sie indirekt eine Beziehung zu Teilen des Ambidextriekonzepts her.

Die Bedeutung von eigenverantwortlichem Handeln (Kaschube, 2006) für die Dynamic Capabilities ergibt sich aus der Beschreibung des Konstrukts. Mitarbeiter, die in hohem Maße die mit EVH verbundenen Verhaltensweisen zeigen, zeichnen sich ähnlich wie Mitarbeiter, die erfolgreich unter kontextueller Ambidextrie arbeiten, dadurch aus, dass sie Entscheidungsalternativen auch in unstrukturierten Situationen selbständig abwägen (Birkinshaw & Gibson, 2004; Kaschube, 2006). Risikobereitschaft als Dimension von eigenverantwortlichem Handeln (Kaschube, 2006) findet ihre Entsprechung in der Beschreibung von Exploration durch March (1991) wieder.

Aus dem Bereich der **Persönlichkeitseigenschaften wird das Fünf-Faktoren Modell** (Borkenau & Ostendorf, 1993) in die Analyse mit einbezogen. Wie bereits in Kapitel 3.2.4 dargestellt, ist Gewissenhaftigkeit der beste Prädiktor, um die berufliche Leistung von unterschiedlichen Berufsgruppen vorherzusagen. Für Manager kann zusätzlich noch die Persönlichkeitseigenschaft Extraversion als geeignet angesehen werden (Barrick & Mount, 1991).

In Tabelle 13[25] werden jene zentralen Ergebnisse der vorangegangenen Literaturanalyse zusammengefasst, die vom Autor dieser Arbeit einer der vier Kompetenzklassen nach dem Kompetenzatlas (Heyse, 2010, S. 124 ff.; Heyse & Erpenbeck, 2004, S. V ff.) zugeordnet weden konnten.[26]

[25] Ein ähnlicher Tabellenaufbau zu einem Literaturreview über Kompetenzen in der Entrepreneurshipforschung findet sich bei Eichinger (2012, S. 116 ff.).

[26] Nach dieser Vorgehensweisen wurden auch die weiteren Tabellen in Kapitel 4.2 erstellt.

Autoren	Umfeld & Methode	(S)	(A)	(P)	(F)
Kauffeld et al. (2002)	Gruppenarbeit zu innovativen Lösungen, empirische Analyse mit dem KKR			mittlere Bedeutung	Fachkompetenz: Sehr hohe Bedeutung von Fachkompetenz
Heyse et al. (2002)	IT-Branche, empirische Befragung von Personalverantwortlichen	sehr wichtig für kundenorientierte Tätigkeiten		hohe Bedeutung der Kompetenzklasse für Systemprogrammierer und Mitarbeiter im Vertrieb	hohe Bedeutung der Kompetenzklasse für technische Berufe
Briscoe & Hall (1999); Dimitrova (2009)	Überlegungen des Autors der Arbeit zum Konzept			Adaptability, Self-Awareness	
Kaschube (2006)	Überlegungen des Autors der Arbeit zum Konstrukt		Eigeninitiative, Verantwortungsübernahme, Risikobereitschaft		
Barrick & Mount (1991)	Metaanalyse zu dem Fünf-Faktoren-Modell der Persönlichkeit	Gewissenhaftigkeit			

Tabelle 13: Psychologische Forschung zu Kompetenzen und Persönlichkeitseigenschaften und organisationale Kompetenzen[27]

4.2.2 Führungsforschung

Zur Führungsforschung werden drei Ansätze vorgestellt, die die bisherige Literatur zu Anforderungen und Kompetenzen von Managern zusammenfassen. In zwei dieser Studien wird eine Literaturanalyse mit einer Expertenbefragung kombiniert. Zunächst wird ein kurzer Überblick über die Rollen von Managern nach Mintzberg (1973) gegeben. Relevanz für diese Arbeit hat dieses klassische Modell der Managementforschung aufgrund der Überarbeitung des Autors (Mintzberg, 2010), in der von den Rollen unmittelbar Kompetenzen abgeleitet werden. Bormann und Brush (1993) leiten aus einer Expertenbefragung die Dimensionen des Führungsverhaltens ab. Darauf und auf einer Übersicht über zahlreiche Modelle der Führungsforschung aufbauend, erarbeiten Tett, Guterman, Bleier und

[27] P=Personale Kompetenz; A=Aktivitäts- und Handlungskompetenz; S=Sozial-kommunikative Kompetenz; F=Fach- und Methodenkompetenz

Murphy (2009) ebenfalls mit der Methode einer Expertenbefragung eine Liste mit 53 Kompetenzen. Die Zuordnung einiger dieser Kompetenzen zu dem transaktionalen und dem transformationalen Führungsstil (Bass, 1990) ermöglicht es, die Beziehung zur organisatonalen Ebene unmittelbar herzustellen.[28] Ergänzt wird die beschriebene Betrachtung der Führungskompetenzen durch die aus den Karriereankern nach Schein (2004) abgeleiteten Anforderungen sowie die Arbeit von Jokinen (2005), um den Aspekt der internationalen Zusammenarbeit nicht zu vernachlässigen.

Kompetenzen zur Erfüllung von Managerrollen nach Mintzberg

Mintzberg (1973) fasst die Tätigkeit von Managern in die drei Komplexe „interpersonale Rollen"[29], „informationale Rollen" und „Rollen als Entscheider" (S. 59) zusammen. In einer überarbeiteten Form seines Managementmodells leitet Mintzberg (2010) aus den neu zusammengestellten Rollen, auf deren Darstellung allerdings verzichtet wird, die notwendigen Kompetenzen für Manager ab. Er gliedert diese Kompetenzen in die folgenden vier Bereiche (Mintzberg, 2010, S. 122):

- Individuelle Kompetenz („Sich selbst managen, nach innen", „Sich selbst managen, nach außen", „Terminieren", S. 122),
- Zwischenmenschliche Kompetenz (Mitarbeiter, Gruppen und Organisationen führen, „Verwalten" und „Vernetzen", S. 122),
- Informationelle Kompetenz („kommunizieren", „analysieren", S. 122),
- Aktionskompetenz („entwerfen" und „mobilisieren", S. 122).

Die dargestellten **individuellen Kompetenzen** beziehen sich im Kompetenzatlas (Heyse, 2010) vor allem auf das Selbstmanagement (P/A) eines Managers. Neben weiteren personalen Kompetenzen dürften Personen in einer Managementposition auch gut entwickelte Methodenkompetenzen wie beispielsweise Planungsverhalten (F) oder Projektmanagement (F/S) benötigen. Die von Mintzberg (2010) als **zwischenmenschlich** bezeichneten **Kompetenzen** sind in der Systematik des Kompetenzatlasses schwerpunktmäßig der sozial-kommunikativen Kompetenzklasse zuzuordnen. Derartige zwischenmenschliche Kompetenzen sind beispielsweise Teamfähigkeit, Konfliktlösungsfähigkeit oder Beziehungsmanagement. Zu den Anforderungen im zwischenmenschlichen Bereich zählt Mintzberg (2010) allerdings auch Aufgaben wie das Setzen von Zielen. Sie erfordern auch die Aktivitäts- und Handlungskompetenz zielorientiertes Führen (A/F). Diese Kompetenz dürfte benötigt werden, um im Rahmen der Ambidextrie gemeinsame Ziele oder auch Visionen (Konlechner & Güttel, 2009; O'Reilly III & Tushman, 2008) im Unternehmen zu verbreiten. Für die Zusammenarbeit in Teams mit Fokus auf Exploitation und/oder Exploration sind die genannten sozialen Kompetenzen ebenso wichtig wie für die grundsätzliche Bündelung von unterschiedlichen Ressourcen (Schreyögg & Kliesch, 2003). Zudem

[28] Siehe dazu die Bedeutung des transaktionalen und des transformationalen Führungsstils für Exploration und Exploitation in Kapitel 2.5.3.1.

[29] Die Managementrollen nach Mintzberg (1973) jeweils aus der Englischen übersetzt durch den Verfasser.

ist für die Kompetenz „Mitarbeiter führen“ (Mintzberg, 2010, S. 122) im Kompetenzatlas die personale Kompetenz Mitarbeiterförderung (P/S) enthalten.

Der Block **informationelle Kompetenz** wird vor allem über die Kommunikationsfähigkeit (S) sowie über die analytischen Fähigkeiten (F/P) abgebildet. Im Block „Aktionskompetenz“ schließlich finden sich Fach- und Methodenkompetenzen wie Planungsverhalten und Projektmanagement genauso wieder wie die Aktivitäts- und Handlungskompetenz Gestaltungswille. In den **Aktionskompetenzen** „Entwerfen (planen, gestalten, Visionen entwickeln)“ und „Mobilisieren (Krisen bekämpfen, Projekte managen, verhandeln, politisch tätig werden, Veränderungen initiieren“ (Mintzberg, 2010, S. 122) zeigen sich deutliche Ansatzpunkte für die Unterstützung der Dynamic Capabilities wie bei der Gestaltung von Restrukturierungsprozessen oder auch den Prozessen der Produktentwicklung (Zollo & Winter, 2002). Insgesamt leisten das Managementmodell und die daraus abgeleiteten Kompetenzen einen wertvollen Beitrag, um die Tätigkeiten und Kompetenzanforderungen von bzw. für Führungskräfte umfassend zu beschreiben.

Dimensionen des Verhaltens von Führungskräften

Bormann und Brush (1993) ermitteln in ihrer Untersuchung 18 Megadimensionen zum erfolgreichen Verhalten von Führungskräften. In dieser Untersuchung wurden zunächst Dimensionen erfolgreichen Führungsverhaltens aus veröffentlichten und unveröffentlichten empirischen Studien zusammengetragen. Diese wurden von 25 Wirtschaftspsychologen bewertet und schließlich zu den 18 Megadimensionen verdichtet. Diese Megadimensionen sind in vier Bereiche gegliedert (Bormann & Brush, 1993, S. 10; Muck, 2007). Zu den Tätigkeiten im Rahmen dieser Megadimensionen wurden vom Autor der vorliegenden Arbeit Kompetenzen aus dem Kompetenzatlas und der Synonymeliste (Heyse & Erpenbeck, 2004) zugeordnet[30].

- Interpersonale Beziehungen und Kommunikation: Beziehungsmanagement (S), Kommunikationsfähigkeit (S), Dialogfähigkeit (S/P)
- Führung und Supervision: Mitarbeiterförderung (P/S), Fähigkeit zur Personalführung (S/A), Delegieren (S/P)
- Technische Aktivitäten und Managementfunktionen: Planungsverhalten (F), Delegieren (S/P), Controllingkenntnisse (F), Mitarbeiterförderung (P)
- Nützliches persönliches Verhalten und Fertigkeiten: Loyalität (P), Stressbewältigung (A/P), Zielorientierung (A/F)

Bormann und Brush (1993) vergleichen ihre Ergebnisse mit mehreren früheren Ansätzen, die ebenfalls Dimensionen des erfolgreichen Führungsverhaltens herausarbeiteten. In dieser vergleichenden Analyse zeigen sie auf, dass ihr Ansatz die meisten Dimensionen

[30] Die Rollen nach Bormann und Brush (1993) konnten nicht vollständig unmittelbar dem Kompetenzatlas und der Synonymeliste zugeordnet werden. Da im Folgenden ein neuerer Ansatz zur Beschreibung von Managementkompetenzen vorgestellt wird, wurde auf eine vertiefte Analyse verzichtet.

der anderen Autoren beinhaltet und deshalb erfolgreiches Führungsverhalten sehr umfassend beschreibt (Bormann & Brush, 1993). Dies geht auch aus der Literaturanalyse von Tett, Guterman, Bleier und Murphy (2009) hervor, die als Weiterentwicklung der Studie von Bormann und Brush (1993) angesehen werden kann. Tett et al. (2009) leiteten im ersten Schritt aus der Studie von Bormann und Brush (1993) und elf weiteren Studien Kompetenzdimensionen ab und arbeiteten eine Liste von Beschreibungen für das erfolgreiche Verhalten von Managern heraus. Mithilfe von drei aufeinanderfolgenden Expertenbefragungen unter Mitgliedern der Academy of Management stellten sie eine Liste mit 53 Kompetenzen mit jeweils drei zugehörigen Verhaltensbeschreibungen zusammen, die sie zu folgenden neun Hauptdimensionen zusammenfassen: „Traditional Functions“ (z. B. „Problem Awareness“, „Decision Making“, „Goal Setting“) (Tett et al., 2009, S. 232), „Task Orientation“ (z. B. „Initiative“) (S. 232), „Person Orientation“, „Dependability“ (S. 232), „Open Mindedness“, „Emotional Control“ (S. 233), „Communication“, „Developing Self and Others“ und „Occupational Acumen and Concerns“ (Tett et al., 2009, S. 234). Der Bezug zu den organisationalen Kompetenzen kann über die aus der Studie abgeleitete Verknüpfung der individuellen Kompetenzen mit verschiedenen Führungsstilen hergestellt werden. In Kapitel 2.5.3.1 wurde gezeigt, dass der transaktionale Führungsstil insbesondere in Exploitations- und der transformationale in Explorations-Bereichen geeignet sind, Führungskräfte allerdings insbesondere in Veränderungssituationen beide Verhaltensweisen beherrschen müssen. In Tabelle 14 werden die Kompetenzen getrennt nach transaktionalem und transformationalem Führungsstil aufgeführt und soweit unmittelbar möglich dem Kompetenzatlas und der Synonymeliste des Kompetenzatlasses (Heyse & Erpenbeck, 2004) zugeordnet.

Kompetenzen für transaktionale Führung	Kompetenzen für transformationale Führung
Zielsetzung (zielorientiertes Führen, A/F) Monitoring Motivierung durch Autorität Kooperationsfähigkeit (S) Orientierung an Regeln	Problembewusstsein (Problemkenntnis, F/S; Problemlösungsfähigkeit S/A) Delegation von Entscheidungen (Delegieren P/S) Koordinationsfähigkeit Motivierung durch Überzeugen Teambildung Initiative (A) Entscheidungsfreudigkeit (Entscheidungsfähigkeit, A/P) Mitgefühl (freie Zuordnung: Einfühlungsvermögen, S/P) Menschenfreundlichkeit/Soziabilität (Freundlichkeit, P/S) Scharfsinnigkeit Durchsetzungsvermögen (Durchsetzungsfähigkeit, A) Kreatives Denken (Kreativität, P/A) Mündliche Kommunikation (Kommunikationsfähigkeit, S) Öffentlich präsentieren (Präsentationsfähigkeit, F/S) Setzen von Entwicklungszielen (Mitarbeiterförderung, P/S) Entwicklungsorientiertes Feedback Job Enrichment

Tabelle 14: Führungsstile und dafür notwendige Kompetenzen (Heyse, 2010; Heyse & Erpenbeck, 2004; Tett et al., 2009, S. 241 f.;)

Kompetenzen für eine Managementkarriere

Nach der Karriereforschung können Mitarbeitern verschiedene Karriereanker zugeordnet werden (Schein, 2004). Menschen mit einer Orientierung am General Management benötigen nach dem Konzept der Karriereanker von Schein (2004) analytische, soziale und emotionale Kompetenzen. Soziale Kompetenzen beinhalten nach Schein (2004) insbesondere Verhaltensweisen wie die Kommunikation von Zielen, Motivierung von Mitarbeitern zur Zusammenarbeit und Problemlösung sowie die Förderung eines Arbeitsklimas, das den Wissensaustausch begünstigt. Die Motivation zur Zusammenarbeit von Mitarbeitern aus verschiedenen Abteilungen wird sowohl für die gemeinsame Nutzung der Kernkompetenzen (Prahalad & Hamel, 1990) als auch für die Verknüpfung von Exploitations- und Explorations-Bereichen benötigt (Birkinshaw & Gibson, 2004; Konlechner & Güttel, 2009; O'Reilly III & Tushman, 2008). Analytische Kompetenz hilft Managern, Probleme zu entdecken und durch ein Zusammenführen von verschiedenen Aspekten und auch unter Einbindung von vielen Menschen oder Organisationseinheiten Lösungen zu erzielen

(Schein, 2004). Im Rahmen der Dynamic Capabilities dürfte diese Kompetenz wichtig sein, um neue Ressourcen zu erkennen und zu organisationalen Kompetenzen zusammenzuführen (Teece, 2007). Vor allem müssen Manager aber die Fähigkeit haben, mit Entscheidungen umgehen zu können, die erhebliche Auswirkungen auf andere Menschen im Unternehmen haben. Dies wird bei Schein (2004) durch die emotionale Kompetenz abgebildet. Unternehmen, die über hohe Ausprägungen in den Dynamic Capabilities verfügen, sind beim Auftreten von neuen Herausforderungen in der Lage, sich durch Produktentwicklungs- und Restrukturierungsprozesse neu auszurichten (Zollo & Winter, 2002). Die Mitarbeiter in derartigen Unternehmen müssen sich folglich entsprechend den neuen Anforderungen der Organisation weiterentwickeln oder das Unternehmen verlassen. Das Treffen von Entscheidungen, die sowohl der notwendigen Veränderungsfähigkeit der Organisation als auch den Bedürfnissen der Mitarbeiter gerecht werden, dürfte hohe Anforderungen in Bezug auf die emotionalen Kompetenzen (Schein, 2004) bei den damit betrauten Managern mit sich bringen.

Kompetenzen für den internationalen Einsatz von Führungskräften

Die zunehmende Internationalisierung der Unternehmen stellt auch an Führungskräfte zusätzliche Anforderungen. Jokinen (2005) gliedert diese Kompetenzanforderungen an Führungskräfte aufbauend auf einer Literaturanalyse in Kernelemente, Anforderungen an das Verhalten und Wissen.

Die Kernelemente dieser Kompetenzliste für international agierende Führungskräfte entsprechen mit Self-Awareness, Wissensbegierde und der Selbstverpflichtung zur persönlichen Weiterentwicklung (Jokinen, 2005) den zentralen Elementen des Konzepts der Metakompetenz (Briscoe und Hall, 1999). Hinzu kommen Anforderungen an das Verhalten der in einem internationalen Kontext agierenden Personen wie Selbstregulation, Optimismus, Lernfähigkeit, die Akzeptanz von Komplexität oder Netzwerkkompetenz. Das für diese Personengruppe notwendige Wissen kann unterteilt werden in technisches Wissen mit Bezug zur Aufgabe, Fähigkeiten im Umgang mit der jeweiligen Sprache und Wissen zu kulturellen Einflüssen (Jokinen, 2005).

Diese Liste zeigt, dass global einsetzbare Führungskräfte in hohem Maße Kompetenzen für den Umgang mit sich selbst und den eigenen Lernprozessen, also personale Kompetenzen und Metakompetenzen, benötigen. Zusätzlich gefordert werden aber auch Fähigkeiten im Umgang mit anderen Menschen, die für die gemeinsame Entwicklung und Nutzung von Ressourcen von besonderer Bedeutung sein dürften sowie Wissen über die jeweilige konkrete Aufgabe, welches eine Grundlage für Kernkompetenzen darstellt (Green, 1999). Die Einteilung von Jokinen (2005) ist damit dem Konzept der Cultural Intelligence[31] von (Earley, 2002) relativ ähnlich, auch wenn dieses spezifisch auf die interkulturellen Aspekte ausgerichtet ist und nicht das ganze Spektrum der internationalen Managementkompetenz.

[31] Das Konzept von Earley (2002) hat die Dimensionen Kognition, Motivation, Verhalten und Metakognition.

Autoren	Umfeld & Methode	(S)	(A)	(P)	(F)
Mintzberg (2010)	Literaturanalyse	Teamfähigkeit, Konfliktlösungsfähigkeit, Beziehungsmanagement	Zielorientiertes Führen, Gestaltungswille	Selbstmanagement, Mitarbeiterförderung	Planungsverhalten, Projektmanagement, analytische Fähigkeiten,
Tett et al. (2009): Für transaktionale Führung	Literaturanalyse und Expertenbefragung	Kooperationsfähigkeit	Zielorientiertes Führen		
Tett et al. (2009): Für transformationale Führung	Literaturanalyse und Expertenbefragung	Problemlösungsfähigkeit, Einfühlungsvermögen, Kommunikationsfähigkeit	Initiative, Entscheidungsfähigkeit, Durchsetzungsfähigkeit	Delegation, Freundlichkeit, kreatives Denken, Mitarbeiterförderung	Problemkenntnis, Präsentationsfähigkeit
Bormann & Brush (1993)	Expertenbefragung	Beziehungsmanagement, Kommunikationsfähigkeit, Dialogfähigkeit	Stressbewältigung, Zielorientierung	Loyalität, Mitarbeiterförderung, Delegieren	Planungsverhalten, Fachwissen (Kenntnisse in Controlling)
Schein (2004)	Konzeptionelle Arbeit	Soziale Kompetenzen: Kommunikationsfähigkeit, Kooperationsfähigkeit, Problemlösungsfähigkeit		Emotionalität (für emotionale Kompetenz)	Analytische Fähigkeiten, Zielorientiertes Führen
Jokinen (2005)	Literaturanalyse	Kommunikationsfähigkeit, Konfliktmanagement, Beziehungsmanagement	Optimismus	Lernbereitschaft (für Lernfähigkeit)	Fachwissen (technisch), Wissen über kulturelle Einflüsse, Sprachkenntnisse (Fremdsprachen), Wissensorientierung

Tabelle 15: Individuelle Kompetenzen aus der Führungsforschung und organisationale Kompetenzen

4.2.3 Change Management

Aus dem Change Management werden Kompetenzen abgeleitet, da die Beherrschung von Restrukturierungsprozessen als Dynamic Capability angesehen wird (Zollo & Winter, 2002).

Kompetenzen zur Bewältigung von Veränderungssituationen für Führungskräfte und Mitarbeiter

Lang-von Wins, Kaschube und von Rosenstiel (2006) leiten aus einer allgemeinen Betrachtung der Anforderungen in Change Management Projekten notwendige Kompetenzen für Führungskräfte und Mitarbeiter ab. Demnach müssen Führungskräfte vor allem solche Kompetenzen besitzen, die es ihnen ermöglichen, Ängste vor Veränderungen bei ihren Mitarbeitern zu reduzieren. Diese Funktion kann auch transformationales Führungsverhalten in mit Unsicherheit behafteten Situationen haben (Nemanich & Vera, 2009). Nach Lang-von Wins et al. (2006) sollten Führungskräfte in Veränderungssituationen ähnlich wie beim transformationalen Führungsstil in der Lage sein, ihre Mitarbeiter zu begeistern, ihnen ausreichend Informationen zukommen zu lassen und in sie in Entscheidungsprozesse einzubeziehen. In Tabelle 16 werden die für Veränderungsprozesse zentralen Managementkompetenzen zusammengestellt.

Im Bereich der personalen Kompetenzen wird eine besonders hohe Leistungsbereitschaft für die Gestaltung der Neuausrichtung erwartet. Loyalität gegenüber dem Unternehmen und seinen Zielen ist für die Umsetzung von Veränderungsprojekten wichtig, sofern sie sich nicht hauptsächlich auf die Vergangenheit des Unternehmens bezieht. Im Bereich der Handlungskompetenzen sollten sie Lernfähigkeit und Offenheit gegenüber sich selbst und gegenüber Rückmeldungen zeigen. Mit Selbstreflexion der beteiligten Individuen und der Bereitschaft, Fehler als Möglichkeit zum Lernen zu verstehen, werden von Lang-von Wins et al. (2006) auch Verhaltensweisen für bedeutsam erklärt, die im Zusammenhang mit dem Konzept der Metakompetenz (siehe 3.2.2) thematisiert wurden. Aus dem Bereich der Methodenkompetenzen sind analytische Kompetenzen von Bedeutung, um die gegenwärtige Situation richtig einzuschätzen und entsprechende strategische Überlegungen anstellen zu können. Zudem sind Fachkompetenzen notwendig. Manager müssen die Produkte und Dienstleistungen des Unternehmens kennen und Wissen über die wirtschaftlichen Zusammenhänge auf den Märkten sowie über erfolgreiche Restrukturierungsstrategien haben (Lang-von Wins et al., 2006, S. 263 ff.). Lang-von Wins et al. (2006) weisen allerdings darauf hin, dass nicht alle Mitarbeiter in gleichem Ausmaß jene Kompetenzen benötigen, die für die zusätzliche Verantwortungsübernahme bei Veränderungsprojekten von entscheidender Bedeutung sind. Vielmehr ergäben sich die geforderten Kompetenzen aus der Position des Mitarbeiters in der Organisation und dessen Einbeziehung in den Veränderungsprozess (Lang-von Wins et al., 2006).

Fachkompetenz • „Wissen über die spezifischen Bedingungen der Produkte/Dienstleistungen des Unternehmens • Wissen um wirtschaftliche Zusammenhänge (Markt) • Kennt erfolgreiche Strategien zur wirtschaftlichen Restrukturierung“ (Lang-von Wins et al., 2006, S. 266)
Methodenkompetenz • „Kann komplexe Sachverhalte vor Zuhörern unterschiedlicher Kenntnisstufen einfach und verständlich darstellen • Kann frei sprechen und ad hoc Statements von mittlerer Komplexität abgeben • Kann präsentieren • Gut ausgeprägte analytische Fähigkeiten“ (Lang-von Wins et al., 2006, S. 266)
Sozialkompetenz • „Kann andere führen und für Neues gewinnen • Ist sich der Signalwirkung eigenen Handelns bewusst und geht als Vorbild voran • Erkennt mögliche Konflikte, kann sie ansprechen und lösen • Wirkt ausgleichend • Kann Ziele auch gegen Widerstände durchsetzen • Kann die Stärke der Mitarbeiter aktivieren“ (Lang-von Wins et al., 2006, S. 266)
Personale Kompetenz • „Hohe Leistungsbereitschaft • Fähigkeit, Widersprüche auszuhalten (Ambiguitätstoleranz) • handelt integer und übernimmt Verantwortung für seine Handlungen • Steht dem Unternehmen und den mit dem Wandel verbundenen Zielvorstellungen loyal gegenüber • ist offen für Kritik • ist bereit, Risiken (auch persönliche) einzugehen“ (Lang-von Wins et al., 2006, S. 266)
Handlungskompetenz • „Hohes Lernpotenzial (Lernmotivation und Lernfähigkeit), versucht über den eingeschlagenen Weg hinaus zu denken • lernt aus Fehlern, ohne in eine Verteidigungshaltung zu gelangen • produktives Hinterfragen der eigenen Entscheidung / des eigenen Weges“ (Lang-von Wins et al., 2006, S. 266)

Tabelle 16: Managementkompetenzen zur Unterstützung von Veränderungsprozessen (modifiziert nach Lang-von Wins et al., 2006, S. 266)

Im Gegensatz zu Lang-von Wins et al. (2006), die einen sehr umfassenden Überblick über Kompetenzen für die Bewältigung von Veränderungssituationen geben, beziehen sich Wren und Dulewicz (2005) nur auf den Zusammenhang zwischen Verhaltensweisen von Führungskräften in Change Prozessen und Führungserfolg. In einer empirischen Studie bei der Royal Air Force zeigten sich die höchsten Zusammenhänge mit Führungserfolg in

Veränderungsprozessen für die Verhaltensweisen „Ressourcenmanagement", „verbindliche Kommunikation" und „Empowerment". Mittlere Bedeutung ergibt sich für „Mitarbeiterentwicklung", „Motivation" und „kritische Analyse". Nur geringe Bedeutung scheinen „Vision", „Perspektiven", „Zielerreichung", „Emotionale Belastbarkeit, „Beeinflussungsfähigkeit" und „Self-Awareness" zu haben (Wren & Dulewicz, 2005, S. 307)[32]. Die Erkenntnisse bezüglich Self-Awareness überraschen angesichts der bereits erläuterten Bedeutung von Metakompetenzen für dynamische Situationen.

Coping und Employability in Veränderungssituationen

Judge et al. (1999) untersuchen in einer quantitativen empirischen Studie die Persönlichkeitseigenschaften, die Manager benötigen, um Veränderungssituationen bewältigen zu können. Die Bewältigungsstrategien werden im Konzept des Copings bzw. der Coping-Strategien zusammengefasst. Judge et al. (1999, S. 109) beziehen sich in ihrer Studie auf die Definition zu Coping von Folkman, Lazarus, Gruen und DeLongis (1986).

> *„Coping refers to the person's cognitive and behavioral efforts to manage (reduce, minimize, or tolerate) the internal and external demands of the person-environment transaction that is appraised as taxing or exceeding the person's resources." (Folkman, 1986, S. 572)*

Durch Coping versuchen Personen folglich eine Situation zu handhaben, die sie aufgrund einer der Situation nicht angemessenen Ausstattung an persönlichen Ressourcen, insbesondere Kompetenzen, zunächst überfordert. Dabei kann die Person entweder an der Lösung oder Handhabung des Problems arbeiten oder an ihrer eigenen emotionalen Einstellung im Umgang damit. Häufig werden diese beiden Strategien kombiniert (Folkman et al., 1986, S. 572; Judge et al., 1999). In der Studie konnten sieben Persönlichkeitseigenschaften zu den beiden Faktoren „Positives Selbstkonzept" und „Risikotoleranz" verdichtet und deren signifikanter Einfluss auf das Copingverhalten der befragten Manager in Veränderungssituationen nachgewiesen werden. Der erste Faktor umfasst die Eigenschaften „Kontrollüberzeugung", „generalisierte Selbstwirksamkeit", „Selbstwertgefühl" und „positive Befindlichkeit". Positive Befindlichkeit drückt sich aus in „Eigenschaften wie Wohlbefinden, Vertrauen, Tatkraft, Geselligkeit und Verbindung" (Judge et al., 1999, S. 109)[33]. Der zweite Faktor ergibt sich aus den Eigenschaften „Offenheit für Erfahrung", „Ambiguitätstoleranz" und „Risikovermeidung"(Judge et al., 1999, S. 115).

Veränderungen auf Organisationsebene führen auf Mitarbeiterebene zu einer Veränderung in den Aufgaben, den Funktionen, der Organisationseinheit oder auch zur Notwendigkeit, die Organisation zu verlassen. Um sich auf den Wandel vorzubereiten, sollten Mitarbeiter deshalb Kompetenzen entwickeln, die ihre Einsetzbarkeit am unternehmensinternen und externen Arbeitsmarkt erhöhen. Diese Beschäftigungsfähigkeit wird im Kon-

[32] Begriffe übersetzt durch den Verfasser.

[33] Übersetzt durch den Verfasser.

zept der „Employability" zusammengefasst (Fugate et al., 2004). Unter Employability verstehen Fugate et al. (2004) „... a host of person-centered constructs needed to deal effectively with career related changes occurring today's economy" (S. 14). Die angesprochenen Persönlichkeitskonstrukte, die für den Umgang mit Veränderungen notwendig erscheinen, sind Karriereidentität („career identity"), Anpassungsfähigkeit der Person („personal adaptability") sowie „Sozial- und Humankapital" (Fugate, Kinicki & Ashforth, 2004, S. 15)[34]. Im Modell von Stegmaier und Sonntag (2007) bilden Sozial- und Humankapital zusammen mit dem Organisationskapital die Grundlage für organisationale Kompetenzen. „Personal Adaptability" beinhaltet die Konstrukte Optimismus, Lernfreudigkeit, Offenheit für Veränderung, interne Kontrollüberzeugung und Selbstwirksamkeitserwartung (Fugate et al., 2004, S. 23).

Kompetenzen von Projektmanagern zur Bewältigung von Veränderungssituationen

Nikolaou et al. (2007) fassen den Stand der Forschung zu den Persönlichkeitseigenschaften und Kompetenzen von Change Agents in einer Literaturanalyse zusammen. Die erfolgsrelevanten Persönlichkeitskonstrukte für Change Manager sind demnach Selbstwirksamkeit, Kontrollüberzeugung, Selbsteinschätzung, Offenheit für Erfahrungen sowie psychische Belastbarkeit und Widerstandskraft bei Veränderungen. Als zentrale Kompetenzen sehen sie Verhandlungsführung, Führungskompetenzen, Kommunikationsfähigkeit, Teamfähigkeit sowie die Fähigkeit zur Teambildung, Konfliktlösungsfähigkeit und Projektmanagement an. In ihrer experimentellen empirischen Studie mit 105 Studenten eines Executive Masterstudienganges in Betriebswirtschaftslehre zeigte allerding nur die psychologische Belastbarkeit einen signifikant positiven Einfluss auf die Einstellung der Personen gegenüber Veränderungen sowie lediglich die Fähigkeiten im Bereich des Projektmanagements einen signifikant positiven Einfluss auf die Teamleistung (Nikolaou et al., 2007).

Crawford und Nahmias (2010) leiten aus einer Literaturanalyse und drei Fallstudien neun zentrale Kompetenzen für Manager mit Projektverantwortung in Veränderungssituationen ab. Dabei liegt der Schwerpunkt auf sozialen Kompetenzen für die Zusammenarbeit und methodischen Kompetenzen (siehe Tabelle 17). In Tabelle 17 wird ein Überblick über die Studien zu den in Veränderungssituationen notwendigen Kompetenzen gegeben.

[34] Übersetzt durch den Verfasser.

Autoren	Umfeld & Methode	(S)	(A)	(P)	(F)
van Wart & Kapucu (2011)	empirisch / Krisenmanager / öffentlicher Sektor	Kommunikationsfähigkeit, Teambildung/ Teamfähigkeit, soziale Kompetenz (allgemein)	Entscheidungsfähigkeit, Verantwortungsübernahme, Flexibilität	Selbstvertrauen, Delegieren	Analytische Fähigkeiten, Planungsverhalten (Einsatzplanung)
Wren & Dulewicz (2005)	empirisch / Senior Manager Royal Air Force	Kommunikationsfähigkeit		Mitarbeiterförderung	
Fugate et al. (2004)	Theoretisch		Optimismus	Lernfreudigkeit, Offenheit für Veränderung	
Nikolaou, Goura, Vakola & Bourantas (2007)	theoretisch (Literaturanalyse)	Kommunikationsfähigkeiten, Teamfähigkeit/ Teambildung, Konfliktlösungsfähigkeit	(psychische) Belastbarkeit	Offenheit für Erfahrungen	Projektmanagement
Nikolaou, Goura, Vakola & Bourantas (2007)	experimentelle Studie mit MBA-Studenten		(psychische) Belastbarkeit		Projektmanagement
Crawford & Nahmias (2010)	Literatur Review und Fallstudienanalyse zu Kompetenzen von Change- und Projektmanagern	Kommunikationsfähigkeit, Problemlösungsfähigkeit	Entscheidungsfähigkeit	Mitarbeiterförderung (Teamentwicklung, Teamauswahl)	Planungsverhalten, Projektmanagementfähigkeiten
Lang-von Wins et al. (2006)	theoretische Analyse zu notwendigen Kompetenzen für Veränderungsprozesse	Konfliktlösungsfähigkeit, Kommunikationsfähigkeit	Risikobereitschaft, Verantwortungsbewusstsein, Leistungswille, zielorientiertes Führen	Loyalität, Lernbereitschaft (indirekt: Adaptability und Self-Awareness)	analytische Fähigkeiten, Marktkenntnisse, Fachwissen, Wissen über Produkte, Planungsverhalten, Projektmanagement, Präsentationsfähigkeit

Tabelle 17: Literaturanalyse: Zentrale Kompetenzen zur Bewältigung von Veränderungssituationen

4.2.4 Innovations- und Entrepreneurshipforschung

Entrepreneurshipforschung

Aus der Kompetenzforschung zu Entrepreneuren können insbesondere die Anforderungen von Mitarbeitern, die unter den Bedingungen von kontextueller Ambidextrie oder der Hybridform, bei der kontextuelle und strukturelle Ambidextrie kombiniert werden (Güttel et al., 2011), arbeiten, abgeleitet werden. Große Konzerne können durch die Anwendung der Hybridform der Ambidextrie (Güttel et al., 2011) neue Geschäftsbereiche durch kleine Unternehmen erschließen. Diese Organisationseinheiten arbeiten dann unter den Bedingungen von kontextueller Ambidextrie. Dabei dürfte der Aspekt, welche Eigenschaften Gründer derjenigen Unternehmen haben, in die man investiert, von zentraler Bedeutung sein, da finanzielle Kennzahlen in der Gründungsphase nur eingeschränkt aussagekräftig sind (Miner, Smith & Bracker, 1989, S. 559). Eichinger (2012) stellte eine 28 Studien umfassende Literaturübersicht zur Kompetenzforschung mit Bezug zu Entrepreneuren zusammen. Die Analyse der Autorin zeigt, dass Unternehmensgründer vor allem Wissen, Fähigkeiten und Kompetenzen in Bereichen wie Marketing und Finanzwesen oder technische Fähigkeiten benötigen, die am ehesten den Fach- und Methodenkompetenzen zugeordnet werden können sowie Fähigkeiten für den Umgang mit anderen Menschen, wie Führungskompetenzen oder das Vermögen, für das eigene Unternehmen relevante Netzwerkbeziehungen aufbauen zu können (Eichinger, 2012, S. 116–122). Allerdings lassen sich nur relativ wenige signifikante Ergebnisse aus diesen Studien unmittelbar den Kompetenzen aus der psychologischen Kompetenzforschung, wie sie beispielsweise im Kompetenzatlas zu finden sind, zuordnen. Sie beziehen sich hingegen teilweise auf sehr spezifische Kompetenzen wie Unternehmertum. Diese Kompetenzen beinhalten insbesondere das Erkennen von Gelegenheiten (Eichinger, 2012, S. 116 ff.). Aufgrund der bereits dargestellten Relevanz von Entrepreneuren für die Ambidextrieforschung wird das von Eichinger (2012) auf der Basis ihrer Literaturanalyse und der Kompetenzeinteilung von Brinckmann (2008) entwickelte Kompetenzmodell in Tabelle 18 dargestellt. Es ist untergliedert in methodische, soziale und Expertenkompetenzen.

Die „Kompetenzen zum Erkennen von Chancen“ beruhen vor allem auf dem kognitiven Verhalten, inwieweit eine Person Wissen für Entscheidungsprozesse nutzen kann (Eichinger, 2012). Die „Kompetenz zur Nutzung von Ressourcen“ beinhaltet die Fähigkeiten, mit Human- und Finanzressourcen angemessen umzugehen und sie zu kontrollieren. Der Besitz dieser Ressourcen könne hingegen zu einer Verringerung der Flexibilität führen (Eichinger, 2012, S. 161). In ihrer quantitativen empirischen Analyse zeigten allerdings nur die Kompetenzen zur Ressourcennutzung und die Marketingkompetenzen einen signifikanten Einfluss auf die Indikatoren erfolgreichen Gründerverhaltens, nicht jedoch die sozialen Kompetenzen (Eichinger, 2012).

- „Methodische Kompetenzen: Kompetenzen zum Erkennen von Chancen[,] Kompetenzen zur Nutzung von Ressourcen“ (Eichinger, 2012, S. 158)[35]
- „Expertenkompetenzen: Kompetenzen für das Finanzmanagement in der Anfangsphase[,] Kompetenzen im Marketing für die Anfangsphase“ (Eichinger, 2012, S. 158)[36]
- „Soziale Kompetenzen: Soziale Kompetenzen[,] Führungskompetenzen / Teamfähigkeit“ (Eichinger, 2012, S. 158)[37]

Tabelle 18: Kompetenzmodell für Personen in der Gründungsphase (modifiziert nach Eichinger, 2012, S. 158)

Ergänzend soll die Studie von Miner, Smith und Bracker (1989) betrachtet werden. Die Autoren setzen die Verhaltensweisen „*Selbstständige Zielerreichung*“ (Guldin, 2006, S. 321), „*Übernahme/Vermeidung von Risik[en]*“, die die handelnde Person durch ihr Handeln bewältigen kann, „*Rückmeldung der Ergebnisse*“ des eigenes Handelns möglichst in quantitativer Form, „*Persönliche Innovation*“ beziehungsweise die Bereitschaft, diese voranzutreiben und „*Zukunftsplanung und Zielsetzung*“ (S. 321) mit dem Wachstum (Umsatz und Mitarbeiterzahl) von neu gegründeten Unternehmen in Beziehung (Guldin, 2006, S. 321; Miner et al., 1989, S. 558). Alle fünf Verhaltensweisen zeigen in einer Studie mit 118 Unternehmensgründern signifikante Einflüsse auf das Wachstum der Mitarbeiterzahl. Auf das Wachstum des Umsatzes haben diese Variablen abgesehen von der persönlichen Innovationsbereitschaft ebenfalls einen signifikant positiven Einfluss (Miner et al., 1989, S. 558). Setzt man diese Verhaltensweisen in Bezug zu den im Kompetenzatlas aufgeführten und beschriebenen, so kann der Umgang Risiken der Kompetenz „Risikobereitschaft“ (A/P) zugeordnet werden. Die Unternehmer versuchen in der Verhaltensbeschreibung von Miner et al. (1989, S. 555) dabei nur solche Risiken einzugehen, die sie durch ihr eigenes Handeln beherrschen können. Es drängt sich dabei der Vergleich mit dem Konstrukt eigenverantwortliches Handeln (Kaschube, 2006) auf, bei dem die Risikobereitschaft eingebettet ist in die Bereitschaft einer Person, Verantwortung zu übernehmen. Unternehmer versuchen nach der Studie von Miner et al. (1989) zudem, ihre Leistung möglichst quantitativ messbar zu machen. Im Kompetenzatlas lässt sich dafür nicht unmittelbar eine Entsprechung finden. Dieses Verhalten könnte allerdings als spezifischer Fall der Suchen nach Feedback aus dem Konzept der Self-Awareness (Briscoe & Hall, 1999; Dimitrova, 2009) angesehen werden. Zudem findet sich im Kompetenzatlas die Innovationsfreudigkeit (A/P) wieder. Die „Zukunftsplanung und Zielsetzung“ (Guldin, 2006, S. 321; Minder et al., 1989, S. 558) bezieht sich auf das Erfassen der Möglichkeiten in der Zukunft und das Ableiten von Plänen und Zielen. Diese Verhaltensweisen werden teil-

[35] Übersetzt durch den Verfasser.

[36] Übersetzt durch den Verfasser.

[37] Übersetzt durch den Verfasser.

weise abgebildet durch die Kompetenzen Planungsverhalten (F) und zielorientiertes Führen (A/P). Die Verhaltensweise „selbstständigen Zielerreichung" (Guldin, 2006, S. 321) ist im Kompetenzatlas nicht unmittelbar aufgeführt.

Zusammenfassend kann festgestellt werden, dass das Verhalten von unternehmerisch tätigen Personen schwerpunktmäßig von solchen Aktivitäts- und Handlungskompetenzen bestimmt wird, die Elemente der personalen Kompetenzklasse enthalten. Mit Planungsverhalten ist auch eine Fach- und Methodenkompetenz enthalten, allerdings keine Sozialkompetenz.

Innovationsforschung

Carmeli, Meitar und Weisberg (2006) untersuchten den Zusammenhang zwischen Fähigkeiten zur Selbstführung einer Person und deren innovationsorientiertem Verhalten. Unter diesem Verhalten verstehen Carmeli et al. (2006) in dieser Studie das Ausmaß, in dem eine Person nach Neuartigem (beispielsweise neuen Technologien) sucht und neue Ideen hervorbringt (S. 82). Für die Verhaltensweisen der „verhaltensorientierten Strategien" („behavioral-focused strategies" (Carmeli et al., 2006, S. 83)) sowie die Strategie, in konstruktiven Mustern zu denken[38] („constructive thought pattern strategies" (Carmeli et al., 2006, S. 83)) ergaben sich positive Zusammenhänge mit dem innovationsorientierten Verhalten der Mitarbeiter. Diese Zusammenhänge zeigten sich sowohl in der Selbsteinschätzung der Mitarbeiter als auch in der Bewertung durch ihre Vorgesetzten. Die „verhaltensorientierten Strategien" umfassen Verhaltensweisen wie Selbstbeobachtung, selbstständiges Setzen von Zielen, Selbstmotivation, das Erarbeiten von Feedback in Bezug auf das eigene Handeln und ein darauf aufbauendes Coaching der eigenen Person. Die „Strategie in konstruktiven Mustern zu denken" (Carmeli et al., 2006, S. 83)[39] bezieht sich auf eine optimistische Herangehensweise an Probleme und eine Gestaltung von Lösungsmöglichkeiten (Carmeli et al., 2006).

Du Chatenier, Verstegen, Biemans, Mulder und Omta (2010) leiten aus einer qualitativen empirischen Analyse folgende vier für Innovationsprozesse wesentlichen Kompetenzcluster ab: Selbstmanagement[40], Beziehungsmanagement, Projektmanagement im Rahmen eines Innovationsprozesses und Content-Management im Wissensschaffungsprozess (Du Chatenier et al., 2010, S. 276 f.). West und Anderson (1996) identifizierten den Anteil derjenigen Teammitglieder, die eine starke Neigung zu Innovation haben, in ihrer quantitativen empirischen Untersuchung als besten Prädiktor dafür, dass Teams radikale Innovationen hervorbringen. In Tabelle 19 und Tabelle 20 werden die Studien zu den förderlichen Kompetenzen für Innovationsprozesse und Entrepreneurship dargestellt.

[38] Jeweils übersetzt durch den Verfasser.

[39] Übersetzt durch den Verfasser.

[40] Dieser und die folgenden Begriffe jeweils übersetzt durch den Verfasser.

Autoren	Umfeld & Methode	(S)	(A)	(P)	(F)
Du Chatenier, Verstegen, Biemans, Mulder & Omta (2010)	qualitative empirische Analyse, Zusammenhang, Selbstführung und Innovation	Beziehungsmanagement, Kooperationsfähigkeit		Selbstmanagement	Projektmanagement
West & Anderson (1996)	quantitative empirische Analyse, Innovationsteams		Innovationsfreudigkeit		
Carmeli, Meitar & Weisberg (2006)	quantitative empirische Analyse, Selbstführung der Person und innovationsförderndes Verhalten			Self-Awareness, Adaptability	

Tabelle 19: Literaturanalyse: Zentralen Kompetenzen zur Förderung von Innovation

Autoren	Umfeld & Methode	(S)	(A)	(P)	(F)
Eichinger (2012)	Literaturanalyse Entrepreneurshipforschung	Teamfähigkeit, soziale Kompetenzen			Fachwissen (Finanzmanagement, Marketingkenntnisse)
Eichinger (2012)	quantitative empirische Analyse, Manager von Start-up Unternehmen in der Gründungsphase				Fachwissen (Marketingkenntnisse)
Miner, Smith & Bracker (1989)	Quantitative empirische Analyse bei Unternehmensgründern		Risikobereitschaft zielorientiertes Führen, Innovationsfreudigkeit	(Self-Awareness)	Planungsverhalten

Tabelle 20: Literaturanalyse: Zentralen Kompetenzen zur Bewältigung einer Unternehmensgründung

4.2.5 Kompetenzliste von Individuen aus der psychologischen Forschung und dem strategischen Management

Aufbauend auf der bisherigen Analyse, werden nun die Kompetenzen, die aus der ressourcenorientierten Forschung abgeleitet wurden, den identifizierten Kompetenzen aus der psychologischen Kompetenzforschung gegenübergestellt.

<table>
<tr><th colspan="2">Soziale Kompetenz</th></tr>
<tr><td rowspan="4">Ressourcenorientierte Forschung:
• Kommunikationsfähigkeit
• Teamfähigkeit
• Kooperationsfähigkeit
• Beziehungsmanagement
• Konfliktlösungsfähigkeit
• Kundenorientierung
• Problemlösungsfähigkeit
• Experimentierfreude</td><td>Kompetenzklassen und Eigenschaften: Gewissenhaftigkeit</td></tr>
<tr><td>Führungsforschung: Kommunikationsfähigkeit, Dialogfähigkeit, Teamfähigkeit, Kooperationsfähigkeit, Beziehungsmanagement, Konfliktlösungsfähigkeit, Einfühlungsvermögen, Problemlösungsfähigkeit</td></tr>
<tr><td>Change Management Forschung:
Kommunikationsfähigkeit, Teamfähigkeit, Konfliktlösungsfähigkeit, Problemlösungsfähigkeit</td></tr>
<tr><td>Innovations- und Entrepreneuershipforschung: Teamfähigkeit, Kooperationsfähigkeit, Beziehungsmanagement</td></tr>
</table>

Tabelle 21: Soziale Kompetenz: ressourcenorientierte und psychologische Kompetenzforschung

<table>
<tr><th colspan="2">Personale Kompetenz</th></tr>
<tr><td rowspan="4">Ressourcenorientierte Forschung:
• Lernbereitschaft (Adaptability und Self-Awareness)
• Mitarbeiterförderung
• Glaubwürdigkeit
• Vertrauenswürdigkeit,
• Hilfsbereitschaft,
• Zuverlässigkeit
• Einsatzbereitschaft</td><td>Kompetenzklassen und Eigenschaften: Adaptability, Self-Awareness[41]</td></tr>
<tr><td>Führungsforschung: Selbstmanagement, Mitarbeiterförderung, Delegieren, Freundlichkeit, kreatives Denken, Loyalität, Emotionalität, Lernbereitschaft</td></tr>
<tr><td>Change Management Forschung:
Selbstvertrauen, Delegieren, Mitarbeiterförderung, Lernfreudigkeit, Offenheit für Veränderung, Loyalität</td></tr>
<tr><td>Innovations- und Entrepreneuershipforschung:
Selbstmanagement, Self-Awareness, Adaptability</td></tr>
</table>

Tabelle 22: Personale Kompetenz: ressourcenorientierte und psychologische Kompetenzforschung

[41] Metakompetenzen stellen ein eigenes Konzept dar (Dimitrova, 2009). Sie wurden aus Gründen der Übersichtlichkeit in dieser Tabelle den personalen Kompetenzen zugeordnet.

<table>
<tr><th colspan="2">Aktivitäts- und Handlungskompetenz</th></tr>
<tr><td rowspan="4">Ressourcenorientierte Forschung:
• Entscheidungsfähigkeit
• Initiative
• Risikobereitschaft
• Zielorientiertes Führen</td><td>Kompetenzklassen und Eigenschaften: Eigeninitiative, Verantwortungsübernahme, Risikobereitschaft, (Unkonventionalität)</td></tr>
<tr><td>Führungsforschung: zielorientiertes Führen, Gestaltungswille, Entscheidungsfreudigkeit, Durchsetzungsfähigkeit, Stressbewältigung, Zielorientierung, Optimismus, Initiative</td></tr>
<tr><td>Change Management Forschung: Entscheidungsfähigkeit, Verantwortungsbewusstsein, Flexibilität, Optimismus, Belastbarkeit, Leistungswille, zielorientiertes Führen</td></tr>
<tr><td>Innovations- und Entrepreneuershipforschung: Innovationsfreudigkeit, Risikobereitschaft, zielorientiertes Führen</td></tr>
</table>

Tabelle 23: Aktivitäts- und Handlungskompetenz: ressourcenorientierte- und psychologische Kompetenzforschung

<table>
<tr><th colspan="2">Fach- und Methodenkompetenz</th></tr>
<tr><td rowspan="4">Ressourcenorientierte Forschung:
• Fachwissen
• Analytische Fähigkeiten
• Planungsverhalten</td><td>Kompetenzklassen und Eigenschaften:
Hohe Bedeutung dieser Kompetenzklasse für Problemlösungsprozesse</td></tr>
<tr><td>Führungsforschung:
Planungsverhalten, Projektmanagement, analytische Fähigkeiten, Problemkenntnis, Präsentationsfähigkeit, Fachwissen (Controllingkenntnisse)</td></tr>
<tr><td>Change Management Forschung:
Analytische Fähigkeiten, Planungsverhalten, Projektmanagement, Fachwissen (insbes. Produkte), Marktkenntnis,, Präsentationsfähigkeit</td></tr>
<tr><td>Innovations- und Entrepreneurshipforschung:
Fachwissen (insbes. Finanzkenntnisse, Marketingkenntnisse), Planungsverhalten, Projektmanagement</td></tr>
</table>

Tabelle 24: Fach- und Methodenkompetenz: ressourcenorientierte- und psychologische Kompetenzforschung

4.3 Ansatzpunkte für die empirische Forschung

4.3.1 Forschungslücken und Alleinstellungsmerkmale der Arbeit

Nach Hülsmann und Müller-Martini (2006) sollte der kompetenzorientierte Ansatz des strategischen Managements durch die Forschung zu Mitarbeiterkompetenzen ergänzt werden. Wagner et al. (2005, S. 54) sehen ein Forschungsdefizit in der Bedeutung der einzelnen Individuen für die Entstehung von organisationalen Lernprozessen und der sich daraus entwickelnden Routinen. Wie in Kapitel 4 dargestellt, wurden in den letzten Jahren einige dieser Forschungsdefizite bearbeitet.

Einige Ansätze zur Verknüpfung von individuellen und organisationalen Kompetenzen setzen an der organisationalen Ebene an und stellen darauf aufbauend einen Bezug zum Individuum her (siehe Green, 1999; Schreyögg und Kliesch, 2003). Wie in Kapitel 3.4 beschrieben, leisten auch Ansätze aus dem Bereich der psychologischen Kompetenzforschung einen Beitrag zur Verknüpfung der individuellen mit der organisationalen Ebene. Grundsätzlich gut geeignet für die Verknüpfung der individuellen Ebene mit der kollektiven erscheint das Kode X Verfahren (Heyse, 2007). Allerdings findet bei diesem nur eine Zuordnung von individuellen Kompetenzen zu den strategischen Zielen statt und nicht, wie in dieser Arbeit, eine Verknüpfung zu den organisationalen Kompetenzen im Sinne des Resource-based View. Das Kassler Kompetenzraster (Kauffeld, 2009) bietet die Möglichkeit, die individuellen Kompetenz auf Gruppenebene zu messen und von dort auf Unternehmensebene hin zu aggregieren. Damit kann zwar gemessen werden, ob Unternehmen Mitarbeiter mit hohen Kompetenzausprägungen haben und auch, ob diese in Problemlösungsprozessen erfolgreich interagieren können. Die strategische Relevanz dieser organisationalen Kompetenzen am Markt bleibt dadurch jedoch unberücksichtigt. Auch Schreyögg und Kliesch (2003) sowie Wilkens et al. (2006) halten vor dem Hintergrund der ressourcen- und kompetenzorientierten Forschung des strategischen Managements (Barney, 1991; Prahalad & Hamel, 1990) den nachhaltigen Nutzen einer organisationalen Kompetenz für die Wettbewerbsfähigkeit für unzureichend. Ein umfassendes Modell zur Entstehung und Nutzung von organisationalen Kompetenzen liefern Stegmaier und Sonntag (2007), bei denen in der Bewertungsperspektive ihres Modells beurteilt wird, ob die organisationalen Kompetenzen „wertvoll", „selten", schwer „imitierbar" sowie „nicht substituierbar" (siehe dazu auch Barney, 1991) sind. Dadurch kann beurteilt werden, ob tatsächlich eine Grundlage für einen nachhaltigen Wettbewerbsvorteil vorliegt. Das Modell ist allerdings nur theoretisch entwickelt und nicht empirisch überprüft. Green (1999) bietet Ansatzpunkte zur Orientierung von Kompetenzmodellen an den Kernkompetenzen und Kernwerten. Allerdings handelt es sich dabei um ein vor allem praxisorientiertes Modell, das ebenfalls unzureichend empirisch überprüft wurde. Wichtig erscheint an diesem Modell allerdings zu sein, dass diese konkreten organisationspezifischen Kernkompetenzen und Kernwerte in einem Leitbild gegenüber den Mitarbeitern kommuniziert werden können (Green, 1999). Diese Möglichkeit der strategischen Kommunikation dürfte bei abstrakten organisationalen Kompetenzen wie bei Schreyögg und Kliesch (2003) oder Wilkens et al. (2006) kaum bestehen.

Als Forschungslücke wird an dieser Stelle ein empirisch überprüftes Modell gesehen, das Ressourcen und Kernkompetenzen aus einer strategischen Bewertungsperspektive (Stegmaier & Sonntag, 2007) enthält und den Dynamic Capability Ansatz integriert. Bei der Betrachtung der speziellen Dynamic Capability Ambidextrie (O'Reilly III & Tushman, 2008) dürfte die Entscheidung zwischen Exploitation und Exploration nur gelingen, wenn organisationspezifisch festgelegt wird, was bestehende organisationale Kernkompetenzen sind und inwieweit wirklich Exploration vorliegt oder es sich nur um eine Weiterentwicklung der bestehenden Kernkompetenzen handelt (O'Reilly III & Tushman, 2008). Eine empirische Differenzierung aufgrund der Begriffe, die March (1991) Exploitation (z. B. Verbesserung, Auswahl) und Exploration (Suche, Risikobereitschaft) zuordnen (siehe dazu Uotila et al., 2009), wird vom Autor der Arbeit kritisch gesehen. O'Reilly III und Tushman (2008, S. 200) zeigen, dass die Betrachtung der bestehenden Technologien des Unternehmens eine zentrale Bedeutung für die Abgrenzung von Exploitation und Exploration im jeweiligen Unternehmen hat. Anhand der Beispiele, die Busch und Hobus (2012) für Exploitations- und Explorations-Prozesse nennen, wird zudem deutlich, dass nur relativ wenige Prozesse ausschließlich einem der beiden Bereiche zugeordnet werden können. Als kritisch aber auch hilfreich zugleich sieht der Autor dieser Arbeit auch die Verwendung der vier Kompetenzdimensionen („Kombination", „Kooperation", „Komplexitätsbewältigung" und „Selbstreflexion") von Wollersheim (2010), um Exploration abzubilden.

Des Weiteren besteht erheblicher Forschungsbedarf im Bereich der Bedeutung einzelner individueller Kompetenzen für organisationale Kompetenzen. Wie in Kapitel 4.1 aufgezeigt, finden sich in der bisherigen Literatur zum Resource-based View zahlreiche Ansatzpunkte zur Ableitung von individuellen Kompetenzen und auch einzelne explizite Nennungen von Kompetenzanforderungen (Birkinshaw & Gibson, 2004). Wilkens et al. (2006) und Sprafke et al. (2011) zeigen vier Kompetenzdimensionen auf, die sie sowohl auf individueller als auch auf organisationaler Ebene anwenden. Schreyögg und Kliesch (2003) stellen den individuellen Kompetenzen organisationale gegenüber. Eine umfassende und empirisch überprüfte Aufstellung zur Bedeutung einzelner individueller Kompetenzen liegt allerdings nicht vor. Stegmaier und Sonntag (2007) ordnen einige Kompetenzen des Kompetenzatlasses (Heyse, 2010) den Funktionen von organisationalen Kompetenzen nach ihrem Modell zu. An diesem Vorgehen setzt diese Arbeit an. Es soll eine empirische Zuordnung stattfinden, die durch eine Literaturanalyse und -diskussion unterstützt wird. Neu ist auch die Integration der Dynamic Capability Ambidextrie (O'Reilly III & Tushman, 2008). Einen Beitrag leisten soll die Arbeit zudem zur Bestimmung der Kompetenzen aller Mitarbeiter und nicht nur der des Top-Management-Teams. Sprafke, Externbrink und Wilkens (2011) zeigen, dass auch die Kompetenzausprägungen bei Mitarbeitern ohne Führungsverantwortung moderiert über die Teamebene einen Einfluss auf die Dynamic Capabilities auf der organisationalen Ebene haben. Zudem werden zentrale Konzepte aus der psychologischen Kompetenz- und Leistungsbeurteilungsforschung integriert werden, wie das Konzept der Metakompetenzen (Briscoe & Hall, 1999; Dimitrova, 2009) und das Konstrukt des eigenverantwortlichen Handelns (Kaschube, 2006).

Mit der Teilstudie „Lernen und Dynamic Capabilities" (Kap. 7) soll schließlich gezeigt werden, wie die Elemente aus der psychologischen Forschung die ressourcenorientierte Forschung des strategischen Managements ergänzen können. Im Rahmen der Forschungsfragen zu dieser zweiten Teiluntersuchung (siehe Kapitel 4.4.2) wird dies im Einzelnen erläutert.

4.3.2 Entwicklung des Forschungsmodells

Ziel der vorliegenden Untersuchung ist die Identifizierung von Kompetenzmodellen zur Unterstützung von Kernkompetenzen und Dynamic Capabilities sowie die Konstruktion eines dafür geeigneten Kompetenzmanagementsystems. Kompetenzmodelle bilden den Ausgangspunkt der Untersuchung. Sie sind der Rahmen für die in einem Unternehmen notwendigen Kompetenzen (Mansfield, 1996; Mirabile, 1997). Kompetenzmodelle werden nur dann wirksam, wenn sie tatsächlich Einfluss auf die Lernprozesse im Unternehmen haben. Durch verschiedene Maßnahmen des Personalmanagements oder der Führungskräfte können die Kompetenzen der einzelnen Mitarbeiter gefördert werden (siehe Kapitel 3.5). Für die Entstehung von organisationalen Kompetenzen müssen die Kompetenzen von Individuen verknüpft werden (Raich und Schober, 2006). Diese Verknüpfung der verschiedenen Ressourcen, zu denen auch Humanressourcen zählen (Barney, 1991), erfolgt über Regeln und Routinen (Grant, 1991; Güttel, 2006). Routinen sind das Ergebnis von organisationalen Double-Loop Lernprozessen (Kim, 1993). Für den Aufbau von Routinen müssen Mitarbeiter folglich die Kompetenzen besitzen, an derartigen Lernprozessen teilnehmen zu können. Zudem müssen sie in der Lage sein, mit dem System an entstandenen Routinen umzugehen (Stegmaier und Sonntag, 2007).

Die organisationalen Kompetenzen schließlich beruhen auf den Routinen. Operative Routinen liegen den organisationalen Kernkompetenzen zugrunde, Routinen zur Veränderung den Dynamic Capabilities (Grant, 1991; Winter, 2003). Die Fähigkeit, gleichzeitig in einem Unternehmen bestehende Kernkompetenzen zu nutzen (Exploitation) und neue aufzubauen und dadurch das Unternehmen systematisch weiterzuentwickeln, wird durch die Dynamic Capability Ambidextrie beschrieben (O'Reilly III & Tushman, 2008).

Ziel des zu konstruierenden Kompetenzmodells ist es, sowohl Exploitations- als auch Explorations-Prozesse zu unterstützen. Im Kompetenzmodellierungsprozess werden die individuellen Kompetenzen von der kollektiven Ebene abgeleitet. Den ersten Ansatzpunkt für diese Ableitung bilden die Kernkompetenzen und Dynamic Capabilities. Güttel (2006) zeigt jedoch in seinem Ansatz zur Identifizierung von organisationalen Kernkompetenzen, dass diese aufgrund des ihnen zugrundeliegenden verborgenen Erfahrungswissens und der Komplexität der mit ihnen verbundenen sozialen Beziehungen nicht vollständig rekonstruiert werden können. Dadurch wird das Kernkompetenzkriterium der schweren Imitierbarkeit erfüllt (Güttel, 2006). Deshalb werden im Kompetenzmodellierungsprozess die notwendigen individuellen Kompetenzen zusätzlich von den organisationalen Routinen (wie beispielsweise den bereichsübergreifenden Produktentwicklungsprozessen, siehe Teece, 2007), den organisationalen Regeln, auf denen diese Routinen beruhen, (Güttel, 2006, S. 419) und den mit ihnen verbundenen Lernprozessen abgeleitet. Den letzten Ansatzpunkt für die Ableitung bilden die aktuellen Kompetenzen der für die organisationalen Kompetenzen entscheidenden Mitarbeitergruppen selbst. Dadurch wird sichergestellt, dass sich das Kompetenzmodell nicht nur auf einige zentrale Aspekte der derzeitigen Wettbewerbsfähigkeit bezieht, sondern im Sinne eines forschungsbasierten Ansatzes der

Kompetenzmodellierung nach Briscoe und Hall (1999) das ganze Spektrum der notwendigen Kompetenzen auf der individuellen Ebene erfasst wird. Der Aufbau des Forschungsmodells ist in Abbildung 12 dargestellt.

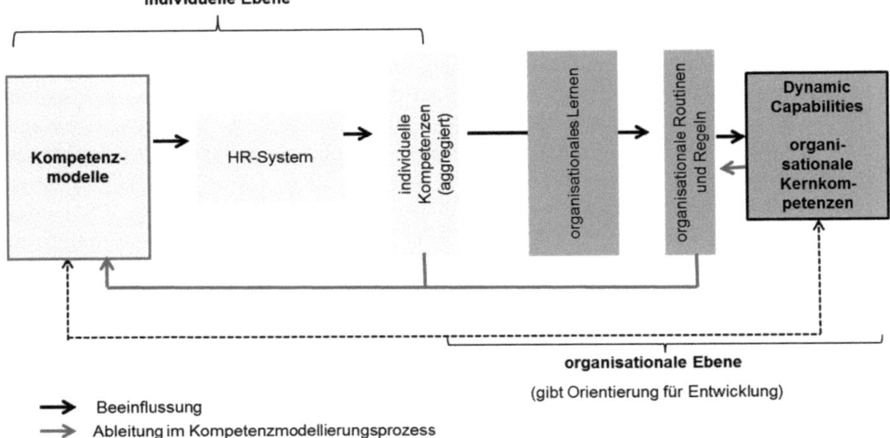

Abbildung 12: Forschungsmodell

4.4 Forschungsfragen

Die vorliegende Untersuchung besteht aus zwei Teiluntersuchungen. Diese werden in Abbildung 13 zusammengefasst.

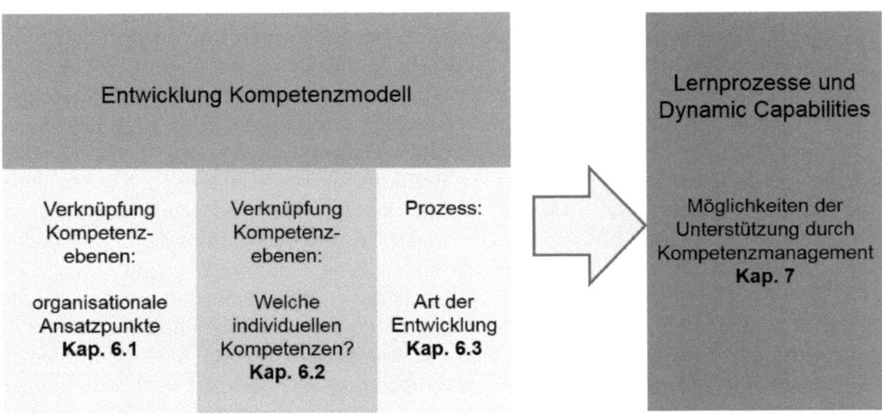

Abbildung 13: Forschungsaufbau

In der ersten Teiluntersuchung wird ein Kompetenzmodell entwickelt, in dem Beziehungen zwischen individuellen und organisationalen Kompetenzen hergestellt werden. Dazu werden der Prozess der Kompetenzmodellierung erörtert, anhand der in der Fallstudie vorliegenden organisationalen Kompetenzen Ansatzpunkte für die Verknüpfung mit der individuellen Ebene gesucht und auf die Bedeutung von einzelnen individuellen Kompetenzen für diese Verknüpfung eingegangen. In der zweiten Teiluntersuchung wird herausgearbeitet, wie durch Kompetenzmanagement und organisationale Maßnahmen die Dynamic Capability Ambidextrie gefördert werden kann. In Tabelle 25 werden alle Forschungsfragen zusammengefasst.

1	Prozessuale Ansatzpunkte zur Verknüpfung von individuellen und organisationalen Kompetenzen
1.1	Welche Ansatzpunkte bieten Ressourcen und organisationale Kompetenzen für die Verknüpfung von individuellen und organisationalen Kompetenzen?
1.2	Wie muss der Prozess der Kompetenzmodellierung gestaltet werden, um Dynamic Capabilities zu unterstützen?
1.3	Wie sollte ein Kompetenzmodell aufgebaut sein, um Dynamic Capabilities zu unterstützen?
2	Bedeutung einzelner individueller Kompetenzen für die Entstehung von organisationalen Kompetenzen
2.1	Welche Bedeutung und Funktion haben die Kompetenzklassen (soziale, fachlich-methodische, personale sowie aktivitäts- und handlungsorientierte Kompetenzen) für die bestehenden Kernkompetenzen und für Dynamic Capabilities?
2.2	Welche Bedeutung haben Metakompetenzen für Dynamic Capabilities?
2.3	Welche Bedeutung hat eigenverantwortliches Handeln für organisationale Kompetenzen, insbesondere Ambidextrie?
3	Lernen und Dynamic Capabilities (Teiluntersuchung 2)
3.1	Wie und inwieweit können strukturelle und kontextuelle Ambidextrie in einem Unternehmen sinnvoll kombiniert werden?
3.2	Wie können Organisationsstrukturen gestaltet werden, um Ambidextrie zu fördern?
3.3	Wie und in welcher Hinsicht sollte das Verhalten der Mitarbeiter beeinflusst werden, um Ambidextrie zu fördern? Welche Bedeutung kommt dabei dem Management von Kultur und Werten, dem psychologischen Vertrag, dem Führungsstil und der Netzwerkbildung zu?
3.4	Wie kann Ambidextrie durch Human Ressource Management Maßnahmen gefördert werden? Welche Funktionen haben dabei die Personalabteilung, Mitarbeiterjahresgespräche, die Laufbahnentwicklung, Schulungssysteme und Anreizsysteme?

Tabelle 25: Übersicht zu den Forschungsfragen

4.4.1 Forschungsfragen zum Kompetenzmodell (Teiluntersuchung 1)

Nachfolgend werden die Forschungsfragen zu Teiluntersuchung 1 hergeleitet und erläutert.

4.4.1.1 Prozessuale Ansatzpunkte zur Verknüpfung von individuellen und organisationalen Kompetenzen

In einem ersten Schritt soll im Rahmen dieser Fallstudie ermittelt werden, welche Ansatzpunkte Ressourcen und organisationale Kompetenzen für die Verknüpfung mit individuellen Kompetenzen bieten. In der Literatur konnten dazu folgende Ansatzpunkte gefunden werden.

- Die Grundlage der Wettbewerbsvorteile im Rahmen des Resource-based Views stellen Ressourcen dar (Barney, 1991). Ansatzpunkte für die Verknüpfung zwischen individueller und organisationaler Ebene könnten in erster Linie Human- und ergänzend auch Organisationsressourcen (Stegmeier & Sonntag, 2007) bieten.
- Vielfach werden organisationale Lernprozesse als Grundlage für organisationale Kompetenzen thematisiert (Prahalad & Hamel, 1990; Schreyögg & Kliesch, 2003). Auch Explorations- und Exploitations-Prozesse stellen organisationale Lernvorgänge (March, 1991) dar. Diese organisationalen Lernprozesse beruhen immer auch auf individuellen Lernprozessen der Mitarbeiter (Crossan, Lane & White, 1999; Kim, 1993).
- Des Weiteren bilden Routinen und Regeln die Grundlage für organisationale Kompetenzen (Grant, 1991; Güttel, 2006). Die Teilnahme an Routinen (Stegmaier & Sonntag, 2007) bildet eine weitere Brück zwischen der individuellen und der kollektiven Ebene.

Aufbauend auf den angeführten Ansatzpunkten zur Verknüpfung der individuellen und organisationalen Kompetenzebene, wird in dieser Fallstudie Folgendes herausgearbeitet:

In der vorliegenden Fallstudie soll gezeigt werden, welche Humanressourcen für den Aufbau von Kernkompetenzen und Dynamic Capabilities besonders wertvoll, selten und schwer zu imitieren sind. Dabei sind nicht nur die Kompetenzen der einzelnen Mitarbeiter zu betrachten, sondern auch die Zusammensetzung des gesamten Humanressourcen-Portfolios (Lepak & Snell, 1999). Außerdem soll anhand der Fallstudie umfassend beschrieben werden, wie Kernkompetenzen und Dynamic Capabilities in einem wie in dieser Fallstudie beschriebenen Unternehmen (siehe Kapitel 5.1) ausgeprägt sein können und welche Ansatzpunkte sie damit für die Verknüpfung zwischen individueller und organisationaler Kompetenzebene bieten. Das Unternehmen aus der Fallstudie war zum Zeitpunkt der Befragung mit einem Umsatz von über 500 Mio. Euro und über 3.500 Mitarbeiter weltweit als Großunternehmen (Unternehmensgrößenstruktur, 2013) anzusehen. In Bezug auf die Führungsstruktur war es allerdings erst im aktuellen Restrukturierungsprozess dabei, internationale Konzernstrukturen herauszubilden.

Eine der Herausforderungen in der Verknüpfung von individuellen und organisationalen Kompetenzen stellt die Identifizierung organisationaler Kompetenzen dar. Es ist davon auszugehen, dass viele Ansätze aus der Literatur zur Identifizierung von organisationalen Kompetenzen (siehe Kapitel 2.5.5.2) in mittelständischen Unternehmen aufgrund mangelnder Ressourcen (personeller Ressourcen und fehlender Datenbasis) nur eingeschränkt eingesetzt werden können. Dieses Problem zeigte sich auch in der vorliegenden Studie. Da dies allerdings lediglich ein Operationalisierungsproblem darstellt und kein originäres Forschungsanliegen ist, wird dazu keine eigene Forschungsfrage formuliert. Diese Operationalisierung stellt allerdings eine wesentliche Grundlage für die Ansatzpunkte der Verknüpfung von individuellen und organisationalen Kompetenzen dar.

Forschungsfrage 1.1: *Welche Ansatzpunkte bieten die Ressourcen und organisationalen Kompetenzen für die Verknüpfung von individuellen und organisationalen Kompetenzen?*

Darauf aufbauend, soll im Rahmen der Fallstudie gezeigt werden, wie der Entwicklungsprozess eines Kompetenzmodells anzulegen ist, um die Verknüpfung zwischen individuellen und organisationalen Kompetenzen zu ermöglichen.

In der Literatur wird die hohe Bedeutung der Anbindung von Kompetenzmodellen an die Unternehmensstrategie (siehe Briscoe & Hall, 1999) sowie des Zusammenhangs zwischen den Kompetenzen der Mitarbeiter und den organisationalen Kernkompetenzen angeführt (siehe insbesondere Boos & Jarmai, 1994; Green, 1999; Raich & Schober, 2006; Shipmann et al., 2000). In Bezug auf empirische Studien zur Analyse dieser Zusammenhänge scheint allerdings noch ein erheblicher Forschungsbedarf zu bestehen. Insbesondere ist die Gestaltung von Kompetenzmodellen zur Unterstützung von Dynamic Capabilities (Teece & Shuen, 1997) noch ungeklärt. Eine Dynamic Capability ist Ambidextrie (O'Reilly III & Tushman, 2008). Im Rahmen von Exploitations-Prozessen werden bestehendes Wissen und bestehende Kernkompetenzen genutzt, durch Explorations-Prozesse neue aufgebaut (O'Reilly III & Tushman, 2008). Grundlage für Kernkompetenzen sind Double-Loop-Learning Prozesse, für Dynamic Capabilities Deutero-Loop-Lern Prozesse (Friesl, 2007). Mitarbeiter sollten folglich derart entwickelt werden, dass sie an diesen Lernprozessen teilnehmen können.

Wie in Kapitel 3.3 beschrieben, stellen Kompetenzmodelle einen Rahmen dar, um die Anforderungen an eine Stelle oder Jobfamilie systematisch zu beschreiben. In Bezug auf die Konstruktion von Kompetenzmodellen scheint sich der strategiebasierte Ansatz von Briscoe und Hall (1999) für die Verknüpfung von individuellen Kompetenzen mit Konstrukten aus dem Bereich des strategischen Managements anzubieten. Im Rahmen der Fallstudie soll jedoch diskutiert werden, welche Bedeutung auch den anderen beiden Varianten (forschungs- und wertebasiertem Ansatz) zukommt. Für den Geltungsbereich des Kompetenzmodells wird davon ausgegangen, dass sich nur multiple-job Kompetenzmodelle (Mansfield, 1996) für die Verknüpfung eignen. Sie könnten den für Kernkompetenzen und Ambidextrie notwendigen gemeinsamen „Rahmen“ beziehungsweise ein Bezugssystem (Raisch & Birkinshaw, 2008) darstellen und dadurch eine Verknüpfungsfunktion übernehmen. Für Mitarbeiter, die unter den Bedingungen von kontextueller Ambidextrie arbeiten, sollten die Kompetenzprofile relativ breit im Sinne von Generalistenprofilen (Birkinshaw & Gibson, 2004) angelegt sein.

In Bezug auf die Gestaltung und den Aufbau von Kompetenzmodellen wird deshalb folgende Frage gestellt:

Forschungsfrage 1.2: *Wie muss der Prozess der Kompetenzmodellierung gestaltet werden, um Dynamic Capabilities zu unterstützen?*

Forschungsfrage 1.3: *Wie sollte ein Kompetenzmodell aufgebaut sein, um Dynamic Capabilities zu unterstützen?*

4.4.1.2 Bedeutung einzelner Kompetenzen für die Entstehung von organisationalen Kompetenzen[42]

In Kapitel 4.1.5 wurden individuelle Kompetenzen aus der bisherigen Forschung zum Ressource-based View und den damit verbundenen Konzepten abgeleitet. Dabei wurde festgestellt, dass Mitarbeiter und Führungskräfte zur Unterstützung der organisationalen Kompetenzen individuelle Kompetenzen aus allen vier Kompetenzklassen benötigen. Die Anzahl der Berufsgruppen, in deren Anforderungsprofilen mittlere bis hohe Kompetenzausprägungen in mehreren Kompetenzklassen gefordert werden, steigt kontinuierlich an (Heyse & Erpenbeck, 2004; Heyse et al., 2002). Um die Aufgaben unter den Bedingungen von kontextueller Ambidextrie zu erfüllen, sollten Mitarbeiter über ein sehr breites Kompetenzspektrum verfügen (Birkinshaw & Gibson, 2004). Dennoch kann aufgrund der Literaturanalyse davon ausgegangen werden, dass die einzelnen individuellen Kompetenzen bei den jeweils besonders relevanten Mitarbeitergruppen für die Unterstützung der verschiedenen organisationalen Kompetenzen unterschiedlich stark ausgeprägt sein sollten und ihnen unterschiedliche Funktionen zukommen. Eventuell könnten für Kernkompetenzen, denen vor allem Technologien zugrunde liegen, Fach- und Methodenkompetenzen eine besondere Bedeutung haben, während Kernkompetenzen im Dienstleistungs- beziehungsweise Kundenservicebereich vor allem auf Sozialkompetenzen beruhen (siehe dazu Meynhardt, 2007). Empirisch soll deshalb überprüft werden, welche Bedeutung und Funktion den einzelnen Kompetenzklassen und individuellen Einzelkompetenzen bei dem Aufbau und der Nutzung der verschiedenen organisationalen Kompetenzen zukommt (Forschungsfrage 2.1 und 2.2).

[42] Forschungsfragen 2.1 bis 2.3 sind in modifizierter zusammenfassender Form (d. h. nur Bezug zu Ambidextrie und keine Differenzierung nach Kompetenzklassen) enthalten in Renzl, Rost und Kaschube (2012, S. 4) und Renzl, Rost und Kaschube (2013b, S. 259).

Forschungsfrage 2.1: *Welche Bedeutung und Funktion haben die Kompetenzklassen (soziale, fachlich-methodische, personale sowie aktivitäts- und handlungsorientierte Kompetenzen) für die bestehenden Kernkompetenzen und für Dynamic Capabilities?*

Die Bezüge zwischen den Metakompetenzen „Adaptability" und „Self-awareness" (Briscoe & Hall, 1999) sowie die Dimensionen des „eigenverantwortlichen Handelns" (Kaschube, 2006) zu den Konzepten Dynamic Capabilities und insbesondere zur Ambidextrie, die unter anderem mit dem Begriff „Risikobereitschaft" (March, 1991, S. 71) beschrieben wird, erscheinen offensichtlich. Dynamische Fähigkeiten bilden auf organisationaler Ebene die Möglichkeiten zum Lernen ab (Güttel, 2006; Zollo & Winter, 2002). Eine Entsprechung dazu könnten die Metakompetenzen (Briscoe & Hall, 1999; Dimitrova, 2009) auf individueller Ebene bieten. Dennoch sind die genauen Zusammenhänge empirisch zu klären. Hohe Ausprägungen in Dimensionen des eigenverantwortlichen Handelns „Risikobereitschaft" und „Unkonventionalität" könnten zu Konflikten mit den relativ strikten Vorgaben in Exploitations-Bereichen führen und dadurch die „Effizienz" (Busch & Hobus, 2012) gefährden. Es könnte aber auch sein, dass das Vorliegen von Risikobereitschaft bei den Mitarbeitern bis zu einem gewissen Ausmaß zur Effizienzsteigerung im Rahmen von Exploitation beiträgt.

Im Folgenden soll herausgearbeitet werden, welche Bedeutung die einzelnen Kompetenzen für organisationale Kompetenzen haben.

Forschungsfrage 2.2: *Welche Bedeutung haben Metakompetenzen für Dynamic Capabilities?*

Forschungsfrage 2.3: *Welche Bedeutung hat eigenverantwortliches Handeln für organisationale Kompetenzen, insbesondere für Ambidextrie?*

Aufbauend auf den Literaturanalysen zur Kompetenzforschung, werden die folgenden forschungsleitenden Annahmen aufgestellt:

- Eigenverantwortliches Handeln (EVH) (Kaschube, 2006) ist besonders wichtig für Explorations-Prozesse, kann aber eine Gefahr für Exploitations-Prozesse sein!
- Eigenverantwortliches Handeln ermöglicht das verantwortliche Abwägen zwischen einer Hinwendung zu Aufgaben mit Schwerpunkt auf Exploration und solchen mit Schwerpunkt auf Exploitation!

4.4.2 Forschungsfragen zu Lernen und Dynamic Capabilities (Teiluntersuchung 2)

Hobus und Busch (2011) zeigen auf, wie in der Ambidextrieforschung Exploitation und Exploration als zwei sich ergänzende oder in ihrem Auftreten konfliktäre Lernmodi angesehen werden. Sofern angenommen wird, dass die beiden Lernmodi in einem konfliktären Verhältnis stehen, sollten Organisationseinheiten, die sich mit Exploitations-Aufgaben beschäftigen, von solchen, die Exploration betreiben, räumlich getrennt werden. Durch diese Maßnahme wird strukturelle Ambidextrie gestaltet. Geht man von einer Vereinbarkeit der beiden Lernmodi aus, so können Exploitations- und Explorations-Aufgaben in einer Organisationseinheit bearbeitet werden. Über die jeweils angemessene Ressourcenverteilung auf die beiden Lernmodi wird von den Mitarbeitern und Führungskräften der jeweiligen Organisationseinheit selbst bestimmt. Einflussnahme findet vor allem über die Gestaltung einer Kultur statt, die kontextuelle Ambidextrie (siehe Kapitel 2.5.3.1) fördert (Birkinshaw & Gibson, 2004; Hobus & Busch, 2011). Güttel et al. (2011) zeigen konzeptionell, dass die beiden Formen der Ambidextrie in einem Unternehmen kombiniert werden können. Dieser Ansatz wird aufgegriffen und diese Möglichkeiten anhand einer Fallstudie betrachtet.

Auf dieser Grundlage wird folgende Forschungsfrage gestellt:[43]

Forschungsfragen 3.1: *Wie und inwieweit können strukturelle und kontextuelle Ambidextrie in einem Unternehmen sinnvoll kombiniert werden?*

Forschungsfrage 3.1 bildet damit den übergeordneten Rahmen für die Forschungsfragen 3.2 bis 3.4.

Anhand der Forschungsfrage 3.2 wird zunächst beispielhaft diskutiert, wie eine für strukturelle Ambidextrie notwendige räumliche Trennung so gestaltet werden kann, dass sich noch ausreichend Möglichkeiten für die ebenfalls notwendige Verknüpfung zwischen Exploitation und Exploration bieten (siehe Forschungsfrage 3.3 und 3.4).

Forschungsfragen 3.2: *Wie können Organisationsstrukturen gestaltet werden, um Ambidextrie zu fördern?*

Als zweite Fragestellung in diesem Bereich soll gezeigt werden, wie Ambidextrie durch bestimmte Verhaltensweisen und Einstellungen der zentralen Mitarbeitergruppen unterstützt werden kann. In diesem Rahmen soll zunächst beispielhaft erläutert werden, welche Werte im Unternehmen aus der Fallstudie einen gemeinsamen Rahmen (Konlechner & Güttel, 2009) für Exploitations- und Explorations-Bereiche bilden und wie die Kultur zur Verwirklichung von kontextueller und struktureller Ambidextrie gestaltet werden sollte. Im Zusammenhang mit der Kultur wird auch der psychologische Vertrag (Rousseau, 1995) diskutiert.

Zudem wird davon ausgegangen, dass Führungsstile eine besondere Bedeutung für die Verwirklichung von Ambidextrie haben. Verschiedene Autoren stellen die Wirkung des transaktionalen und des transformationalen Führungsstiles auf Exploitations- und Explorations-Prozesse dar. Es wird dabei unterstellt, dass Exploration durch transformationale Führung gefördert, während Exploitation durch transaktionale Führung unterstützt wird (Jansen et al., 2009; Vera & Crossan, 2004). Es wird deshalb angenommen, dass zur Verwirklichung von kontextueller Ambidextrie eine Kombination dieser beiden Führungs-

[43] Die Forschungsfrage 3.1 bis 3.4 sind in modifizierter zusammenfassender Form enthalten in Renzl, Rost und Kaschube (2011, S. 13), Renzl, Rost und Kaschube (2012, S. 4) und Renzl, Rost und Kaschube (2013b, S. 259). Forschungsfrage 3.1 ist in modifizierter Form in Renzl, Rost & Kaschube (2013a, S. 78) enthalten.

stile notwendig ist. Elemente des transformationalen Führungsstiles werden zudem benötigt, um Mitarbeiter in Veränderungsprozessen zu unterstützen (Nemanich & Vera, 2009). Folglich geht der Autor davon aus, dass aufgrund des aktuellen Veränderungsprozesses im Unternehmen Elemente des transformationalen Führungsstiles in allen Teilen des Unternehmens benötigt werden.

In der Literatur wird vielfach über die Bedeutung der Zusammenarbeit verschiedener Mitarbeitergruppen und ihrer Beziehungen für die unterschiedlichen Arten von organisationalen Kompetenzen (Kernkompetenzen, Dynamic Capabilities, Ambidextrie) gesprochen (siehe beispielsweise Birkinshaw & Gibson, 2004; Boos & Jarmai, 1994; Raich & Schober, 2006; Stegmaier & Sonntag, 2007; Teece, 2007). Es wird deshalb herausgearbeitet, welche Netzwerkbeziehungen neben dem Top-Management-Team zur Verknüpfung von Exploitations- und Explorations-Bereichen beitragen können.

Forschungsfragen 3.3: *Wie und in welcher Hinsicht sollte das Verhalten der Mitarbeiter beeinflusst werden, um Ambidextrie zu fördern? Welche Bedeutung kommt dabei dem Management von Kultur und Werten, dem psychologischen Vertrag, dem Führungsstil und der Netzwerkbildung zu?*

Einen weiteren Schwerpunkt zur Unterstützung von Ambidextrie bilden die Aktivitäten der Personalabteilung. Dabei wird die Frage gestellt, welche Rolle die Personalabteilung grundsätzlich zur Gestaltung von kontextueller und struktureller Ambidextrie haben kann. Zudem wird diskutiert, wie die für Ambidextrie besonders relevanten Kompetenzen erworben werden können. Dabei wird der Schwerpunkt darauf gelegt, wie die Entwicklung von Metakompetenzen (Briscoe & Hall, 1999; Dimitrova, 2009) und eigenverantwortlichem Handeln (Kaschube, 2006) in einem derartigen Kompetenzmanagementsystem verankert werden können.

Den letzten Teil des Kapitels 7 bildet die Betrachtung verschiedener Instrumente zur Kompetenzentwicklung. In Bezug auf das Entwicklungsgespräch wird analysiert, ob durch dieses den Mitarbeitern die organisationalen Kompetenzen vermittelt werden können und ob es geeignet ist, derartige Entwicklungsprozesse auf Mitarbeiterebene anzustoßen, die die Fähigkeiten der Organisation unterstützen. Diese Frage soll anhand der Reflexion des Einführungsprozesses im Unternehmen diskutiert werden. Aufbauend auf der Kompetenz- und Potenzialeinschätzung im Rahmen des Entwicklungsgespräches, sind die Laufbahnen der ausgewählten Mitarbeiter zu gestalten. Dabei stellt sich die Frage, wie Laufbahnen in einer dynamischen Umwelt gestaltet werden können, um kontextuelle Ambidextrie zu fördern. Dabei wird auf die neueren Trends der Laufbahnforschung zurückgegriffen (Gasteiger, 2007). Während einer Karriere kann es nach Schein (2004) vertikale und funktionale Bewegungen geben und solche, mit denen sich Mitarbeiter von der Peripherie der Organisation hin ins Zentrum bewegen. Anhand der Fallstudie wird diskutiert, welche Laufbahnbewegungen für die Vorbereitung auf zentrale Management- oder Fachexpertenpositionen in ambidextren Unternehmen sinnvoll sein könnten.

Schließlich wird die Frage gestellt, welche Funktionen Anreizsysteme im Rahmen eines strategischen Kompetenzmanagements übernehmen können und wie sie gestaltet werden sollen, um die Entwicklung organisationaler Kompetenzen zu unterstützen. Als Anreizsysteme werden auch die Prozesse des betrieblichen Vorschlagswesens beziehungsweise kontinuierliche Verbesserungsprozesse angesehen, die nach Krüger und Homp (1997) eine organisationale Metakompetenz darstellen.

Die verschiedenen Fragestellungen werden in Forschungsfrage 3.4 zusammengefasst:

Forschungsfragen 3.4: *Wie kann Ambidextrie durch Human Ressource Management Maßnahmen gefördert werden? Welche Funktionen haben dabei die Personalabteilung, Mitarbeiterjahresgespräche, die Laufbahnentwicklung, Schulungssysteme und Anreizsysteme?*

5 Methoden der empirischen Fallstudie

5.1 Untersuchungsfeld: Branchen-, Unternehmens- und Situationsbeschreibung

5.1.1 Branche: Automobilindustrie im Wandel und Unsicherheit

Das Untersuchungsobjekt der Fallstudie ist als Zulieferunternehmen in der Automobilbranche tätig. Die Produktion von Kraftfahrzeugen ist geprägt durch Automobilhersteller und Automobilzulieferunternehmen. Die Automobilhersteller entwickeln und produzieren einen Teil der Elemente eines Fahrzeuges selbst, sie integrieren allerdings auch zugekaufte Teile und Komponenten (Reichhuber, 2010, S. 16). Zulieferunternehmen sind in der Wertschöpfungskette nachgelagert und können in Systemintegratoren, Modul- und Systemspezialisten, Komponentenspezialisten, Teilehersteller und Entwicklungsdienstleister eingeteilt werden. Systemintegratoren entwickeln verschiedenartige Module und führen sie zusammen, Modul- und Systemspezialisten hingegen konzentrieren sich auf den Entwicklungsprozess und die Herstellung von Modulen und Systemen. Zulieferer für diese ersten beiden Automobilzuliefertypen sind Komponentenspezialisten. Sie verfügen über ein sehr hohes technisches Wissen und Innovationspotenzial in Bezug auf technologische Funktionen und Produkte und sichern dadurch ihre Wettbewerbssituation. Teilehersteller hingegen produzieren Standardteile. Sie sichern ihre Marktposition durch möglichst niedrige Kosten. Dienstleister für Entwicklungen unterstützen Kunden aus dem Bereich der Automobilwirtschaft in diesem Bereich (Reichhuber, 2010).

Die Branche ist durch viele kleine und mittelständische Unternehmen geprägt und umfasst nur relativ wenige weltweit aufgestellte Großunternehmen, die Umsätzen von über 20 Milliarden United States Dollar (USD) erzielen (Reichhuber, 2010).

Rothenberg und Ettlie (2011) sehen die Automobilbranche vor großen Herausforderungen und in einer Situation, die eine erhebliche Unsicherheit für die in der Branche anbietenden Unternehmen und ihre Manager mit sich bringt. Herausforderungen ergeben sich aus den bevorstehenden Veränderungen in den Antriebssystemen. Es ist aber unklar, ob zukünftig reine Elektroautos eingesetzt werden oder sich andere Antriebssysteme wie beispielsweise Brennstoffzellen durchsetzen. Dies führt auch zu erheblichen Risiken in Bezug auf Investitionen im Bereich Forschung und Entwicklung. Eine Einbindung der Forschungsaktivitäten der Automobilzulieferer in die Produktplanung der Automobilhersteller ist nur sehr eingeschränkt möglich, da sie ihr Wissen in Bezug auf neue Technologien unzureichend geschützt sehen. Insgesamt scheint es in der Automobilbranche erhebliche Probleme zu geben, die Einflussfaktoren aus der Umwelt und zukünftige Trends angemessen abzuschätzen und sich mit einer langfristig orientierter Planung auf die Herausforderungen, die neue Antriebssysteme mit sich bringen, vorzubereiten (Rothenberg & Ettlie, 2011).

Die erheblichen Kosten im Bereich der Forschung und Entwicklung können vielfach nur noch durch Kooperationen getragen werden (siehe dazu beispielsweise manager magazin, 2012). Gerade neue Technologien oder auch deren neuartige Anwendung erschließen Automobilunternehmen durch ein aktives Beteiligungsmanagement. Beispiele hierfür sind die Beteiligung der Daimler Aktiengesellschaft (Daimler AG) an Tesla, einem Spezialisten für Elektrosportwagen (manager magazin, 2009) oder die Beteiligungen der Bayerischen Motorenwerke Aktiengesellschaft (BMW AG) und der Volkswagen Aktiengesellschaft (VW AG) an einem Spezialisten für die Herstellung von Kohlenstofffasern (Dierig & Doll, 2011). Auch ein Kompetenzaufbau außerhalb der Automobilbranche erscheint manchen Unternehmen angemessen, wie der Einstieg des Autozulieferers Leoni in die Solarthermie (Kaiser, 2012) zeigt.

5.1.2 Struktur des Unternehmens und Produkt-Markt Kombination

Das Unternehmen aus der Fallstudie beschäftigte 2011 weltweit etwa 3500 Mitarbeiter und macht als Weltmarktführer in seinem Bereich einen Umsatz von über 700 Millionen Euro (Dokument 35).[44] Mehr als die Hälfte der Mitarbeiter und des Umsatzes entfielen davon auf das Stammwerk. Zusammen mit drei Tochterunternehmen befindet sich dieses in Deutschland. Eingegliedert sind die deutschen Standorte zusammen mit drei weiteren Werken in Schwellenländern, einem in Osteuropa und einem weiteren in den USA in eine Holding-Gesellschaft, die zunehmend Zentralfunktionen übernimmt. Seine starke Wettbewerbssituation hatte das Unternehmen aufgrund eines sehr breiten Spektrums an Technologien und Kompetenzen sowie der Beherrschung von dazugehörigen Prozessen im Bereich der Metallverarbeitung, die für eine große Anzahl an Produkten und Kernprodukten (Prahalad & Hamel, 1990) genutzt wurden. Der größte Anteil des Umsatzes wurde als Teilehersteller erzielt, zunehmend etablierte sich das Unternehmen aber auch als Komponentenspezialist. Die Entwicklung von einem mittelständischen Automobilzulieferunternehmen zu einem weltweit tätigen Unternehmen begann Ende der achtziger Jahre mit der Gründung eines Tochterunternehmens in den USA. In den neunziger Jahren wurden die deutschen Tochterunternehmen gegründet, die insbesondere der Erweiterung der technologischen Basis und des Produktspektrums dienten. Die Gründungen der anderen Tochterunternehmen außerhalb Deutschlands erfolgten zwischen 1999 und 2009 und dienten dazu, die Automobilbauer mit Produktionsstätten vor Ort bei ihrer Internationalisierungsstrategie zu begleiten und die bestehenden Technologien des Stammwerkes effizient in großen Stückzahlen nutzen zu können. Im Rahmen des Wachstumsprozesses verteilten sich die Prozesse der Exploitation und der Exploration zunehmend auf verschiedene Standorte und Abteilungen.

Die Strukturen und Prozesse im Unternehmen sind traditionell durch die Produktion geprägt. Um dem enormen Preisdruck in der Automobilzulieferbranche zu entgehen, entwickelte das Unternehmen über die direkten Kundenanfragen hinaus schon früh neue Produkte und Technologien. In diese Entwicklungen waren nicht nur die Abteilungen Forschung und Entwicklung (F&E) und die Produktentwicklung eingebunden, sondern häufig

---

[44] Siehe zur Unternehmensbeschreibung Renzl, Rost und Kaschube (2011, S. 12 f.) sowie Renzl, Rost und Kaschube (2013a, 83-85; 2013b, S. 262 f.). Die Unternehmensbeschreibung in diesen Artikeln wurde vom Autor dieser Arbeit verfasst.

Führungs- und Fachkräfte unterschiedlicher Bereiche (insbesondere auch der Produktion), von denen sich viele experimentierfreudig zeigten. Die Aufrechterhaltung dieser Innovationskraft in dem beschriebenen Wachstumsprozess stellte für das Unternehmen eine große Herausforderung dar. In dieser Situation suchte das Unternehmen nach einer Möglichkeit, einerseits die Vorteile einer spezialisierten Produktion und Forschung und Entwicklung und die Effizienz seiner Prozesse zu steigern und andererseits das Explorationspotenzial der Führungskräfte und Mitarbeiter aus allen Bereichen zu nutzen. Grundsätzlich wurden die Arbeitsabläufe und Führungsprozesse durch eine Vielzahl von Instrumenten aus dem Ideenmanagement (kontinuierlicher Verbesserungsprozess, betriebliches Vorschlagswesen, Verbesserungskreise und Lernstätten) in den einzelnen Abteilungen unterstützt. Zur Mitarbeiterförderung gab es einen umfangreichen allgemeinen Weiterbildungskatalog und ein Förderprogramm für ausgewählte Mitarbeiter mit hohem Fach- und Führungspotenzial. Im Rahmen des Mitarbeitergespräches erfolgte eine persönliche Leistungsbeurteilung. In einigen Bereichen gab es Gruppenprämien sowie Ordnungs- und Sauberkeitszulagen. Zudem zeigte das Unternehmen großes Engagement im Arbeitsschutz (Rost, 2005). Die Geschäftsprozesse selbst wurden aber von einigen befragten Managern als teilweise zu ineffizient bezeichnet. Die Mitarbeiter würden dies durch ihren Einsatz ausgleichen, was allerdings teilweise zu Überforderung führe (O-1).

Das Unternehmen wurde traditionell von Mitgliedern der Gründerfamilie geführt. Die Familienmitglieder fühlten sich dem Unternehmen und seinen Mitarbeitern verpflichtet (Rost, 2005), was anhand des folgenden Zitates der Ehefrau des Hauptgesellschafters und Geschäftsführers verdeutlicht werden soll: „Ihre Lebensauffassung ist die Pflichterfüllung und das Dienen am Mitmenschen – für die Mitarbeiter der Firma und für ihre Familie“ (Dokument 41). Die von Kooperation geprägte Unternehmenskultur wurde stark betont (Rost, 2005). Das Ausscheiden des geschäftsführenden Hauptgesellschafters aus der Unternehmensleitung führte zu einem Umbruch im Top-Management-Team. Gemeinsame Werte, die zwischen Familienmitgliedern und langjährigen Mitarbeitern selbstverständlich geworden waren, mussten nun reflektiert und kodifiziert werden.

5.1.3 Veränderungsprozess im Unternehmen

Das Unternehmen befand sich zum Zeitpunkt der Untersuchung seit mehreren Jahren in einem umfassenden Restrukturierungsprozess. Die Anpassung der Strukturen war aufgrund des Wachstums an Mitarbeiterzahl und Umsatz sowie der durch die zunehmende Internationalisierung entstandenen räumlichen Trennung der Produktionsstandorte notwendig geworden. Zu Beginn der Untersuchung, im Juli 2010 verschärfte sich dieser Druck durch den Tod des Geschäftsführers und Hauptgesellschafters. Diese Person hatte als Mitglied der Gründerfamilie die Abläufe und die Kultur des Unternehmens auch über seine Funktionen im Rahmen des Top-Management-Teams und der internen Aufsichtsorgane maßgeblich geprägt.

Externe Herausforderungen waren der zunehmende Preis-, Effizienz- und Innovationsdruck in der Automobilzulieferbranche. In der langfristigen Perspektive sind wesentliche

Geschäftsfelder durch die Elektrifizierung von Automobilen bedroht (O-7). Das Unternehmen reagierte auf diese Herausforderungen mit einer Stärkung der Holding, die Zentralfunktionen für die einzelnen Standorte anbieten sollte, sowie einer Vergrößerung des Top-Management-Teams. Außerdem sollten Prozesse standardisiert werden und zusätzliche, wie beispielswiese ein einheitliches Kompetenzmanagement, geschaffen werden.

5.2 Fallstudie als Forschungsstrategie

In diesem Kapitel wird diskutiert, aus welchen Gründen im Rahmen dieses Forschungsvorhabens eine Einzelfallstudie als Forschungsstrategie gewählt wurde.

„Fallstudien sind Schilderungen einer Situation und ihrer Einflussfaktoren" (Heimerl, 2007, S. 393).[45] Von der Durchführung eines Beratungsprojektes unterscheiden sie sich jedoch dadurch, dass vorab die Themen aufgrund des bisherigen Forschungsstandes abgeleitet und Hypothesen formuliert werden, anstatt wie in einem Beratungsprozess die Strategie des Unternehmens auf Stärken und Schwächen zu untersuchen. In Fallstudien sollen zudem Muster herausgearbeitet werden (Heimerl, 2007). Bei der vorliegenden Studie wurden alle Ergebnisse auch zur Implementierung eines Kompetenzmanagementsystems im Unternehmen genutzt. Die Verwendung der Erkenntnisse für die Umsetzung dieses Beratungsprojektes unterschied sich jedoch wesentlich von der Datenanalyse im Rahmen der empirischen Studie. So wurden für das Beratungsprojekt beispielsweise aus den Ergebnissen der Delphi-Befragung (siehe Kapitel 5.3.3) lediglich die Kompetenzen bestimmt, die in das Kompetenzmodell aufgenommen werden sollten und die beschriebenen Situationen zur Formulierung der Verhaltensanker herangezogen. Im Rahmen der wissenschaftlichen Fallstudie wurde jedoch analysiert, welche Bedeutung und Funktion einzelne individuelle Kompetenzen für die Entstehung und Nutzung von organisationalen Kompetenzen haben. Anhand des Falls sollen die Möglichkeiten zur Verknüpfung individueller und organisationaler Kompetenzen umfassend beschrieben werden (Eisenhardt 1989). Es wird dargestellt, wie die Theorie des Resource-based Views mit Fragen der psychologischen Führungsforschung und des Kompetenzmanagements sowie neuen Theorien der beruflichen Leistung verknüpft werden kann. Auf dieser Basis sollen Ansatzpunkte für Hypothesen generiert werden (Boos, 1992). Eine Möglichkeit zur Verallgemeinerung der Untersuchungsergebnisse besteht bei Fallstudien nicht. Sie bieten jedoch die Möglichkeit, eine gute Grundlage für quantitative Untersuchungen herauszuarbeiten (Heimerl, 2007). Als Methoden wurden in der Fallstudie eine Dokumentenanalyse, Workshops, Experteninterviews und eine quantitative Befragung gewählt, um die Situation und die Kompetenzen auf der Ebene der Organisation zu erfassen. Die Aspekte auf der individuellen Ebene wurden über eine Delphi-Befragung von Experten und die quantitative Mitarbeiterbefragung erhoben. Damit wurden, wie in Fallstudien in der Regel vorzufinden, verschieden Datenerhebungsmethoden kombiniert (Eisenhardt 1989: 534).

---

[45] Siehe zum folgenden Abschnitt in verkürzter, modifizierter Form Renzl, Rost und Kaschube (2013a, S. 84 f.; 2013b, S. 263 f.); Renzl, Rost und Kaschube (2011, S.13).

Im Folgenden wird diskutiert, warum bestimmte Forschungsstrategien nicht gewählt wurden. Die Einzelfallstudie bot die Möglichkeit, die Zusammenhänge zwischen individuellen und organisationalen Kompetenzen aus verschiedenen Perspektiven und in der Kombination unterschiedlicher Datenerhebungsmethoden sehr umfassend zu betrachten. Eine Multi-Fall-Analyse hätte die Möglichkeit geboten, typische Fälle, Gruppen und Cluster (Heimerl, 2007) herauszuarbeiten. Eine derart vertiefte Betrachtung wäre allerdings im Rahmen dieser Untersuchung in mehreren Unternehmen nicht möglich gewesen. Für eine ausschließlich quantitativ durchgeführte Analyse reichten nach Ansicht des Autors zu Beginn dieser Studie die Erkenntnisse über die untersuchten Zusammenhänge noch nicht aus. Die Zusammenhänge in einem Unternehmen können zudem durch Fallstudien umfassender beschrieben werden, da sie „[h]insichtlich der Genauigkeit und der Tiefe [...] quantitativen Zugängen überlegen [sind], da diese auf bestimmte Hypothesen und Variablen fokussieren müssen“ (Heimerl, 2007, S. 393).

5.3 Forschungsmethoden

In der vorliegenden Untersuchung wurden eine Dokumentenanalyse, Workshops, Interviews, eine Delphi-Befragung und eine quantitative Befragung kombiniert. In Abbildung 14 werden die eingesetzten Forschungsmethoden mit den jeweiligen Forschungszielen dargestellt.

Methode	Ablauf der Untersuchung	Erkenntnisziel
Workshop	↓	Unternehmenssituation und Erfolgsgrundlagen
Mitarbeiterbefragung		Führungsstil
Dokumentenanalyse		Unternehmenssituation und Erfolgsgrundlagen
Interviews		Analyse der organisationalen Kompetenzen
Delphi-Befragung		Verknüpfung von individuellen und organisationalen Kompetenzen
Workshop	↓	Erstellung Kompetenzmodell und -profile

Abbildung 14: Forschungsmethoden

5.3.1 Dokumentenanalyse und Workshops

Die historische Entwicklung des Unternehmens, die Bedeutung der Gründerfamilie für das Unternehmens sowie das Marktumfeld wurden bereits 2004 in einer qualitativen Studie durch den Autor dieser Arbeit analysiert (siehe Rost, 2004). Darauf aufbauend, wurden anhand von 42 Dokumenten die Erfolgsgrundlagen des Unternehmens analysiert. Dazu wurden interne Unternehmensdokumente, Dokumente von der Unternehmenshomepage sowie einige Presseartikel ausgewertet.

Im Rahmen dieser Untersuchung wurde eine strukturierende Inhaltsanalyse in Anlehnung an Mayring (2010) durchgeführt, um die Erfolgsgrundlagen des Unternehmens herauszuarbeiten. Durch schrittweises Sichten der Dokumente wurden Kategorien entwickelt und die Dokumente diesen zugeordnet. Zur Sicherstellung der angemessenen Erfassung aller relevanten Aspekte wurden am 28.07.2010 und am 15.09.2010 zwei Workshops mit der Personalabteilung durchgeführt. Die Erfolgsgrundlagen wurden zu den drei Hauptkategorien „Unternehmensgeschichte, Werte und Strategie", „technologie- und funktionsbezogene organisationale Kompetenzen" und „Dynamic Capabilities" zusammengefasst. Eine Kurzfassung dieser Auswertung wird in Tabelle 26 dargestellt.

Analysepunkte im Unternehmen	Beschreibung und Quellen[46]	Bewertung: Ressourcen und Kompetenzen
Unternehmensgeschichte, Werte und Strategie		
hohe Wachstums-geschwindigkeit	Anstieg des Umsatzes von über 50 Mio. Euro 1988 auf über 700 Mio. Euro 2011	Hohes langfristiges Wachstum ist Indiz für Kernkompetenzen und Dynamic Capabilities
Starke Werteorientierung: Kooperation und langfristige Bindung	Leitbild, Rost (2005)	Werte wie „Integration" als mögliche Grundlage für organisationale Kompetenzen
Technologie- und funktionsbezogene organisationale Kompetenzen		
Innovative Werkstoffbehandlung: insbes. Stahl	Innovationspreis (2009) für den Umgang mit Stahl	Starke technologische Kompetenzen und hohe Innovationskraft
Verfahrenskombinationen Umformtechniken und Zerspanung	Präzision durch Verfahrenskombination	Kombination verschiedener Verfahren als mögliche Grundlage für Kernkompetenzen
Dynamic Capabilities		
Beherrschung von Restrukturierungsprozessen	Gründung einer Holding zur Unterstützung des Wachstumsprozesses	Restrukturierung als Dynamic Capability (Zollo & Winter, 2002);
Individuelles und organisationales Lernen	Entwicklung und Integrationskraft im Leitbild und in strategischen Projekten	Lernen als organisationale Metakompetenz (Güttel, 2003; Güttel, 2006)
Integrationskraft: Orientierung an Gemeinsamkeiten in der Holding /Zentralisierung	Zentralfunktionen der Gruppe werden durch die Holding übernommen	In Analogie zur Integration nach Übernahmen (Zollo & Winter, 2002) als Dynamic Capability zu sehen

Tabelle 26: Auswertung der Unternehmensdokumente

[46] Unternehmensdokumente werden nicht vollständig angegeben, um die Identität des Unternehmens nicht offenzulegen.

5.3.2 Interviews zu den Kernkompetenzen und Dynamic Capabilities

Stichprobe und Durchführung[47]

Im Zentrum des Vorgehens zur Identifizierung der Kernkompetenzen und Dynamic Capabilities standen Experteninterviews. Der Expertenstatus kann nicht allgemein abgegrenzt werden, sondern der jeweilige Forscher muss dies vor dem Hintergrund der spezifischen Fragestellung entscheiden. Allgemein wird der Expertenbegriff mit einem vertieften Wissen und umfangreicher Erfahrung der Personen in einem speziellen Themengebiet in Verbindung gebracht (Ammon, 2009; Meuser & Nagel, 1991).

Als Experten wurden Personen gewählt, die unmittelbare Verantwortung für die Strategie und die Ressourcenverteilung im Unternehmen trugen oder zumindest beratend wesentlichen Einfluss darauf nahmen und eine besondere Perspektive in Bezug auf einen Teilaspekt hatten. Sie gehörten alle dem Abteilungsleiterkreis an, einem zentralen Steuerungsorgan des Unternehmens, und damit im weiteren Sinne zu dem für die Verwirklichung von Ambidextrie zentralen Top-Management-Team (TMT) (Lubatkin et al., 2006; O'Reilly III & Tushman, 2008). Alle Experten verfügten in ihrem Gebiet über einen Hochschulabschluss, zwei davon über eine Promotion und Forschungserfahrung an einer Universität. Alle wiesen mehr als zehn Jahre Berufserfahrung in relevanten Feldern auf. Insgesamt konnte als Ergebnis der Befragung dieser sieben Experten erwartet werden, dass ausreichend Informationen über die historische Entwicklung, die derzeitige Situation und die Einschätzung der Zukunftsaussichten erhoben werden konnten.

Als Experten für die strategische Ausrichtung wurden der Chief Executive Officer, der Chief Technical Officer (Technische Leitung in der Holdinggeschäftsführung) sowie der Technische Leiter eines Tochterunternehmens befragt. Der Leiter der Produktentwicklung wurde aufgrund der besonderen Bedeutung dieser Abteilung für Kernkompetenzen (Prahalad & Hamel, 1990) und Dynamic Capabilities (Teece, 2007) befragt. Um eine Einschätzung über die Kunden, Märkte und die Wettbewerbssituation zu erhalten, wurde der Leiter des weltweiten Vertriebes in die Stichprobe aufgenommen. Vom Leiter der internen Beratung wurde angenommen, dass er einen besonderen Zugang zu den internen Prozessen besaß und zudem diese in Relation zum Branchendurchschnitt setzen konnte. Der Leiter der Personalabteilung wurde aufgrund seiner zu erwartenden Kenntnisse in Bezug auf die Humanressourcen und die Praktiken im Personalmanagement befragt.

Konzept zur Identifizierung der organisationalen Kompetenzen, Interviewleitfaden und Durchführung

Die Dauer der Interviews betrug zwischen 30 und 105 Minuten. Sie wurden in halbstrukturierter Form durchgeführt. Der Interviewleitfaden stützte sich neben dieser sehr offen angelegten Rekonstruktion der Erfolgsgeschichte und der Erfolgspotentiale (siehe Boos & Jarmai, 1994; Raich & Schober, 2006) auf die in Kapitel 2.5.5.2 dargestellten Konzepte

---

[47] Siehe in verkürzter Form Renzl, Rost und Kaschube (2013a, S. 84).

zu Identifizierung von Kernkompetenzen und Dynamic Capabilities. Der Kern der Vorgehensweise ist in einem heuristischen Ablaufmodell zusammengefasst, das in Abbildung 15 dargestellt ist.

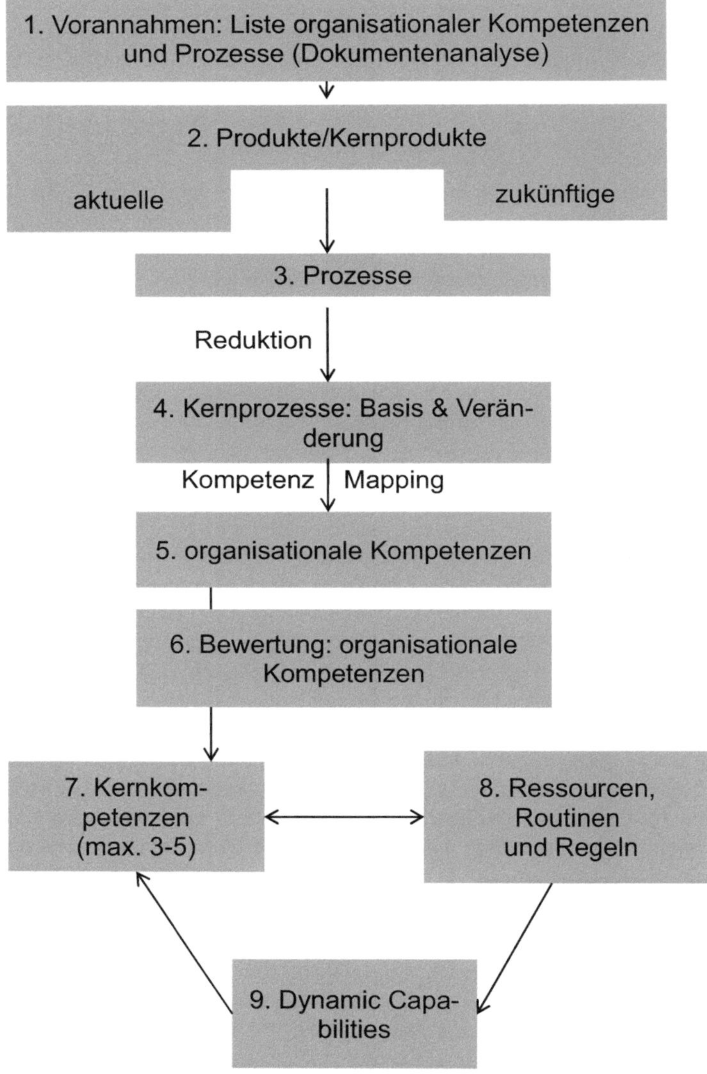

Abbildung 15: Modell zur Identifizierung von organisationalen Kompetenzen

Ausgehend von den aufgrund der Dokumentenanalyse angenommenen Ansatzpunkten für organisationale Kompetenzen (Schritt 1), wurden zunächst die zentralen Produkte und Dienstleistungen des Unternehmens ermittelt (Schritt 2). Nach Prahalad und Hamel (1990) gehen Kernkompetenzen in verschiedene Kernprodukte ein, die in verschiedenen Geschäftsbereichen genutzt werden und somit die Grundlage für Endprodukte in verschiedenen Geschäftseinheiten bilden (Schritt 2). Die Endprodukte sind der Betrachtung unmittelbar zugänglich und konnten von den Experten eindeutig erfragt werden. In einem zweiten Schritt wurden in Anlehnung an das Vorgehen von Krüger und Homp (1997) die den zentralen Produkten und Kernprodukten zugrundeliegenden Prozesse erfragt und Kernprozesse definiert. Ausgehend von den Prozessen, wurden in Anlehnung an die „Mapping-Methoden" nach Güttel (2006, S. 424) (siehe Kapitel 2.4.1) die organisationalen Kompetenzen abgeleitet und zusammen mit den Interviewpartnern gemäß den in Kapitel 2.2.2 dargestellten Kriterien für Kernkompetenzen überprüft (Schritt 6) sowie eine Reduktion auf maximal fünf Kernkompetenzen vorgenommen (Schritte 7). Anschließend wurde erneut auf die Grundlagen der Kernkompetenzen eingegangen und es wurden besonders „wertvolle" Mitarbeitergruppen als Humanressourcen (Barney, 1991; Lepak & Snell, 1999) sowie Routinen und organisationale Regeln (Güttel, 2006) ermittelt. Aufbauend auf den organisationalen Regeln, wurde mit den Experten über Ansatzpunkte für Dynamic Capabilities (Teece & Shuen, 1997; Zollo & Winter, 2002), Absorptive Capacity (Zahra & George, 2002) und Ambidextrie (O'Reilly III & Tushman, 2008) gesprochen. In Tabelle 27 wird der Aufbau des Fragebogens dargestellt. Der Gesprächsleitfaden ist unter Punkt 2.2.1 im Anhang zu finden.

1	Vorstellung und Zweck des Interviews
2	Historische Entwicklung und SWOT-Analyse
3	Zugang zu Kernprodukten über Produkte
4	Zugang zu Kernkompetenzen über Prozesse und die Wertschöpfungskette
5	Erfassung der Kernkompetenzen
6	Bestandteile von organisationalen Kompetenzen • Ressourcen, Teilprozesse, Routinen und Regeln • Sozial- und Organisationskapital
7	Weiterentwicklung von Kompetenzen und Ressourcen durch Dynamic Capabilities

Tabelle 27: Aufbau des Interviewleitfadens zu den organisationalen Kompetenzen

5.3.3 Delphi-Befragung zur Verknüpfung individueller und organisationaler Kompetenzen

5.3.3.1 Delphi-Befragung: Wahl der Forschungsmethode und Gestaltung

Zur Verknüpfung von individuellen und organisationalen Kompetenzen wurde die Delphi-Methode eingesetzt. Ammon (2009, S. 460) arbeitet basierend auf bestehenden Definitionen zu Delphi-Befragungen sechs zentrale Merkmale dieser Erhebungsform heraus.

Nach ihrer Ansicht ist es eine Befragung, die mehrfach unter „Verwendung eines formalisierten Fragebogens“ (Ammon, 2009, S. 460) durchgeführt wird. Die Befragten sind Experten in ihrem Gebiet. Der Begriff Experte bezieht sich in der traditionellen Form auf Wissenschaftler, kann aber in Abhängigkeit von der Befragung auch weiter gefasst werden. Die Experten werden nach jeder Befragungsrunde in aggregierter Form über die quantitativen Ergebnisse und die Begründungen dafür informiert, bleiben aber gegenüber den anderen befragten Experten anonym (Ammon, 2009, S. 460). Wesentliche Ziele sind die Prognose und die Erfassung von Einschätzungen von Experten zu einem Thema (Ammon, 2009, S. 463).

In der vorliegenden Befragung gab es insgesamt drei Befragungszeitpunkte: Interviews mit dem Top-Management-Team zu den organisationalen Kompetenzen und jeweils eine schriftliche sowie eine mündliche Befragung von Führungskräften aus dem mittleren Management und Fachkräften zu den individuellen und deren Verknüpfung mit organisationalen Kompetenzen. Die Interviews mit den Mitgliedern des Top-Management-Teams waren nicht Teil der Delphi-Befragung, sondern dienten deren Vorbereitung. Die schriftliche Befragung zu den individuellen Kompetenzen, dem Führungsstil und zum Netzwerk (Delphi 1 Befragung) erfolgte vom 17. März 2011 bis zum 22. April 2011. Wie in Abbildung 16 dargestellt, wurden die Ergebnisse aus dieser Befragung mit den Experteninterviews zu den organisationalen Kompetenzen in der Delphi 2 Befragung zusammengeführt und den Befragten vorgelegt. Darauf aufbauend, sollten diese die Verbindung zwischen individuellen und organisationalen Kompetenzen beschreiben.

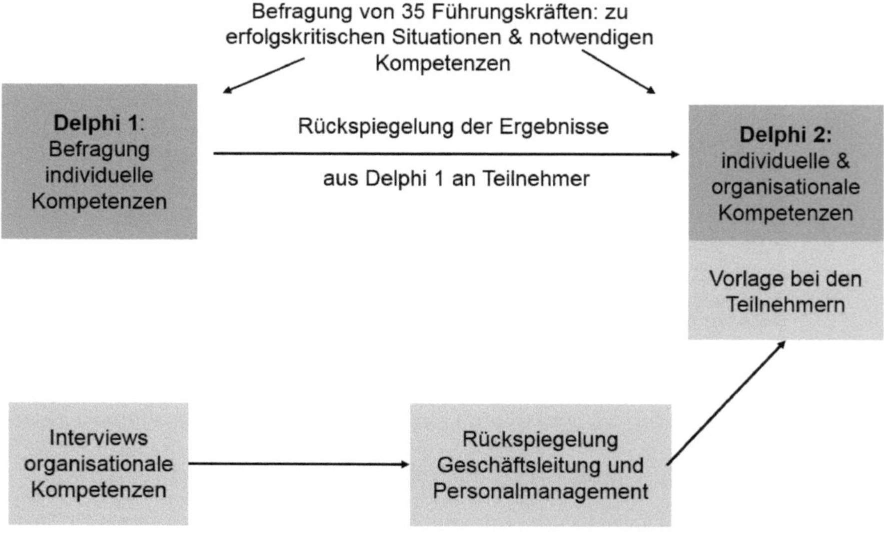

Abbildung 16: Ablauf der Delphi-Befragung

Mit einer zweifachen Durchführung, einer „Anonymität der Einzelantworten“ (Ammon, 2009, S. 460) und einer aggregierten Rückmeldung der Befragungsergebnisse mit Begründungen entsprach die Befragung den wesentlichen Definitionsmerkmalen einer Delphi-Studie. Der Begriff „Experte“ bezog sich jedoch nicht auf Wissenschaftler, sondern auf Führungs- und Fachkräfte aus den verschiedenen Abteilungen des Unternehmens und wurde insofern in seiner weiteren Begriffsfassung verwendet (Ammon, 2009, S. 460). Das Kriterium eines formalisierten Fragebogens wurde nur unzureichend erfüllt. Die Verknüpfung zwischen individuellen und organisationalen Kompetenzen erwies sich für eine standardisierte Befragung einerseits als zu komplex. Deshalb wurde in der Delphi 2 Befragung die Interviewmethode angewendet. Nur so konnte ein korrektes Verständnis der verwendeten Konstrukte bei den Führungskräften sichergestellt werden. Andererseits sollten organisationsspezifische Verhaltensweisen abgeleitet werden. Deshalb enthielt auch der Fragebogen zur Delphi 1 Befragung sowohl standardisierte Elemente als auch Felder, in denen Meinungen zu vorgegebenen Themen schriftlich dargestellt werden konnten.

5.3.3.2 Stichprobe in der Delphi-1 und Delphi-2 Befragung

Im Rahmen der Delphi-Befragung wurden Führungskräfte aller Ebenen befragt. Bei ihnen wurde davon ausgegangen, dass aufgrund ihrer Tätigkeit in der Aufgabenstrukturierung und Mitarbeiterbewertung bereits Reflexionsprozesse über die Anforderungen und notwendigen Kompetenzen in ihrem Führungsbereich stattgefunden hatten. Die Stichprobe war eine geschichtete Auswahl (Bortz & Döring, 2002, S. 428). Ziel dieser Vorgehensweisen war es, alle Funktionsbereiche (beispielsweise Produktion, Produktentwicklung, Vertrieb) in die Stichprobe aufzunehmen. Zum Zeitpunkt der Befragung hatten die deutschen Werke etwa 3000 Mitarbeiter, 110 davon waren Führungskräfte. Von diesen 110 Führungskräften wurden 35 aus den Schichten ausgewählt. In Tabelle 28 wird die Verteilung nach den Funktionsbereichen zusammengefasst:

Bereich	Anzahl	Bereich	Anzahl
Verwaltung	3	Produktion	14
Forschung und Entwicklung, Produktentwicklung	4	Logistik	1
technischer Vertrieb	2	Werkzeugbau und Instandhaltung	5
Geschäftsführer und höheres Management	4	Qualitätsmanagement	2

Tabelle 28: Verteilung der Stichprobe nach Bereichen

5.3.3.3 Erhebungsinstrumente für die Delphi-Befragung

In diesem Kapitel werden der Aufbau der Erhebungsinstrumente und die darin abgefragten Konstrukte beschrieben.

In Teil I des Fragebogens der ersten Delphi Runde wurden im Rahmen einer kompetenzorientierten Anforderungsanalyse die für die Arbeit im jeweiligen Tätigkeitsbereich notwendigen Kompetenzen erhoben. Methodisch findet dabei eine Orientierung an der Critical Incident Technik (Flanagan, 1954) und deren Nutzung für die Anforderungsanalyse (Kurzhals & Schaper, 2008, S. 6 f.) statt. Die Befragten sollten für jede Kompetenzklasse diejenigen Kompetenzen auswählen, die für die derzeitige Arbeit von Mitarbeitern und Führungskräften in ihrem Bereich am wichtigsten sind und diese Auswahl anhand von Situationen und Beispielen begründen. Durch den Bezug zu konkreten Arbeitssituationen wurde sichergestellt, dass die ausgewählten Kompetenzen tatsächlich im eigenen Arbeitsbereich der Befragten von hoher Relevanz waren.

Teil 1 des Fragebogens: Erfolgskritische Kompetenzen	
Personale Kompetenz, soziale Kompetenz, Aktivitäts- und Handlungskompetenz, Fach- und Methodenkompetenz, Metakompetenzen	Beschreibung erfolgskritischer Situationen
Teil 2 des Fragebogens: Fragen zu Arbeit, Kontakten und Führungssituationen	
Arbeitssituation	• Zentrale Aufgaben von Mitarbeitern ohne Führungsverantwortung • Probleme im Arbeitsprozess • Sprachkenntnisse im Arbeitsprozess
Wichtige Kontakte	• Soziometrische Analyse: Abfrage von Kontakten und Kontakthäufigkeit zu Personen innerhalb der eigenen Abteilung, abteilungs- und bereichsübergreifenden Kontakten, Kontakten zu anderen Unternehmensteilen und zu Personen außerhalb des Unternehmens • Beschreibung eines nützlichen Beziehungsnetzwerkes
Förderliches Führungsverhalten	• Erfolgreiches Führungsverhalten • Führungsprobleme

Tabelle 29: Fragebogenstruktur des Delphi 1 Befragung

Der Fragebogen ist unterteilt in die vier Kompetenzklassen Fach- und Methodenkompetenz, soziale Kompetenz, personale Kompetenz sowie Aktivitäts- und Handlungskompetenz. Grundlage für die Konstruktion dieses Teiles des Erhebungsinstrumentes bilden die 64 Kompetenzen des Kompetenzatlasses (siehe Heyse, 2010; Heyse & Erpenbeck, 2004). Daraus wurden 26 Kompetenzpärchen[48] für die Delphi 1 Befragung im Unternehmen ausgewählt. Die Auswahl wurde auf Grundlage einer Unternehmensanalyse (Workshops, Dokumentenanalyse und sieben Interviews mit oberen Führungskräften) sowie

[48] Von den 64 zentralen Kompetenzen aus dem Kompetenzatlas wurden dabei 31 berücksichtigt.

Sichtung relevanter Literatur (siehe Kapitel 4.2) durchgeführt. Um Kompetenzen zu finden, die eine hohe Relevanz für Führungskräfte und Mitarbeiter aus verschiedenen Funktionsbereichen des Unternehmens haben und um inhaltliche Überschneidungen der Kompetenzen möglichst zu vermeiden, wurden teilweise „Kompetenzpärchen" wie beispielsweise „Team- und Kooperationsfähigkeit" oder „ergebnisorientiertes Handeln und zielorientiertes Führen" gebildet.

Der Kompetenzatlas in der Version mit 64 Teilkompetenzen (Heyse, 2010, S. 95) wurde um einzelne Kompetenzen und Kompetenzbestandteile erweitert, von denen ausgehend von der Unternehmensanalyse angenommen wurde, dass sie eine besondere Bedeutung für die Unterstützung von Dynamic Capabilities auf Mitarbeiterebene haben. So wurde Kreativität in der Operationalisierung der Kompetenz „Konzeptionsstärke" mit abgebildet. Das Konstrukt „eigenverantwortlichen Handeln" (EVH) (Kaschube, 2006) wurde nicht über die personale Kompetenz „Eigenverantwortung" operationalisiert, da dieses Vorgehen dem mehrdimensionalen Konstrukt nicht gerecht geworden wäre. Stattdessen wurden die nicht im Kompetenzatlas (Heyse, 2010) enthaltenen Dimensionen des Konstrukts an ausgewählte Kompetenzen im Rahmen der „Pärchenbildung" angehängt (siehe Delphi 1 Konzept). So wurde die Dimension „Verantwortungsübernahme"[49] an die Kompetenz „Gestaltungswille" aus dem Bereich (A/P) und „Risikobereitschaft" und „Unkonventionalität" an die soziale Kompetenz „Experimentierfreude" angehängt. Anstatt der aktivitäts- und handlungsorientierten Kompetenz „Initiative" wurde die Kompetenz „Eigeninitiative" (A/P) aus der Liste der Synonyme zu den Kompetenzen des Kompetenzatlasses (Heyse & Erpenbeck, 2004) aufgenommen. Im Folgenden wird die Auswahl der einzelnen Kompetenzen begründet.

Für den Block der personalen Kompetenzen wurden „Loyalität" (P), „Mitarbeiterförderung" (P/S), „Delegieren" (P/S), „Offenheit für Veränderung und Innovationsfreudigkeit" (P/A und A/P), „Lernbereitschaft" sowie „Zuverlässigkeit und Pflichterfüllung" (P/F und EVH-Dimension) (Kaschube, 2006, S. 197) aufgenommen. „Loyalität" wurde ausgewählt, da sie eine hohe Bedeutung für Restrukturierungsprozesse hat (Lang-von Wins et al., 2006). Zudem enthält die Kompetenz in der Beschreibung von Heyse und Erpenbeck (2007, S. 3 f.) Elemente einer persönlichen Bindung gegenüber Organisationen wie das Konstrukt des organisationalen Commitments (Allen & Meyer, 1990). Commitment war für die Kultur und die Prozesse im Unternehmen aus der Fallstudie von besonderer Bedeutung (siehe Rost, 2005) und ist grundsätzlich wichtig für die Erhaltung von Wissensbeständen im Unternehmen (Marr & Fliaster, 2003), die den Kernkompetenzen zugrunde liegen. „Offenheit für Veränderung und Innovationsfreudigkeit" sowie „Lernbereitschaft" wurden aufgrund der Bedeutung für das individuelle Lernen und den vermuteten Zusammenhang zum organi-

[49] Die für die empirische Untersuchung in Anlehnung an den Kompetenzatlas (Heyse, 2010) ausgewählten Kompetenzen sowie die Dimensionen eigenverantwortlichen Handelns (Kaschube, 2006) werden im Folgenden in Anführungszeichen gesetzt, um die jeweilige Kompetenz (z. B. „Mitarbeiterförderung") eindeutig von einer anderen Verwendung des jeweiligen Wortes abzugrenzen. Bei Adaptability und Self-Awareness (Briscoe & Hall, 1999) wird aufgrund der eindeutigen Belegung der Begriffe in dieser Arbeit darauf verzichtet.

sationalen Lernen (Kim, 1993) ausgewählt, „Zuverlässigkeit und Pflichterfüllung“ als zentrale Kompetenz für Produktionsbereiche und Exploitations-Prozesse sowie „Delegieren“ und „Mitarbeiterförderung“ als wichtige Führungskompetenzen. Die vermutete hohe Bedeutung von „Mitarbeiterförderung“ für Dynamic Capabilities ergibt sich aus den Ausführungen zum transformationalen Führungsstil (siehe Kapitel 2.5.3.1)(Bass, 1990).

Für die Aktivitäts- und Handlungskompetenzen wurden „Gestaltungswille und Verantwortungsübernahme“ (A/P und EVH-Dimension), „Belastbarkeit und Einsatzbereitschaft“ (A/P und P/A), „Eigeninitiative und Impulsgeben“ (A/P und A), „ergebnisorientiertes Handeln und zielorientiertes Führen“ (beide A/F) sowie „Beharrlichkeit“ (A/F) in den Fragebogen aufgenommen. „Gestaltungswille“ wurde aufgenommen, weil von einer hohen Bedeutung für die Gestaltung von Veränderungsprojekten ausgegangen wurde. An diese Kompetenz wurde die „Verantwortungsübernahme“ als EVH-Dimension (Kaschube, 2006) gehängt. Für Veränderungsprozesse werden nach Lang-von Wins et al. (2006) auch Verhaltensweisen benötigt, die durch die Kompetenz „Belastbarkeit und Einsatzbereitschaft“ abgebildet werden. Initiative, die aufgrund der Bezugnahme auf die EVH-Dimensionen als „Eigeninitiative“ operationalisiert wurde, ist nach Stegmaier und Sonntag (2007, S. 97) wichtig für die Nutzung von organisationalen Kompetenzen. Initiative und „Impulsgeben“ wurden als „Kompetenzpärchen“ operationalisiert, da Initiative als eine Kompetenz angesehen wurde, die jeder Mitarbeiter zeigen kann, während Impulssetzen schwerpunktmäßig als Führungsaufgabe angesehen wurde. Damit kann eine hohe Ausprägung bei diesem Kompetenzpärchen auf eine Eignung für die Übernahme von Führungsverantwortung angesehen werden und dazu dienen, geeignete Kandidaten für Talentmanagementprogramme von ungeeigneten zu unterscheiden. „Eigeninitiative“ scheint für die berufliche Entwicklung an Bedeutung zu gewinnen (Kaschube, 2006; Gasteiger, 2007, S. 186). „Ergebnisorientiertes Handeln und zielorientiertes Führen“ wurden aufgenommen, da Zielen in Führungsprozessen wie bei der transaktionalen Führung eine hohe Bedeutung zukommt (Neuberger, 2002). Die Komponente „ergebnisorientiertes Handeln“ dieses Kompetenzpärchens können dabei alle Mitarbeiter zeigen, während zielorientiertes Führen vermutlich im Wesentlichen nur Führungskräfte zeigen können. „Beharrlichkeit“ ist nach Ansicht von Stegmaier und Sonntag (2007) wichtig für die Nutzung von organisationalen Kompetenzen.

Die Auswahl bei den sozial-kommunikativen Kompetenzen fiel auf Folgende: „Konfliktlösungsfähigkeit“ (S/P), „Team- und Kooperationsfähigkeit“ (S und S/P), „Kundenorientierung“ (S/P), „Experimentierfreude, Risikobereitschaft und Unkonventionalität“ (S/A, A/P und EVH-Dimension, EVH-Dimension), „Beratungsfähigkeit“ (S/A), „Kommunikationsfähigkeit“ (S), „Beziehungsmanagement“ (S) und „Anpassungsfähigkeit“ (S). „Konfliktlösungsfähigkeit“ ist nach Stegmaier und Sonntag (2007, S. 97) von hoher Bedeutung für die Teilnahme an Routinen, Lang-von Wins et al. (2006) betonen aber auch ihre Bedeutung für die Restrukturierungsprozesse, die den Dynamic Capabilities zugeordnet werden können (Zollo & Winter, 2002). „Teamfähigkeit“ wurde im Leitbild des Unternehmens als zentraler Wert herausgestellt und „Kooperationsfähigkeit“ ist nach Stegmaier und Sonntag

(2007, S. 97) eine wesentliche Kompetenz, um an Routinen und damit an den bestehenden Kernkompetenzen teilnehmen zu können. „Kundenorientierung“, die nach Nerdinger (2007) neben den sozialen Aspekten auch fachliche Elemente enthält, ist nach Stegmaier und Sonntag (2007) wichtig für die Identifizierung von organisationalen Kompetenzen. Aufgrund der Interviews zu den organisationalen Kompetenzen wurde davon ausgegangen, dass die Kompetenz eine besondere Bedeutung für die Kernkompetenz „Technische Vertriebskompetenz und weltweite Kundenproblemlösungsprozesse“ hat. Dies gilt auch für die „Problemlösungsfähigkeit“ und die „Beratungsfähigkeit“. „Experimentieren“ sehen Lei et al. (1996) als Bestandteil von organisationalen Metafähigkeiten und March (1991) ordnet dieses Verhalten Explorations-Prozessen zu. Experimentieren kam auch in den Interviews zu den organisationalen Kompetenzen eine besondere Bedeutung zu. Deshalb wurden die EVH-Dimensionen (Kaschube, 2006) „Risikobereitschaft“ und „Unkonventionalität“ (S. 197), von denen angenommen wurde, dass sie die Möglichkeiten einer Person zu experimentieren unterstützen, an diese Kompetenz angehängt. „Anpassungsfähigkeit“ auf organisationaler Ebene sieht Güttel (2003) als organisationale Metafähigkeit an. Es wird davon ausgegangen, dass die Kompetenz auch auf Mitarbeiterebene benötigt wird, um sie auf organisationaler Ebene zu verwirklichen.

Für die Fach- und Methodenkompetenzen wurden folgende ausgewählt: „Analytische Fähigkeiten“ (F/P), „Konzeptionsstärke“ (F/A), „systematisch-methodisches Vorgehen“ (F/A), „Projektmanagement und Organisationsfähigkeit“ (F/S und F/A), „Fachwissen“ (F) sowie „Planungsverhalten und strategische Orientierung“ (F und eigene Ergänzung). „Analytische Fähigkeiten“ sind wichtig für die Identifizierung von organisationalen Kompetenzen (Stegmaier & Sonntag, 2007, S. 97) und für Restrukturierungsprozesse (Lang-von Wins et al., 2006). Da Veränderungen häufig als Projekte umgesetzt werden, wurde das Kompetenzpärchen „Projektmanagement und Organisationsfähigkeit“ aufgenommen. Auch „Planungsverhalten“ dürfte sowohl für die Bewältigung der operativen Aufgaben als auch für die Gestaltung von Veränderungsprozessen und die Erschließung neuer Bereiche eine entscheidende Kompetenz sein. Mintzberg und Fischer (1995) sehen Planung als einen Prozess an, der vor allem durch kreatives Handeln und nicht nur durch formale Aspekte geprägt ist. In Bezug auf die Kompetenzen „Konzeptionsstärke“, „systematisch-methodisches Vorgehen“ und „Fachwissen“ wurde aufgrund der Interviews mit dem Top-Management-Team von einer hohen Bedeutung für die organisationalen Kompetenzen ausgegangen. Auch Stegmaier und Sonntag (2007) sehen hohe Ausprägungen der Kompetenz „Fachwissen“ als wesentliche Voraussetzung für die Nutzung von organisationalen Kompetenzen an.

Zusätzlich zu den vier angeführten Kompetenzklassen sollten die Befragten die Bedeutung der Metakompetenzbestandteile Adaptability und Self-Awareness (Briscoe & Hall, 1999; Dimitrova, 2009) für Führungskräfte und Mitarbeiter in ihrem Bereich anhand von Arbeitssituationen beschreiben. Die Beschreibung von Adaptability in der Delphi 1 Befragung lautet:

„Fähigkeit, die eigenen Kompetenzen und die Wissensbasis selbstständig fortzuentwickeln und kontinuierlich zu lernen“ (Fragebogen Delphi 1)

Diese Formulierung wurde gewählt mit Bezugnahme auf die Definitionen von Dimitrova (2009) zu den beiden Metakompetenzen und ihre dazugehörigen Fragebogen. Insbesondere fand eine Orientierung an folgenden Items statt:

- „Wenn ich etwas nicht kann, es aber für meine Arbeit brauche, finde ich immer eine Möglichkeit, es zu lernen.“ (Dimitrova, 2009, S. 155)
- „Ich kenne unterschiedliche Möglichkeiten, mir Wissen anzueignen.“ (Dimitrova, 2009, S. 155)
- „Wenn ich Schwierigkeiten habe, eine Aufgabe zu lösen, probiere ich andere Lösungsverfahren auf [i]hre Erfolgsaussichten.“ (Dimitrova, 2009, S. 155)

Self-Awareness wurde folgendermaßen operationalisiert:

„Fähigkeit, die eigenen Kompetenzen einzuschätzen und Wissens- und Kompetenzlücken sowie die Notwendigkeit für deren Schließung zu erkennen.“ (Delphi 1 Fragebogen)

Dies wurde in Anlehnung an folgende Items von Dimitrova (2009) formuliert: Das Item „Ich weiß, was ich weiß und was ich nicht weiß.“ (S. 155) bildete dabei den Aspekt des Erkennens von eigenen Wissens- und Kompetenzlücken ab, das Item „Ich bemerke, wenn ich was dazulernen muss.“ (S. 155) den des Erkennens der Notwendigkeit, Wissens- und Kompetenzlücken zu schließen.

Teil II des Fragebogens orientiert sich an Arbeits- und Anforderungsanalyseverfahren wie beispielsweise dem Leitfaden zur qualitativen Personalplanung bei technisch-organisatorischen Innovationen (Sonntag, Schaper & Benz, 1999). Neben Aspekten der Arbeit wurden die Themen Führung und Kontakte der Mitarbeiter abgefragt. In der Konstruktionsphase des Fragebogens wurde für die Operationalisierung des Themas Führung auf das Konstrukt „[a]ktivierende Führung“ (siehe Fragebogen zum Innovationsklima (INNO) von Kauffeld, Jonas, Grote, Frey & Frieling, 2004, S. 157) Bezug genommen. Aktivierende Führung könnte nach Ansicht des Autors die Teilnahme der Mitarbeiter an Regeln und Routinen, die den Dynamik Capabilities zugrunde liegen, positiv beeinflussen. Aufgrund der Anforderungen im Unternehmen wurde allerdings auf eine gesonderte Operationalisierung dieses Konstrukts verzichtet und nur nach erfolgreicher Führung gefragt. Ausgehend von den erhobenen Daten, soll in der Ergebnisauswertung auf Führungsstile und -modelle aus der Theorie Bezug genommen werden (insbesondere auf den transaktionalen und den transformationalen Führungsstil nach Bass, 1990), um Aspekte eines Führungsverhaltens herauszuarbeiten, welche Veränderungsfähigkeit und Ambidextrie fördern. Ein weiterer wesentlicher Bestandteil des Fragebogens war die Analyse des Sozialkapitals. In Anlehnung an Stegmaier und Sonntag (2007) wurde dabei auf die Vorgehensweise zur Beschreibung von Sozialkapital von Bolino et al. (2002) und Nahapiet (1998) Bezug genommen. Die Befragten sollten ihre Kontakthäufigkeit zu Personen innerhalb der eigenen Abteilung, abteilungs- und bereichsübergreifenden Kontakte sowie

Kontakte zu anderen Tochterunternehmen innerhalb des Konzerns und zu Personen außerhalb des Konzerns angeben.

In der zweiten Befragung (Delphi 2) wurden den Befragten die Ergebnisse dieser ersten Befragung vorgelegt und sie wurden gebeten, die Beziehung zwischen den individuellen Kompetenzen und den Stärken (Kernkompetenzen) und der Veränderungsfähigkeit (Dynamic Capabilities) des Unternehmens aufzuzeigen. Bei den Metakompetenzen (Briscoe & Hall, 1999; Dimitrova, 2009) wurde ausschließlich auf die Beziehung zu den Dynamic Capabilities eingegangen, bei eigenverantwortlichem Handeln (Kaschube, 2006) nur auf die zu Ambidextrie. Außerdem wurden die Interviewpartner nach Möglichkeiten befragt, Metakompetenzen (Briscoe & Hall, 1999) und eigenverantwortliches Handeln (Kaschube, 2006) zu entwickeln. Ferner sollten sie Führungsverhalten beschreiben, das kontextuelle Ambidextrie fördert. Der Aufbau des Leitfadens für die Delphi 2 Befragung wird in Tabelle 30 dargestellt.

1. Zuordnung individueller und organisationaler Kompetenzen	Kompetenzen aus den Kompetenzblöcken (A), (P), (S), (F-M) werden in Beziehung zu den Kernkompetenzen und Dynamic Capabilities gesetzt
2. Beziehungen zwischen Metakompetenzen und Dynamic Capabilities	• Herstellen von Beziehungen und Erläuterung anhand von Situationen zwischen Metakompetenzen und Dynamic Capabilities • Möglichkeiten der Entwicklung von Metakompetenzen im Unternehmen
3. Beziehungen zwischen EVH und Ambidextrie	• Herstellen von Beziehungen und Erläuterung anhand von Situationen zwischen eigenverantwortlichem Handeln und Dynamic Capabilities • Möglichkeiten der Entwicklung von eigenverantwortlichem Handeln im Unternehmen
4. Führungsverhalten und Ambidextrie	Wie kann Führungsverhalten kontextuelle Ambidextrie unterstützen?

Tabelle 30: Interviewkonzept Delphi 2 Befragung

5.3.3.4 Operationalisierung von organisationalen Kompetenzen

Die Kernkompetenzen wurden aufgrund der notwendigen Übersichtlichkeit folgendermaßen umschrieben (siehe Tabelle 31):

(1) Verfahrenskombination in der Werkstoffbehandlung: Beherrschung und Kombination vieler verschiedener Verfahren der Metallbearbeitung (Umform- und Zerspanungstechniken)
(2) Technische Vertriebskompetenz und weltweite Kundenproblemlösungsprozesse (insbes. im Bereich Automotive): Vertrieb und Service als Projektmanagementprozess, Verständnis für die Bedürfnisse von Kunden insbes. im Bereich Automotive, starke Reputation sowie hohe Zuverlässigkeit

Tabelle 31: Operationalisierung der Kernkompetenzen in der Delphi 2 Befragung

Wie in Kapitel 2.3 dargestellt wurde, bezieht sich das Konzept der Dynamic Capabilities auf die Lern- und Veränderungsfähigkeit von Organisationen. Wie die Analyse der Literatur zu Dynamic Capabilities zeigt, kann diese Lern- und Veränderungsfähigkeit auf unterschiedliche Art und Weise erreicht werden. Die im Rahmen des organisationalen Kontexts in der Fallstudie als zentral angesehenen Facetten des Konzepts wurden in den folgenden drei Punkten zusammengefasst:

1. „Fähigkeit zur systematischen Anpassung und Veränderung des Unternehmens"
2. „Fähigkeiten zum systematischen Sammeln von Erfahrungen, zum unternehmensweiten Wissensaustausch, zur Speicherung von Wissen (insbes. über Veränderungen) und zum Lernen von der Umwelt"
3. „Fähigkeit, gleichzeitig vorhandenes Wissen (insbes. Stärken) zu nutzen und neues Wissen (insbes. Stärken) aufzubauen"

In Punkt 1 wurde die Wirkung von Dynamic Capabilities für Unternehmen zusammengefasst sowie auf die organisationalen Metafähigkeiten Anpassungs- und Veränderungsfähigkeit bei Güttel (2003) Bezug genommen. Diese Fähigkeit drückt sich aus in der Beherrschung von F & E- und Restrukturierungsprozessen sowie in der Fähigkeit, Integrationsprozesse nach Übernahmen und Fusionen zu bewältigen (Eisenhardt & Martin, 2000; Zollo & Winter, 2002). Das Unternehmen aus der Fallstudie verfügte an den verschiedenen Standorten über spezialisierte Produktenwicklungsabteilungen sowie eine eigene Abteilung F & E. Von einem besonderen Beitrag dieser Abteilungen zur systematischen Veränderung des Unternehmens konnte aufgrund der Interviews zu den organisationalen Kompetenzen ausgegangen werden (O-4). Zum Zeitpunkt der Befragung befand sich das Unternehmen in einem der größten Restrukturierungsprozesse der Unternehmensgeschichte. Neue Technologien und Märkte wurden über Tochterunternehmen oder Joint-Ventures erschlossen, die mit zunehmendem Wachstum unter das Dach einer gemeinsamen Holding integriert wurden. Aufgrund dieser Markterschließung wurde bei der Erklärung auch auf die spezielle Dynamic Capability „Allianzing" (Kupke, 2006; Kupke & Lattemann, 2008) Bezug genommen.

Punkt 2 bezieht sich zu einem auf die second-order Dynamic Capabilities (Zollo & Winter, 2002). Organisationales Lernen soll im Unternehmen stattfinden, indem systematisch Erfahrungen insbesondere auch über Veränderungsprozesse gesammelt werden und dieses Wissen im Unternehmen dokumentiert, strukturiert und kommuniziert wird. Das Lernen von der Umwelt bezieht sich auf die Absorptive Capacity (Zahra & George, 2002).

Punkt 3 wurde in Anlehnung an die Definition von Ambidextrie durch O'Reilly III und Tushman (2008, S. 185)[50] formuliert.

5.3.3.5 *Ergebnisauswertung der Delphi Befragung*

Auswertung der Kompetenzsituationen

Die Delphi-Befragung wurde sowohl qualitativ als auch quantitativ ausgewertet. In der quantitativen Form wurden die Anzahl der Nennungen jeder einzelnen Kompetenz sowie deren Rangplatz in der Befragung im Verhältnis zu den anderen vorliegenden Kompetenzen berichtet. Die Anzahl der Nennungen bedeutet, dass eine Kompetenz beispielsweise achtmal als eine der drei (bzw. fünf bei den sozialen Kompetenzen) wichtigsten Kompetenzen ausgewählt wurde.

Für die Analyse der Kompetenzsituationen aus der Delphi 1 Befragung wurde eine qualitative Inhaltsanalyse angewendet. Dabei fand eine Orientierung an dem Vorgehen von Mayring (2010) statt. Ziel der Analyse war die Herausarbeitung von erfolgskritischen Verhaltensweisen für jede der ausgewählten Kompetenzen, um sie in der Delphi 2 Befragung den Teilnehmern zur erneuten Beurteilung vorlegen zu können. Als Hauptkategorien dienten die bereits für die Befragung ausgewählten Kompetenzen aus dem Kompetenzatlas (Heyse, 2010; Heyse & Erpenbeck, 2004). Sie wurden somit aus der Theorie heraus festgelegt, wie es Mayring (2010) für die strukturierende Inhaltsanalyse empfiehlt. Durch Paraphrasierung, Generalisierung und Reduktion (Mayring, 2010) wurden aus den Aussagen der Befragungsteilnehmer heraus erfolgskritische Verhaltensweisen abgeleitet und Subkategorien gebildet. Diese Bildung der Subkategorien erfolgte somit induktiv im Sinne einer zusammenfassenden Inhaltsanalyse (Mayring, 2010). Die Subkategorien zu den einzelnen Kompetenzen bildeten die Grundlage für die Formulierung der Verhaltensanker, die den Teilnehmern in der Delphi 2 Befragung präsentiert wurden. Bei einzelnen Kompetenzen wurden Verhaltensbeschreibungen aus dem Kompetenzatlas (Heyse, 2010; Heyse & Erpenbeck, 2004) ergänzt.

Die qualitative Auswertung der Interviews im Rahmen der Delphi 2 Befragung orientierte sich ebenfalls an der Inhaltsanalyse nach Mayring (2010). Die Interviews aus der Delphi 2 Befragung wurden transkribiert und die Kompetenzsituationen mit Hilfe des Softwareprogramms zur qualitativen Datenanalyse MAXQDA den Kompetenzen aus dem Kompetenzatlas (Heyse, 2010) zugeordnet. Die Aussagen der Interviewpartner wurden für jede Kompetenz gemäß den Sinneinheiten in Situationen zusammengefasst. Diese Situationen wurden auf den Kern der jeweiligen Verhaltensweise reduziert, zusammengefasst und anschließend als Verhaltensweisen von Personen oder Gruppen formuliert (Verhaltensanker). Im dritten Schritt wurden diese Verhaltensweisen den organisationalen Kompetenzen (Kernkompetenzen, Dynamic Capabilities, Exploration, Exploitation) zugeordnet. Für jede individuelle Kompetenz wurden zu den Hauptkategorien (Kernkompetenzen

50 "...ambidexterity, the ability of a firm to simultaneously explore and exploit, enables a firm to adapt over time" (O'Reilly III und Tushman, 2008, S. 185).

1 und 2, Exploitation, Exploration, Restrukturierungsprozesse) spezifische Subkategorien gebildet. Diese Bildung der Subkategorien erfolgte induktiv durch die Zusammenfassung der gebildeten Verhaltensanker, während die Hauptkategorien und ihre Beschreibungen weitgehend deduktiv aus der Theorie zum Resource-based View abgeleitet und im Rahmen dieser Fallstudie ergänzt wurden (siehe Tabelle 32 und Tabelle 33). Es wurde somit eine strukturierende Inhaltsanalyse (Mayring, 2010) eingesetzt, die um Elemente der zusammenfassenden Inhaltsanalyse (Mayring, 2010) ergänzt wurde. Für die individuelle Kompetenz „Experimentierfreude, Risikobereitschaft und Unkonventionalität" konnten beispielsweise folgende Subkategorien zur Hauptkategorie „Exploration" gebildet werden: „Offenheit für Neues", „positive Grundhaltung beim Experimentieren auch in Problemsituationen", „erfolgreiche Wege verlassen" und „für Exploration förderliche Zusammenarbeit und Führung".

Das Vorgehen bei der Auswertung wird in Abbildung 17 dargestellt.

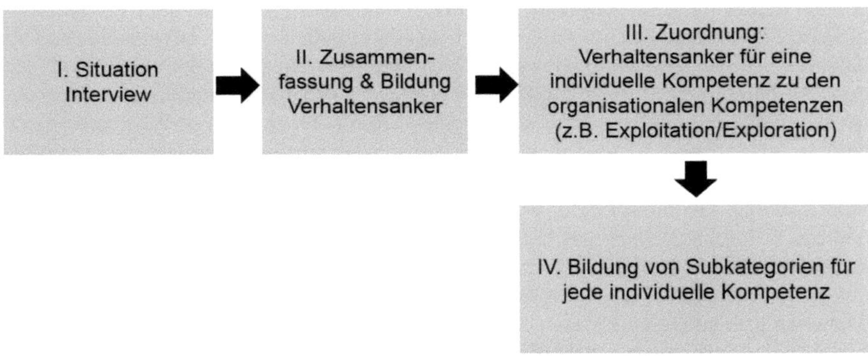

Abbildung 17: Vorgehensweise bei der Auswertung der Kompetenzsituationen

Der Kriterienkatalog für die Zuordnung zu den organisationalen Kompetenzen (Schritt III) orientiert sich dabei an der organisationsspezifischen Beschreibung der Kernkompetenzen sowie an den Definitionen für die Dynamic Capabilities. Alle diese organisationalen Kompetenzen beruhen auf Lernprozessen (Konlechner & Güttel, 2009; Prahalad & Hamel, 1990; Teece & Shuen, 1997). Der Kategorie „allgemein" wurden solche Situationen und Aussagen zugeordnet, die keinen Bezug zu den organisationsspezifischen Kernkompetenzen, Effizienz, Verbesserungen oder Innovationen auf der kollektiven Ebene aufwiesen.

Im Folgenden werden die Kriterien für die Zuordnung zu Exploitation erläutert. Sie setzt sich zusammen aus einer Beschreibung von Effizienzsteigerung im Sinne von Exploitation (March, 1991) und der unternehmensspezifischen Beschreibung der beiden Kernkompetenzen. Die beiden Kernkompetenzen aus der Fallstudie sind dabei die Grundlage für einen wertvollen und nachhaltigen Wettbewerbsvorteil, der Zugang zu verschiedenen Märkten bietet (Hamel, 1994). Ihre Nutzung ist dem Bereich Exploitation zuzuordnen, da bestehendes Wissen in der Bearbeitung von Metallen und im Vertriebsprozess möglichst genutzt und verfeinert wird (siehe dazu Konlechner & Güttel, 2009; O'Reilly III & Tushman, 2008). Der Kategorie Exploitation (allgemein) wurden solche Situationen zugeordnet, die sich auf die allgemeine Steigerung der „Effizienz“ (March, 1991) und der damit verbundenen Prozesse bezogen. Im Folgenden wird dieser erste Kategorienblock erläutert.

Der Kernkompetenz **„Verfahrenskombination in der Werkstoffbehandlung“** wurden insbesondere solche Situationen zugeordnet, die sich auf die Kombination der verschiedenen Technologien im Unternehmen bezogen. Im Unternehmen war damit in vielen Fällen eine Zusammenarbeit zwischen verschiedenen Bereichen und Standorten oder mit der Abteilung Produktentwicklung verbunden. Ergänzend herangezogen wurden folgende Themen: Ausmaß des Umganges mit komplexen Verfahren, die Beherrschung der eigenen Fertigungstechnologie, die starke Ausprägung von Erfahrungswissen durch die langfristige Mitarbeiterbindung und die kontinuierliche Weiterentwicklung der bekannten Technologien. Bei dieser Weiterentwicklung der Technologien ergaben sich Abgrenzungsprobleme zu Explorations-Aktivitäten. In diesen Fällen wurden die Zugehörigkeit zu einem Funktionsbereich (beispielsweise zur Produktion oder zur Produktentwicklung) und die Funktion des Interviewpartners (beispielsweise Meister, technischer Planer, Abteilungsleiter) herangezogen, um zu beurteilen, ob eine Beteiligung etwa an Explorations-Prozessen als gegeben angesehen werden kann. Diese Entscheidungen wurden vom Autor als Expertenentscheidungen getroffen. Das dafür notwendige Wissen wurde aus der Dokumentenanalyse, den Interviews zu den organisationalen Kompetenzen, zahlreichen Gesprächen mit der Personalabteilung und Begleitung der Entwicklung des Unternehmens seit der ersten durchgeführten Mitarbeiterbefragung im Jahr 2004 gewonnen. Das bei der Operationalisierung der Kernkompetenz „Verfahrenskombination in der Werkstoffbehandlung“ aufgenommene „Qualitätsbewusstsein“ wurde bei der Auswertung als Teil der allgemeinen Exploitations-Prozesse angesehen.

Die Kernkompetenz **„Technische Vertriebskompetenz und weltweite Kundenproblemlösungsprozesse“** ergibt sich durch das Zusammenwirken verschiedener Abteilungen (insbesondere des technischen Vertriebes und der Produktentwicklung) gegenüber dem Kunden. Dadurch kann dem Kunden eine außergewöhnlich umfassende technologie- und werkstofforientierte Beratung geboten werden (O-3; O-4). Aufgrund der intensiven Zusammenarbeit mit weiteren internen Abteilungen, die an allen wichtigen weltweiten Produktionsstandorten für Automobilbau vorhanden sind, können ganzheitliche Ansätze zur Lösung von Kundenproblemen bereitgestellt werden. Der enge Kundenkontakt ermöglicht es dem Unternehmen auch, daraus Wissen zu generieren. Sofern sich dieser Prozess der Wissensgenerierung allerdings nicht auf das operative Geschäft, sondern auf längerfristige Trends bezog, wurde die Situation der Dynamic Capability Absorptive Capacity (Zahra & George, 2002) zugeordnet. Da das Unternehmen an langfristigen Kundenbindungen interessiert ist, wurde Fairness grundsätzlich als ein zentrales Gebot im Unternehmen angesehen (O-3; O-4).

Kriterienkatalog: Exploitation/Kernkompetenzen	
Exploitation: Effizienz	Effizienzsteigerung, reibungslose Abläufe
	Fehlersuche und Qualitätsbewusstsein
	Schnelligkeit
	Verbesserung und leichte Veränderungen
	Prozessinnovationen (bei prozessgestaltenden Unternehmen nur kleinere); Produktverbesserungen
	neue Standardunterstützungsprozesse (z. B. IT)
	Feedback-Lernen
	Auf Einhaltung von Prozessen/Routinen achten und im Unternehmen ausbreiten
	Situation bezieht sich schwerpunktmäßig auf Bereiche mit Fokus auf Exploitation (z. B. Produktion, QM)
Market-Access Competency	Vertrieb als Projektmanagementprozess, der von allen Unternehmensbereichen unterstützt wird
	Kundenkontakt durch mehrere Abteilungen (insbesondere Vertrieb und Produktentwicklung)
	Vermittlung von technologischer Kompetenz gegenüber Kunden
	Beratungskompetenz in Bezug auf Verfahren und Werkstoffe
	Verständnis für die Bedürfnisse von Kunden insbes. im Bereich Automotive und starke Reputation sowie hohe Zuverlässigkeit
	Zusammenarbeit von Abteilungen und im Konzern zur ganzheitlichen und weltweiten Lösung von Kundenproblemen
	Fairness und langfristige Orientierung als zentrale Prinzipien
Integrity- und Functionality Related Competency	Beherrschung und Kombination vieler verschiedener Verfahren der Metallbearbeitung
	Fähigkeit, komplexe Komponenten anbieten zu können
	Beherrschung der eigenen Fertigungstechnologien (z. B. eigene Gestaltung von Umformpressen)
	inkrementelle kontinuierliche Verbesserung von bekannten Technologien
	hohe technologische Kompetenz durch langfristige Mitarbeiterbindung
	Gesamtbewertung: Abteilung und Funktion des Interviewpartners

Tabelle 32: Kriterienkatalog für die Zuordnung der Kompetenzsituationen 1

Bei der Erstellung eines Kodesystems für **„Exploitation“** fand eine inhaltliche Orientierung an March (1991, S. 71), O'Reilly III & Tushman (2004, S. 80) und Wollersheim (2010) und dem Vorgehen von Uotila, Maula, Keil und Zahra (2009) statt. Uotila et al. (2009) setzen in ihrer durchgeführten Inhaltsanalyse Begriffe ein, die March (1991) Exploitation zuordnet. Dieser charakterisiert Exploitation durch die Substantive „... Verbesserung, Entscheidung, Produktion, Effizienz, Auswahl, Implementierung, Durchführung“ (March, 1991, S. 71)[51]. Wollersheim (2010) bezieht Exploitation auf Routinen. Diese Routinen in

[51] Übersetzt durch den Verfasser.

Unternehmen sind zum einen geprägt durch „[w]iederholte Handlungsabfolgen" (Wollersheim, 2010, S. 18) und zum anderen durch „[g]elegentliche Suboptimalität" (Wollersheim, 2010, S. 18), wodurch eine gewisses Ausmaß an Veränderungsfähigkeit zum Ausdruck kommt. Darauf aufbauend, wurde die Unterkategorie „Verbesserung und leichte Veränderungen" formuliert. In Anlehnung an den Begriff „Effizienz" (March, 1991, S. 71) wurden die Unterkategorien „Effizienzsteigerung" und die im Unternehmen aus der Fallstudie damit verbundenen Begriffe Fehlersuche, Qualitätsbewusstsein und Schnelligkeit in den Exploitations-Prozessen gebildet. Die Kategorie Effizienz war im Unternehmen auch verbunden mit dem Erreichen von klar definierten anspruchsvollen Zielen. Die angesprochene „Schnelligkeit" entstand beispielsweise dadurch, dass durch eine geeignete Abstimmung die Maschinenrüstzeiten minimiert wurden. Die Effizienz wurde auch durch „Prozessinnovationen" gesteigert. Da das Unternehmen Prozesse (der Metallverarbeitung) anderen Unternehmen am Markt anbot, wurden große Prozessinnovationen aber unter Exploration subsummiert. Neue Ideen, die nur zu Produktverbesserungen und -weiterentwicklungen und nicht zu neuen Produkten in neuen Bereichen führten, wurden mit Bezugnahme auf O'Reilly III und Tushman (2008) Exploitation zugeordnet. Außerdem wurde die Kategorie „Auf Einhaltung von Prozessen/Routinen achten und im Unternehmen ausbreiten", die sich auf das Konzept des Feedback-Lernens (Vera & Crossan, 2004) im Unternehmen bezog, als Unterkategorie von „Exploitation: Effizienz" aufgenommen.

Den zweiten Block bildeten die Dynamic Capabilities (Güttel, 2006; Zollo & Winter, 2002) und die Explorations-Lernprozesse der Dynamic Capability Ambidextrie (O'Reilly III & Tushman, 2008).

Den „allgemeinen" Dynamic Capabilities wurden solche Prozesse zugeordnet, die sich auf die Teilnahme oder Beherrschung von Restrukturierungsprozessen oder die Integration von anderen Unternehmen beziehungswese die Bildung von Allianzen bezogen. Diese stellten die first-order Dynamic Capabilities (Kupke, 2006; Zollo & Winter, 2002) dar. Situationen, in denen die organisationalen Lernprozesse auf der kollektiven Ebene selbst thematisiert wurden, wie die Gestaltung des Wissensaustausches, die Wissensspeicherung und das damit verbundene systematische Sammeln von Erfahrungen, (Zollo & Winter, 2002) wurden der Kategorie „organisationales Lernen (second-order Dynamic Capabilities)" zugeordnet.

Die Kategorien für Exploration wurde mit Bezug auf die von March (1991) dargestellte Begriffsliste, „... search, variation, risk taking, experimentation, play, flexibility, discovery, innovation" (S. 71), insbesondere in Bezug auf „Experimentieren", „Risikoübernahme", „Innovation" und „Suchen" gebildet. Die erste Kategorie bildete „neue Ideen zu neuen Technologien und innovativen Bauteilen (große Produktinnovationen)". Zusätzlich zu den Produktinnovationen können bei Unternehmen, die Prozesse als „Produkte" dem Markt zur Verfügung stellen, auch „große Prozessinnovationen (bei prozessgestaltenden Unternehmen)" abhängig von der Situation Exploration zugeordnet werden. Die dritte Kategorie bildete „neue Wege finden, Experimentieren, Risiken eingehen". Es zeigte sich in der Fallstudie, dass dieses Suchen und Experimentieren dazu führen kann, „Altes" hinter sich zu lassen, bzw. Routinen aufzubrechen. Um Explorations-Prozesse im Team umzusetzen, müssen Mitarbeiter allerdings nicht nur selbst suchen und experimentieren, sondern sie müssen sich mit den Anforderungen der neu identifizierten Aufgabenbereiche ihrer Organisationseinheit auseinandersetzen und entsprechende Aufgaben übernehmen.

Kriterienkatalog: Dynamic Capabilities / Exploration	
Exploration	neue Ideen zu neuen Technologien, Werkstoffen und innovativen Bauteilen (große Produktinnovationen)
	große Prozessinnovationen (bei probessgestaltenden Unternehmen)
	neue Wege suchen/finden, Experimentieren, Risiken eingehen
	Altes hinter sich lassen/ Routinen aufbrechen
	Auseinandersetzung mit (bzw. Lernen von) neuen Anforderungen und Übernahme von neuen Aufgaben in Explorations-Bereichen
	Bezug der Situation auf Bereiche mit Fokus auf Exploration (insbesondere F&E sowie Produktentwicklung)
Absorptive Capacity	Aufnahme von externem Wissen (Zahra und George 2002): Acquisition
	Nutzbarmachung von externem Wissen (Zahra und George 2002): Assimilation und Transformation
	(Nutzung/Exploitation) (Zahra und George 2002): Exploitation wurde als eigener Lernmodus im Rahmen der Ambidextrie ausgewertet
„allgemeine" Dynamic Capabilities	Restrukturierungsprozesse & Unternehmensentwicklung
	Allianzing/post merger-integration
	organisationales Lernen (second-order Dynamic Capabilities) Systematisches Sammeln von Erfahrungen (Zollo und Winter, 2002) Gestaltung des Wissensaustauschs (Zollo und Winter 2002) Wissensspeicherung (Zollo und Winter 2002)
Kriterienkatalog: „allgemeine" Situationen (ohne Bezug zu den organisationalen Kompetenzen)	
kein Bezug zu Lernprozessen im Rahmen der organisationalen Kompetenzen direkt oder indirekt erkennbar	
Anwendung hat nur individuellen Bezug: Beispielsweise individuelle Mitarbeiterförderung ohne Verweis auf organisationale Kompetenzen	
Aussagen zur Beziehung zwischen individuellen Kompetenzen untereinander	
allgemeine Wichtigkeit der Kompetenz	

Tabelle 33: Kriterienkatalog für die Zuordnung der Kompetenzsituationen 2

Die Situationen zu „Absorptive Capacity" (Zahra & George, 2002) wurden zwar gesondert ausgewertet, allerdings in Bezug auf die Suchaktivitäten nach neuem Wissen (March, 1991) der übergeordneten Kategorie „Exploration" zugeordnet. Dabei wurden in Anlehnung an Zahra und George (2002, S. 189) als Subkategorien die „Aufnahmen von externem Wissen“ und „Nutzbarmachung von externem Wissen“ gebildet. Die Dimension der „Exploitation“ nach (Zahra & George, 2002) wurde aufgrund der Überschneidung mit dem in Ambidextrie enthaltenen Lernmodus Exploration nicht mit aufgenommen.

Die Ergebnisse der Delphi-Befragungen wurden mit Erkenntnissen aus der betriebswirtschaftlichen und psychologischen Forschung zusammengeführt. Daraus wurde eine Kompetenzliste (siehe die Ergebnisse Kapitel 6.2.1) entwickelt, in der die Beziehungen zwischen individuellen und organisationalen Kompetenzen beschrieben werden.

Auswertung zum Führungsverhalten, zum Lernverhalten und zu Beziehungen

In der Delphi 1 Befragung wurde nach dem optimalen Führungsverhalten gefragt. Aus den Antworten wurden Verhaltensweisen von Führungskräften zusammengefasst, die im Unternehmen für erfolgsrelevant gehalten wurden, und den Interviewpartnern in der Delphi 2 Befragung vorgelegt. Die Situationen aus der Delphi 2 Befragung, in denen Führungskräfte beschrieben, wie durch Führung Ambidextrie gefördert werden kann, wurden analog zum Kriterienkatalog für die Kompetenzsituationen entweder Exploration oder Exploitation zugeordnet und innerhalb dieser Bereiche auf die zentralen Verhaltensweisen verdichtet.

In Bezug auf die Lernsituationen wurde gefragt, in welchen Situationen eigenverantwortliches Handeln (Kaschube, 2006) und Metakompetenzen (Briscoe & Hall, 1999) erworben wurden. Dazu wurden zentrale Maßnahmen wie „Möglichkeiten der Wissensaufnahme“, „Herausforderungen“, „Begleitung und Förderung“ und „Feedback“ herausgearbeitet. Analog wurde dieses Vorgehen für „eigenverantwortliches Handeln“ durchgeführt.

In der Beziehungsanalyse wurde herausgearbeitet, welche Organisationseinheiten regelmäßig (ein- oder mehrmals pro Woche) Kontakt zu Mitarbeitern der Produktentwicklungsabteilung hatten. Daraus wurde abgeleitet, wie stark die Einbindung der Mitarbeiter der Abteilung Produktentwicklung in Exploitations- und Explorations-Prozesse war. Der theoretische Hintergrund für die Auswertung bezieht sich auf die Bedeutung von Beziehungen und Sozialkapital für nachhaltige Wettbewerbsvorteile (Bolino et al., 2002). Zur Analyse des Sozialkapitals verweisen Bolino et al. (2002) auf das Modell von Nahapiet (1998). Dabei wurde nur die strukturelle Dimension des sozialen Kapitals nach Nahapiet (1998) ausgewertet, durch die abgebildet wird, ob zwischen Individuen oder Gruppen Beziehungen bestehen (Nahapiet, 1998). Die Qualität der Beziehungen als weitere Dimension (Nahapiet, 1998) wurde nur ergänzend in Form der Interaktionshäufigkeit betrachtet.

5.3.4 Quantitative Befragung[52]

Bereits im Vorfeld dieser Untersuchungen wurde 2004 eine vom Autor entwickelte Mitarbeiterbefragung durchgeführt (Rost, 2005), die auf dieser Grundlage 2006 und 2010 wie-

[52] Teile des Kapitels enthalten in Renzl, Rost und Kaschube (2013b, S. 263 f.).

derholt und erweitert wurde. In dieser Arbeit berücksichtigt wurden allerdings nur die Daten der Befragung von 2010. Im Rahmen der Fallstudie kam der Befragung zum einen die Funktion zu, die Situation und die internen Prozesse aus Mitarbeitersicht als Grundlage für die organisationalen Kompetenzen genau zu erfassen. Zum anderen sollte der Einfluss von transaktionaler und transformationaler Führung (Bass, 1990; Bass and Avolio, 1994; Neuberger, 2002) auf die Beurteilung der Arbeits- und Unternehmenskultur, der Entwicklungsmöglichkeiten der Mitarbeiter, des aktuellen Veränderungsprozesses sowie der von den Mitarbeitern wahrgenommenen Sicherheit des Arbeitsplatzes erfasst werden.

5.3.4.1 Konzept und Durchführung der Befragung

Die Grundstruktur des quantitativen Befragungsinstrumentes wurde vom Autor bereits im Rahmen der Mitarbeiterbefragung 2004 in dem Unternehmen aus der Fallstudie entwickelt (Rost, 2005). In Mitarbeiterbefragungen werden die Einstellungen der Mitarbeiter mit empirischen sozialwissenschaftlichen Methoden systematisch erhoben (Borg, 2003). Das vorliegende Befragungsinstrument wurde organisationsspezifisch entwickelt und berücksichtige dadurch die Sprache und die Bedingungen in der Organisation und bot konkrete Ansatzpunkte für die Maßnahmenableitung. Diese Punkte sind bei Standardinstrumenten in der Regel nicht in ausreichendem Maße gegeben (Bögel & von Rosenstiel, 1997). Die Anforderungen der Organisation wurden mit Konstrukten aus der organisationspsychologischen Forschung zu einem Konzept zusammengeführt (siehe zu diesem Vorgehen Bögel & von Rosenstiel, 1997; Rost, 2005). Typische Ziele von Mitarbeiterbefragungen sind das Messen der Einstellung und des Empfindens der Mitarbeiter, ihre Einbindung und die Erhöhung ihrer Zufriedenheit. Zunehmend liegt der Schwerpunkt auch auf der Verbesserung der Leistungsfähigkeit der Organisation insgesamt sowie darin, eine Grundlage für die strategische Weiterentwicklung zu schaffen (Borg, 2003). Die Befragung von 2010 hatte gemäß dieser Systematik die Ziele, neben der Erhöhung der Mitarbeiterzufriedenheit die Leistung der Organisation zu verbessern und durch das Anstoßen von organisationalen Lernprozessen zu einer strategischen Weiterentwicklung des Unternehmens beizutragen. Die Befragung war in einen längeren Vorbereitungs- und einen Follow-up Prozess eingebunden. Sie wurde vom 13.09. bis 26.010.2010 an allen deutschen Standorten des Unternehmens durchführt. Dabei nahmen von den 2512 angeschriebenen Mitarbeitern an der Befragung 1604 teil. Dies entspricht einer Rücklaufquote von 64 Prozent.

5.3.4.2 Operationalisierung der Themen und Ergebnisauswertung

Wie in Kapitel 5.3.4.1 beschrieben, wurden die Daten mit einem organisationsspezifischen Instrument und nicht mit Standardinstrumenten erhoben. Die nachfolgend beschriebenen Skalen wurden deshalb aufbauend auf den verwendeten theoretischen Konzepten zusammen mit der beteiligten Organisation entwickelt. Dafür wurden Workshops und Interviews eingesetzt. Die zentralen Grundlagen für das Erhebungsinstrument wurden vom Autor dieser Arbeit in der Konzeptionsphase der ersten Befragung 2004 (siehe dazu Rost, 2005) gelegt. Für die Befragungen 2006 und 2010 wurde das Instrument weiterentwickelt. Aufgrund der organisationsspezifischen Entwicklung wird auf eine vollständige Darstellung der im Folgenden beschriebenen Skalen verzichtet. Die quantitativen

Daten sind im Rahmen dieser Arbeit als Ergänzung zu den qualitativen Daten zu betrachten und bilden nicht den Schwerpunkt der Studie.

Führung

Transaktionale Führung umfasst die Elemente „Bedingte Belohnung" und „Management by Exception" (Bass, 1990). Der Operationalisierung von Geyer und Steyrer (1998) und den Ausführungen zur transformationalen Führung von Neuberger (2002) folgend, wurden zusätzlich „Feedback" und „Austausch" zwischen Mitarbeitern und Vorgesetztem mit operationalisiert, auf die Operationalisierung der Dimension „Management by Exception" wurde hingegen verzichtet. Bei einer Reliabilitätsanalyse ergab sich für die sieben Items von transaktionaler Führung ein Cronbachs Alpha für standardisierte Items von 0,918.

Die transformationale Führung wurde über insgesamt sechs Items mit den Dimensionen „inspirierende Motivierung", „individualisierte Fürsorge" und „intellektuelle Stimulierung" (Bass & Avolio, 1994, S. 3)[53] operationalisiert. Die Dimension „idealisierter Einfluss" wurde im Pretest ausgesondert. Die Reliabilitätsanalyse für die sechs Items zu transformationaler Führung ergab ein Cronbachs Alpha für standardisierte Items von 0,909. Zusätzlich wurde die "allgemeine Führungskraft-Mitarbeiter-Beziehung" über drei Items erfasst, die aufgrund eines Cronbach Alpha Wertes für standardisierte Items von 0,882 zusammenfasst werden konnten. Über diese Variable wurden die grundsätzliche Einschätzung der Zusammenarbeit zwischen Mitarbeiter und Vorgesetztem, der Umgangston zwischen ihnen sowie die Fähigkeit des Vorgesetzten, für gute Zusammenarbeit in seinem Bereich zu sorgen, abgebildet.

Werte und Unternehmenskultur

Im Rahmen der Diskussion zu Kultur und Ambidextrie wird die Bedeutung von gemeinsamen Werten in einer Organisation hervorgehoben (Güttel & Konlechner, 2009; O'Reilly III & Tushman, 2008). Für die Gestaltung von kontextueller Ambidextrie wird eine Kultur benötigt, die Entwicklungsmöglichkeiten, gegenseitige Unterstützung und Vertrauen fördert, in der aber auch Leistung betont und starke Leistungsanreize gesetzt werden (Birkinshaw & Gibson, 2004, S. 51; Güttel & Konlechner, 2009). Aufbauend auf den genannten Erkenntnissen aus der Literatur, wurde bei der Zusammenstellung der Items zu den Dimensionen „Entwicklungsmöglichkeiten" und „soziale und leistungsfördernde Kultur" auf das Leitbild des Unternehmens (Dok-26) mit den zentralen Werten „Integrationskraft", „Entwicklungsfähigkeit" und „Teamarbeit" sowie auf die Interviews zu den organisationalen Kompetenzen Bezug genommen. Abgefragt wurden die Themen der Zufriedenheit mit den Entwicklungsmöglichkeiten, die Zuversicht in Bezug auf die eigenen Entwicklungsmöglichkeiten sowie der Zusammenhang zwischen persönlichem Einsatz und den Chancen auf berufliche Weiterentwicklung. Nach einer Reliabilitätsprüfung (Cronbachs Alpha

[53] Übersetzt durch den Verfasser, im Original fett gedruckt.

von 0,849) konnten drei Items zur Dimension „Entwicklungsmöglichkeiten" zusammengefasst werden.

Zur Dimension „soziale und leistungsfördernde Kultur" konnten nach einer Reliabilitätsanalyse (Cronbachs Alpha für standardisierte Werte 0.867) acht Items zusammengefasst werden. Dafür wurden folgende Themen abgefragt: Die Wertschätzung und der Respekt gegenüber allen Mitarbeitern, das Vorleben der Werte durch die Führungskräfte, die Orientierung am Leitbild, das Empfinden von Gemeinsamkeiten im Gesamtunternehmen, die Teamarbeit als Bestandteil der Unternehmenskultur, die Motivation durch Mitarbeiterbeteiligung, die Bedeutung von Leistung für Entscheidungen im Unternehmen sowie das Ausmaß, in dem alle Personen im Unternehmen Leistungsbeiträge erbringen.

Commitment

Die Bedeutung von organisationalem Commitment (Allen & Meyer, 1990) für die Bildung und Nutzung von Dynamic Capabilities wird von Teece (2007) betont, dessen genaue Wirkung wird in diesem Zusammenhang jedoch als bisher zu wenig erforscht angesehen. In der vorliegenden Fallstudie wurde lediglich die affektive Komponente des organisationalen Commitments nach Allen und Meyer (1990) in Anlehnung an die deutsche Version des Commitmentfragebogens nach Schmidt et al. (1998) mit zwei Items operationalisiert. Da Cronbachs Alpha für die beiden Items allerdings nur ,526 für standardisierte Items betrug, wurden sie nicht zusammengefasst.

Ideenmanagement, Restrukturierungsprozesse und Angst um den Arbeitsplatz

Kontinuierliche Verbesserungsprozesse können nach Krüger und Homp (1997) als organisationale Metakompetenzen beziehungsweise als Dynamic Capability angesehen werden. Eine hohe Bewertung der kontinuierlichen Verbesserungsprozesse deutet damit auf eine hohe derartige Dynamic Capability Ausprägung hin. In Bezug auf das Ideenmanagement wurde gefragt, inwieweit die Mitarbeiter mit der Anwendung dieses Managementinstrumentes zufrieden sind und dieses zu konkreten Verbesserungen führt. Aufgrund eines Cronbach Alpha Wertes von 0,809 für standardisierte Items für die zwei Items konnten sie zu einer Dimension zusammengefasst werden.

Durch Umstrukturierungen können neue Ressourcen integriert oder bestende in neuer Weise genutzt werden. Die Fähigkeit zur Restrukturierung kann folglich als first-order Dynamic Capability angesehen werden (Güttel, 2006; Zollo & Winter, 2002). In der Befragung wurde mit einem Item erfasst, inwieweit die Befragten mit der Umstrukturierung und Reorganisation zufrieden sind.

Transformationale Führung soll den Mitarbeitern in unsicheren Situationen Ängste nehmen (Nemanich & Vera, 2009). Als zentrale Angst im beruflichen Kontext wurde die vor dem Verlust des Arbeitsplatzes mit einem Item operationalisiert.

Ergebnisauswertung

Für die Ergebnissauswertung wurde eine multiple lineare Regression eingesetzt. Dadurch wurde die zusätzliche Varianz ermittelt, die der transformationale Führungsstil für die Variablen „soziale und leistungsfördernde Kultur", „Entwicklungsmöglichkeiten", „Zufriedenheit mit dem Restrukturierungsprozess" sowie „keine Angst vor Arbeitsplatzverlust" zusätzlich zum transaktionalen Führungsverhalten und dem allgemeinen Vorgesetztenverhalten erklärt.

5.3.5 Entwicklung des Kompetenzmodells

Das Kompetenzmodell wurde empirisch aus den Daten der Delphi Befragung entwickelt. Zusätzlich wurden die Ergebnisse der empirischen Untersuchung um Kompetenzbeschreibungen aus dem Kompetenzatlas (Heyse & Erpenbeck, 2004; Heyse, 2010) ergänzt. Die Abstimmung zwischen theoretischen Überlegungen, empirischen Ergebnissen und organisationalen Erfordernissen erfolgte in zwei Workshops mit der Personalabteilung am 05.07. und 22.07.2011, einem Workshop mit dem mittleren Management des Pilotbereiches am 04.08.2011 und einem mit der Geschäftsleitung am 05.10.2011.

6 Fallstudienbetrachtung I: Individuelle und organisationale Kompetenzen

6.1 Organisationale Kompetenzen der Fallstudie und ihre Ansatzpunkte zur Verknüpfung mit den individuellen Kompetenzen

In Kapitel 4.4.1 wurden folgende Forschungsfrage zum Kompetenzmodell aufgestellt:

- Forschungsfrage 1.1: Welche Ansatzpunkte bieten diese organisationalen Kompetenzen für die Verknüpfung von individuellen und organisationalen Kompetenzen?

Um diese Frage im Rahmen der Fallstudie zu beantworten, werden die organisationalen Kompetenzen des Unternehmens sowie deren Grundlagen wie Ressourcen, Routinen und Regeln dargestellt. Beispielhaft wird damit gezeigt, wie organisationale Kompetenzen mit den begrenzten Mitteln eines mittelständischen Unternehmens, das sich im Veränderungsprozess hin zu einem weltweit agierenden Konzern befindet, derart operationalisiert werden können, dass sie für die Personalarbeit nutzbar werden. Die Kernkompetenzen werden zudem nach den in Kapitel 2.2.2 dargestellten Kriterien überprüft. Darauf aufbauend, wird analysiert, welche Anknüpfungspunkte die organisationalen Kompetenzen für Kompetenzmodelle bieten.

6.1.1 Grundlagen für Kernkompetenzen und Dynamic Capabilities

6.1.1.1 Ressourcen

In Bezug auf die Ressourcen kann zwischen physischen, Organisations- und Human-Ressourcen unterschieden werden. Diese müssen wertvoll, selten und nicht vollständig zu imitieren oder zu substituieren sein (Barney, 1991).

Das Unternehmen aus der Fallstudie verfügte über eine sehr hochwertige Ausstattung im Bereich der Produktionstechnologie (O-1; O-3) und des Qualitätsmanagements (D-14), die zentrale Bestandteile der physischen Ressourcen waren. Die Produktionstechnologien waren aufgrund des Eigenbaus der Pressen zur Umformung von Stahl (O-4) und der Prüfautomaten für das Qualitätsmanagement (D-14) selten und schwer zu imitieren. Von besonderer Bedeutung war das große Spektrum der Produktionstechnologien. Dies war in dieser Form weltweit einzigartig und besonders wertvoll für das Unternehmen und seine Kunden, weil es die Kombination verschiedener Verfahren ermöglichte. Eine geringe Bedeutung hatten hingegen Patente, da Patentierungsverfahren zu einer Offenlegung der Prozesse geführt und damit das Risiko von Imitationen erhöht und nicht gesenkt hätten (O-4). Eine zentrale Grundlage für die gute technologische Ausstattung des Unternehmens war die finanzielle Situation. Sie ermöglichte dem Unternehmen Stabilität und kontinuierliche Investitionsmöglichkeiten. Das Unternehmen befand sich mehrheitsmäßig im Familienbesitz und wies eine überdurchschnittlich hohe Eigenkapitalquote (O-6) und Umsatzrendite (O-6; O-7) auf.

Im Bereich der Prozesse und Managementsysteme, die die Grundlage für organisationale Ressourcen bilden (Barney, 1991), verfügte das Unternehmen grundsätzlich über „eine ganz typische Automobilzuliefererstruktur, die hocheffizient läuft“ (O-6). Allerdings zeigten die Interviewpartner auch deutlich auf, dass das Unternehmen Probleme hatte, die hochwertige Produktionstechnologie auch effizient in den Prozessen zu nutzen (O-1). Die Prozesse seien teilweise um Mitarbeiter „herum gebaut“ (O-1) und nicht auf die hohen Belastungen ausgelegt (O-6). Systeme der Managementunterstützung wie beispielsweise ein Kompetenzmanagement waren zum Zeitpunkt der Untersuchung in vielen Bereichen nur rudimentär vorhanden. Die in Kapitel 7 („Lernen und Dynamic Capabilities“) dargestellten Maßnahmen sollten dies ändern. Insgesamt kann deshalb nicht davon ausgegangen werden, dass das Unternehmen zum Zeitpunkt der Datenerhebung in hohem Maße Organisationsressourcen besaß, die im Sinne von Barney (1991) „selten“ und „wertvoll“ waren.

Die Humanressourcen beruhten auf einer intensiven und unternehmensspezifischen Schulung des Personals (O-4) sowie auf einer hohen Einsatzbereitschaft, Motivation und langfristigen Bindung der Mitarbeiter (O-1; O-6; O-7), die sehr umfangreiches Erfahrungswissen hatten, wie beispielsweise Kenntnisse über die genauen Anordnungen von Maschinen (O-3). Als zentrale Mitarbeitergruppen wurden vor allem die Mitarbeiter in der F & E, in der Produktentwicklung, in der Konstruktion und im Werkzeugbau genannt. Ergänzend genannt wurden einige Produktionsexperten und die Mitarbeiter im technischen Vertrieb (O-1; O-2; O-3; O-6). Die Vernetzung der Mitarbeiter in den Abteilungen Produktentwicklung und technischer Vertrieb wurden als in hohem Maße nutzenstiftend angesehen, da dadurch den Kunden ein besonderer Service angeboten sowie Wissen von den Kunden aufgenommen und in die eigene organisationale Wissensbasis integriert werden konnte (O-3; O-4).

6.1.1.2 Organisationale Regeln und Routinen

Güttel (2006) sieht organisationale Regeln als zentrale Grundlage für Dynamic Capabilities und zeigt auf, wie Dynamic Capabilities über die Analyse des Regelsystems einer Organisation identifiziert werden können. Als Bezugsrahmen für die Gliederung eines organisationalen Regelsystems schlägt er die Einteilung von Regeln nach Frank und Lueger (1995) vor. Wie bereits im Kapitel 2.4.2 dargestellt, gliedern Frank und Lueger (1995; 1998) Regeln in die sachlich-instrumentelle, in die mikropolitisch-soziale und in die kulturell-reflexive Ebene. Auf das Konzept der Routinen greift Güttel (2006) zurück, um organisationale Kernkompetenzen zu identifizieren. Gemäß dem Forschungsmodell der Arbeit (siehe Kapitel 4.3.2) wird davon ausgegangen, dass organisationale Regeln und Routinen zentrale Ansatzpunkte für die Verknüpfung zwischen individuellen und organisationalen Kompetenzen und der Konstruktion von entsprechenden Kompetenzmodellen bilden. Ihre unternehmensspezifische Ausprägung wird im Folgenden dargestellt.

Sachlich-instrumentelle Ebene: Regeln durch Struktur- und Prozesselemente

Die Automobilzulieferbranche unterliegt einem starken Effizienz- und Standardisierungsdruck (O-1 bis O-7). Wie zu erwarten war, wiesen die identifizierten Regeln für diese Ebene auf eine starke Fokussierung großer Teile der Organisation auf Exploitation hin.

- Outputorientierung durch Kennzahlen in der Produktion und im Qualitätsmanagement
- Qualitätsorientierung durch zahlreiche Qualitätsmanagementprozesse
- Standardisierung in der Unternehmensgruppe durch Prozesse
- Zusammenarbeit in teilautonomen Arbeitsgruppen, hohe Führungsspannen, flache Hierarchien

Regeln auf der politisch-sozialen Ebene

- Zusammenarbeit: Die Zusammenarbeit ist geprägt durch Vertrauen, Teilung von Wissen und Mut zum Experimentieren
- Beziehungen zu Mitarbeitern und langfristigen Kunden haben soweit möglich Vorrang vor Finanzkennzahlen
- Netzwerk: Intensive Vernetzung der zentralen Mitarbeiter (intern und extern).
- Entscheidungsfindung: Schnelligkeit, Verbindlichkeit, Partizipation aller Ebenen möglich, hohe Bedeutung von sozialen Netzwerken und Einzelfallregelungen

Um an den stark kooperativ orientierten Regeln auf der mikropolitisch-sozialen Ebene teilnehmen zu können, dürften sowohl hohe Ausprägungen auf der Ebene der sozialen Kompetenzen (z. B. „Team- und Kooperationsfähigkeit") als auch der personalen Kompetenzen (wie „Loyalität") notwendig sein.

Regeln auf der kulturell-reflexiven Ebene

In den Interviews konnte eine starke Bezugnahme auf Unternehmensidentität festgestellt werden, die durch die Gründerfamilie geprägt wurde und vom Status des Unternehmens als unabhängigem Familienunternehmen bestimmt war. Dies hatte auch wesentlichen Einfluss auf die Verbundenheit zwischen Mitarbeitern und Unternehmen.

- Identität: Unabhängiges Familienunternehmen mit starker Orientierung an der Gründerfamilie
- Mitarbeiterbindung: Hohes normatives und affektives organisationales Commitment
- Werte und Umgang mit Konflikten: Streben nach Harmonie, respektvoller Umgang unabhängig von der Hierarchie, Orientierung an der Unternehmensgemeinschaft muss vor Einzelinteressen stehen
- Vertrauenskultur: Gegenseitiges Vertrauen fördert die Weitergabe von Wissen

Regeln bilden die Grundlage für Routinen (Güttel, 2006). Sie legen die Handlungsmöglichkeiten fest, innerhalb derer sich Akteure bewegen können, d. h. sie bestimmen z. B. die Kultur eines Unternehmens. Diese dürfte ein Faktor sein, der schwer zu imitieren ist. Um an den Regeln teilzunehmen, benötigen Mitarbeiter bestimmte Kompetenzen, die in

Kapitel 6.2 dargestellt werden. Da die genannten Regeln den Dynamic Capabilities zugrunde liegen, bilden sie auch die Grundlage für die Änderung von Routinen (Güttel, 2006). Im Folgenden werden die identifizierten Routinen dargestellt und zwei besonders erfolgskritische Routinen diskutiert.

Routinen

Als **Routinen** in Unternehmen werden kollektive Handlungsweisen oder auch Geschäftsprozesse angesehen (Becker, 2004; Güttel, 2006).

Im Rahmen dieser Untersuchung konnten die folgenden operativen Routinen identifiziert werden:

- Routine im Werkzeugbau: Standardpressen werden von eigenen Mitarbeitern für die Anwendung in den Fertigungsprozessen in hohem Maße spezifiziert und schrittweise optimiert. Dadurch werden die wettbewerbsrelevanten technologischen Kompetenzen im Unternehmen intern entwickelt und die Fertigungsprozesse sind schwer zu imitieren.
- Routine Produktentwicklung: Wissensakkumulation durch intensive Pflege von Branchenkontakten, Zusammenarbeit mit dem Vertrieb, der Produktion sowie Kunden und Kooperationspartnern, Experimentieren, Verknüpfung verschiedener Verfahren
- Routine Personalentwicklung: langfristige Bindung und Entwicklung, teilweise Flexibilität durch job rotation, teilw. leistungs- und qualitätsorientierte Bezahlung.
- Routine Vertrieb: Projektmanagementcharakter, technische Beratung, weltweit ein Ansprechpartner, Zusammenarbeit mit Produktentwicklung.

Als besonders erfolgskritisch sind die Routine Vertrieb und die Routine Produktentwicklung einzuschätzen. Erstere war geprägt durch die enge Zusammenarbeit der Mitarbeiter im Vertrieb mit der Abteilung Produktentwicklung sowie weiteren Abteilungen.

„Also wir haben immer Teams gebildet, das war einfach einer aus dem Verkauf, einer aus der Produktentwicklung, die dann zum Unternehmen gefahren sind. […] [W]ir sind noch in der Größenordnung, wo das funktioniert." (D-31, Z. 84-87)

In diesem Zitat wird angedeutet, dass diese Zusammenarbeit bei zunehmender Unternehmensgröße schwieriger werden könnte. Weitere Indizien für diese Annahme ergaben sich aus der Analyse eines vom Autor zusätzlich zu der vorliegenden Studie geführten Interviews mit einem Vertreter eines großen, weltweit agierenden Unternehmens aus der Automobilzulieferbranche.

Die Routine der Produktentwicklung ist ebenfalls durch die Verknüpfung mit dem Vertrieb, aber auch mit der Produktion gekennzeichnet.

6.1.2 Kernkompetenzen aus der Fallstudie

Auf technologischer Seite werden die verschiedenen organisationalen Einzelkompetenzen zur Kernkompetenz *„Verfahrenskombination in der Werkstoffbehandlung"* zusammengefasst. Als zentrale Elemente, die diese Kompetenz beschreiben, sind folgende zu nennen:

- Beherrschung und Kombination vieler verschiedener Verfahren der Metallbearbeitung
- Fähigkeit, komplexe Komponenten anbieten zu können
- kontinuierliche Entwicklung von Technologien
- Beherrschung der eigenen Fertigungstechnologie
- Schnelligkeit, Flexibilität und hohes Qualitätsbewusstsein
- hohe technologische Kompetenz durch langfristige Mitarbeiterbindung

Die „Verfahrenskombination" wird nicht alleine durch die Beherrschung der Einzelverfahren zu einer Kernkompetenz, sondern durch ihre Verknüpfung. Dies stellt einen kollektiven Lernprozess im Sinne von Prahalad und Hamel (1990) dar. In der Klassifikation von Kernkompetenzen nach Hamel (1994) handelt es sich dabei schwerpunktmäßig um eine integrity-related competency. Der Wettbewerbsvorteil des Unternehmens liegt im Wesentlichen in der effizienten Verknüpfung der einzelnen Verfahren bzw. der jeweils dazugehörigen Produktionsbereiche. Dadurch erlangt das Unternehmen Flexibilität in der Erfüllung der Kundenwünsche. Einzelne Produkte können durch diese Verfahrenskombination allerdings exklusiv oder zumindest mit einzigartigen Eigenschaften angeboten werden, was einer functionality-related competency entspricht. In Richtung functionality-related competency rückt diese Kompetenz auch, wenn nicht die einzelnen Automobilteile, sondern die Prozesse zur Metallverarbeitung als Produkt gesehen werden, das man den Kunden anbietet. Diese Sichtweise wird durch die Unternehmensanalyse gestützt. Der Kunde erhält durch das breite Spektrum von angebotenen Technologien die Möglichkeit, für viele verschiedene Teile nur einen Ansprechpartner zu haben. Die Kernkompetenz „Verfahrenskombination" kann nicht eindeutig einer der beiden erwähnten Arten zugeordnet werden. Hamel (1994) erläutert anhand der japanischen Automobilindustrie, wie sich das Kriterium Qualität von einer integrity-related competency zu einer functionality-related competency wandelte. Eine Zuordnung einer Kernkompetenz zu zwei Arten ist insofern als möglich anzusehen.

Im Folgenden wird gezeigt, dass die beschriebene organisationale Kompetenz „Verfahrenskombination in der Werkstoffbehandlung" auch die zentralen Kriterien für organisationale Kernkompetenzen (siehe Kapitel 2.2.2) weitgehend erfüllt (siehe Tabelle 34). Sie ist wertvoll, da sie dem Unternehmen nachhaltig eine starke Wettbewerbsposition sichert und es ihm ermöglicht, den Kunden in besonderem Maße individuelle nutzenstiftende technologische Lösungen anzubieten. Die meisten einzelnen technologischen Verfahren und Prozesse werden auch von Wettbewerbern beherrscht, die Vielfalt der Prozesse und ihre Kombinationsmöglichkeit sind aber einzigartig. Diese Kombinationsmöglichkeiten können nach Ansicht des Top-Management-Teams (Interviews D 1 bis D 7) auch nur sehr schwer imitiert werden, da sie auf einer Vielzahl von unternehmensspezifischen Entwicklungsprozessen im technologischen Bereich aber auch in Bezug auf die Unternehmenskultur und die Humanressourcen beruhen (siehe dazu Güttel, 2006). Daraus ergibt sich auch die Organisationspezifität der Kernkompetenz.

Kernkompetenzkriterien: Verfahrenskombination in der Werkstoffbehandlung
wertvoll? • neue technologische Lösungen für den Kunden • insgesamt starke Wettbewerbsposition
selten? • weltweit kein Konkurrent mit ähnlich breiter technologischer Aufstellung
schwer imitierbar und substituierbar? • sehr komplexes Produktionssystem • Vernetzung: Informationsaustausch insbes. von Vertrieb, Produktentwicklung, Konstruktion, Werkzeugbau und Produktion durch Vertrauenskultur und langfristige Mitarbeiterbindung • viel „Erfahrungswissen“ der Mitarbeiter • Werkzeuge werden zum großen Teil selbst hergestellt • Substitution einzelner technischer Verfahren möglich, der „Verfahrenskombination“ aber sehr schwier • Aus der der schweren Imitierbarkeit ergeben sich auch die die eingeschränkten Nutzungsmöglichkeiten der Kernkompetenz außerhalb der Organisation (Organisationsspezifität).
Eingang in mehrere Produkte? • Verfahrenskombination bezieht sich auf alle Produktgruppen und ist vielseitig einsetzbar
Zugang zu verschiedenen Märkten? • Ja: Gut einsetzbar in weiteren Teilmärkten im Automobilzulieferbereich! Prinzipiell könnte die Technologie auch in den Bereichen Windkraft, Luftfahrt, Medizintechnik etc. genutzt werden. • Nur teilweise erfüllt: Unterschiedliche technologische Herausforderungen. Erfolgreiche Anwendung außerhalb des Bereiches Automotive nur mit erheblichen Änderungen möglich.

Tabelle 34: Kernkompetenzkriterien: Verfahrenskombination in der Werkstoffbehandlung

Die Kernkompetenz „Verfahrenskombination in der Werkstoffbehandlung“ fließt in ein breites Spektrum an Produkten ein, weitere Teilmärkte im Automobilsektor könnten damit sicherlich erschlossen werden. Für den Einsatz außerhalb des Automobilsektors wären aber nach Ansicht der befragten Führungskräfte erhebliche Anpassungen und Weiterentwicklungen der Prozesse notwendig. Dieses letzte Kriterium ist damit nur teilweise erfüllt.

Als zweite Kernkompetenz wurde eine Marktkompetenz identifiziert, die als „technische Vertriebskompetenz und weltweite Kundenproblemlösungsprozesse“ bezeichnet werden soll. Sie beinhaltet folgende Kernkompetenzbestandteile:

- Verständnis für die Bedürfnisse von Kunden insbesondere im Bereich Automotive und starke Reputation sowie hohe Zuverlässigkeit
- Vertrieb als Projektmanagementprozess, der von allen Unternehmensbereichen unterstützt wird
- Zusammenarbeit von Abteilungen und im Konzern zur ganzheitlichen und weltweiten Lösung von Kundenproblemen
- Vermittlung von technologischer Kompetenz gegenüber Kunden
- Beratungskompetenz in Bezug auf Verfahren und Werkstoffe
- Fairness und langfristige Orientierung als zentrale Prinzipien

Diese Kernkompetenz ermöglicht damit einen besonderen Zugang zu den Kunden und könnte genutzt werden, um auch andere Teile im Bereich Automotive oder ähnliche Produkte im Bereich der Hochtechnologie zu vertreiben. Das Vertriebsteam besaß selbst hohe technologische Kompetenz und vermittelte diese zusammen mit den Mitarbeitern aus der Abteilung Produktentwicklung sowie in Kooperation mit Mitarbeitern aus weiteren Abteilungen gegenüber den Kunden. Ähnlich wie bei der von Hamel (1994) bei IBM identifizierten market-access competency übernimmt das Verkaufspersonal eine Vermittlungsfunktion zwischen Kundenbedürfnissen und den angebotenen technischen Lösungen des Unternehmens (Hamel & Prahalad, 1996, S. 310). Die organisationale Kompetenz ist damit wertvoll. Die Fähigkeit, technologische Kompetenz in diesem Ausmaß gegenüber den Kunden zu vermitteln, scheint aufgrund der Interviews zumindest selten zu sein, wenn auch sicherlich nicht einzigartig. Da die Fähigkeit auf gewachsenen Netzwerkbeziehungen und Erfahrungswissen beruht, droht zumindest kurz- und mittelfristig weder Imitation noch Substitution. Die Kompetenz bezog sich auf alle Produktgruppen und eröffnete dem Unternehmen durch den Kundenzugang die Möglichkeit, in neue Teilmärkte des Automobilsektors einzusteigen. Da dieses Kundennetzwerk allerdings sehr branchenspezifisch angelegt war, dürfte die organisationale Kompetenz nur nach erheblicher Veränderung außerhalb des Automobilsektors einsetzbar sein. Die Überprüfung dieser organisationalen Kompetenzen anhand der Kriterien für Kernkompetenzen wird in Tabelle 35 zusammengefasst.

Beide Kompetenzen weisen über die betrachteten Kriterien für Kernkompetenzen hinaus generalisierte Merkmale von organisationalen Kompetenzen wie „[o]rganisationales Verknüpfungs-Know-how“ und „[o]rganisationales Kooperationsvermögen“, die Schreyögg und Kliesch (2003, S. 40) anführen, auf. Im Rahmen dieser Studie bezog sich der Autor allerdings bewusst auf unternehmensspezifische und auf über Prozesse und Technologien beschriebene organisationale Kernkompetenzen, wie sie Prahalad und Hamel (1990) darstellen. Nur dadurch lassen sich nach Ansicht des Autors die für das operative Geschäft notwendigen organisationalen Kompetenzen und die im Folgenden dargestellten dynamischen Fähigkeiten abgrenzen.

Kernkompetenzkriterien: Technische Vertriebskompetenz und weltweite Kundenproblemlösungsprozesse
wertvoll? • Verlässlicher weltweiter Ansprechpartner mit Beratungskompetenz für Kunden • Zusätzlicher Service kann zu einem Wettbewerbsvorteil beitragen
selten? • Zusammenarbeit insbesondere von Produktentwicklung mit technischem Vertrieb ist historisch gewachsen und in dieser Form einzigartig
schwer imitierbar? • viel Erfahrungswissen notwendig • Netzwerke zu den Kunden und Zusammenarbeit innerhalb des Unternehmens • Die Kernkompetenz beruht auf Erfahrungswissen und Kontakten. Dadurch ist sie kaum zu substituieren. • Aus der schweren Imitierbarkeit ergeben sich auch die eingeschränkten Nutzungsmöglichkeiten der Kernkompetenz außerhalb der Organisation (Organisationsspezifität).
Eingang in mehrere Produkte? • Vertrieb ist auf alle Produktgruppen und Prozesse anwendbar

Zugang zu verschiedenen Märkten?
• Kontaktnetzwerk im Bereich Automotive verschafft Zugang zu den Kunden
• Kompetenz ist außerhalb des Automobilsektors nutzbar?
  o Ja: Weltweite Präsenz und technologische Reputation kann auch in anderen Bereichen und/oder Branchen zu einem Wettbewerbsvorteil führen
  o Nein: Eigene Regeln im Bereich Automotive, sehr spezifisches Netzwerk

Tabelle 35: Kernkompetenzkriterien: Technische Vertriebskompetenz und weltweite Kundenproblemlösungsprozesse

6.1.3 Dynamic Capabilities aus der Fallstudie

In der Dokumentenanalyse und den Interviews mit dem Top-Management-Team zeigte sich, dass sich einige Dynamic Capabilities noch im Aufbau befanden.

Prozesse der Produktentwicklung und des Ideenmanagements

Hohe Ausprägungen waren in Bezug auf die Dynamic Capability „**Prozesse der Produktentwicklung**" festzustellen (O-4). Die relativ stark ausgeprägte Produktentwicklung kann als stärkste Dynamic Capability (Zollo & Winter, 2002) angesehen werden. Das Unternehmen konnte sich vor allem aufgrund seiner organisationalen Fähigkeiten in der Produktentwicklung von einer einfachen Schmiede hin zu einem Unternehmen entwickeln, das sehr spezifische Umformteile herstellt. Beispiele dafür sind der Einstieg in die Aluminiumtechnologie oder die Zerspanung (Dok-34; Dok-35). Diese neuen Prozesse waren allerdings nicht ausschließlich im Sinne von Exploration zu sehen, sondern bezogen sich zu einem erheblichen Teil auf eine Weiterentwicklung des den gegenwärtigen Kernkompetenzen zugrundeliegenden Wissens.

Mit der kontinuierlichen Weiterentwicklung der Prozesse verbunden waren auch die Prozesse des Ideenmanagements beziehungsweise des betrieblichen Vorschlagswesens, die als organisationale Metakompetenz (Krüger & Homp, 1997, S. 163) oder Dynamic Capability angesehen werden können. Das Unternehmen besaß ein differenziert ausgestaltetes Ideenmanagement. Als Instrumente wurden kontinuierliche Verbesserungsprozesse (KVP) als elektronische Plattform zur Eingabe kleinerer Verbesserungen, das betriebliche Vorschlagswesen, Kaizen, ein Verbesserungskreis und die Lernstätten eingesetzt (Rost, 2005).

Von Seiten des Top-Management-Teams wurde am Ideenmanagement vor allem kritisiert, dass es bisher zu wenig auf technologische Innovationen fokussiert sei und sich zu viele Vorschläge auf Verwaltungsprozesse bezögen (O-7). Es leiste demnach viele wertvolle kleine Beiträge zur Verbesserung, die Quellen von Innovationen seien allerdings an anderen Stellen verortet (O-5). Zudem werde dabei zu häufig nur eine Optimierung von einzelnen Bereichen erzielt und fast nie die ganze Wertschöpfungskette berücksichtigt (O-2). Auch die Mitarbeiter beurteilten das Ideenmanagement relativ kritisch. So waren nur 47,2 Prozent der Befragten in der Mitarbeiterbefragung 2010 mit dem Ideenmanagement sehr zufrieden oder zufrieden. Ebenfalls nur 47,2 Prozent stimmten der Aussage „voll und ganz“ oder „eher“ zu, dass das Ideenmanagement zu konkreten Verbesserungen führe. Ganz oder teilweise unzufrieden waren 18,4 Prozent, 16,2 Prozent glaubten nicht oder eher nicht, dass das Ideenmanagement zu konkreten Verbesserungen führe.

Restrukturierungs- und Veränderungsprozesse

Die Fähigkeit zur Veränderung in kleinen Schritten war im Unternehmen stark ausgeprägt (O-1), zur Restrukturierung und Gestaltung von Veränderungsprozessen allerdings nur in geringem Umfang. Das Unternehmen war seit 1990 erheblich gewachsen, größere Umstrukturierungen waren bis zum Zeitpunkt der Untersuchung im laufenden Prozess nicht notwendig gewesen. Von Mitarbeiterseite waren in der Befragung von 2010 52,8 Prozent mit diesem Restrukturierungsprozess eher zufrieden oder voll und ganz zufrieden. Die Unzufriedenheit mit dem Reorganisationsprozess war mit 9,8 Prozent relativ gering, 34,5 Prozent antworteten mit „teils-teils“.

Eine besondere Stärke des Unternehmens war nach Ansicht des Top Managements, dass hier viele Strukturen langfristig gewachsen seien. Wettbewerber könnten diese nur imitieren, wenn sie einen ebenso langen Atem hätten (O-2).

Ambidextrie[54]

In der Studie konnten sowohl Elemente struktureller als auch kontextueller Ambidextrie (Konlechner & Güttel, 2009) identifiziert werden. Strukturelle Ambidextrie auf Unternehmensebene ergab sich, indem ab 1990 für neue Technologien Tochterunternehmen gegründet wurden. Um die Einheit des Unternehmens zu bewahren, wurden im Wachstumsprozess zunehmend zentrale Dienstleistungsabteilungen wie beispielsweise eine gemeinsame Personalentwicklung installiert. Auf Ebene der Abteilungen fand strukturelle Ambidextrie statt, indem zunächst eine eigenständige Abteilung für Produktentwicklung gegründet und von dieser später eine Abteilung für Forschung und Entwicklung abgetrennt wurde. Unter den Bedingungen von kontextueller Ambidextrie arbeiteten insbesondere viele Produktentwickler, die sowohl in Entwicklungsprozesse im Bereich Exploration als auch in Vertriebsprozesse und die Betreuung der Produktionsabteilung eingebunden waren. Aber auch viele Mitarbeiter anderer Abteilungen wie der Produktion oder des Werkzeugbaus leisteten durch ihren engen Kontakt zur Produktentwicklung sowohl Beiträge zu Exploitations- als auch zu Explorations-Prozessen.

Absorptive Capacity und Allianzing

Die Dynamic Capability Absorptive Capacity bezieht sich aufgrund der Überschneidung mit Ambidextrie in der Dimension „Exploitation“ nur auf die Dimensionen „Aquisition“, „Assimilation“ und „Transformation“ nach Zahra und George (2002). Eine zentrale Quelle für die Aufnahme und Integration von neuem Wissen waren nach Ansicht des Senior Teams die Produktentwicklung und der technische Vertrieb (O-4). Viele Innovationen entstanden durch Kundenanforderungen, auf die das Unternehmen reagierte (O-3). Grundsätzlich nehme das Unternehmen viel Wissen durch Beziehungspflege zu den Kunden und Lieferanten, aber auch zu den Hochschulen auf (O-5). Im technischen Bereich gelinge diese Wissensintegration sehr gut, bei Prozessthemen allerdings nur in geringem Umfang, merkte einer der Interviewpartner an (O-1). Neue Märkte wurden über Joint-Ventures erschlossen, die zunehmend in die Unternehmensholding integriert wurden (D-34). Grundsätzlich lagen Ansatzpunkte für eine Allianzfähigkeit im Sinne einer Dynamic Capability (Kupke, 2006; Kupke & Lattemann, 2008) vor, ihr kam jedoch in den Interviews zu den organisationalen Kompetenzen keine zentrale Bedeutung zu. Deshalb wird sie im Folgenden nicht vertieft betrachtet.

6.1.4 Zwischenfazit: Ansatzpunkte für die Verknüpfung der individuellen und organisationalen Kompetenzen

Kapitel 6.1 diente dazu, die organisationalen Kompetenzen und ihre Grundlagen aus der Fallstudie darzustellen und erste Ansatzpunkte für die Verknüpfung zwischen individuellen und organisationalen Kompetenzen herzustellen.

[54] Die Beschreibung der strukturellen Ambidextrie ist in ähnlicher Form enthalten in Renzl, Rost und Kaschube (2011, S. 14 f.) und Renzl, Rost und Kaschube (2013a, S. 85 f.). Diese Teile der Artikel wurden vom Autor der vorliegenden Arbeit verfasst.

Im Bereich der Ressourcen (Barney, 1991) bezog das Unternehmen seine Wettbewerbsfähigkeit vor allem aus den Humanressourcen und den physischen Ressourcen. Durch die Identifizierung zentraler Mitarbeitergruppen im Sinne des Resource-based-Views kann sichergestellt werden, dass insbesondere die erfolgsrelevanten Verhaltensweisen im Kompetenzmodell abgebildet sind. Die Betrachtung der erfolgsrelevanten Mitarbeitergruppen führt zu einer Kombination des forschungs- und des strategiebasierten Ansatzes der Kompetenzmodellierung (Briscoe & Hall, 1999). In Bezug auf die Organisationsressourcen zeigten sich einige Defizite und es ist nicht davon auszugehen, dass diese die Grundlage für einen besonderen Wettbewerbsvorteil bildeten. Die organisationsspezifische Besonderheit im Bereich der physischen Ressourcen stellte im Unternehmen ein sehr breites Spektrum an Produktionsmaschinen dar, das in diesem Umfang in kaum einem anderen Unternehmen der Branche zu finden war. Zusammen mit der sehr individuellen und hochwertigen Herstellung von eigenen Werkzeugen ergab sich eine schwere Imitierbarkeit im Bereich der physischen Ressourcen. Als besonders wertvoll waren die Humanressourcen anzusehen. Die besondere Zusammenarbeit zwischen Produktentwicklung und technischem Vertrieb mit weiteren Abteilungen wie der Produktion oder dem Werkzeugbau schuf besonderen Wert für den Kunden und konnte als selten angesehen werden. Es wird davon ausgegangen, dass diese spezielle Form des Kompetenzerwerbes, der nur durch die sehr langfristige Mitarbeiterbindung überhaupt möglich ist, auch schwer imitierbar ist. Zwar können Mitarbeiter mit entsprechenden Qualifikationen am Arbeitsmarkt rekrutiert und in Weiterbildungskursen ausgebildet werden, die langfristige Entwicklung im Arbeitsprozess erschien jedoch sehr unternehmensspezifisch (siehe zu den Kriterien für die Beurteilung von Ressourcen Kapitel 2.2.1).

Der zweite Ansatzpunkt sind die organisationalen Regeln. Sie sind in der Unternehmenskultur verankert (Güttel, 2006). Die Unternehmenskultur stellt eine wesentliche Grundlage für die Entstehung von organisationalen Kompetenzen dar (Schreyögg & Kliesch, 2003) und umfasst auch die Werte der Organisation (Sackmann, 2004b; Schein, 1995). Ein Kompetenzmanagement, das sich auf die individuelle und organisationale Ebene erstreckt, bezieht eine Passung zwischen den Werten und den jeweiligen Mitarbeitern bei der Beurteilung mit ein (Green, 1999). In der Kompetenzmodellierung findet dabei eine Orientierung an dem werteorientierten Ansatz nach Briscoe und Hall (1999) statt. Um an den Regeln dieses Unternehmens teilnehmen zu können, benötigen Mitarbeiter sicherlich eine gewisse Werthaltung, die sich in personalen Kompetenzen wie „Loyalität" ausdrückt. Außerdem wurden Regeln der Zusammenarbeit angesprochen, die soziale Kompetenzen erfordern dürften. Auf der Grundlage dieser Regelanalyse (Frank & Lueger, 1995; Güttel, 2006) konnte analysiert werden, ob eine für Ambidextrie günstige Kultur vorliegt. Die Ergebnisse dazu werden in Kapitel 7 ausgeführt.

Diese Regeln bestimmen auch die Bildung von Routinen (Güttel, 2006). Mitarbeiter sollen an diesen Routinen teilnehmen können, da sie die Grundlage für die organisationalen Kompetenzen bilden (Stegmaier & Sonntag, 2007). Organisationale Routinen entstehen durch organisationale Lernprozesse (Kim, 1993). Die Lernprozesse, die in den Routinen abgebildet werden und dazu dienen, Ressourcen zu integrieren, stellen die Kernkompetenz dar (Grant, 1991; Prahalad & Hamel, 1990; Stegmaier & Sonntag, 2007).

Die angesprochenen Kernkompetenzen „Verfahrenskombination in der Werkstoffbehandlung“ und „technische Vertriebskompetenz und weltweite Kundenproblemlösungsprozesse“ stellen derartige Integrationsprozesse dar. Für die Dynamic Capabilities wurde herausgearbeitet, dass das Unternehmen zum Zeitpunkt der Befragung Fähigkeiten in der Neustrukturierung seiner Organisation entwickelte, die einzelnen Produktionsstandorte sowie gemeinsame Werke mit Joint-Venture Partnern zu integrieren. Zudem wurde die Ambidextrie (O'Reilly III & Tushman, 2008) auf Ebene des Unternehmens und der einzelnen Abteilungen als wesentliche Dynamic Capability herausgearbeitet. Über die Umweltbeziehungen der Abteilungen Produktentwicklung und technischer Vertrieb lagen umfangreiche Möglichkeiten zur Aufnahme und Integration von neuem Wissen im Sinne der Absorptive Capacity (Zahra & George, 2002) vor. Durch die Bezugnahme des Kompetenzmodells auf die Kernkompetenzen und Dynamic Capabilities folgt die Kompetenzmodellierung dem strategiebasierten Ansatz (Briscoe & Hall, 1999). Dies wird in Kapitel 6.2.3 diskutiert.

Aufbauend auf den Grundlagen auf der organisationalen Ebene, werden im Folgenden die Kompetenzen beschrieben, die Mitarbeiter benötigen, um die organisationalen Kompetenzen in der vorliegenden Fallstudie zu unterstützen.

6.2 Beziehungen zwischen individuellen und organisationalen Kompetenzen

Es wird davon ausgegangen, dass Mitarbeiter bestimmte individuelle Kompetenzen benötigen, um an den Prozessen und Routinen, die hinter den Kernkompetenzen und Dynamic Capabilities liegen, teilzunehmen.[55] In Kapitel 6.2.1 werden die Kompetenzpärchen zunächst aus der Perspektive des Individuums beziehungsweise der psychologischen Kompetenzforschung dargestellt und ihre Bedeutung für die organisationalen Kompetenzen aufgezeigt. Die organisationalen Kompetenzen stehen im Fokus von Kapitel 6.2.2. In diesem Kapitel wird diskutiert, durch welche individuellen Kompetenzen die einzelnen organisationalen unterstützt werden.

6.2.1 Strategisch orientierte Kompetenzliste: Kompetenzklassen und organisationale Kompetenzen[56]

Im Folgenden wird in Anlehnung an den Kompetenzatlas (siehe Heyse, 2010; Heyse & Erpenbeck, 2004) eine „**strategisch orientierte Kompetenzliste**“ entwickelt, in der die mögliche Bedeutung der individuellen Kompetenzen für die organisationalen im Rahmen dieser Fallstudie beschrieben wird. Dazu werden für jede Kompetenzklasse zunächst in

[55] Siehe zur Idee der Teilnahme und Unterstützung von organisationalen Kompetenzen durch individuelle Kompetenzen insbesondere Stegmaier und Sonntag (2007).

einer Tabelle die Rangfolge der Kompetenzen für die tägliche Arbeit im Unternehmen aus dem Fallbeispiel (Ergebnisse der Delphi 1 Befragung) und die Veränderung dieser Rangfolge in Bezug auf die Unterstützung der Kernkompetenzen und Dynamic Capabilities (Ergebnisse der Delphi 2 Befragung) dargestellt. Die Rangfolgenbildung der Kompetenzen wird als Ergebnis der Arbeit und nicht im Rahmen der Forschungsmethode (Kap. 5) dargestellt, da neben der Bedeutung der einzelnen Kompetenzen im Fallbeispiel auch der Prozess einer derartigen Auswahl von Kompetenzen für Kompetenzmanagementprozesse in der Praxis aufgezeigt werden soll. Aufgrund des qualitativen Charakters der verwendeten empirischen Methode liegt der zentrale Erkenntnisgewinn dieses Kapitels in den nachfolgenden Beschreibungen der Funktion der jeweiligen individuellen Kompetenzen für die verschiedenen organisationalen Kompetenzen. Die Rangfolgenbildung dürfte in hohem Maße organisationsspezifisch sein.

6.2.1.1 Soziale Kompetenzen und organisationale Kompetenzen

Auf Grundlage der Unternehmensanalyse wurden aus den 16 Kompetenzen der Grundkompetenz „sozial-kommunikativ“ (Heyse, 2010; Heyse & Erpenbeck, 2004) insgesamt neun Kompetenzpärchen gebildet.

Kompetenz	Rang Delphi 2	Nennungen Delphi 2	Plätze (addiert)	Rang Delphi 1	Nennungen Delphi 1	Anzahl Situationen
Problemlösungsfähigkeit	**1**	8	29	**3**	19	11
Team- und Kooperationsbereitschaft	**2**	7	28	**1**	23	12
Experimentierfreude, Risikobereitschaft, Unkonventionalität	**3**	7	38	**7***	5	2
Kundenorientierung	**4**	5	39	**5**	16	10
Anpassungsfähigkeit	**5**	5	46	**7***	5	2
Kommunikationsfähigkeit	**6**	4	46	**2**	20	10
Beziehungsmanagement	**7**	3	51	**6**	8	4
Beratungsfähigkeit	**8**	3	56	**7***	5	2
Konfliktlösungsfähigkeit	**9**	3	60	**4**	18	9

Tabelle 36: Kompetenzauswahl "soziale Kompetenz" (Delphi 1 und 2). n (Delphi 2) = 9 und n (Delphi 1) = 24. *= Position zweimal vergeben, Anzahl der Nennungen gleichhoch

Die sozialen Kompetenzen „Team- und Kooperationsfähigkeit“ und „Kommunikationsfähigkeit“ wurden in der Delphi 1 Befragung als am wichtigsten eingeschätzt. Bei der Bezugnahme auf die organisationalen Kompetenzen in der Delphi 2 Befragung wurden sie allerdings durch „Problemlösungsfähigkeit“ (von Platz 3 auf 1) und „Experimentierfreude, Risikobereitschaft und Unkonventionalität“ (von 7 auf 2) von den vordersten Rängen verdrängt. Besonders deutlich zurück ging die Bedeutung von „Kommunikationsfähigkeit“ (von Platz 2 auf 6) und von „Konfliktlösungsfähigkeit“ (von 4 auf 8). Im Rahmen der qualitativen Analyse wird gezeigt werden, dass einige der Befragungsteilnehmer in der Delphi 2 Befragung Kompetenzen wie „Kommunikationsfähigkeit“ oder „Konfliktlösungsfähigkeit“ nicht wählten, weil sie diese als Bestandteil der Kompetenz „Team- und Kooperationsfähigkeit“ ansahen (D-34). Durch die Zusammenfassung wollten diese Befragten die Möglichkeit haben, Kompetenzen wie beispielsweise „Experimentierfreude, Risikobereitschaft und Unkonventionalität“ unter die fünf wichtigsten Kompetenzen zu wählen.

Problemlösungsfähigkeit

„Problemlösungsfähigkeit“ hatte in Delphi 2 mit acht Nennungen (Rangplatz 1) noch eine deutlich höhere Bedeutung als in Delphi 1 (Rangplatz 3, 19 Nennungen).

In der Untersuchung bezogen sich die dargestellten Situationen sowohl auf zwischenmenschliche Probleme als auch auf Probleme im organisatorisch-technischen und fachlichen Bereich. Führungskräfte müssen sich um Probleme der Mitarbeiter kümmern, um ihnen zu ermöglichen, sich auf die Arbeit zu konzentrieren, und bei Problemen zwischen Mitarbeitern moderieren (D-28). Bei fachlichen Problemen unterstützen kompetente Vorgesetzte ihre Mitarbeiter beispielsweise durch das Vorschlagen von Schulungen (D-19). Mitarbeiter müssen Probleme erkennen (D-34), ganzheitlich betrachten, Einflussfaktoren prüfen und Fehler finden. Im Sinne eines organisationalen Lernens, das sich auf Exploitation bezieht, informieren sich Mitarbeiter in der internen oder externen Umwelt über neue Problemlösungsmöglichkeiten und probieren diese selbstständig an Provisorien aus (D-19; D-27).

„Ja, also systematisch Probleme lösen – ja – finde ich jetzt gerade bei uns, egal jetzt, ob es technische Probleme sind oder ob es um personaltechnische Sachen geht, ganz wichtig. […] [I]ch denke, man muss einfach […] erst mal das gesamte Problem betrachten, mit all den Faktoren, die rein spielen und […] dann gehe ich die Faktoren durch und logisch, viel macht man natürlich auch aus dem Know-how einfach, dass man bestimmte Sachen ausschließt, und dann bleiben am Schluss vielleicht zwei, drei Punkte übrig, die müssen dann abgeprüft werden, […] um den Fehler irgendwo zu lokalisieren …“ (D-28, Z. 55-61)

Die Kernkompetenz „Technische Vertriebskompetenz“ wird unterstützt, indem Mitarbeiter für die Kunden bei Problemen vertrauensvolle und kompetente Ansprechpartner sind und beispielsweise eigene Entwicklungserfahrung in ihre Tätigkeit im Vertrieb einbringen (D-3).

„… [E]in Kunde kommt zu uns und er hat Probleme. Entweder terminlicher Art, bauteilmäßiger Art oder er hat bei sich einen Fehler entdeckt, weiß aber nicht, woher dieser Fehler kommt. […] Und wir sind ja ein Lösungslieferant. Nicht nur Bauteile, auch Beratung. Das gehört für mich auch dazu. Wenn ein Kunde Fragen zum Werkstoff hat, dann bekommt er von mir eine kompetente Antwort. Auch wenn da jetzt kein Auftrag dahinter steht.“ (D-3, Z. 53-59)

Die „Problemlösungsfähigkeit“ in der technologischen Entwicklungsarbeit kann die Kernkompetenz „Verfahrenskombination“ unterstützen (D-11). Um Exploration zu ermöglichen, müssen bei der Einführung von neuen Produktportfolios auch die Beziehungsprobleme beachtet werden, die auftreten, wenn aufgrund der neuen Anforderungen von neuen Produkten die Teams neu zusammengesetzt werden (D-9).

Team- und Kooperationsfähigkeit

„Team- und Kooperationsfähigkeit“ wurde in der Delphi 1 Befragung von 23 der 24 Befragten angekreuzt. In der Delphi 2 Befragung wurde das Kompetenzpärchen von sieben der neun Befragten unter die fünf wichtigsten Kompetenzen gewählt. Die herausgehobene Bedeutung zeigt sich aber vor allem durch die vielen im Verlauf der Interviews zusätzlich erläuterten Situationen und deren Bezug zu den organisationalen Kompetenzen. Die meisten Kompetenzen konnten der Kategorie „Exploitation: Effizienz“ und den beiden Kernkompetenzen zugeordnet werden. Das Kompetenzpärchen scheint aber auch für Dynamic Capabilities sehr wichtig zu sein.

Um Effizienz in den Abläufen zur Unterstützung der Exploitation zu erreichen, muss bei der Teamzusammenstellung darauf geachtet werden, dass sich die Teammitglieder von ihren Kompetenzen und Eigenschaften her ergänzen (D-11; D-28). Kooperation ist in Exploitations-Bereichen die Voraussetzung für effizientes Problemlösen (D-27). Aufgrund des Kontaktes des Interviewpartners zur Produktentwicklung kann diese Aussage auch empirisch der Exploration zugeordnet werden.

„... wenn wir gut zusammenarbeiten und an einem Strang ziehen, dann - ja - lösen sich viele Probleme viel einfacher oder wir sind - wie soll ich sagen - viel effektiver einfach. Und - ja - bei uns ist es zum Beispiel so, man kann sich auf den anderen auf jeden Fall verlassen, wenn man sagt "Du, ich brauche da Hilfe, komm doch da dazu" ...“ (D-27, Z. 5-9)

In Unterstützungsabteilungen wie der Informationstechnologie (IT) ist dieses Kompetenzpärchen zudem notwendig, um geeignete Lösungen für die internen Kunden zu finden (D-34). Für die Kombination der verschiedenen Verfahren zur Herstellung von Teilen und Komponenten ist die Zusammenarbeit der einzelnen hochspezialisierten Bereiche notwendig (D-9; D-11; D-19). Zudem muss die Abstimmung bei der Nutzung der am besten geeigneten Technologien und Maschine erfolgen (D-28).

„Speziell sind es diese Mitarbeiter, die in der Planung, in der Auftragsvorbereitung arbeiten, dass die diese Aufträge speziell auf die Maschinen [Anmerkung: Gemeint sind auch Prozesstechnologien aus verschiedenen Unternehmensteilen] einplanen, wo sie wirklich optimal laufen.“ (D-28, Z. 79-81)

Die Situationen zur Unterstützung der marktorientierten Kernkompetenz bezogen sich hauptsächlich auf die enge Zusammenarbeit zwischen technischem Vertrieb und Produktentwicklung, durch die beim Kunden sehr viel technisches Wissen vermittelt werden kann (D-3; D-18; D-31).

„Sales Global, wir betreuen natürlich den Kunden. […] [D]as andere ist, dass wir natürlich auch im Vertrieb technisch angehaucht sind. Also keine reinen Betriebswirte, ... sondern jeder von uns hat einen gewissen technischen Background. Wir haben natürlich bei sehr sehr großen Aufträgen die Kombination aus Betriebswirt und Techniker. So sind wir aufgetreten und das war unser Erfolg." (D-18, Z. 2-7)

Für die Gestaltung von Innovation und Veränderung in Ambidextrie ist intensive werksübergreifende Zusammenarbeit notwendig (D-9). Die Spezialisten aus den verschiedenen Bereichen müssen im Rahmen von Explorationsprozessen zusammenarbeiten (D-11)[57] und Mitarbeiter mit unkonventionellen Herangehensweisen und Ideen müssen integriert werden (D-33).

Außerdem sollten Mitarbeiter in verschiedenen Werken arbeiten, um Offenheit bei ihnen zu fördern und sie zum Experimentieren zu bewegen (D-9). Im Rahmen der zunehmenden Internationalisierung und den damit verbundenen Joint-Ventures des Unternehmens sind die Kompetenzaspekte der Offenheit, Toleranz und Beschäftigung mit anderen Kulturen wichtig, um mit den Partnern zusammenarbeiten zu können (D-11).

Allgemein wurde angemerkt, dass für eine erfolgreiche Kooperation immer auch „Kommunikationsfähigkeit" und „Konfliktlösungsfähigkeit" notwendig seien (D-9; D-34). Die hohe Bedeutung der Kompetenz „Team- und Kooperationsfähigkeit" für die organisationalen Kompetenzen zeigt sich auch in der Literatur. So analysieren beispielsweise Busch & Hobus (2012), wie Teams zusammenarbeiten müssen, um Ambidextrie zu fördern.

Experimentierfreude, Risikobereitschaft, Unkonventionalität

Die Bedeutung dieser Kompetenz nahm von Delphi 1 (Rangplatz 7, 5 Nennungen, 2 geschilderte Situationen) auf Delphi 2 (Rangplatz 2, 7 Nennungen) sehr stark zu. Dies könnte eventuell daran liegen, dass bei vielen Mitarbeitern in der Ist-Situation eine gewisse Risikoaversion bestand, das Bewusstsein der Bedeutung dieser Kompetenz für die Fortentwicklung des Unternehmens allerdings durchaus vorhanden war. „Risikobereitschaft" und „Unkonventionalität" sind Dimensionen des Konstrukts „eigenverantwortliches Handeln" (Kaschube, 2006). Die Übernahme von Risiken ordnet March (1991) dem Lernmodus Exploration zu.

Fast alle geschilderten Situationen zur Kompetenzgruppe „Experimentierfreude, Risikobereitschaft und Unkonventionalität" hatte in dieser Untersuchung eindeutige Bezüge zu den organisationalen Kompetenzen. Der Schwerpunkt lag dabei auf den Dynamic Capabilities. Aber auch in Exploitations-Situationen müssen Mitarbeiter kalkulierbare Risiken eingehen, ausprobieren und Regeln unkonventionell überschreiten, um ihre Projekte mit der notwendigen Schnelligkeit voranzutreiben oder Kosten zu senken (D-3; D-19).

---

[57] Anmerkung: Die beiden Interviewpartner arbeiteten in den Tochterunternehmen, die für die Erschließung neuer Technologien gegründet worden waren.

„... [I]ch bin ein bisschen geldgetrieben, ich probiere leicht mal was aus, lass mal hier etwas weg oder etwas anders. Dann haben wir die Kosten um 10 bis 20 Prozent reduziert. Also da, ich bin auch auf Unkonventionalität aus. Ich brauche halt nicht dann einen Entstehungsprozess, sondern gehe an die Grenze und probiere.“ (D-3, Z. 112-115)

„... [M]an kann nicht immer alles nach Vorschrift machen. [...] [W]enn ich dann heute eine Zeichnung kriege. Wir bauen dann das Bauteil. Das passt nicht. Dann muss ich einen Änderungsantrag stellen. Dann muss ich sagen: Tut mir leid Leute, ihr habt [...] den Ausschuss gebaut, dann kümmert euch doch darum. Da brauche ich doch keinen Änderungsantrag zu stellen. Das funktioniert doch nicht. Ich habe bessere Arbeit zu tun.“ (19, Z. 227-232)

Die zweite Interviewaussage drückt die Notwendigkeit der Regelüberschreitung auch in Exploitations-Bereichen aus, um die eigenen Aufgaben erfüllen zu können. In Exploitations-Situationen wie in der Produktion vermeiden kompetente Personen allerdings teilweise auch das Ausprobieren und Eingehen von Risiken, um die Qualität nicht zu gefährden (D-28). Allerdings kam diesem Aspekt nur eine untergeordnete Bedeutung zu.

In der engen Zusammenarbeit mit Kunden erfordert die Kernkompetenz „Technische Vertriebskompetenz“ eine gewisse „Risikobereitschaft“ (D-21).

Die meisten erläuterten Situationen beziehen sich auf Dynamic Capabilities und dabei auf Exploration (March, 1991) und die Beherrschung von Veränderungsprozessen (Zollo & Winter, 2002). In Veränderungsprozessen wird die Kompetenz vor allem im Umgang mit neuen Partnern, in neuen Formen der Zusammenarbeit und in der Vertretung der eigenen Meinung gesehen (D-3; D-11).

„An so einem Veränderungsprozess arbeiten wir gerade. Weil, es sind hier doch verschiedene Charaktere, die hier aufeinandertreffen. Neu aufeinandertreffen. Und hier muss man sich sicherlich einmal finden. Sicherlich gehe ich hier nicht ein zu hohes Risiko ein, aber ich bin hier, ja es gibt genügend konfliktträchtige Problemsituationen, wo ich dann auch ein bisschen auf meine Meinung poche.“ (D-3, Z.139-144)

Auch zur Verwirklichung von Exploration müssen Interessenkonflikte eingegangen werden (D-34) sowie Probleme in der Zusammenarbeit gehandhabt werden (D-9) und „Spinner“ (D-33, Z. 167) in das Team integriert werden, die neue Wege beschreiten (D-33) und dadurch die Entwicklung von neuen Produkten, Prozessen oder Dienstleistungen vorantreiben.

„... da würden einige meiner Kollegen aus PD [(Abteilung Produktentwicklung)] auch sagen: Mensch, wir brauchen wieder ein bisschen mehr Risikobereitschaft, ohne dass einer einen auf den Deckel kriegt. Wir brauchen ein paar Spinner, die auch mal was versuchen, wo vielleicht eine Sackgasse ist.“ (D-33, Z. 164-168)

Neue Wege werden vor allem durch Ausprobieren beschritten und kompetente Personen lassen sich von diesem Weg nicht durch Problemsituationen oder Konflikte abbringen (D-9; D-19; D-21; D-27; D-34).

„Wir führen momentan einen Versuch durch. […] Sieht momentan ganz gut aus, einmal auf der technischen Seite so was zu tun, auch mal vielleicht etwas verrückte Dinge da zu probieren[,] […] für die man vielleicht erst mal für verrückt erklärt wird." (D-9, Z. 92-95)

Personen mit hohen Kompetenzausprägungen weichen für die Entwicklung von Neuem auch von erfolgreichen Wegen ab, die beispielsweise mit „Cash-Cows" (D-18, Z. 92) des Unternehmens verbunden sind (siehe ähnliche Situationen D-11; D-15; D-18). Dadurch werden bestehende Routinen aufgebrochen und „core rigidities" (Leonard-Barton, 1992, S. 122) vermieden.

„Die Bauteile sind bei uns Cash-Cows schlechthin, die bringen richtig Geld. Und das Thema zu sagen, gehen wir doch einmal auf andere Bereiche und hier auch im Haus intern einzuwirken. Jetzt probieren wir es einfach mal. Das kostet Geld und könnte klappen oder könnte nicht klappen […], das sehe ich jetzt mal hier." (D-18, Z. 92-95)

Kundenorientierung

„Kundenorientierung" hatte sowohl in Delphi 1 (Rangplatz 5, 16 Nennungen) als auch in Delphi 2 (Rangplatz 4, 6 Nennungen) eine mittlere Bedeutung. Die Kompetenz hat gemäß dieser Untersuchung zwar eine hohe Bedeutung für die langfristige Wettbewerbsfähigkeit, allerdings kaum eine Bedeutung für die Veränderungsfähigkeit. „Kundenorientierung" ist eine wesentliche Voraussetzung für die Kernkompetenz „Technische Vertriebskompetenz und weltweite Kundenproblemlösungsprozesse". Mitarbeiter müssen den Kunden in den Mittelpunkt ihres Handelns stellen und andere dazu anleiten (D-11; D-33). Grundlage für die Erfolge des Unternehmens war auch das Prinzip der Fairness (O-3). Mitarbeiter sollten sich entsprechend verhalten und dadurch langfristige Zusammenarbeit mit den als Partner angesehenen Kunden sichern, allerdings nur, wenn sich der Kunde auch an diesem Verhalten orientiert (D-18). Mitarbeiter mit Kundenkontakt müssen sich im Spannungsfeld zwischen Kundenanforderungen und denen der eigenen Organisation bewegen und vermitteln können (D-18).

„[W]ir müssen draußen verkaufen, wir müssen aber auch intern eine schwierige Thematik ansprechen. Das ist alles sehr technisch, sehr anspruchsvoll, wo man sagt, ich weiß gar nicht, wie das geht. Wie man diese Teile produzieren soll. Sie müssen die externen Kunden auf ihre Seite ziehen und diesen das Gefühl geben, dass dies auch ein Ziel für sie ist, diese Teile zu bekommen, ja." (D-18, Z.131-136)

Mitarbeiter mit dieser Kompetenz behandeln interne Partner als „Kunden" (D-19, Z. 418).

„[W]ir müssen halt unsere Abteilungen behandeln wie unsere Kunden. Und das versuchen wir. Was manchmal nicht ganz einfach ist, wenn wir halt extrem viel Arbeit haben.

Aber wir versuchen, jeden bestmöglich zu bedienen [...] und zufriedenzustellen." (D-19, Z. 418-421)

Durch gute Beziehungen können so die Störzeiten reduziert und die Effizienz im Sinne von Exploitation erhöht werden.

„Und wenn heute was ausfällt, schnellste Behebung, um die Anlage schnellstens wieder zum Laufen zu bringen. Das versuchen wir bei unseren Kunden. Und natürlich immer auch auf der sozialen Ebene, einen guten Kontakt zu halten. Das ist auch ganz wichtig." (D-19, Z. 429-432).

Die Mehrheit der Situationen bezog sich damit auf die Kernkompetenz „Technische Vertriebskompetenz" sowie einzelne weitere auf Exploitations-Prozesse. Die Kernkompetenz „Verfahrenskombination" wurde ebenso wenig angesprochen wie die Dynamic Capabilities. Allerdings zeigte sich im Rahmen der Untersuchung bei anderen Kompetenzen (z. B. „Kommunikationsfähigkeit"), dass intensive Kundenkontakte die Möglichkeit zur Wissensaufnahme aus der Umwelt im Sinne der Absorptive Capacity beinhalten.

Anpassungsfähigkeit

„Anpassungsfähigkeit" hatte im Rahmen der Delphi 2 Befragung (Rangplatz 5, 5 Nennungen) eine etwas höhere Bedeutung als in der Delphi 1 Befragung (Rangplatz 7, 5 Nennungen). Dies ist dadurch zu erklären, dass sich fast alle erläuterten Situationen auf die Dynamic Capabilities oder die Fortentwicklung der Kernkompetenzen bezogen. Für diese Veränderungen stellen sich kompetente Mitarbeiter auf neue Anforderungen ein, übernehmen neue Aufgaben (D-9) und trennen sich von alten (D-19).

„Es tut sich so viel auf dem Markt, so schnell. Wer weiß, ob wir in zehn Jahren noch Schmiedeteile in diesem Ausmaß produzieren oder was anderes produzieren. [...] Ich muss einfach offen sein für andere Dinge und ich muss mich auf das dann auch ganz schnell umstellen können und dann auch einen Haken hinter machen. Das war [es], wir fangen jetzt wieder was Neues an." (D-19, Z. 384-388)

Dabei können derart kompetente Mitarbeiter mit schwierigen Situationen im Team und im Gesamtunternehmen umgehen (D-19) und überlegen (zur Unterstützung der technologieorientierten Kernkompetenz „Verfahrenskombination" oder von Explorationsprozessen), welche Wege eingeschlagen werden sollten (D-11). Allerdings scheinen auch bei der Teilnahme an den Prozessen, die den Kernkompetenzen zugrunde liegen, „Anpassungsfähigkeit" und damit verbunden eine gewisse Leidensbereitschaft unbedingt erforderlich zu sein (D-11).

Kommunikationsfähigkeit

Diese Kompetenz wurde in Delphi 1 noch am zweithäufigsten genannt (20 Nennungen), in Delphi 2 wählten viele der Befragten andere Kompetenzen wie „Team- und Kooperationsfähigkeit", die nach ihrer Ansicht „Kommunikationsfähigkeit" mit voraussetzen (D-34).

„Kommunikationsfähigkeit" wurde zunächst einmal als Führungskompetenz beispielsweise im Bereich der Mitarbeiterförderung (D-19; D-27) als wichtig angesehen. Kommunikativ kompetente Mitarbeiter können außerdem Konflikte vermeiden (D-28), gehen respektvoll miteinander um (D-19) und arbeiten mit internen „Kunden" gut zusammen (D-34). "Kommunikationsfähigkeit" ist wichtig, um mit Kunden einen offenen Umgang pflegen beziehungsweise wichtige Punkte offen ansprechen zu können und durch die Zusammenarbeit, insbesondere der Abteilungen technischer Vertrieb und Produktentwicklung, technologische Kompetenz gegenüber dem Kunden zu vermitteln und so die Kernkompetenz „technische Vertriebskompetenz" unterstützen zu können (D-3). Die Zusammenarbeit in und zwischen den Bereichen und das mit intensiver Kommunikation verbundene gegenseitige Verständnis der Technologien (D-19; D-28) sowie die Abstimmung von Unterstützungsprozessen, wie mit der IT, fördert insbesondere die Kernkompetenz „Verfahrenskombination".

„Wenn wir irgendwelche Planungen haben und irgendetwas einfordern, was einfach in dieser Zeit nicht machbar ist oder aufgrund von dieser Technik jetzt so nicht machbar ist, und dass die Informationen jetzt weitergegeben werden. Das ist natürlich schon etwas, was auch die anderen Abteilungen wissen, worum es geht und somit vielleicht auch Verständnis für so etwas dann haben. Kommunikationsfähigkeit." (D-28, Z. 124-129)

Effizienzsteigerung im Rahmen der Exploitation kann durch Kommunikation gefördert werden, indem bei Vorhaben intensiv kommuniziert wird, Führungskräfte Mitarbeiter dazu anregen, Fehler anzusprechen und sachliche Kritik im Unternehmen zu äußern (D-27).

„... [U]m miteinander arbeiten zu können, muss man miteinander kommunizieren und ich erwarte jetzt halt zum Beispiel, dass [...] jeder mit einem Problem zum anderen kommen kann, dass sich keiner für irgendwas schämen muss, wenn irgendwas nicht klappt oder nicht funktioniert, dass man einfach ehrlich und offen miteinander umgeht. (...) Ja – und genauso gut natürlich, wenn irgendjemand was nicht so erledigt, wie es der andere sich vielleicht vorstellt, wo man zusammen was erledigen muss, dass dann auch eine Kritik oder was geäußert werden darf - also eine sachliche Kritik." (D-27, Z. 103-111)

Hohe kommunikative Fähigkeiten ermöglichen beim Umgang mit dem Kunden, zukünftige Trends (D-3) und Veränderungen aufzunehmen sowie Fehlentwicklungen zu vermeiden (D-34). Dadurch werden die Explorationsfähigkeit und die Absorptive Capacity des Unternehmens gestärkt.

„Ja, wir haben natürlich eine ziemlich breite Marktdurchdringung. [...] [A]ls ich ein Teilespektrum betreut habe, konnte ich jetzt den Markt beobachten von Conti, von Bosch, von Delphi. Und so habe ich mir ein besseres Bild vom Markt machen können. In welche Richtung arbeitet der Kunde ..." (D-3, Z. 35-39)

Die Nutzbarmachung dieses Wissens wird durch Mitarbeiter gefördert, die durch ihre kommunikativen Fähigkeiten zu dessen Austausch beitragen. (D-28; D-34).

Beziehungsmanagement

„Beziehungsmanagement" wurde in Delphi 2 nur drei Mal ausgewählt und erhielt damit Rangplatz 7. Die quantitative Analyse lässt damit über beide Delphi-Runden hinweg (Delphi 1: Rangplatz 6, 8 Nennungen, 4 beschriebene Situationen) auf eine untergeordnete Bedeutung dieser Kompetenz schließen. In der qualitativen Analyse wurden jedoch einige im Rahmen der Interviews zusätzlich zu den ausgewählten Kompetenzen erläuterten Situationen herausgearbeitet, die einen Beitrag zur Erklärung der „technischen Vertriebskompetenz" leisten. Grundlage für den Umgang mit den Kunden ist neben dem fachlich und sozial kompetenten Auftreten (D-9) vor allem die partnerschaftliche Beziehung (D-18; D-31), die sich trotz eigener Interessenvertretung entwickeln soll.

> *„Einfach, man kann miteinander, man ist auf Augenhöhe, man hat ein partnerschaftliches Verhältnis. Er weiß natürlich, dass ich mich für die Belange [...] [des Unternehmens] einsetzen muss und will. Aber trotzdem muss ich mit dem Gegenüber ja irgendwo ja eine Beziehung aufbauen. Und wenn das nicht möglich ist, dann muss man den Ansprechpartner wechseln. Das muss man auch erkennen." (D-31, Z. 118-121)*

An der folgenden Situation wird deutlich, dass die Kernkompetenz „technische Vertriebskompetenz" nicht nur in einem besonderen Verkaufstalent des Vertriebes bestand, sondern in der Fähigkeit, die ganze Organisation für sehr spezifische Kundenanforderungen zu mobilisieren und den Konflikt zwischen technischen Möglichkeiten, den kaufmännischen Notwendigkeiten und den Kundenwünschen zu moderieren.

> *„Also es ist so: Beziehungsmanagement ist natürlich in unserem Beruf sehr wichtig. Ja klar. Aber hier im Haus genauso. Wie sie sagen, sind wir hier im Bereich technisch und kaufmännisch unterwegs. Und hier intern [...] die Dinge herauszuholen [...], praktisch eine Stärkung, diese Stärken weiter zu definieren, müssen wir Beziehungsmanagement haben. Nicht nur nach außen zum Kunden, sondern auch intern, um durch die ganzen Bereiche durchzugehen. Also wir verkaufen nach Innen und verkaufen nach außen ..." (D-18, Z. 106-111)*

Der Kunde müsse die Telefonnummer des Ansprechpartners im Kopf haben, also seinen Rat suchen. Durch diese Art von Beziehungsmanagement kann der Kunde z. B. dazu bewegt werden, dass er interne Verbesserungsvorschläge seiner Mitarbeiter an das Unternehmen weitergibt (D-31) und umfangreich Wissen aus der externen Umwelt aufgenommen werden kann (D-8). Dies fördert die organisationalen Lernprozesse im Rahmen der Dynamic Capabilities beziehungsweise die Absorptive Capacity. Wichtig sei auch die Fähigkeit, verschiedene Gruppen intern einzubinden. So müssten die Beziehungen so gepflegt werden, dass insbesondere in Veränderungsprozessen Wissen zwischen den Abteilungen ausgetauscht werde (D-33). Kompetente Mitarbeiter finden dafür Zeit und informieren sich über die Lage von anderen Abteilungen durch Besuche (D-19).

Beratungsfähigkeit

„Beratungsfähigkeit" hatte sowohl in Delphi 1 (Rangplatz 7, 5 Nennungen) als auch in Delphi 2 (Rangplatz 8, 3 Nennungen) eine sehr geringe Bedeutung. Ein zentraler Grund könnte sein, dass nur relativ wenige Mitarbeiter im Unternehmen intensiven Kontakt mit externen Kunden haben. Diese Kompetenz hatte vor allem eine hohe Bedeutung für den technischen Vertrieb, die darin eingebundenen Produktentwickler (D-3) und die internen Serviceabteilungen (D-34). Führungskräfte sollten diese Kompetenz besitzen, um ihre Teams beraten zu können (D-19).

Um die Kernkompetenz „technische Vertriebskompetenz" zu unterstützen, müssen Mitarbeiter die Sensibilität aufweisen, sich auch selbst einmal überzeugen zu lassen und andere anzuleiten (D-3). In der bereichsübergreifenden Zusammenarbeit findet Beratung vor allem in Form einer ausführlichen Weitergabe von Informationen statt (D-28).

> *„Die Zusammenarbeit mit den anderen Abteilungen [...] [ist]bei uns sehr, sehr wichtig [...]. Und da muss [man] natürlich auch einfach, sage ich mal, auch die anderen informieren, was ist machbar. Wann ist es machbar. Wie funktioniert es?" (D-28,Z. 42-46)*

Um sowohl Exploitations- als auch Explorations-Prozesse zu unterstützen, müssen Mitarbeiter neue Entwicklungen beziehungsweise Optimierungen auch vermitteln können (D-9). In Restrukturierungsprozessen sollten Führungskräfte Mitarbeiter zur Teilnahme an diesen und zum eigenständigen Handeln anleiten können (D-3). Serviceabteilungen, wie z. B. die IT, können Veränderungsprozesse, die Integration innerhalb des Konzerns oder Kooperationen durch Beratung in Bezug auf Systeme und Prozesse beratend begleiten (D-34).

Konfliktlösungsfähigkeit

Die Bedeutung der Kompetenz „Konfliktlösungsfähigkeit" scheint im Rahmen dieser Untersuchung vor allem im Rahmen kleinerer Probleme bei der täglichen Arbeit zu liegen, die sich auch relativ schnell wieder lösen lassen. So nahm die Bedeutung von Delphi 1 von Rangplatz 4 (18 Nennungen, 9 geschilderte Situationen) auf Rangplatz 9 (3 Nennungen, 5 geschilderte Situationen) ab.

In Delphi 2 wurden wenige Situationen geschildert, die einen eindeutigen Bezug zu den organisationalen Kompetenzen hatten. Das Lösen von Konflikten scheint allgemein eine wesentliche Aufgabe von Führungskräften zu sein (D-19; D-27). Die Kernkompetenz „technische Vertriebskompetenz" kann grundsätzlich dadurch unterstützt werden, dass ein konfliktarmer Umgang mit dem Kunden gepflegt wird und Führungskräfte schlichtend eingreifen, wenn ihre Mitarbeiter Konflikte mit Kunden haben.

> *„Ich hatte jetzt vielleicht drei, vier, fünf Mal Konflikte mit dem Kunden. Aber das, da bin ich eher nicht von meiner Seite aus reingerutscht, sondern als Führungskraft, der dann eher schlichtend mit eingreifen musste." (D-3, Z. 98-100)*

Dieses Verhalten dürfte zum vertrauten Umgang mit dem Kunden beitragen, der ein Bestandteil dieser Kernkompetenz ist.

Zur Konfliktvermeidung sollte den Mitarbeitern intensiv zugehört und ausreichend Informationen zur Verfügung gestellt werden. „Konfliktlösungsfähigkeit" ist wichtig für die reibungslose Zusammenarbeit (D-28) und steht in enger Beziehung zu den Kompetenzen „Team- und Kooperationsfähigkeit" (D-34) und „Kommunikationsfähigkeit" (D-28).

„... weil solange ein Konflikt besteht, wird die Arbeit nicht so erfolgreich sein, wie sie sein könnte, weil das wird immer ein gewisses Gegeneinander werden. [...] Allgemein sehe ich einfach von der Konfliktlösungsfähigkeit den Hauptbezug in der Leistungsfähigkeit ... " (D-28, Z. 159-176)

Damit finden sich einige Ansatzpunkte für die Unterstützung von Exploitations-Prozessen und der „technischen Vertriebskompetenzen", aber keinen Bezug zu den Dynamik Capabilities. Allerdings sei an dieser Stelle auf konfliktreiche Situationen verwiesen, die im Rahmen des Kompetenzblocks „Experimentierfreude, Risikobereitschaft und Unkonventionalität" geschildert wurden. Es kann folglich davon ausgegangen werden, dass die Kompetenz „Konfliktlösungsfähigkeit" sowohl in Exploitations- als auch in Explorations-Bereichen benötigt wird.

Zwischenfazit: Bedeutung sozialer Kompetenzen im strategischen Kompetenzmanagement

„Anpassungsfähigkeit" bezieht sich vor allem auf die Dynamic Capabilities. Mitarbeiter mit dieser Kompetenz denken über den einzuschlagenden Weg nach, stellen sich neuen Anforderungen und trennen sich von alten Aufgaben. **„Beratungsfähigkeit"** unterstützt sowohl die Kernkompetenzen als auch die Dynamic Capabilities, indem Kunden, andere Abteilungen oder Mitarbeiter entweder bei operativen Prozessen oder in Veränderungssituationen begleitet werden. **„Beziehungsmanagement"** wird vor allem für die Kernkompetenz „technische Vertriebskompetenz" benötigt, ermöglicht aber durch die engen Bindungen auch die intensive Aufnahme von Wissen aus der Umwelt. Auf diese Kernkompetenz zur Bearbeitung von Märkten bezieht sich auch die „Kundenorientierung". Effizienzsteigerungen im Sinne der Exploitation können erreicht werden, wenn interne Kunden wie eine Produktionsabteilung beispielsweise im Rahmen von Wartungsprozessen intensiv betreut werden. **„Experimentierfreude, Risikobereitschaft und Unkonventionalität"** ist wie erwartet vor allem verbunden mit Explorations-Prozessen. Aber auch für die Teilnahme an Exploitations-Prozessen sind diese Kompetenzen notwendig, wie beispielsweise für die Verbesserung von Bauteilen. **„Kommunikationsfähigkeit"** sowie **„Team- und Kooperationsfähigkeit"** kommen für alle betrachteten organisationalen Kompetenzen eine verknüpfende Funktion zu. Die **„Konfliktlösungsfähigkeit"** ist insbesondere wichtig, um Reibungsverluste im Rahmen von Exploitations-Prozessen zu vermeiden.

6.2.1.2 *Personale Kompetenzen und organisationale Kompetenzen*

Kompetenz	Rang Delphi 2	Nennungen Delphi 2	Plätze (addiert)	Rang Delphi 1	Nennungen Delphi 1	Anzahl Situationen
Offenheit für Veränderung und Innovationsfreudigkeit	**1**	9	12	**2***	14	6
Mitarbeiterförderung	**2**	6	17	**2***	14	11
Delegieren	**3**	5	22	**1**	15	9
Zuverlässigkeit und Pflichterfüllung	**4**	4	35	**4**	11	8
Loyalität	**5**	3	42	**5**	10	8
Lernbereitschaft	**6**	3	44	**6**	8	6

Tabelle 37: Kompetenzauswahl "personale Kompetenz" (Delphi 1 und 2). n (Delphi 2) = 10 und n (Delphi 1) = 24. *=Position zweimal vergeben, Anzahl der Nennungen gleichhoch

Sowohl in der ersten als auch in der zweiten Runde der Delphi-Befragung wurde „Offenheit für Veränderung und Innovationsfreudigkeit“ als sehr wichtige personale Kompetenz angesehen. In der Delphi 1 Befragung wurde lediglich die Führungskompetenz „Delegieren“ einmal öfter ausgewählt. „Mitarbeiterförderung“ ist sowohl in Delphi 1 als auch in Delphi 2 von zentraler Bedeutung. „Zuverlässigkeit und Pflichterfüllung“ erhielt über beide Befragungen hinweg den vierten Rang. Auffällig ist die relativ seltene Nennung von „Loyalität“ und „Lernbereitschaft“ über beide Befragungen hinweg.

Offenheit für Veränderung und Innovationsfreudigkeit

Diesem Kompetenzpärchen wurde in beiden Befragungen eine zentrale Bedeutung zugemessen. Die genannten Situationen bezogen sich schwerpunktmäßig auf die Fähigkeit mit Restrukturierungen (D-3; D-4; D-7; D-32) umzugehen beziehungsweise daran teilzunehmen und Probleme offen ansprechen zu können (D-3). Diese Situationen und belegen damit den Bezug zu den Dynamic Capabilities.

„Also momentan wäre für mich die Offenheit für Veränderung und Innovationsfreudigkeit der Hauptpunkt eben. Gerade weil wir momentan ja viel verändern wollen intern, ein[ge]fahrene Pfade kappen. […] Ein Mitarbeiter, der diese Kompetenz zeigt geht offen mit Problemen um. Er spricht ehrlich über Probleme. Weil gerade wenn einer nicht für Veränderungen zugänglich ist, dann geht das meistens so hinten herum und es wird intrigiert.“ (D-3, Z. 251-260)

Führungskräfte müssen die ihnen Unterstellten über Veränderungen umfassend informieren (D-4), Ideen für die Veränderung einbringen (D-7) und sich von alten Abläufen lösen (D-32).

Neben der Bedeutung der Kompetenz für die Durchführung von Restrukturierungsprozessen war sie vor allem für Explorations-Prozesse von zentraler Bedeutung. Mitarbeiter müssen im Rahmen von Explorations-Prozessen selbst neue Ideen einbringen (D-3), aber vor allem auch bereit sein, die neuen Technologien aufzunehmen (D-7), wenn die Geschäftsleitung neue Bereiche erschließen möchte (D-32).

„Gut, das andere wäre natürlich, dass wir neue Technologien dann auf[nehmen], wenn man sagt, Veränderungen oder. Gut, jetzt sind wir ja 99 Prozent [technologie]-getrieben. Gut, natürlich muss man offen sein für vielleicht andere Produkte. Ja? Wie Sie gesagt haben, wi[r] könnten auch Gussteile machen oder/ gut die Zukunft von Elektrofahrzeugen heißt wahrscheinlich auch mehr Leichtbau und vielleicht auch leichtere Werkstoffe und ...“ (D-32, Z. 125-132).

Neben eigenen Ideen und Innovationen ist es für ein Unternehmen, das Automobilunternehmen unter anderem Herstellungsprozesse zur Verfügung stellt, auch wichtig, den Markt zu beobachten, langfristige Trends zu erkennen und darauf mit Innovationen zu reagieren.

„Also Offenheit für Veränderungen und Innovationsfreudigkeit, das sag ich gerade aus dem Bereich der Produktentwicklung raus, müssen wir natürlich da sehr offen und weitblickend den Markt einfach beobachten, weil ich unsere Aufgabe darin sehe, zu erkennen, was braucht der Markt langfristig, also nicht nur in ein, zwei Jahren, sondern in drei, fünf, fünfzehn Jahren. Wo geht die Reise hin? Und aus dieser Anforderung raus aus dem Markt natürlich Innovation da mit einbringen.“ (D-12, Z. 2-7)

Für die Bewältigung der Zukunftsaufgaben sollten die Mitarbeiter aber auch im Sinne der Absorptive Capacity Wissen aus der Umwelt aufgreifen (D-1).

Zudem bezogen sich einige Situationen auf die Weiterentwicklung der Kernkompetenz „Verfahrenskombination in der Werkstoffbehandlung“. Führungskräfte müssen dabei ähnliche Verhaltensweisen zeigen wie für Exploration. Sie müssen diese kontinuierlichen Veränderungen annehmen (D-12) und ihre Mitarbeiter in Bezug darauf informieren und schulen. Die Mitarbeiter können zu dieser kontinuierlichen Weiterentwicklung durch die Einbringung von Vorschlägen im betrieblichen Vorschlagswesen (D-26) beitragen. Diese Vorläge beziehen sich in der Regel auf Exploitation (O-4). „Offenheit für Veränderung und Innovationsfreudigkeit“ bedeutet aber neben der Weiterentwicklung auch, bestehende Technologien möglichst geschickt für die Erfüllung der Kundenanforderungen zu nutzen (D-12).

Mitarbeiterförderung

Die Kompetenz „Mitarbeiterförderung“ war in beiden Befragungen die am zweithäufigsten genannte Kompetenz. In der Delphi 1 Befragung wurden zu ihr mit elf Situationen mit Abstand die meisten unter den personalen Kompetenzen beschrieben. In Delphi 2 wurde diese Kompetenz von sechs der zehn Befragten unter die ersten drei wichtigsten Kompetenzen gewählt. Darüber hinaus beschrieben fast alle Befragten Situationen zu dieser Kompetenz.

„Mitarbeiterförderung" ist nach der Untersuchung eine Kompetenz, die auch unabhängig von den organisationalen Fähigkeiten sehr wichtig ist. Im Zentrum stand für viele Befragte eine Mitarbeiterförderung, die vor allem auf die Stärken des einzelnen Mitarbeiters abgestimmt ist (D-13; D-3; D-7; D-12; D-31). Mitarbeiter, bei denen Potenzial erkannt werde, sollten auf Schulungen geschickt (D-9), durch Projekte gefördert und so auf die nächsten Karriereschritte (D-13) vorbereitet werden. Damit findet sich die Dimension „Individualized Consideration"[58] (Bass, 1990, S. 22) des transformationalen Führungsstils in diesen Aussagen teilweise wieder. Führungskräfte müssen sich für die Förderaktivitäten auch selbst Freiräume durch Delegation und den Aufbau von Nachfolgern schaffen (D-23).

Die Kernkompetenzen werden unterstützt, indem eine breite und umfassende Ausbildung (D-14) und somit die funktionale Flexibilität so gefördert (D-28) und die Voraussetzungen für die Kombination der Verfahren auf Mitarbeiterebene geschaffen werden. Diese Art der Ausbildung ermöglicht auch den Aufbau von eigenen Prozesstechnologien (D-14), die entsprechend schwer imitierbar sind. Auch die Humanressourcen selbst dürften aufgrund der sehr spezifischen Ausbildung nur sehr schwer imitierbar sein. Durch die gute und umfassende Ausbildung werden sie auf die Teilnahme an den Regeln, Prozessen und Routinen im Unternehmen vorbereitet (D-19) und können die für Exploitation in der Automobilindustrie so wichtigen möglichst fehlerfreien Prozesse unterstützen (D-14; D-20) und gemeinsam aus Fehlern lernen (D-13).

„... und die Leute, die wir selber herziehen, selber ausbilden, das sind eigentlich im Durchschnitt immer die Besseren als von externer Seite. [...] Denn die können unsere Richtung, die muss man jetzt nicht erst auf den Weg bringen." (D-19, Z. 98-102).

Explorations-Prozesse können unterstützt werden, indem die jeweiligen Stärken und die Innovationsfreudigkeit der Mitarbeiter gefördert werden (D-2; D-1) sowie indem eine Förderung betrieben wird, die funktionale Wechsel etwa von der Produktion in die Produktentwicklung ermöglicht (D-16). Auf neuartige Produkte müssen Mitarbeiter vorbereitet werden, indem die Führungskräfte sie umfassend informieren (D-7). Auch kann durch die Teilnahme an externen Schulungen und eine entsprechende Förderung externes Wissen aufgenommen werden (D-1). Um das Lernen im Unternehmen grundsätzlich zu fördern, sollten eine gewisse Kodifizierung von Wissen für die Einarbeitung neuer Mitarbeiter vorangetrieben (D-13) sowie der formelle und informelle Wissensaustausch im Unternehmen intensiv gefördert werden (D-2; D-12).

Delegieren

„Delegieren" wurde von 5 der 10 befragten Personen als eine der drei wichtigsten Kompetenzen ausgewählt. Delegation wurde, trotz der Operationalisierung dieser Kompetenz für Führungskräfte als auch für Mitarbeiter fast nur mit den Aufgaben der Führungskräfte in Beziehung gesetzt. Viele Befragte sahen im „Delegieren" eine Möglichkeit, die eigenen Mitarbeiter zu fördern (D-4; D-12; D-14). Die Förderung der eigenen Mitarbeiter wurde

[58] Im Original kursiv gedruckt.

auch als Voraussetzung für Delegation gesehen (D-14). Die Delegation von interessanten, „spannenden“ (D-7, Z. 44), anspruchsvollen oder neuartigen (D-4) Aufgaben kann somit als Personalentwicklungsmaßnahme gesehen werden.

Durch eine kompetenzorientierte Aufgabenverteilung kann insbesondere die Effizienz in Exploitations-Prozessen erhöht, aber auch Explorations-Prozesse können gefördert werden (D-3; D-4). Neue Aufgaben, die in Explorations-Prozessen die Regel sind, aber auch in Exploitations-Bereichen vorkommen, sind nur zu bewältigen, wenn Führungskräfte sich durch Delegation Freiräume schaffen (D-1; D-32).

Insgesamt wurde „Delegieren“ im Rahmen dieser Untersuchung von den Befragten als zentrale Führungskompetenz angesehen. Direkte Bezüge zu den einzelnen organisationalen Kompetenzen konnten hingegen kaum identifiziert werden. Dennoch ist davon auszugehen, dass die Kompetenz sowohl in Exploitations- als auch in Explorations-Bereichen benötigt wird.

Zuverlässigkeit und Pflichterfüllung

Dieses Kompetenzpärchen wurde in Delphi 1 elf Mal (Rangplatz 4) und Delphi 2 vier Mal (Rangplatz 4) ausgewählt. Es machten zwar neun von zehn Befragten Angaben zu dieser Kompetenz. Die meisten dieser Ausführungen bezogen sich allerdings auf die Bedeutung des Kompetenzpärchens und beinhalteten keine Kompetenzbeschreibungen. Die untergeordnete Bedeutung dieser Kompetenzen bei beiden Befragungen ist auch darauf zurückzuführen, dass die befragten Führungskräfte diese als Selbstverständlichkeit (D-3; D-32) und Grundvoraussetzung (D-4; D-23) ansahen. Führungskräfte sollten in Bezug darauf eine Vorbildfunktion übernehmen (D-23). Die Selbstverständlichkeit dieser Kompetenz dürfte sich insbesondere für Exploitations-Bereiche ergeben, sie ist allerdings grundsätzlich auch für Explorations-Bereiche notwendig (D-12). In Exploitation-Situationen übernimmt ein Mitarbeiter mit dieser Kompetenz viel Verantwortung, man kann sich auf seine Aufgabenerfüllung verlassen, er achtet auf Details und trägt dadurch zu einem Null-Fehler Prinzip bei (D-2; D-12; D-14).

„… [W]ir streben halt unsere Null-Fehler-Qualität an, das ist zwar nicht möglich, aber je mehr der Mitarbeiter schlampt oder das Ganze vernachlässigt, desto schlechter schaut das Endprodukt aus, also [ein] ganz wichtiger Punkt, meiner Meinung nach Pflichterfüllung.“ (D-2, Z. 122-126)

Zudem kann nur durch diese Kompetenzen die vorhandene Komplexität überhaupt gehandhabt werden (D-1). Der Umgang mit Komplexität (D-1) und das Achten auf Details sowie das zuverlässige Erfüllen von Aufgaben in Herstellungs- oder Entwicklungsketten (D-12), kann sowohl Exploitations-Prozessen als auch Explorations-Prozessen zugeordnet werden.

Loyalität

„Loyalität“ wurde in Delphi 1 von zehn Befragten (Rangplatz 5) und in Delphi 2 nur von drei (Rangplatz 5) ausgewählt. Sieben Befragte machten Anmerkungen zur Kompetenz „Loyalität“, die jedoch mehrheitlich keine Verhaltensbeschreibungen enthielten, sondern sich auf die Bedeutung der Kompetenz im Unternehmen bezogen. Bezugspunkt der „Loyalität“ war bei fast allen Situationen die Organisation, der gegenüber der einzelne Mitarbeiter eine gewisse Verpflichtung empfindet. Sie ähnelt in diesem Verständnis dem normativen und teilweise affektiven Commitment (Allen & Meyer, 1990; Heyse & Erpenbeck, 2004). Commitment hat nach Teece (2007) eine wesentliche Bedeutung für die Herausbildung von Dynamic Capabilities.

„Loyalität“ wurde von einigen als Grundelement im Verhalten und damit als Selbstverständlichkeit angesehen (D-3; D-4; D-1; D-7). Ein zentrales Thema waren die langen Ausbildungs- und Wissenserwerbszeiten für die Beherrschung der Technologien, die den Kernkompetenzen zugrunde liegen und somit eine längerfristige Bindung von Mitarbeitern unbedingt notwendig machten (D-3; D-12; D-23).

„Und wenn ich jemanden stark fördere und [...] Zeit, Ressourcen, [...] Kontakt, Anknüpfungspunkte [bereitstelle] [...]. Dann gehört letztendlich auch eine gewisse Loyalität zum Unternehmen dazu.“ (D-23, Z. 212-217)

Durch die stark ausgeprägte „Loyalität“ der Mitarbeiter wurden die technologischen Fähigkeiten des Unternehmens unterstützt.

„Ja, das ist schon so. Ich sehe das bei unseren Werken im Ausland. Die sind ein bis zwei Jahre da und dann wechseln sie. Und gerade nach ein zwei Jahren kann ich ja eigentlich das Wissen der Mitarbeiter erst richtig nutzen. Aber dann sind sie weg und nehmen [...] das Wissen mit, dann teilweise auch zu den Konkurrenten.“ (D-3, Z.315-318)

Zudem zeigten die Mitarbeiter aufgrund der Verbundenheit mit dem Unternehmen (D-12) eine gewisse Leidensbereitschaft (D-3).

Zu den Dynamic Capabilities wurden folgende Bezüge hergestellt: Ein Befragter bezog sich explizit auf die Dynamic Capabilities und meinte, dafür müsse man als Führungskraft hinter Neuerung stehen und die eigenen Interessen auch hinter die Interessen des Unternehmens zurückstellen können (D-32). Für den Schutz von geheimem Wissen war „Loyalität“ in Entwicklungsabteilungen mit Explorations-Aktivitäten von hoher Bedeutung (DF-24), weniger jedoch für die Teilnahme an bzw. die Mitgestaltung von Veränderungsprozessen (D-23). Die bereits in den Mitarbeiterbefragungen 2004 festgestellte hohe Ausprägung von „Loyalität“ in Form des affektiven und normativen Commitments (Rost, 2005) dürfte damit eine für den Aufbau von Humanressourcen mit in hohem Maße unternehmensspezifischem Wissen besonders wertvolle Kompetenz sein. Dies dürfte auch zu einer schweren Imitierbarkeit dieser Humanressourcen führen. Allerdings ist diese Form der „Loyalität“ hauptsächlich verbunden mit dem relationalen psychologischen Vertrag und traditionellen Laufbahnmodellen (Gasteiger, 2007; Marr & Fliaster, 2003). Die zunehmende Bedeutung des transaktionalen psychologischen Vertrages oder in seiner positiven Form des balancierten psychologischen Vertrages (Marr & Fliaster, 2003; Rousseau, 1995) dürfte die Bedeutung dieser Kompetenz in Unternehmen verändern. Die Entwicklungstendenzen in der Laufbahnforschung deuten auf eine Bewegung weg von der klassischen Loyalität gegenüber einem Unternehmen hin auf ein Commitment einer Person gegenüber einer Profession. Damit verbunden ist allerdings eine hohe Lernorientierung (Gasteiger, 2007), die die Teilnahme an Lernprozessen, die den Dynamic Capabilities zugrunde liegen, deutlich fördern dürfte.

Lernbereitschaft

„Lernbereitschaft" hatte sowohl in Delphi 1 (8 Nennungen) als auch in Delphi 2 (3 Nennungen) die geringste Bedeutung für die Befragten. Dies könnte auch daran liegen, dass diese eine Ähnlichkeit zu „Offenheit für Veränderung und Innovationsfreudigkeit" sahen (D-7) und diese Kompetenz stattdessen auswählten. Insgesamt sechs Personen erwähnten die „Lernbereitschaft" während des Interviews. Allerdings waren die meisten dieser Aussagen relativ kurz. Demnach sei „Lernbereitschaft" eine Grundvoraussetzung für die Arbeit (D-32) und die persönliche Entwicklung (D-1) und die Führungskräfte erwarteten ein aktives Fragen nach Weiterbildungsmöglichkeiten (D-1). „Lernbereitschaft" hatte eine besondere Bedeutung für die Teilnahme an Veränderungen und Innovationen im Unternehmen (D-2; D-23). Diese Veränderungen können sowohl im Exploration- als auch im Exploitations-Bereich liegen.

Zwischenfazit: Bedeutung personaler Kompetenzen im strategischen Kompetenzmanagement

Wie gezeigt wurde, kommt den personalen Kompetenzen „**Offenheit für Veränderung und Innnovationsfreudigkeit**" eine besondere Bedeutung bei der Erneuerung der Kompetenzbasis zu. Eine intensive „**Mitarbeiterförderung**" ermöglicht den Aufbau von unternehmensspezifischem und sehr schwer imitierbarem Wissen mit Bezug zu den Kernkompetenzen und kann bei entsprechender Ausrichtung funktionale Flexibilität fördern, um Exploitations- und Explorations-Bereiche zu verknüpfen.

„**Delegieren**" ist eine Möglichkeit, sowohl Mitarbeiter zu fördern als auch sich als Führungskraft Freiräume für neue Aufgaben zu schaffen. Die beiden Kompetenzen werden sowohl in Exploitations- als auch in Explorations-Bereichen benötigt.

„**Zuverlässigkeit und Pflichterfüllung**" ist von entscheidender Bedeutung für die effiziente Durchführung der Produktion in Exploitations-Bereichen. „**Loyalität**" unterstützt insbesondere die beiden beschriebenen Kernkompetenzen, da aufgrund der langen Dauer für den unternehmensspezifischen Wissensaufbau eine längerfristige Unternehmenszugehörigkeit sehr vorteilhaft zu sein scheint. „Zuverlässigkeit und Pflichterfüllung" ist eine zentrale Voraussetzung für Exploitations-Prozesse. „**Lernbereitschaft**" schließlich wird für die Anpassung an Veränderungen grundsätzlich in allen Unternehmensbereichen benötigt.

6.2.1.3 Aktivitäts- und Handlungskompetenzen und organisationale Kompetenzen

Kompetenz	Rang Delphi 2	Anzahl Nennungen Delphi 2	Plätze (addiert)	Rang Delphi 1	Anzahl Nennungen Delphi 1	Anzahl Situationen
Ergebnisorientiertes Handeln und zielorientiertes Führen	**1**	10	14	1	18	11
Gestaltungswille und Verantwortungsübernahme	**2**	9	24	3	15	4
Eigeninitiative und Impulsgeben	**3**	5	30	2	16	8
Belastbarkeit und Einsatzbereitschaft	**4**	5	35	4	14	5
Beharrlichkeit	**5**	1	47	5	8	5

Tabelle 38: Kompetenzauswahl "Aktivitäts- und Handlungs-Kompetenz" (Delphi 1 und 2). n (Delphi 2) = 10 und n (Delphi 1) = 24

Das Kompetenzpärchen „Ergebnisorientiertes Handeln und zielorientiertes Führen“ wurde in beiden Befragungen als die wichtigste Aktivitäts- und Handlungskompetenz ausgewählt. Daneben zählte „Gestaltungswille und Verantwortungsübernahme“ in beiden Befragungen zu den zentralen Kompetenzen. „Eigeninitiative und Impulsgeben“ hatte in Delphi 2 eine deutlich geringere Bedeutung als in Delphi 1. Den Kompetenzen „Belastbarkeit und Einsatzbereitschaft“ kam in beiden Befragungen eine mittlere bis nachgeordnete Bedeutung zu.

Ergebnisorientiertes Handeln und zielorientiertes Führen

Sowohl in Delphi 1 als auch in Delphi 2 wurde diese Kompetenz am häufigsten ausgewählt, in Delphi 2 sogar von allen Befragten. Diese Kompetenz wurde als allgemeine Führungskompetenz angesehen, die für die Zielbestimmung (D-17) und das gemeinsame Erreichen von Zielen wichtig ist (D-13; D- 24).

Insbesondere scheint diese Kompetenz wichtig zu sein für die Kernkompetenz „Verfahrenskombination“. Durch ein gemeinsames Zielverständnis werden Zusammenarbeit und Wissensaustausch zwischen den Bereichen erst möglich (D-5; D-13; D-30). Die Mitarbeiter müssen darüber angemessen informiert werden (D-8). Die „technische Vertriebskompetenz und weltweite Kundenproblemlösungsprozesse“ können Mitarbeiter vor allem unterstützen, indem sie ergebnisorientiert in internen Gremien zur Lösung von Kundenproblemen mitarbeiten (D-5) und dabei eine Vermittlungsfunktion zwischen Kunden und internen Abteilungen übernehmen (D-8). Für eine effiziente Produktion im Sinne der Exploitation ist die Verfolgung von auf die Abteilungsebene herunter gebrochenen Zielen notwendig. Derartige Ziele sollten in den Bereichen und Abteilungen besprochen und der jeweiligen Situation angepasst werden (D-17; D-22; D-8).

Dynamic Capabilities und Explorationsprozesse können nur verwirklicht werden, wenn Führungskräfte aller Ebenen klare Ziele wie den Aufbau einer neuen Kernkompetenz vorgeben und für ihre Bereiche jeweils übersetzen. Dafür sollte die Selbstständigkeit der Mitarbeiter gefördert werden (D-24; D-8).

Für Veränderungs- beziehungsweise Restrukturierungsprozesse sollten klare Ziele formuliert werden (D-8), bei deren Findung jedoch die Ideen vieler verschiedener Leute zu integrieren sind (D-31).

> *„Es ist ja so, dass man natürlich Informationsquellen anzapft. Dass man nicht jede Erfahrung selber machen muss. Dass man aufgeschlossen ist, offen gegenüber anderen Meinungen. […] [D]as ist einfach […] ein offener Dialog, in dem man Wissen, Erfahrungen von mehreren Personen auf sich wirken lässt." (D-31, Z. 310-315)*

Zudem sollten derart kompetente Personen in Veränderungssituationen die Ziele des Gesamtunternehmens für die einzelnen Bereiche übersetzen (D-32), einen Überblick über die Ressourcen behalten (D-8) und dadurch mithelfen, neue effiziente Prozesse und Entscheidungsgremien aufzubauen (D-31; D-32).

Gestaltungswille und Verantwortungsübernahme

Diese Kompetenz wurde in Delphi 2 mit 9 Nennungen noch als deutlich wichtiger eingestuft als in Delphi 1 (15 Nennungen, Rangplatz 3). Diese Kompetenz ist für die Bewältigung des Arbeitsalltages von sehr hoher Bedeutung. Mitarbeiter müssen Verantwortung für ihren Arbeitsbereich übernehmen, im Team gestalten und zu Fehlern stehen (D-17; D-30; D-31). Viele Situationsbeschreibungen bezogen sich auf Exploitation. Die Kompetenz scheint eine zentrale Voraussetzung für das Zustandekommen effizienter Prozesse zu sein, indem Regeln und Routinen tatsächlich umgesetzt werden (D-32) und die Abläufe im eigenen Bereich möglichst optimal gestaltet werden (D-8). Vor allem muss auch für Fehler Verantwortung übernommen werden und diese müssen abgestellt werden (D-24). Zudem wird die „Verfahrenskombination" gefördert, wenn Verantwortung für (werks-)übergreifende Prozesse übernommen (D-8; D-32) und Standards übertragen und angepasst werden (D-24).

In Bezug auf die Dynamic Capability „Restrukturierung" erscheint die Kompetenz von Bedeutung zu sein, indem Führungskräfte hinter Veränderungen stehen, diese positiv kommunizieren und auch selbst daran mitarbeiten (D-13; D-32). Für Explorationsprozesse ist die Kompetenz sehr wichtig, um an neuen Projekten arbeiten zu können (D-24) und gegen Widerstände für neue Technologien und Werkstoffe zu kämpfen (D-22). Zudem erklärt eine Person mit hohem „Gestaltungswillen" und Bereitschaft zur „Verantwortungsübernahme" ihren Mitarbeitern die Neuerungen und treibt sie an, etwas auszuprobieren (D-13). Die genannten Situationen zu Exploration beziehen sich alle auch auf die Nutzung und Verbesserung von bekanntem Wissen und damit auf Exploitation. Wie in Kapitel 2.3.2 dargestellt, liegt bei Beispielen aus der Unternehmenspraxis abgesehen von der Grundlagenforschung zumeist eine Mischung aus Explorations- und Exploitations-Aktivitäten im Rahmen eines Prozesses vor. Die Kompetenzsituationen beschreiben vor allem die Verhaltensweisen für die im Rahmen von Exploration notwendige Veränderung sehr umfassend. Eine besondere Bedeutung kommt der Kompetenz zudem im Bereich F & E zu (D-30).

Eigeninitiative und Impulsgeben

Die Bedeutung dieser Kompetenz nahm von Delphi 1 (Rangplatz 2, 16 Nennungen) auf Delphi 2 (Rangplatz 3, 5 Nennungen) zugunsten des Kompetenzpärchens „Gestaltungswille und Verantwortungsübernahme" etwas ab. „Eigeninitiative" ist in diesem produktionsorientierten Unternehmen, dessen Geschäftsgrundlage die ständige Weiterentwicklung der Produktionsprozesse ist, eine zentrale Grundlage für die Arbeit der Mitarbeiter in einer sich ständig und schnell verändernden Umwelt. „Nur aus der Eigeninitiative kommt die Möglichkeit, dass der Mitarbeiter eigentlich auch arbeiten kann." (D-25, Z. 49-51) Grundsätzlich wurde diese Kompetenz in allen Teilen des Unternehmens gebraucht. Die besondere Bedeutung für Exploration und kontextuelle Ambidextrie wird aber dadurch deutlich, dass diese Kompetenz insbesondere von solchen Mitarbeitern ausgewählt wurde, die derzeit oder in der Vergangenheit in die damit verbundenen Prozessen eingebunden waren (D-30; D-31).

In Exploitations-Bereichen wie der Produktion zeigen Mitarbeiter diese Kompetenzen insbesondere, indem sie andere zum Nachdenken über Prozesse anregen (D-22), Einführungsprozesse von neuen Maschinen eigenständig überwachen und bei Zielabweichungen Hinweise geben (D-28). Für bestimmte Bereiche sahen die Befragten aber auch Begrenzungen für „Eigeninitiative". In diesen Bereichen sollten sich die Mitarbeiter ausschließlich an die Anweisungen halten (D-5). Diese unterschiedlichen Auffassungen werden durch die beiden folgenden Zitate ausgedrückt:

„Eigeninitiative und Impulse geben. Impuls geben tut man für meinen Bereich an seine Kollegen, [die] Bediener. Da sagt man, da kann man noch was machen oder denkt noch einmal ein bisschen darüber nach. Also ihre Handlungen ein bisschen ins Positive beeinflussen." (D-22, Z. 58-62)

„Ja also der mit Eigeninitiative, […] in meinem Bereich, habe ich halt, Schichtverantwortliche […], die halt den anderen Mitarbeitern in gewissen Punkten unter die Arme greifen. […] Also denen dann sagen, was sie da eventuell machen könnten oder halt sein lassen sollten." (D-5, Z. 90-94)

Eigenständigkeit in Bereichen mit Fokus auf Exploitation zeigten vor allem solche Mitarbeiter, die entweder sehr eng mit der Produktenwicklung zusammenarbeiteten (D-17; D-31) oder beispielsweise im Bereich der Managementunterstützungssysteme neue Strukturen aufbauten und das dafür notwendige Wissen von extern mitbrachten, um es für die

Organisation nutzbar zu machen (D-1). Um die „technische Vertriebskompetenz“ zu unterstützen, müssen sich Mitarbeiter mit Kundenkontakt das notwendige technische Wissen in der Zusammenarbeit mit der Entwicklung selbst erschließen.

„... dass ich möglichst meine Augen und Ohren aufmache, wenn ich mit technischen Leuten unterwegs bin, um da möglichst viel zu erfahren über die Prozesse, um dann wiederum später eben [...] vor Ort [...] überzeugen zu können, um das, was ich eben weiß, auch ordentlich – je nach Situation – einschätzen zu können.“ (D-17, Z. 99-103)

Zusätzlich sollen diese Vertriebsmitarbeiter aber auch Wissen aus der Umwelt oder vom Kunden aufnehmen und für das Unternehmen nutzbar machen (D-17, Z.123-124, O-3, O-4).

Deutlich höher in Bezug auf Exploitations-Aufgaben war das Ausmaß an „Eigeninitiative“ allerdings im Zusammenhang mit Exploration. Die Mitarbeiter müssen beispielsweise in der Entwicklung mit relativ offen formulierten Zielen umgehen oder selbst nach Zielen suchen:

„Man kann nur sagen: "Okay, schaue dich einmal in diesem und jenem Bereich um". [...] Das ist dann schon wichtig, dass die Leute auch von einem relativ unkonkreten Ziel ausgehend sich mit der Zeit selbstständig und mit einer gewissen Eigeninitiative, basierend auf den Erfahrungen, die sie im Lauf dieser Aufgabe sammeln, das immer weiter konkretisieren, bis am Schluss wirklich einmal ein konkretes Teil, zum Beispiel, herauskommt, das man näher betrachten kann.“ (D-30, Z. 42-45)

Zudem müssen sie eigenständig ihre Umwelt beobachten und daraus neuartige Lösungsmöglichkeiten ableiten (D-17; D-20; D-30). Auch bei Veränderungsprozessen bringen Mitarbeiter mit hohen Ausprägungen in den Kompetenzen „Eigeninitiative und Impulsgeben“ Ideen ein (D-31; D-32).

Belastbarkeit und Einsatzbereitschaft

Diese Kompetenz hatte mit fünf Nennungen in Delphi 2 eine mittlere Bedeutung. Sie wurde als Grundvoraussetzung angesehen, um Ziele erreichen zu können (D-17), externe Termine wahrzunehmen (D-17) und hohe Auftragslagen bewältigen zu können (D-32). Die Bewältigung von extrem schwankenden Kundenanforderungen (D-8) leistet einen Beitrag zur Kernkompetenz „Kundenproblemlösungsprozesse“. Durch die Belastbarkeit der Mitarbeiter in der Produktion wird die „Verfahrenskombination“ erst möglich und das Unternehmen kann eventuell in neue Märkte einsteigen (D-24; D-13). Drei Befragte bezogen sich bei ihren Ausführungen auf die Dynamic Capabilities. Mitarbeiter müssen bei Reorganisationen mit zusätzlichen Belastungen und Rückschlägen umgehen können (D-24; D-30; D-32).

„Und das ist [...] gerade in so Extremsituationen [...] oder auch [in] so Veränderungsprozessen [...] immer ganz wichtig, dass hier auch entsprechend eben mit Stress und Ver-

änderungssituationen […] umgegangen werden kann, man auch mit Rückschlägen umgehen kann und sich entsprechend dennoch zusätzlich engagiert oder stark engagiert. Das sehe ich so von der Wertung her als wesentlich für diese, ja, dynamischen Aspekte." (30, Z. 100-107).

Beharrlichkeit

Die geringste Bedeutung unter den aktivitäts- und handlungsorientierten Kompetenzen hatte sowohl im Rahmen von Delphi 1 (8 Nennungen) als auch von Delphi 2 Befragung (1 Nennung) die „Beharrlichkeit". Allerdings beschrieben sechs Interviewpartner über die Auswahl der „wichtigsten" Kompetenzauswahl hinaus Situationen und Verhaltensaspekte mit Bezug zur Kompetenz „Beharrlichkeit", aus denen einige interessante Aspekte abgeleitet werden konnten.

Jeweils ein Befragter bezog sich in den geschilderten Kompetenzsituationen auf die Kernkompetenzen „Verfahrenskombination" und „technische Vertriebskompetenz". „Beharrlichkeit" werde benötigt, um kleine Prozessverbesserungen und damit Exploitation der Kernkompetenz „technische Vertriebskompetenz" zu verwirklichen (D-22). In Bezug auf die „weltweiten Kundenproblemlösungsprozesse", einen Kernkompetenzbestandteil, sei diese Kompetenz hilfreich, um die Kundenanforderungen intern durchzusetzen (D-17).

„Und die Beharrlichkeit beim Vertrieb, das ist […] bei der Angebotsverfolgung ein Thema. Oder wenn man intern sogar was durchsetzen möchte…" (D-17, Z. 163-165).

„Beharrlichkeit" wurde auch deswegen kaum als zentrale Kompetenz für das Kompetenzmodell ausgewählt, weil sie teilweise als störend im Rahmen von Veränderungsprozessen angesehen wurde, wie folgende Aussage zeigt: „Gerade mit der Beharrlichkeit tue ich mir schwer, wenn ich irgendetwas verändern will." (D-24, Z. 51-52) Dieser Interviewpartner erläuterte allerdings genauso wie zwei weitere Befragte (D-30; D-32) auch die positive Wirkung dieser Kompetenz in Veränderungssituationen, die insbesondere mit Explorations-Prozessen in Verbindung gebracht werden können. So sei „Beharrlichkeit" häufig für die Umsetzung neuer Ideen in der Organisation notwendig (D-32) und Widerstände gegen Neuerungen, die auf Argumenten beruhen, die als Effizienzregeln und -routinen zusammengefasst werden können, können durch „Beharrlichkeit" überwunden werden (D-30). Zudem müssten Veränderungen mit Beharrlichkeit vorangetrieben (D-22) werden.

„Hingegen Beharrlichkeit halte ich schon für wichtig, gerade, also, gerade aus der Erfahrung der R&D heraus, wenn man doch mit etwas unkonventionellen Themen oftmals ankommt, wo dann eben/ wo vieles heißt: … [S]paren, das klappt eh nicht und hat noch nie geklappt. Also ist dann schon ganz extrem wichtig auch, diese Beharrlichkeit an den Tag zu legen und sich nicht entmutigen zu lassen und das gegen die Widerstände, die unweigerlich auftreten, voranzutreiben." (D-30, Z. 116-122)

Eine Führungskraft im Bereich von F & E wies darauf hin, dass seine Mitarbeiter teilweise zu lange beharrlich an Forschungsthemen arbeiteten, obwohl dies für das Unternehmen nicht mehr sinnvoll sei (D-30). Damit wurde indirekt auch der Konflikt im Rahmen der

Ambidextrie erwähnt, also eine zu starke Hinwendung zur Exploration und eine Vernachlässigung der Exploitation.

Zwischenfazit: Bedeutung Aktivitäts- und Handlungskompetenzen im strategischen Kompetenzmanagement

Die Anwendung der Kompetenz „**ergebnisorientiertes Handeln und zielorientiertes Führen**" ermöglicht die abgestimmte Nutzung und den Aufbau von Kernkompetenzen und Dynamic Capabilities. Die beiden Kompetenzpärchen „**Gestaltungswille und Verantwortungsübernahme**" und „**Eigeninitiative und Impulsgeben**" enthalten zwei wesentliche Dimensionen des Konstrukts „eigenverantwortliches Handeln" (Kaschube, 2006). „Gestaltungswille und Verantwortungsübernahme" wird sowohl für die Bewältigung der bereichsübergreifenden Prozesse im Rahmen der Kernkompetenzen als auch für die Teilnahme an Veränderungsprozesse benötigt. Hohe Ausprägungen in den Kompetenzen „Eigeninitiative und Impulsgeben" sind für Mitarbeiter vor allem für die Erfüllung von Aufgaben aus dem Bereich der Forschung oder Produktentwicklung wichtig. Diese Kompetenzen werden dabei auch von Mitarbeitern benötigt, die mit den Abteilungen Produktentwicklung sowie F&E zusammenarbeiten.

„**Belastbarkeit und Einsatzbereitschaft**" trägt zwar nicht zur schweren Imitierbarkeit von unternehmensspezifischen Kernkompetenzen bei, ist aber eine Voraussetzung für deren effiziente Nutzung und deren Veränderung im Sinne der Dynamic Capabilities. „**Beharrlichkeit**" ist teilweise für die kontinuierliche Weiterentwicklung der Kernkompetenzen und das Vorantreiben von Veränderungsprozessen notwendig, kann aber je nach Ausprägung zur Verfestigung von bestehenden Routinen führen.

6.2.1.4 Fach- und Methodenkompetenzen und organisationale Kompetenzen

Kompetenz	Rang Delphi 2	Nennungen Delphi 2	Plätze (addiert)	Rang Delphi 1	Nennungen Delphi 1	Anzahl Situationen
Planungsverhalten und strategische Orientierung	**1**	7	26	**2**	15	6
Analytische Fähigkeiten	**2**	6	27	**1**	17	11
Systematisch-methodisches Vorgehen	**3**	6	36	**3**	12	8
Projektmanagement und Organisationsfähigkeit	**4**	4	34	**3**	12	8
Fachwissen	**4**	4	37	**5**	11	6
Konzeptionsstärke	**6**	4	47	**6**	4	1

Tabelle 39: Kompetenzauswahl "Fach- und Methodenkompetenz" (Delphi 1 und 2). n (Delphi 2) = 10 und n (Delphi 1) = 24

„Planungsverhalten und strategische Orientierung" sowie „analytische Fähigkeiten" wurden von den Befragten sowohl in Delphi 1 als auch Delphi 2 als die wichtigsten Kompetenzen aus der Klasse der Fach- und Methodenkompetenzen angesehen. Die Reihenfolge beziehungsweise Wichtigkeit der einzelnen Kompetenzen änderte sich von Delphi 1 zu Delphi 2 kaum. In der qualitativen Analyse werden die Ursachen für die Reihung dieser individuellen Kompetenzen erläutert.

Planungsverhalten und strategische Orientierung

Diese Kompetenz hatte im Rahmen der Delphi 2 Befragung mit sieben von 10 möglichen Nennungen (Rangplatz 1) noch eine etwas höhere Bedeutung als in der Delphi 1 Befragung (Rangplatz 2, 15 von 24 möglichen Nennungen).

„Planungsverhalten und strategische Orientierung" wurde von einigen Befragten als Führungskompetenz angesehen (D-17), die insbesondere für das Top-Management-Team wichtig ist. Insgesamt belegen die Aussagen aus den Interviews allerdings die hohe Bedeutung dieses Kompetenzpärchens sowohl für Führungskräfte als auch für Mitarbeiter. Besonders wichtig war Planung für Exploitation, indem beispielsweise die Rüstzeiten durch effiziente Planung verringert (D-16; D-20) und Termine eingehalten werden (D-16; D-25), die Produktionsabteilungen die entwickelten Prozesse bewältigen können (D-16) oder die IT durch vorausschauende Planung die Geschäftsprozesse unterstützt (D-10). Diese effizienzorientierte Planung wird beispielsweise durch folgendes Zitat ausgedrückt:

„Das Planungsverhalten ist dann das nächste. Wir wollen Termintreue liefern gegenüber dem Kunden. Deshalb müssen wir sehen, dass wir vorausschauend, ohne Reibungsverluste, diese Arbeitsabläufe so planen, dass keine oder keine zusätzlichen Kosten entstehen." (D-16, Z. 25-28)

Außerdem sorgt abgestimmte und vorausschauende Planung dafür, dass die Werke gut zusammenarbeiten und als Einheit betrachtet werden können (D-21). Durch sie wird die Verfahrenskombination gefördert, sie begünstigt aber auch Integrationsprozesse zwischen Einzelunternehmen im Sinne der Dynamic Capabilities (Zollo & Winter, 2002).

Diese abgestimmte und vorausschauende Planung ist zudem für den Aufbau von Systemen zur Wissensaufbereitung und -teilung (D-10) notwendig, die organisationale Lernprozesse im Sinne der Dynamic Capabilities fördern (D-26).

„Das setzt vorausschauende Planung voraus. [...] [Das Unternehmen] muss, wenn es bestehen will, über Jahre vorausschauen, was steht in den nächsten Jahren, auch in Bezug auf Elektroautos, alles an. Da müssen die schon vorausschauen[d] über ein paar Jahre ein Konzept entwickeln ..." (D-26, Z. 13-18).

Explorations-Situationen bezogen sich zudem auf Suchprozesse auf internationaler Ebene (D-21) und auf die Aufnahme und Integration von technologischen Neuerungen, die auf Messen entdeckt wurden, in den Planungsprozess (D-20).

Analytische Fähigkeiten

Die Kompetenz „analytische Fähigkeiten“ hatte sowohl in Delphi 1 (Rangplatz 1, 17 Nennungen, 11 beschriebene Situationen) als auch in Delphi 2 (Rangplatz 2, 6 Nennungen) eine sehr hohe Bedeutung.

Das Anwenden der Kompetenz „analytische Fähigkeiten“ unterstützt die Verfahrenskombination, indem der Gesamtzusammenhang analysiert wird, wodurch die Probleme anderer verstanden werden (D-10) und man sich beispielsweise in der Produktion mit den entwickelten Prozessen auseinandersetzt (D-16), die hinter den verschiedenen Verfahren stehen. Die Kernkompetenz „technische Vertriebskompetenz und weltweite Kundenproblemlösungsprozesse“ wird beispielsweise unterstützt, indem vom Vertrieb die Gegebenheiten analysiert und darauf aufbauend Problemlösungsmöglichkeiten gesucht werden (D-17). Exploitations-Situationen bezogen sich vor allem auf die Analyse von Fehlerquellen in der Produktion und deren langfristige Vermeidung (D-6; D-16). Kontextuelle Ambidextrie und Exploration werden in dem Beispielfall dadurch unterstützt,

„... dass man allein die Kennzahlen zum Beispiel jetzt auswertet, sieht man jetzt wirklich das Bauteil, das macht jetzt weniger Gewinn oder das läuft jetzt langsam aus. Man sieht jetzt schon, okay, da muss man sich von dem Bauteil trennen und muss jetzt langsam mal in eine [neue] Richtung gehen“ (D-20, Z. 9-12).

In der im obigen Zitat beschriebenen Situation werden eine Standortbestimmung und ein Suchprozess deutlich. Diese werden in der Untersuchung Exploration zugeordnet. Grundsätzlich können sie sich aber auch auf Exploitation beziehen. Die Zuordnung zu Exploitation oder Exploration hängt davon ab, wie umfangreiche die Veränderung bei neuen Bauteilen ist und wie umfassend der Suchprozess abläuft. Der Mitarbeiter, der diese Situation schilderte, arbeitete in der Produktion und war durch die Kooperation mit der Produktentwicklung auch intensiv in Explorations-Prozesse eingebunden. Für Produktentwickler und Mitarbeiter im Bereich der Forschung scheint diese Kompetenz von zentraler Bedeutung zu sein (D-21). Dies gilt offenbar auch für einige Aufgaben im technischen Vertrieb, für deren Bewältigung die jeweiligen Mitarbeiter immer wieder nach ganz neuen Problemlösungsmöglichkeiten suchen müssen (D-17).

Systematisch-methodisches Vorgehen

Dem „systematisch-methodischen Vorgehen“ maßen die Befragten sowohl in Delphi 1 (12 Nennungen, 8 Situationen, Rangplatz 3) also auch in Delphi 2 (6 Nennungen, Rangplatz 3) eine relativ hohe Bedeutung zu. Acht Personen schilderten Situationen zu dieser Kompetenz in Delphi 2. Bei dieser Kompetenz wurde eine Ähnlichkeit zu den „analytischen Fähigkeiten“ gesehen (D-5). „Fachwissen“ war für einen Befragten eine Voraussetzung für die Anwendung dieser Kompetenz (D-29).

Fast alle erläuterten Situationen bezogen sich auf Exploitations-Prozesse. So müssten Mitarbeiter Zusammenhänge erkennen (D-6) und strukturiert und vorausschauend vorgehen (D-5; D-16).

Insbesondere bei Optimierungsprozessen sei Transparenz und Dokumentation wichtig (D-15). In Vertriebsprozessen sollen Mitarbeiter die Vorgänge so systematisch umsetzen, dass sie wiederverwendbar und transparent sind (D-17) und damit die Kernkompetenz „technische Vertriebskompetenz" unterstützen. Diese Verhaltensweise könnte sich allerdings grundsätzlich auch auf die Kodifizierung und Weiterentwicklung von Wissen und damit auf organisationale Regeln und Lernprozesse, die den Dynamic Capabilities (Güttel, 2006) zugrunde liegen, beziehen. Die hohe Bedeutung der Kompetenz für die Produktentwicklung (D-21) lässt darauf schließen, dass sie auch für die Teilnahme an Explorations-Prozessen sehr wichtig ist. Ihre genaue Bedeutung in diesem Kontext konnte allerdings im Rahmen der Interviews nicht herausgearbeitet werden.

Projektmanagement und Organisationsfähigkeit

„Projektmanagement und Organisationsfähigkeit" wurde von zwölf Befragten in Delphi 1 (Rangplatz 3) und von vier Befragten in Delphi 2 (Rangplatz 4) ausgewählt. Fünf Personen erläuterten die Kompetenz in Delphi 2. Das Kompetenzpärchen ist für die „Verfahrenskombination" wichtig, um an bereichsübergreifenden Projekten teilzunehmen (D-21). Zur Kernkompetenz „technische Vertriebskompetenz und weltweite Kundenproblemlösungsprozesse" trägt sie durch die projektorientierte interne Bearbeitung von Kundenaufträgen sowie deren ganzheitliche Beurteilung in Bezug auf Kundenzufriedenheit und Gewinn bei (D-15; D-21).

„... einfach in der Gesamtheit auch gucken: Machen wir damit Gewinn? Lohnt sich das? Sind wir auf dem Holzweg? Was will der Kunde? Was kann die Firma leisten?" (D-15, Z. 125-127).

Im Rahmen von Exploitations-Prozessen zur Effizienzsteigerung zeigen Mitarbeiter diese Kompetenz, indem sie Prozesse gestalten (D-21), Informationen ordnen (D-17) und Strukturierungsinstrumente wie „Meilensteine" (D-17, 227) einsetzen, um Ziele zu erreichen und Projekttermine einzuhalten (D-17; D-29).

Die Kompetenz „Projektmanagement" kann außerdem helfen, Abteilungen mit Fokus auf Exploitation mit solchen mit Fokus auf Exploration zusammenzuführen und so die kontextuelle Ambidextrie zu fördern, indem sich beispielsweise Produktionsmitarbeiter bei der Projektierung von Entwicklungsprojekten einbringen (D-16).

„Wir sind bei Entwicklungen natürlich mit dabei und lassen unsere Erfahrungen aus Produktionssicht da mit einfließen. Deswegen muss man die Aufgaben im Vorfeld natürlich auch projektieren, das ist ganz klar." (D-16, Z. 30-32)

Fachwissen

Nur vier Befragte wählten die Kompetenz „Fachwissen" aus. Sowohl in Delphi 1 als auch Delphi 2 erhielt sie damit den Rangplatz fünf. In Delphi 2 äußerten sich insgesamt elf Personen zu der Kompetenz „Fachwissen". Zentrale Gründe für die dennoch untergeordnete Bedeutung im Rahmen der Befragung waren, dass das Vorhandsein zum einen als

Selbstverständlichkeit betrachtet wurde und man es zum anderen leichter als andere Kompetenzen erwerben könne (D-10; D-15). Mitarbeiter benötigten Fachwissen, um überhaupt an den Prozessen teilnehmen und sich diese vergegenwärtigen zu können (D-17; D-31), die Führungskräfte müssten das Fachwissen der Mitarbeiter an den richtigen Stellen zum Einsatz bringen (D-29).

„Fachwissen“ wurde vor allem auf die Kernkompetenz „technische Vertriebskompetenz“ und Exploitations-Prozesse bezogen. Im Rahmen der Exploitation wird Fachwissen eingesetzt, um schnelle und fundierte Entscheidungsprozesse (D-19) sowie Problemerkennungs- und Optimierungsvorgänge (D-6; D-26) zu ermöglichen.

Aus dem „Fachwissen“ der einzelnen Mitarbeiter ergibt sich offenbar auch der Wissensspeicher der Organisation, da das meiste Fachwissen nicht in Wissensdatenbanken abgebildet werden kann (D-21). Dieses bildet die Grundlage für die Kernkompetenz „Verfahrenskombination“. Indem Mitarbeiter auf der Grundlage von „Fachwissen“ Themen richtig einordnen, Verhandlungen mit Kunden führen können und diese beraten (D-5; D-17; D-21), wird die Kernkompetenz „technische Vertriebskompetenz“ unterstützt.

> *„Also wenn es Kundenproblemlösungen betrifft, dann steht mein Fachwissen natürlich [...] im Vordergrund, um den Kunden sagen zu können, okay das ist machbar oder der Fehler kommt da und daher und wird so und so abgestellt. Von daher wäre das Fachwissen eigentlich das Gros, was man dazu bräuchte.“ (D-5, Z. 141-144)*

Aus dieser und weiteren Interviewaussagen (siehe auch O-3; O-4) geht hervor, dass der Wert von „Fachwissen“ in der Organisation insbesondere dann zum Tragen kommt, wenn es mit Kompetenzen kombiniert wird, die sich auf personale Interaktion beziehen. Die Kompetenzklasse Fach- und Methodenkompetenzen hatte in der Untersuchung von Heyse et al. (2002) zwar auch für Mitarbeiter im Vertrieb die geringste Bedeutung. Ein Ergebnis der genannten Studie ist aber auch, dass ein zunehmender Anteil der Mitarbeiter aus allen funktionalen Bereichen einer Organisation Kompetenzen aus mehreren Kompetenzklassen benötigt. Anhand der vorliegenden Studie können zudem die besonderen Kompetenzanforderungen von Vertriebsmitarbeitern aufgezeigt werden, die sehr eng mit der Abteilung Produktentwicklung zusammen arbeiten und ausschließlich Firmenkunden betreuen.

Konzeptionsstärke

„Konzeptionsstärke“ hatte sowohl in Delphi 1 als auch Delphi 2 die geringste Bedeutung. Eine mögliche Erklärung ist, dass diese Kompetenz hauptsächlich nur für Führungskräfte und nicht so sehr für Mitarbeiter relevant war (D-17). Die Situationen bezogen sich fast ausschließlich auf Exploitation im Rahmen der Kernkompetenz „Verfahrenskombination“. Ein Schwerpunktthema war das Abstellen von Fehlern oder Problemen. Dafür müssen Konzepte überprüft und neue gefunden werden (D-20; D-26).

„Natürlich sagen wir […] [am Stammsitz des Unternehmens], die sollen das Teil anders pressen, damit wir das besser bearbeiten können und so weiter. So sind wir da in Kontakt eigentlich.“ (D-20, Z. 750-751)

Ein weiteres Schwerpunktthema war, wie in kreativer Weise Lösungen gefunden werden können, um Prozesse möglichst umfassend zu unterstützen (D-10; D-15; D-20). Dazu muss ein Mitarbeiter ein ganzheitliches Bild vom Unternehmen und den Schnittstellen der Zusammenarbeit entwickeln (D-10). Durch die Teilnahme an der bereichs- und technologieübergreifenden Konzeption von Bauteilen wird die „Verfahrenskombination“ unterstützt. Beziehungen zu den Dynamic Capabilities konnten in den geschilderten Situationen nicht gefunden werden.

Zwischenfazit: Bedeutung von Fach- und Methodenkompetenzen im strategischen Kompetenzmanagement

„**Planungsverhalten und die strategische Orientierung"** war in dieser Untersuchung das wichtigste Kompetenzpärchen aus der Klasse der Fach- und Methodenkompetenzen. Es war sowohl für die bereichsübergreifende Integration von Ressourcen im Rahmen der Kernkompetenzen als auch für die langfristige Unternehmensausrichtung und die Orientierung an neuen Geschäftsfeldern (im Sinne von Exploration) von entscheidender Bedeutung. „**Analytische Fähigkeiten“** werden vor allem benötigt, um Fehler in Prozessen zu finden (Exploitation) und Entscheidungen über das Einschlagen von neuen Wegen fällen zu können (Exploration). „**Systematisch-methodisches Vorgehen“** wird benötigt, um Prozesse zu optimieren.

Hohe Ausprägungen in der Kompetenz „**Projektmanagement und Organisationsfähigkeit**“ sind für Mitarbeiter notwendig, um im Rahmen der beiden Kernkompetenzen bereichsübergreifende Prozesse gestalten zu können, aber auch um Mitarbeiter aus Exploitations-Bereichen in Explorations-Projekte zu integrieren. „**Fachwissen“** ist eine zentrale Voraussetzung, um in einem technologieorientierten Unternehmen an den verschiedenen Prozessen teilnehmen zu können. „**Konzeptionsstärke“** schließlich ist wichtig, um die verschiedenen Technologien im Rahmen der „Verfahrenskombination“ aufeinander abzustimmen und durch übergreifende Prozesse zu unterstützen. „Konzeptionsstärke“ wird außerdem für das Finden von Problemlösungen benötigt und unterstützt dadurch Exploitations-Prozesse.

6.2.1.5 Metakompetenzen, eigenverantwortliches Handeln und organisationale Kompetenzen

Metakompetenzen setzen sich aus den Bestandteilen Self-Awareness und Adaptability zusammen (Briscoe & Hall 1999; Dimitrova, 2009; Hall, 2004).

Self-Awareness

Personen mit einer hohen Ausprägung in der Kompetenz Self-Awareness können sich in Bezug auf zukünftige Anforderungen selbst einschätzen (Briscoe & Hall 1999; Dimitrova,

2009). Sowohl in Delphi 1 als auch in Delphi 2 wurde das Thema der Selbstüberschätzung über die Beschreibung des erfolgsrelevanten Verhaltens der Mitarbeiter intensiv diskutiert. Die meisten Führungskräfte betonten die hohe Bedeutung dieser Kompetenz für das Unternehmen (z. B. D-6; D-19). Einige Führungskräfte meinten aber auch, dass die Einschätzung der Fähigkeiten der Mitarbeiter vor allem ihre Aufgabe sei. Die Selbsteinschätzung der Mitarbeiter könne dadurch zumindest teilweise ersetzt werden (D-2; D-7; D-23; D-30). Weitere betonten, dass Selbsteinschätzung von den Vorgesetzten zumindest durch Fremdeinschätzung ergänzt (D-33; D-8) oder angestoßen (D-2; D-22; D-25) werden müsste.

Von den meisten Führungskräften wurde Self-Awareness aber als wesentliche Voraussetzung für Lernen und die eigene Entwicklung gesehen. Diese Lernfähigkeit ist auch eine wesentliche Voraussetzung für die organisationalen Kompetenzen, sie hat aber auch unabhängig von diesen eine hohe Bedeutung für die Bewältigung der Arbeit in Organisationen (siehe Kapitel 4.2). Zudem wurde eine hohe Ausprägung in der Metakompetenz Self-Awareness als Voraussetzung für einen lernorientierten Umgang mit Fehlern, beziehungsweise eine „Fehlerkultur“ (DF-14, Fragenblock 5) angesehen, die in **Exploitations-Bereiche**n für das Erreichen der hohen Qualitätsstandards und damit für Effizienz (siehe March, 1991) benötigt wird (DF-14; D-15; D-16; D-20, D-25).

„Ehrliche Fehlerkultur ist nur möglich, wenn Defizite erkannt werden.“ (DF-14, Fragenblock 5)

In Bezug auf **Exploration** und die allgemeine Veränderungsfähigkeit im Sinne der Dynamic Capabilities wurden insbesondere die Themen der persönlichen und organisationalen Standortbestimmung, die Teilnahme an Veränderungsprozessen, das Einbringen eigener Erfahrungen bei Veränderungen und die Beurteilung von neuen Aufgaben thematisiert.

Im Rahmen der „Standortbestimmung“ erkennen die Mitarbeiter ihre eigenen Fähigkeiten und Kompetenzen, gleichen sie mit den Anforderungen und Herausforderungen in der Organisation und am Markt ab und erkennen dadurch frühzeitig eigene Lücken (D-8; D-18; D-24, D-30).

„Wenn man merkt [...], das Unternehmen verändert sich, die Aufgaben mögen sich verändern. [...] Hier ist natürlich wichtig, dass die Mitarbeiter dann auch sehen: Okay, wo stehen sie jetzt, ja? Und um diese Aufgaben erfüllen zu können, wo muss ich hin?“ (D-30, Z. 257-263).

Die Auseinandersetzung mit neuen Themen erfordert aber auch organisatorische Weiterentwicklung, wie die Klärung des rechtlichen Rahmens oder die die Auseinandersetzung mit Projektmanagementinstrumenten für Innovationsprojekte.

„... [E]s gibt immer wieder neue Sachen, die durch unsere Kunden an uns herangetragen werden. Und da muss sich einer von uns dazu weiterentwickeln. Das zu lernen. Also z. B. [...] gibt es immer mehr Rechtsthematiken. Wir werden damit praktisch von

draußen [...] [gedrängt], dass wir im Vertrieb, jeder einzelne plus einer speziell in gewissen Bereichen immer weiter sich spezialisiert und sich in die Rechtsthemen einarbeitet." (D-18, Z. 177-180)

„Am Beispiel Produktentwicklung haben wir festgestellt, dass wir doch noch Defizite haben im Projektmanagement. [...] Dann hat sich halt jemand darum gekümmert, hat Schulungen besucht und hat ein System entwickelt, wie wir die Projekte managen und wie wir sie auch reporten. Also sozusagen den Eigenantrieb, Wege zu finden." (D-9, Z. 330-339)

Die dargestellte Fähigkeit zur Erschließung zusätzlicher Ressourcen wird in sowohl Exploitations- als auch in Explorations-Bereichen benötigt, in letzteren aber in höherem Maße. Die Selbstreflexion führt auch zum Erkennen der eigenen Stärken und der Möglichkeit, sich auf diese (sowohl auf individueller als auch auf organisationaler Ebene) zu konzentrieren (D-12; D-20; D-34). Diese Standortbestimmung und das Aufnehmen der Rückmeldungen vom Markt ermöglichen auch das Erkennen von neuem Wissen aus der Umwelt und Trends sowie deren Integration in die eigene Wissensbasis (D-14; D-20; D-21).

Bei Personen mit einer angemessenen Selbsteinschätzung ist auch das Risiko einer Vernachlässigung und Gefährdung der Effizienz bestehender Prozesse (im Rahmen der Exploitation) beim Einsatz von „eigenverantwortlichem Handeln" im Rahmen der Exploration kaum gegeben (D-21; D-23).

Außerdem ermöglicht diese Kompetenz den Mitarbeitern die Teilnahme an Veränderungs- und Lernprozessen (D-10; D-25). Kompetente Mitarbeiter passen sich selbstständig an neue Bedingungen (wie z. B. Technologien und Prozesse) an und treiben die Organisation voran (D-20; D-24; D-26; D-30; D-33). Indem der einzelne Mitarbeiter ausprobiert und dabei das Feedback der Kollegen nutzt, kann er sich neue Aufgabenbereiche und Wissensgebiete erschließen.

Adaptability

Adaptability wurde in der Befragung operationalisiert als „Fähigkeit sich selbstständig weiterzuentwickeln und zu lernen."[59] Aufgrund der Ergebnisse in Delphi 1 wurden die im Folgenden angeführten Punkte für die Wichtigkeit dieser individuellen Metakompetenz zusammengestellt. Sie ist wichtig, weil

- sie die Bewältigung der steigenden Anforderungen und Flexibilität ermöglicht,
- sie die Anpassung an sich verändernde Rahmenbedingungen ermöglicht,
- ein Mitarbeiter mit dieser Kompetenz seine Weiterentwicklung teilweise selbst organisiert,

[59] Siehe dazu die in Kapitel 5.3.3.3 beschriebene Operationalisierung, die sich an Dimitrova (2009, S. 155) orientiert.

- ein Mitarbeiter mit dieser Kompetenz neugierig ist und die Notwendigkeit von Veränderung und Weiterentwicklung ständig präsent hat,
- Selbstständigkeit und Eigeninitiative von sehr zentraler Bedeutung sind,
- sie für die Wissensvermittlung an die eigenen Mitarbeiter sehr hilfreich ist.

Durch diese Punkte wird bereits der deutliche Bezug der Kompetenz zu den laufenden kontinuierlichen Anpassungsprozessen und größeren Veränderungsprozessen im Unternehmen deutlich. Die Kompetenz ermöglicht mehr Flexibilität im Unternehmen und „eine Anpassung an sich verändernde Rahmenbedingungen“. Die Mitarbeiter organisieren die notwendigen Weiterbildungen für diese Veränderungen teilweise selbst und sind neugierig. Im Rahmen von Delphi 2 konnten über 40 Kompetenzsituationen für Adaptability herausgearbeitet werden. Neben allgemeinen Erzählungen zur Bedeutung dieser Kompetenz für die selbstständige Weiterentwicklung der Mitarbeiter (D-5; D-33; D-24; D-6) und die Organisation der Mitarbeiterförderung in der Organisationseinheit der jeweiligen Führungskraft (D-2; D-7 D-28) wurde der Großteil der Situationen auf Exploitation und Exploration sowie die „allgemeinen“ Dynamic Capabilities zur systematischen Weiterentwicklung des Unternehmens bezogen.

Die Exploitations-Situationen bezogen sich auf die Steigerung der Effizienz durch inkrementelle Verbesserungen beziehungsweise die Teilnahme von Mitarbeitern an Prozessen zur Steigerung der Effizienz (beispielsweise in der Produktion oder im Werkzeugbau). Mitarbeiter mit hohen Ausprägungen in dieser Kompetenz kümmern sich bei Veränderungen und Verbesserungen von Prozessen selbstständig um die Teilnahme oder sogar Organisation von Schulungen, um die dadurch entstehenden Kompetenzlücken zu schließen (D-2; D-28). Diese Offenheit und die eigenständigen Aktivitäten in Bezug auf Weiterbildung helfen auch bei der Lösung von Qualitätsproblemen (D-15; D-26). Neben der teilweise selbstorganisierten Teilnahme an oder Organisation von Weiterbildungsmöglichkeiten lernen die Mitarbeiter im Arbeitsprozess bei der Bewältigung der ständig auftretenden kleinen Änderungen, die beispielsweise durch Kundenwünsche verursacht werden (D-17; D-18), und der ständigen Anwendung und Vertiefung von Wissen, das sich auf die Kernkompetenzen bezieht (D-29). Durch Annahme von verschiedenartigen Aufgaben entsteht für das Unternehmen Flexibilität (D-28). Gemeinsames Lernen findet auch durch das Einbringen von Verbesserungsvorschlägen und das Finden von Möglichkeiten, höhere Ziele zu erreichen, statt (D-24; D-15).

„Ja, man lernt gemeinsam, indem man das Ziel eben immer ein bisschen weiter höher steckt und guckt, wie kommen wir dahin?“ (D-15, Z. 177-178)

Bei den Dynamic Capabilities bezogen sich sowohl Situationen auf die „allgemeinen“ Dynamic Capabilities wie die Veränderungs- und Restrukturierungsprozesse als auch auf Explorations-Prozesse. Im Rahmen von Veränderungsprojekten müssen Mitarbeiter neue Kompetenzen aufbauen (D-7; D-32), sich in neue Themen einarbeiten (D-8) und dies als Führungskräfte fördern (D-32).

„Ja. Also eingesetzt wird es, dass überhaupt die Reorganisation, die Veränderung, das zunehmend möglich ist. Ich meine, das braucht natürlich die Fähigkeit, sich weiterzuentwickeln oder schon mal in die andere Richtung zu entwickeln, einfach neue Kompetenzen ja aufzunehmen [...]. [D]ass man eben offen und bereit ist für die Veränderungen, also selbst bereit ist… ." (D-32, Z. 331-336)

Um organisationales Lernen zu unterstützen, sollte gemeinsam gelernt (D-6; D-13; D-16) und Wissen intensiv ausgetauscht werden (D-6; D-15; D-28). Sofern Mitarbeiter durch eigene Entwicklung und Weiterbildung den Internationalisierungsprozess unterstützen (D-2), kann dies dem Unternehmen helfen, neue Ressourcen zu integrieren (Teece & Shuen, 1997) und die organisationale Kooperations- und Allianzfähigkeit (Kupke, 2006; Kupke & Lattemann, 2008) im Sinne von Dynamic Capabilities zu erhöhen. Dies dürfte auch der Fall sein, wenn die Stärken und Schwächen anderer Kulturkreise beobachtet und das gewonnene Wissen für die Arbeit im Unternehmen im Sinne der Absorptive Capacity (Zahra & George, 2002) nutzbar gemacht wird. Dies kommt auch durch folgende Aussage zum Ausdruck:

„Ich finde es sehr interessant, wenn ich sehe, wie Chinesen, Inder, Deutsche oder Amerikaner arbeiten. Wenn man diese Fähigkeiten hat, kann man sich so aufstellen, dass man von jeder dieser Fähigkeiten lernen kann, und macht dann vielleicht so etwas wie Best Practice über alle Standorte und nationale Eigenheiten hinweg." (D-1, Z.281-285)

Weitere Möglichkeiten der organisationsbezogenen Wissensaufnahme waren vor allem Messen und Besichtigungen von anderen Unternehmen (D-20; D-28; D-32) oder die Beobachtungen des Marktes (D-20).

„Natürlich also, also ich finde immer, man muss sich immer selber weiterentwickeln und den Markt beobachten, was ist gerade interessant, was für neue Technologien gibt's grad… ." (D-20, Z. 44-46)

Im Rahmen der Exploration lernen Mitarbeiter selbstständig, wie sie neue Wege gehen können und bringen Ideen ein (D-9; D-26). Im Rahmen von Versuchen an neuen Bauteilen (D-27) findet das für Exploration charakteristische Experimentieren (March, 1991) statt.

„…da haben wir für einen Kunden an einem neuen Bauteil ein neues Verfahren quasi gehabt, also das war für den Kunden in dem Bereich jetzt auch neu und – ja – wir haben erst hier durch Versuche Erfahrungen damit gesammelt." (D-27, Z. 335-337)

Damit dies überhaupt möglich ist, müssen Mitarbeiter durch selbstständiges Lernen ihren Führungskräften Freiräume für Explorationsprozesse verschaffen (D-12) und an technologischen Veränderungen bereitwillig teilnehmen (D-7).

„Also die Fähigkeit, sich weiterzuentwickeln, zu lernen, ist absolut entscheidend und wichtig, ah, dass sich der Mitarbeiter auch selber nach vorne bringt und die Sache auch nach vorne bringt und das aber aus einem selbst laufenden Prozess raus. Es gibt nichts Schlimmeres, als wenn ich als Vorgesetzter einen Mitarbeiter sehr eng führen muss und

dann gibt's einen Punkt wieder, da kommt er wieder. Und wenn da einer sich die Fähigkeiten aneignet, dass ich selber auch unter veränderten Bedingungen und dazu noch auch organisiert/ also die ersten Drei, die gefallen mir ganz gut. [...] Ja, dann bringt das die Sache weiter, die Firma weiter und auch der Vorgesetzte kriegt dahingehend Entlastung, dass er sich um Sachen kümmern kann... " (D-12, Z.173-184)

Insgesamt wurden ausführlichere Situationen für den Zusammenhang zwischen Self-Awareness und den Dynamic Capabilities erläutert als zu Adaptability und Dynamic Capabilities. Nach Briscoe und Hall (1999) werden gerade in Veränderungsprozessen beide Dimensionen der Metakompetenz benötigt, um sich mit dem Wandel der Werte auseinandersetzen zu können. Dies wird durch diese qualitative Analyse grundsätzlich bestätigt, auch wenn nach Ansicht einiger Befragter eine unzureichende Kompetenzausprägung teilweise durch Vorgesetztenfeedback bzw. Feedbacksysteme ersetzt werden könne.

Eigenverantwortliches Handeln und organisationale Kompetenzen

Die Dimensionen des eigenverantwortlichen Handelns wurden bereits im Rahmen der Kompetenzpärchen „Experimentierfreude, Risikobereitschaft, Unkonventionalität" (siehe Kapitel 6.2.1.1), „Gestaltungswille und Verantwortungsübernahme" und „Eigeninitiative und Impulsgeben" (siehe Kapitel 6.2.1.3) diskutiert. „**Eigeninitiative**" ermöglicht es Mitarbeitern, neues Wissen aufzugreifen und nutzbar zu machen (D-17; D-20; D-30) sowie eigenständige Zielbestimmung auch in unklaren Situationen (D-30). In Veränderungsprozesse bringen sie sich aktiv ein (D-31; D-32). Auch in Exploitation Situationen zeigen sich diese Kompetenzen, indem Mitarbeiter eigenständig über die Prozesse nachdenken und Hinweise geben (D-22; D-28). „**Risikobereitschaft"** und **„Unkonventionalität**" benötigen Personen, um gewohnte Wege zu verlassen, neue Ideen auszuprobieren (D-11; D-15; D-18) und auf die damit verbundenen Konflikte einzugehen (D-34). „**Verantwortungsübernahme**" wird benötigt, um technische Entwicklungen (D-13; D-22) und Veränderungsprozesse (D-32) auch umzusetzen. In der Fallstudie war diese Kompetenz auch wichtig für die Verknüpfung der Abteilungen und Werke im Rahmen der Kernkompetenz „Verfahrenskombination" (D-8) und die Übertragung der Standards zwischen ihnen (D-24).

Die folgende Situation zeigt, dass „Verantwortungsübernahme" bei Personen, die Risiken eingehen und unkonventionell handeln, notwendig ist, um einerseits neue Produkte zu entwickeln und andererseits aber die Funktionsfähigkeit der Organisation nicht zu gefährden. Durch „Verantwortungsübernahme" entscheiden die Individuen, in welchen Situationen sie Risiken eingehen können.

„Klar darf man beim Buchen [d. h. in der Finanzbuchhaltung] eben eher nicht unkonventionell handeln. Für mich ist klar, dass, wenn niemand etwas Neues ausprobiert und dafür auch die Verantwortung übernimmt und sagt: Das mache ich jetzt trotzdem ..." (D-10, Z. 324-331)

Eine hohe Kompetenzausprägung in der Kompetenz „Verantwortungsübernahme“ dürfte sich damit im Rahmen von kontextueller Ambidextrie auf die Entscheidungsfähigkeit eines Mitarbeiters zwischen einer Hinwendung zu Exploitation oder zu Exploration (Birkinshaw & Gibson, 2004) auswirken. Um diese Entscheidung Mitarbeitern selbst übertragen zu können, sollten Mitarbeiter auch eine hohe Ausprägung in Self-Awareness haben, wie folgende Aussage zeigt (D-21):

„Also, ich sage es einmal so. Wenn eigenverantwortlich gehandelt [wird], sehe ich keine Gefahr, wenn die Selbsteinschätzung des Mitarbeiters passt.“ (D-21, Z. 530-531)

6.2.2 Kernkompetenzen und Dynamic Capabilities und individuelle Kompetenzen

Zusammenfassend werden an dieser Stelle die Bezüge zwischen den individuellen Kompetenzen und den verschiedenen Arten von Kernkompetenzen sowie den Dynamic Capabilities „Beherrschung von Restrukturierungsprozessen“ (Zollo & Winter, 2002) und Ambidextrie (O'Reilly III & Tushman, 2008) betrachtet.

6.2.2.1 Kernkompetenzen und individuelle Kompetenzen

Functional-related Kernkompetenzen können nach Meynhardt (2007) mit Fach- und Methodenkompetenzen, market-access Kernkompetenzen mit sozialen Kompetenzen und integrity-related Kernkompetenzen mit Aktivitäts- und Umsetzungskompetenzen in Beziehung gesetzt werden (Meynhardt, 2007). Diese Zuordnung sieht Meynhardt (2007) allerdings selbst nur als einen ersten Zugang zur Verknüpfung von individuellen Kompetenzen und organisationalen Kernkompetenzen an (Meynhardt, 2007). Im Folgenden werden diese Beziehungen zwischen den Kompetenzebenen deshalb ausführlich diskutiert.

Integrity-related Competency und functionality-related Competency und individuelle Kompetenzen

Die Kernkompetenz “Verfahrenskombination in der Werkstoffbehandlung” umfasste Elemente einer integrity-related Kernkompetenz und einer functional-related Kernkompetenz und soll deshalb beispielhaft für diese beiden organisationalen Kernkompetenzen (siehe Kapitel 6.1) betrachtet werden. Im Unternehmen aus der Fallstudie waren die einzelnen Verfahren der Metallbearbeitung auf verschiedene Bereiche und Tochterunternehmen verteilt. Für die Kombination waren deshalb vor allem Kompetenzen notwendig, die es Mitarbeitern ermöglichen, bereichsübergreifend zusammenzuarbeiten und die Aktivitäten der verschiedenen Organisationseinheiten zu integrieren. In Abbildung 18 sind die zentralen Kompetenzen, die diese Kernkompetenz auf individueller Ebene unterstützen, zusammengestellt.

Aus der Klasse der **sozialen Kompetenzen** wurden insbesondere Situationen zu „Team- und Kooperationsbereitschaft“ (D-9; D-11; D-28) und „Kommunikationsfähigkeit“ (D-19; D-28; D-34) erläutert.

„Kooperationsfähigkeit würde [ich] jetzt mal [für] die Stärke [in] Klammer eins nehmen, also Verfahrenskombination. Da heißt es einfach für mich, dass die Kooperationsfähigkeit über Werksgrenzen hinweg geschieht, es ganzheitlich zu betrachten, dass man das optimal herstellt.“ (D-9, Z. 109-112)

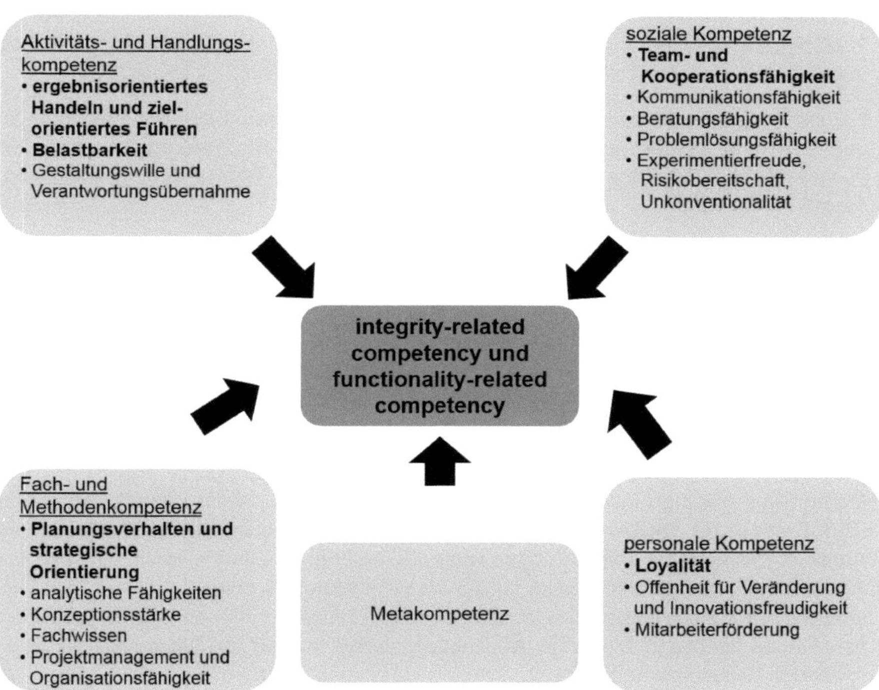

Abbildung 18: Integrity- und functionality-related Kernkompetenzen und individuelle Kompetenzen. Legende: Fett gedruckte Kompetenzen sind von besonderer Bedeutung für die organisationale Kompetenz

Um einen optimale Herstellprozess zu erreichen, müssen sich die Mitarbeiter aus verschiedenen Bereichen miteinander abstimmen:

„Wenn wir irgendwelche Planungen haben und irgendetwas einfordern, was einfach in dieser Zeit nicht machbar ist oder aufgrund von dieser Technik jetzt so nicht machbar ist, und dass die Informationen jetzt weitergegeben werden. Das ist natürlich schon etwas, was auch die anderen Abteilungen wissen, worum es geht und somit vielleicht auch Verständnis für so etwas dann haben.“ (D-28, Z. 125-129)

Wie in Kapitel 6.1 dargestellt, beruht die Grundlage für den Wettbewerbsvorteil in diesem Bereich nicht auf der Beherrschung eines ganz bestimmten Verfahrens der Metallverarbeitung, sondern auf der Möglichkeit, ein sehr breites Spektrum derartiger Verfahren anbieten und kombinieren zu können. Für diese Zusammenarbeit müssen sich die Abteilungen auch gegenseitig beraten (Kompetenz „Beratungsfähigkeit“, D-28). Außerdem wird die Verfahrenskombination wesentlich durch die kontinuierliche Weiterentwicklung der Verfahren bestimmt. Diese Verbesserungsprozesse werden unterstützt durch die Kompetenz „Problemlösungsfähigkeit“ (D-11), aber grundsätzlich auch durch die Kompetenz „Experimentierfreude, Risikobereitschaft und Unkonventionalität“.

Für die Integration der verschiedenen Verfahren und der damit verbundenen Bereiche und Standorte werden aus der Klasse der **Fach- und Methodenkompetenzen** „Planungsverhalten und strategische Orientierung“, „analytische Fähigkeiten“ und „Konzeptionsstärke“ benötigt.

„Die ganze Planung und [...] die Orientierung – Was ist für [...] [das Unternehmen] das Beste? - wird deutlich wichtiger, zumindest, wenn wir das einmal so nehmen für [...] [das Unternehmen]. Und da sehe ich das an oberster Stelle, dass man da einfach das zusammenbringt, weil, momentan sind wir lauter eigenständige Firmen, das heißt, da schlägt das Herz natürlich schon eher für die eigene Firma, aber in Zukunft wird das ja etwas mehr zusammengefasst und dann braucht man eben diesen Überblick und die Orientierung und, ich sage einmal, den Blick auf das Ganze und auf das Wesentliche“ (D-21, Z.142-149).

Mit den „analytischen Fähigkeiten“ kann der Gesamtzusammenhang analysiert werden (D-6; D-10; D-16). Die „Konzeptionsstärke“ hilft den Mitarbeitern bei der Festlegung von Arbeitsvorgängen, die Anforderungen von anderen Funktionsbereichen im Unternehmen zu berücksichtigen. Die Konzepte für die einzelnen Bauteile erstellt die Produktentwicklung im Mutterunternehmen. Die Mitarbeiter der Tochterunternehmen in den Produktionsabteilungen benötigen allerdings „Konzeptionsstärke“ für den Abstimmungsprozess, wie folgendes Beispiel zeigt:

„Dass wir halt schauen, [...] dass Schmieden möglich ist in [...(Sitz des größten Werkes)], aber es muss auch Zerspanen noch möglich sein. Für [...] [das Mutterunternehmen] ist es immer gut, wenn kein Schwefel drin ist. Und für uns ist der Schwefel extrem wichtig, damit dann der Span gebrochen wird. Da haben wir ein Beispiel gehabt, da haben wir Teile gepresst ohne Schwefel. Und wir haben erhebliche Probleme gehabt, weil keine Späne mehr gebrochen sind.“ (D-20, Z. 755-760)

Die Kompetenz „Projektmanagement und Organisationsfähigkeit“ wirkt ähnlich integrierend (D-21) in Bezug auf das Zusammenwirken der verschiedenen Organisationseinheiten im Konzernverbund wie das „Planungsverhalten“. Da die Kernkompetenz „Verfahrenskombination“ vor allem auf Experten- und Erfahrungswissen beruht, das nicht in Datenbanken kodifiziert ist, ist „Fachwissen“ von hoher Bedeutung (D-21).

Aus der Klasse der **Aktivitäts- und Handlungskompetenzen** scheint insbesondere die Kompetenz „ergebnisorientiertes Handeln und zielorientiertes Führen" von besonderer Bedeutung zu sein. Sie ermöglicht ein Verständnis für die gemeinsamen Ziele. Dies ermöglicht auch eine Zusammenarbeit und einen Wissensaustausch über die Verfahrensgrenzen hinweg (D-5; D-13; D-30). Die Mitarbeiter müssen darüber angemessen informiert werden (D-8). Für diese abgestimmte Organisation ist auch „Gestaltungswille und Verantwortungsübernahme" (D-8) notwendig. Die Nutzung der organisationalen Kernkompetenzen für unterschiedliche Produkte und auf verschiedenen Märkten (Hamel, 1994) erfordert zudem eine gewisse Belastbarkeit (D-13; D-24).

Aus der Klasse der **personalen Kompetenzen** stand „Loyalität" in einer besonders engen Beziehung zu diesen organisationalen Kernkompetenzen. Die Vielzahl an komplexen und selbst entwickelten Verfahren erforderte sehr lange Ausbildungszeiten. Die Humanressourcen konnten folglich für viele Aufgabengebiete nicht über den Arbeitsmarkt bezogen werden und waren dadurch schwer zu imitieren (Barney, 1991). Um diese Ausbildungsinvestitionen nicht zu verlieren, war eine längerfristige Bindung der Mitarbeiter an das Unternehmen unbedingt notwendig. (D-3; D-12; D-23).

> *„Und wenn ich jemanden stark fördere und sage, ich mache das alles auch, sage ich Mal von der Firma her einigermaßen bereitstelle, Zeit, Ressourcen, [...] Kontakt, Anknüpfungspunkte, die man ja durch die Firma bekommt, als auch [...] entsprechend finanzielle Mittel, die dort eingesetzt werden müssen, um das alles zu tun. Dann gehört letztendlich auch eine gewisse Loyalität zum Unternehmen dazu." (D-23, Z. 212-217)*

An diesem Zitat aus einem Interview zeigt sich auch die zentrale Bedeutung des Vorliegens der Kompetenz „Mitarbeiterförderung" bei den Führungskräften für diese organisationale Kernkompetenz. Das große Verfahrensspektrum wurde durch eine umfassende Ausbildung, die auch eine funktionale Flexibilität begünstigt (D-14; D-28), gefördert. Für den Erhalt bzw. die kontinuierliche Weiterentwicklung der organisationalen Kernkompetenz wird insbesondere die individuelle Kompetenz „Offenheit für Veränderung und Innovationsfreudigkeit" benötigt (D-2; D-12; D-26). Mitarbeiter benötigen für die Anpassung an diese sich weiterentwickelnden Anforderungen auch Metakompetenzen.[60]

Market-access competency und individuelle Kompetenzen

Wie aufgrund der Erkenntnisse der Forschung zum Resource-based View (insbesondere Meynhardt, 2007) und zur psychologischen Kompetenzforschung (Heyse et al., 2002) erwartet wurde, kommt **sozialen Kompetenzen** im Umgang mit Kunden eine besondere Bedeutung zu. In Kapitel 6.1.2 wurde beschrieben, dass die Kundenkontakte des Unternehmens nicht nur durch den technischen Vertrieb, sondern auch durch Mitarbeiter aus der Produktentwicklung, der Produktion, der Logistik und dem Top-Management-Team maßgeblich bestimmt wurden (siehe beispielsweise D-3, D-9, D-11, D-18, D-31 für die Kompetenzen „Beziehungsmanagement" und „Team- und Kooperationsfähigkeit"). Die

[60] Siehe dazu die Kompetenzbeschreibungen zu den Metakompetenzen (Kapitel 6.2.1.5).

Kompetenz „Beziehungsmanagement“ ist dabei geprägt durch ein partnerschaftliches Verhältnis in Kombination mit bewusster eigener Interessensvertretung:

„... [M]an hat ein partnerschaftliches Verhältnis. Er weiß natürlich, dass ich mich für die Belange [...] [meines Unternehmens] einsetzen muss und will.“ (D-31, Z. 118-120)

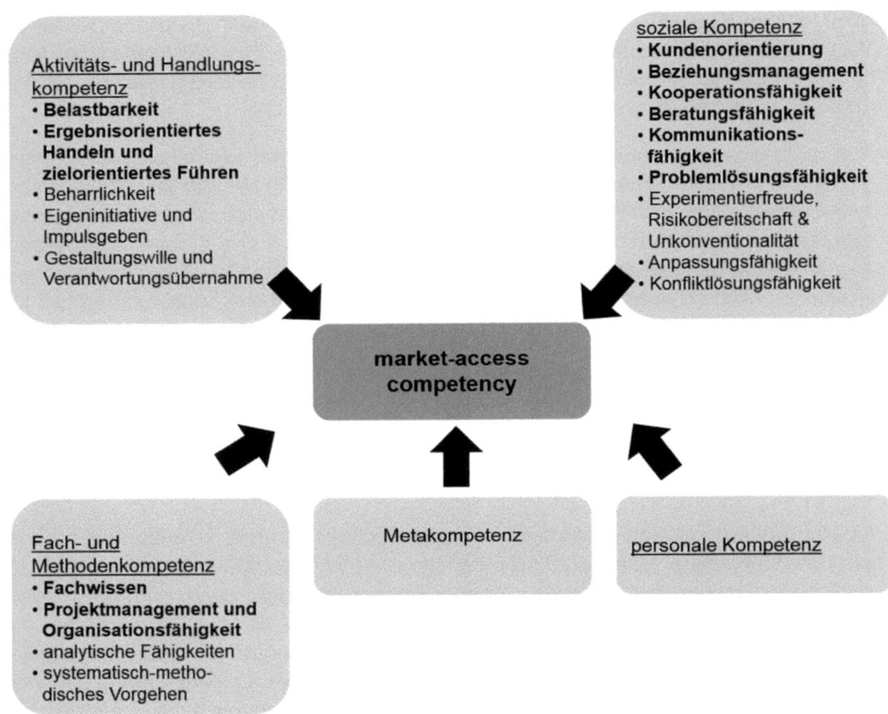

Abbildung 19: Market-access Kernkompetenz und individuelle Kompetenzen. Legende: Fett gedruckte Kompetenzen sind von besonderer Bedeutung für die organisationale Kompetenz

Dadurch erhalten die Unternehmensvertreter im Idealfall Verbesserungsvorschläge für die eigenen Produkte (D-31). „Team- und Kooperationsfähigkeit“ unterstützt die market-access Kernkompetenz durch das gemeinsame Auftreten von technischem Vertrieb mit der Produktentwicklung (D-18, D-31) und/oder der Produktion (D-11) gegenüber dem Kunden. Mitarbeiter zeigen im Vertriebs- und Service-Prozess die Kompetenz „Problemlösungsfähigkeit“, indem sie den Kunden im Beratungsprozess sehr umfassende Informationen direkt aus der Entwicklung anbieten (D-3). Für ein Automobilzulieferunternehmen ist die Bedienung der Kunden das oberste Ziel und diese Einstellung müssen Führungskräfte in die Organisation hineintragen. Die market-access Kernkompetenz in diesem Unternehmen ist auch geprägt durch das Prinzip der Fairness gegenüber dem Kunden (siehe Kapitel 6.1.2). Die Mitarbeiter müssen folglich Fairness im Umgang mit dem Kunden zeigen, um eine langfristige und stabile Zusammenarbeit aufzubauen. Allerdings kann dieses Verhalten nach Ansicht der Mitarbeiter aus dem technischen Vertrieb nur gezeigt werden, wenn es auf Gegenseitigkeit beruht (D-18; O-3). Den Mitarbeitern mit Kundenkontakt kommt insbesondere auch eine Rolle als Vermittler zu, da Kundenanforderungen interne Abteilungen vor Probleme stellen (D-18). Entscheidend im Umgang mit dem Kunden sind auch die offene und konfliktarme Kommunikation (D-3) sowie die Bereitschaft, in der Zusammenarbeit auch Risiken einzugehen (D-11).

Die besondere Vertriebs- und Servicestärke des Unternehmens dürfte allerdings erst durch den hohen Kenntnisstand über die Technologien von Mitarbeitern mit Kundenkontakt zustande kommen.

„Also wenn es Kundenproblemlösungen betrifft, dann steht mein Fachwissen natürlich, sage ich mal im, im Vordergrund, um den Kunden sagen zu können, okay das ist machbar oder der Fehler kommt da und daher und wird so und so abgestellt. Von daher wäre das Fachwissen eigentlich das Gros, was man dazu bräuchte." (D-5, Z. 141-144)

Aus der Klasse der **Fach- und Methodenkompetenzen** sind folglich insbesondere „Fachwissen" und „Projektmanagement und Organisationsfähigkeit" sowie zusätzlich „analytische Fähigkeiten" und „systematisch-methodisches Vorgehen" wichtig. Um an den internen Abläufen, die mit Kundenprojekten in Verbindung stehen, teilnehmen zu können (D-21) und um die Übersicht über Kundenwünsche und Gewinnspannen zu behalten (D-15), wird „Projektmanagement und Organisationsfähigkeit" benötigt. Auch ein gewisses Maß an „analytischen Fähigkeiten" erscheint sehr wichtig zu sein: „Also zu analysieren – okay, wo bin ich? Wo befinde ich mich? Wie komme ich weiter? Was mache ich daraus?" (D-17, Z. 215-216).

Von den **Aktivitäts- und Handlungskompetenzen** scheinen „Belastbarkeit" (D-8, D-22) sowie „ergebnisorientiertes Handeln und zielorientiertes Führen" (D-5, D-8) notwendig zu sein, um die stark schwankenden Kundenanforderungen bewältigen zu können. Die Kompetenz „Eigeninitiative und Impulsgeben" ermöglicht es den Mitarbeitern, sich im Unternehmen Wissen aus den verschiedenen Bereichen zu beschaffen und dieses an die Kunden weiterzugeben (D-17).

„Bei Eigeninitiative ist es, dass ich möglichst meine Augen und Ohren aufmache, wenn ich mit technischen Leuten unterwegs bin, um da möglichst viel zu erfahren über die Prozesse, um dann wiederum später eben keinen Mist vor Ort zu erzählen, sondern überzeugen zu können, um das, was ich eben weiß, auch ordentlich – je nach Situation – einschätzen zu können. (D-17, Z. 99-102)

Personale Kompetenzen wurden hingegen nicht auf die Market-Access Kernkompetenz bezogen. **Metakompetenzen** wurden nicht explizit im Zusammenhang mit dieser Kernkompetenz oder ihren Merkmalen erwähnt. Aufgrund ständig neuer Kundenanforderungen (D-18) ist dennoch davon auszugehen, dass sie zur Nutzung und Erhaltung dieser organisationalen Kernkompetenz notwendig sind.

6.2.2.2 Ambidextrie und individuelle Kompetenzen[61]

Im Folgenden wird gezeigt, welche individuellen Kompetenzen besonders wichtig für Exploitation sind und welchen für die Unterstützung von Explorations-Prozessen eine besondere Bedeutung zukommt.

Wie aus Abbildung 20 hervorgeht, haben die meisten Kompetenzen sowohl für Exploitation als auch für Exploration eine hohe Bedeutung. Für einige Kompetenzen konnte jedoch ein Schwerpunkt in Bezug auf Exploitation oder Exploration herausgearbeitet werden. So benötigen Mitarbeiter in Exploitations-Bereichen für die Teilnahme an und die Weiterentwicklung von in hohem Maße standardisierten Prozessen insbesondere „Zuverlässigkeit", „Pflichterfüllung", „Einsatzbereitschaft", „Belastbarkeit", „Konzeptionsstärke", „Kundenorientierung" und „systematisch-methodisches Vorgehen". Hohe Ausprägungen in „Unkonventionalität", „Experimentierfreude", „Risikobereitschaft", „Offenheit für Veränderung", „Anpassungsfähigkeit" und „Eigeninitiative" helfen Mitarbeitern insbesondere, die Unsicherheit in Explorations-Bereichen zu handhaben. Kompetenzen wie „Verantwortungsübernahme", „Team- und Kooperationsfähigkeit" oder „Loyalität" werden in Exploitations- und in Explorations-Bereichen gleichermaßen benötigt, ihnen kommt allerdings eine unterschiedliche Bedeutung zu. Im Folgenden werden die Bedeutungen der einzelnen individuellen Kompetenzen für Exploitation und Exploration beschrieben.

Zentrale Kompetenzen für Exploitations-Aufgaben

In Exploitations-Bereichen wird der Schwerpunkt auf Effizienz und Umsetzung gelegt. Um derartige Prozesse zu unterstützen, sollen gerade keine neuen Lösungen gesucht, sondern Vorgaben befolgt werden (Busch & Hobus, 2012; March, 1991). Die Kompetenzbeschreibung für „Zuverlässigkeit" im Kompetenzatlas von Heyse und Erpenbeck (2004) enthält Verhaltensweisen wie das Entsprechen von Erwartungen. Diese Kompetenz ist in Exploitations-Bereichen von zentraler Bedeutung, um Mitarbeitern Aufgaben übertragen zu können (D-7; D-14), die Aufgabe in einer Produktionskette zu erfüllen (D-12), mit der Komplexität der Prozess umgehen zu können und vor allem das angestrebte Null-Fehler-Prinzip in der Automobilindustrie zu unterstützen (D-2).

„Somit hat der eine ganz hohe Pflichterfüllung, weil ja, wir streben halt unsere Null-Fehler-Qualität an, das ist zwar nicht möglich, aber je mehr der Mitarbeiter schlampt oder das Ganze vernachlässigt, desto schlechter schaut das Endprodukt aus, also ganz wichtiger Punkt, meiner Meinung nach, Pflichterfüllung. Zuverlässigkeit das gleiche." (D-2, Z. 122-126)

[61] Kapitel ist in Kurzfassungen enthalten in Renzl, Rost und Kaschube (2011, S. 18–20); Renzl, Rost und Kaschube (2012, S. 8–10); Renzl, Rost und Kaschube (2013 a, S.90-93); Renzl, Rost und Kaschube (2013b, S. 261 f.).

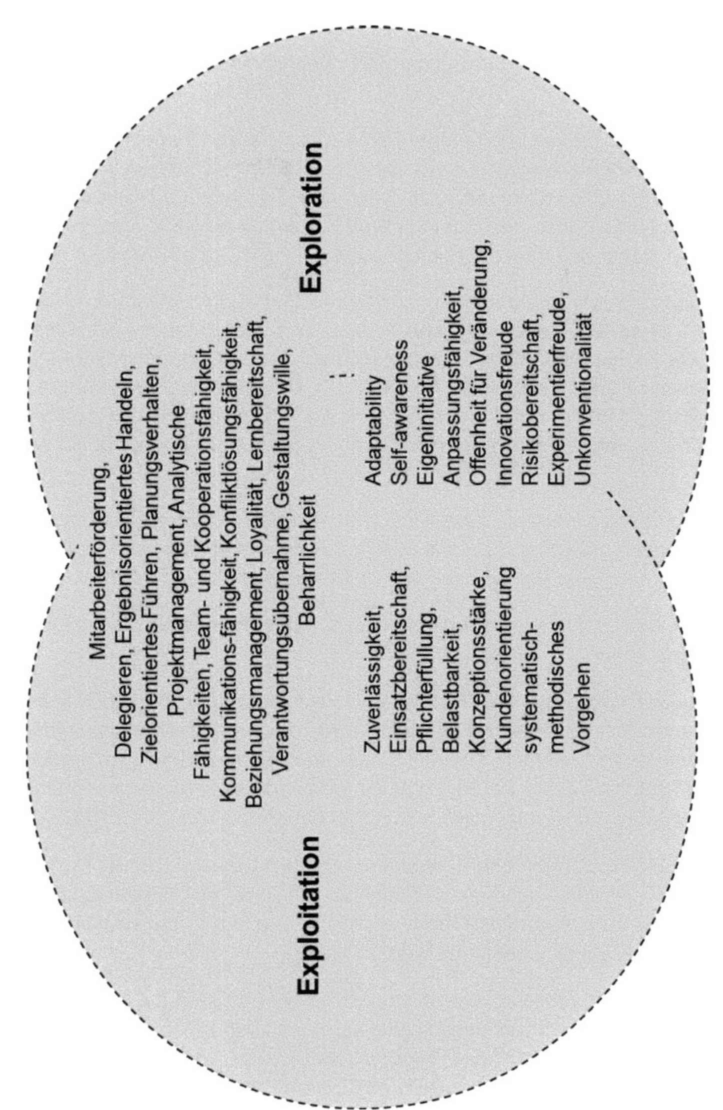

Abbildung 20: Mitarbeiterkompetenzen für die Handhabung von Exploitation und Exploration[62]

[62] Abbildung in veränderter Form enthalten in Renzl, Rost und Kaschube (2012, S. 9); Renzl, Rost und Kaschube (2013a, S. 91); Renzl, Rost und Kaschube (2013b, S. 268).

Um diese hohe Qualität auch bei hoher Auftragslage und den damit verbundenen Überstunden erfüllen zu können, wurde vor allem „Belastbarkeit und Einsatzbereitschaft" benötigt (D-24; D-32).

„Also ich sehe […] [das Unternehmen] so, […] aufgrund der ja exorbitanten Auftragslage, die kaum noch zu bewältigen ist, [sind] […] die Mitarbeiter oder durchweg alle Bereiche nicht nur 100, sondern vielleicht 120 Prozent belastet […]. Und dass eine zusätzliche Belastbarkeit eben dazukommt durch […] eine Reorganisation, wo wir jetzt gar keine Zeit haben für solche neuen Dinge…" (D-32, Z. 57-63)

Wie das Zitat zeigt, wird Belastbarkeit auch in Veränderungssituationen benötigt, die sich in diesem Fall auf die Anpassung von Prozessen in Exploitations-Bereichen beziehen. Auch um die Kernkompetenzen in verschiedenen Geschäftsbereichen nutzen (D-13; D-24) und mit den Kunden intensiven Kontakt (D-8; D-22) halten zu können, war Belastbarkeit sehr wichtig. Um der geforderten Effizienz gerecht zu werden und „Reibungsverluste" *(D-16, Z. 27)* zu vermeiden, müssen Mitarbeiter „Systematisch-methodisches Vorgehen" zeigen.

„Deshalb müssen wir sehen, dass wir vorausschauend, ohne Reibungsverluste, diese Arbeitsabläufe so planen, dass keine oder keine zusätzlichen Kosten entstehen. Das erfordert dann ein systematisches und methodisches Vorgehen." (D-16, Z. 26-29)

Damit verbunden ist auch, dass Prozesse gut dokumentiert werden, um wiederholten Aufwand zu vermeiden.

„Also aus der Erfahrung in der Produktion ist das systematisch-methodische Vorgehen besonders wichtig, denn wir haben viele Dinge zum x-ten Mal nochmal entwickelt. Also Dinge, die schon früher mal gut waren, sind wieder verlorengegangen und dann hat man sich wieder Stück für Stück dahingearbeitet, dass man irgendwann doch festgestellt hat, das haben wir eigentlich schon mal behandelt." (D-15, Z. 106-110)

Zudem wird „Konzeptionsstärke" benötigt, um Schnittstellen zwischen Prozessen zu verbessern (D-10), Problemlösungen zu finden (D-20; D-26) und die verschiedenen technologischen Verfahren zusammenführen zu können, wodurch die Kernkompetenzen des Unternehmens wesentlich bestimmt werden (D-20).

„So machen wir es eigentlich am meisten. Dass wir halt schauen [...], dass Schmieden möglich ist in […] [dem Stammwerk], aber es muss auch Zerspanen noch möglich sein. Für […] [das Stammwerk] ist es immer gut, wenn kein […(ein bestimmtes chemisches Element)] drin ist. Und für uns ist der […(das chemische Element)] extrem wichtig, damit dann der Span gebrochen wird." (D-20, Z. 755-758)

Zentrale Kompetenzen für Exploitations- und Explorations-Aufgaben

Einige Kompetenzen hatten sowohl für Exploitations- als auch für Explorations-Aufgaben eine ähnlich hohe Bedeutung. Sie unterschieden sich aber in der Funktion, die sie in der

Aufgabenbewältigung hatten, und in dem Arbeitsverhalten, das diesen Kompetenzen zugeordnet werden konnte. Zu diesen Kompetenzen zählen insbesondere „Team- und Kooperationsfähigkeit“, „Planungsverhalten“, „analytische Fähigkeiten“, „zielorientiertes Führen“, „ergebnisorientiertes Handeln“, „Delegieren“ oder „Mitarbeiterförderung“. Dies wurde in Kapitel 6.2.1 im Einzelnen bereits beschrieben und soll an dieser Stelle nur anhand von einzelnen Beispielen erläutert werden. „Analytische Fähigkeiten“ helfen in Exploitations-Prozessen, um Fehler zu finden und Prozesse effizienter zu machen (D-6; D-16). Im Kontext von Exploration und kontextueller Ambidextrie sind sie hilfreich, sich über die eigene Situation im Klaren zu sein, zu wissen, wann Veränderungen vorgenommen werden müssen und an Entwicklungsprozessen teilnehmen zu können (D-20; D-21).

„Teamfähigkeit“ und „Kooperationsbereitschaft“ sind wichtige individuelle Voraussetzungen für die Verknüpfung der verschiedenen technologischen Verfahren im Rahmen der Kernkompetenz „Verfahrenskombination in der Werkstoffbehandlung“.

„[Für] Kooperationsfähigkeit würde ich jetzt mal die Stärke Klammer eins nehmen, also Verfahrenskombination. Da heißt es einfach für mich, dass die Kooperationsfähigkeit über Werksgrenzen hinweg geschieht, es ganzheitlich zu betrachten, dass man das optimal herstellt.“ (D-9, Z. 109-112)

Hohe Ausprägungen in den beiden genannten Kompetenzen helfen zudem bei der gemeinsamen Gestaltung von Explorationsprozessen (D-9; D-11) sowie der Integration von Mitarbeitern mit unkonventionellen Ideen.

„Ich glaube, Intelligenz würde daraus bestehen, wie setzt sich so ein Team zusammen? [...] Wir hatten hier so einen Oberexoten, der hat uns jetzt leider verlassen. [...] Der hat nicht mehr zu uns gepasst und wir nicht mehr zu ihm. Aber der hat uns zehn Jahre wahnsinnig viel gebracht.“ (33, Z. 222-227)

„Konfliktlösungsfähigkeit“ wird allgemein für diese Zusammenarbeit benötigt (D-19, D-27, D-34), um beispielsweise Störungen in Prozessabläufen zu vermeiden (D-28) und das besondere Verhältnis zu den Kunden nicht zu gefährden (D-3). Die Kompetenz wurde nicht unmittelbar mit Exploration in Verbindung gebracht, Mitarbeiter benötigen sie aber, um mit Konflikten umgehen zu können, wenn sie Risiken in Explorations-Prozessen eingehen (D-9; D-27; D-34).

Zentrale Kompetenzen für Explorations-Aufgaben

Die zwei Metakompetenzen Adaptability und Self-Awareness (Briscoe & Hall, 1999; Dimitrova, 2009) sind wichtig für beide Lernmodi, für Explorations-Prozesse sind sie unverzichtbar. Self-Awareness wurde als eine zentrale Kompetenz angesehen, um zukünftige Herausforderungen auf der individuellen und auf der organisationalen Ebene wahrzunehmen, die beispielsweise durch das Auftreten von neuen Technologien entstehen. Damit ist sie auch sehr wichtig, um Absorptive Capacity (Zahra & George, 2002) zu unterstützen. Diese Aufnahme von neuem Wissen setzt auch eine Standortbestimmung in Bezug auf die eigenen Kompetenzen voraus (D-1).

Die Metakompetenz Adaptability wird vor allem benötigt, um sich Lernmöglichkeiten durch Besichtigungen, Messen, Marktbeobachtungen oder Pflege von Auslandskontakten gezielt zu erschließen (D-20, D-28, D-32) und so an technologischen Veränderungen im Sinne von Exploration teilnehmen zu können, Ideen einzubringen und für die Vorgesetzten Freiräume in diesen Entwicklungsprozessen zu schaffen (D-7; D-9; D-12; D-26; D-27). Diese Kompetenz benötigen Mitarbeiter allerdings auch, um den Anforderungen im Rahmen von Prozessverbesserungen gerecht zu werden.

„Ja, es gibt Mitarbeiter, die erkennen das selber, die kommen dann auf mich zu und sagen, du ich brauche jetzt hier eine Schulung, zum Beispiel jetzt für eine bestimmte Automation.“ (D-2, Z. 309-310)

Da die Mitarbeiter für die Anlagen, an denen sie arbeiten, selbst verantwortlich sind, müssen sie auch die Fähigkeiten zu deren Bedienung erwerben und dies selbst organisieren (D-28).

„... Mitarbeiter bei uns sind für den Prozess komplett selber verantwortlich, also müssen sie auch versuchen, möglichst rasch ihre Defizite auszubessern und sie müssen eigentlich immer dazulernen, weil wir sind ja auch ständigen Veränderungen unterworfen [...]l, es kommen andere Werkstoffe. Wir kriegen andere Maschinen. Es werden andere Prozesse installiert und immer muss man drauf losgehen und muss das lernen und muss es auch möglichst schnell wieder beherrschen.“ (D-28, Z. 242-247)

Die beiden Metakompetenzen Adaptability und Self-Awareness (Briscoe & Hall, 1999; Dimitrova, 2009) werden folglich in hohem Maße für Explorations-Aktivitäten benötigt, aber auch für Veränderungen wie die Einführung von neuen Prozessen in Exploitations-Bereichen.

Wie angenommen, hat außerdem das Konstrukt „eigenverantwortliches Handeln“ eine besondere Bedeutung für Ambidextrie:

„Gut. Es gibt ja die Aussage, das heißt, Innovation passiert nur an den Grenzen. Und wenn ich an die Grenze gehe, dann muss ich auch [...] vielleicht auch mal drüber gehe[n] oder ein gewisses Risiko eingehe[n]. Gleichzeitig müssen wir auch sicherstellen, dass wir sichere Prozesse generieren. [...] Wir müssen uns weiterentwickeln [...] aus den vorhandenen Stärken raus [...]. Und da müssen Sie ein gewisses Risiko eingehen und trotzdem brauchen wir sichere Prozesse für so was.“ (D-12, Z. 216-219)

In der Interviewaussage wurde vor allem die Dimension „Risikobereitschaft“ des Konstrukts „eigenverantwortliches Handeln“ (Kaschube, 2006) angesprochen. Seine weiteren drei Kerndimensionen sind „Verantwortungsübernahme“, „Eigeninitiative“ und „Unkonventionalität“ (Kaschube, 2006, S. 197). Die „Verantwortungsübernahme” wird für beide Lernmodi in hoher Ausprägung benötigt, während die Dimensionen „Eigeninitiative“ und insbesondere „Risikobereitschaft“ und „Unkonventionalität“ stärker mit Exploration verbunden sind. Allgemein kann festgestellt werden, dass Mitarbeiter in allen Abteilungen

„eigenverantwortliches Handeln" benötigen, aber mit unterschiedlich hohen Ausprägungen[63] (siehe dazu die Kompetenzbeschreibungen zu den einzelnen Dimensionen in Kapitel 6.2.1). Um den Anforderungen in der Abteilung Produktentwicklung gerecht werden und Beiträge zu Innovationsprozessen leisten zu können, schien „eigenverantwortliches Handeln" eine unerlässliche Kompetenz zu sein.

> *„Eigeninitiative, ich sage es einmal so, wer das nicht hat, ist [...] dann [...] da nicht richtig eingesetzt, weil, ein Entwickler, der darauf wartet, bis er angeschoben wird, das ist eher schwierig. [...] Risikobereitschaft ja, haben wir eine oder braucht man. Wenn wir in der Entwicklung nur das machen, was wir heute schon wissen, was heute funktioniert, das ist morgen nicht mehr gut genug. Das heißt, dazu brauchen wir ein gewisses Risiko und Experimentier[en] und auch Visionen." (D-21, Z. 543-553)*

Aufgrund der starken Einbindung der Mitarbeiter dieser Abteilung in Prozesse wie Vertrieb oder ihr Kontakt zur Konstruktions- und Produktionsabteilung wurde sichergestellt, dass sie Exploitations-Prozesse nicht vernachlässigten. Eigenverantwortliches Handeln scheint folglich ein Verhalten zu sein, das in produktionsorientierten Unternehmen gefördert werden kann, um den Umfang und die Geschwindigkeit des Lernens in Bezug auf Exploration zu erhöhen, ohne die den bestehenden Kernkompetenzen zugrundeliegenden effizienten Prozesse zu beeinträchtigen.[64]

Zudem erscheint EVH als Anforderung an die Mitarbeiter sinnvoll zu sein, damit diese sowohl mit der Unsicherheit, die Explorationsprozesse mit sich bringen, umgehen können als auch verantwortungsvoll abwägen können zwischen punktuell notwendiger Schwerpunktsetzung auf Exploration oder Exploitation. Die Förderung von Eigenverantwortung der Mitarbeiter wurde von den Befragten als zentrale Führungsaufgabe gesehen. Führungskräfte sollten eine Vertrauenskultur schaffen und „Verantwortungsübernahme", „Eigeninitiative", „unkonventionelles Vorgehen", „Risikobereitschaft" und „Eigeninitiative" fördern. Gleichzeitig sollten sie allerdings mit den Mitarbeitern ein gemeinsames Verständnis darüber entwickeln, in welchen Situationen Absprachen aufgrund des hohen Risikos für den Bereich oder das Unternehmen unerlässlich sind.

In dieser Studie zeigt sich, dass für die Arbeit unter den Bedingungen von kontextueller Ambidextrie mittlere bis hohe Ausprägungen in einem sehr breiten Spektrum an unterschiedlichen Kompetenzen notwendig sind. Sie stimmt diesbezüglich mit der Annahme von Birkinshaw und Gibson (2004) überein.

6.2.2.3 *Beherrschung von Restrukturierungsprozessen als Dynamic Capability und individuelle Kompetenzen*

Eine weitere Dynamic Capability ist die Fähigkeit, Restrukturierungsprozesse zu beherrschen (Zollo & Winter, 2002). Wie in Kapitel 6.1.3 durchlief das Unternehmen aus der

[63] Siehe dazu die Kompetenzbeschreibungen zu den einzelnen Dimensionen in Kapitel 6.2.1

[64] Siehe dazu auch das Kapitel 7.3.2 zur Entwicklung von eigenverantwortlichem Handeln und dem notwendigen Rahmen für dessen Begrenzung.

Fallstudie zum Zeitpunkt der Datenerhebung einen Restrukturierungsprozess und war dabei, diese organisationale Kompetenz zu erwerben. Um diese organisationale Kompetenz auf Mitarbeiterebene zu unterstützen, werden insbesondere Aktivitäts- und Handlungskompetenzen, Metakompetenzen, einige soziale Kompetenzen und einzelne personale Kompetenzen benötigt. Für die Fach- und Methodenkompetenz finden sich in der Untersuchung lediglich zwei geschilderte Situationen, die sich auf „Planungsverhalten und strategische Orientierung" beziehen.

Von den Aktivitäts- und Handlungskompetenzen wird „Belastbarkeit" in Veränderungsprozessen benötigt, um mit Rückschlägen und zusätzlichen Belastungen umgehen zu können (D-24, D-30, D-32). Um Veränderungsprozesse umzusetzen, müssen die Mitarbeiter das Kompetenzpärchen „Eigeninitiative und Impulsgeben" zeigen, indem sie eigenständig Themen vorantreiben, eigene Ideen einbringen (D-8, D-31, D-32) und dabei beharrlich sind (D-24). Die Kompetenz „Beharrlichkeit" kann allerdings in einer negativen Kompetenzausprägung auch störend in Veränderungsprozessen wirken. Besondere Bedeutung für die Unterstützung dieser Dynamic Capability kommt den Kompetenzpärchen „Gestaltungswille und Verantwortungsübernahme" sowie „ergebnisorientiertes Handeln und zielorientiertes Führen" zu. In Restrukturierungsprozessen zeigen Mitarbeiter und Führungskräfte „ergebnisorientiertes Handeln und zielorientiertes Führen", indem sie klare Ziele vorgeben, diese für die einzelnen Ebenen ableiten und dabei die Ressourcen des Unternehmens im Auge behalten (D-8, D-30, D-32). Für die Zielfindung führen kompetente Personen Mitarbeiter aus verschiedenen Bereichen sowie deren Ideen zusammen und sichern dadurch Akzeptanz und Motivation (D-31).

Aus dem Bereich der sozialen Kompetenzen müssen Mitarbeiter eine gewisse „Anpassungsfähigkeit" mitbringen (D-19), um Veränderungsprozesse grundsätzlich unterstützen zu können. Führungskräfte sollten über „Beratungsfähigkeit" verfügen und die Mitarbeiter zur Teilnahme an und zum selbstständigen Handeln in Restrukturierungsprozessen anleiten (D-3). Der notwendige Wissensaustausch zwischen den verschiedenen Bereichen und Abteilungen kann durch die Kompetenz „Beziehungsmanagement" unterstützt werden (D-33). Um in Veränderungssituationen mit Problemen umgehen zu können, neue Formen der Zusammenarbeit zu finden und neue Kooperationspartner für gemeinsame Projekte zu gewinnen, werden aber vor allem die Kompetenzen „Experimentierfreude, Risikobereitschaft und Unkonventionalität" benötigt (D-3, D-11).

Aus dem Bereich der personalen Kompetenzen wurden vor allem Situationen zu „Offenheit für Veränderung und Innovationsfreudigkeit" und eine zu „Loyalität" erläutert. „Loyalität" ist in Veränderungssituationen hilfreich, da eine hohe Kompetenzausprägung in diesem Bereich zu einem Zurückstellen von eigenen Interessen führen kann (D-32).

Den Fach- und Methodenkompetenzen kommt für die Unterstützung der Restrukturierungsprozesse abgesehen vom Kompetenzpärchen „Planungsverhalten und strategische Orientierung" eine untergeordnete Bedeutung zu. Um die Dynamic Capabilities zu unterstützen, müssen Mitarbeiter bei ihren Planungsaktivitäten zunehmend das Zusammenwirken der verschiedenen Konzerntöchter und deren Integration unter dem Dach einer Konzernholding berücksichtigen (siehe D-21). Diese Planung der Integration von verschiedenen Unternehmen wird in Anlehnung an Zollo und Winter (2002) als Dynamic Capability aufgefasst. Die Einstellungen und das Verhalten von Personen mit einer hohen Kompetenzausprägung kommen durch folgende Aussage zum Ausdruck:

„Okay, was heißt es für die gesamte Firma, nicht nur für den Standort? [...] Und da sehe ich das an oberster Stelle, dass man da einfach das zusammenbringt, weil, momentan sind wir lauter eigenständige Firmen, das heißt, da schlägt das Herz natürlich schon eher für die eigene Firma, aber in Zukunft wird das ja etwas mehr zusammengefasst und dann braucht man eben diesen Überblick und die Orientierung und [...] den Blick auf das Ganze und auf das Wesentliche." (D-21, Z. 141-149)

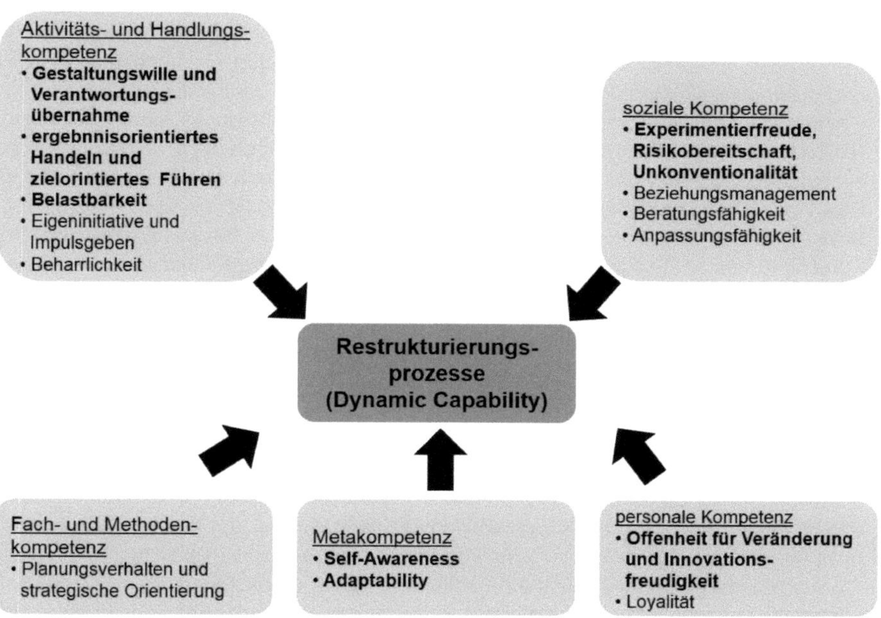

Abbildung 21: Restrukturierungsprozesse als Dynamic Capability und individuelle Kompetenzen. Legende: Fett gedruckte Kompetenzen sind von besonderer Bedeutung für die organisationale Kompetenz

Reorganisationen stellen die Mitarbeiter häufig auch vor neue unerwartete Aufgaben, für deren Bewältigung sie zusätzliche Kompetenzen erwerben müssen. Mitarbeiter, die über eine hohe Adaptability verfügen, arbeiten sich selbstständig in neue Themen ein (D-8) und kümmern sich um Weiterbildungen (D-7). Self-Awareness benötigen die Mitarbeiter, um sich an Veränderungen anpassen (D-24) beziehungsweise an ihnen teilnehmen zu können (D-30).

6.2.3 Abschließende Bewertung: Vergleich der empirisch erstellten Kompetenzliste mit der Literatur

Abschließend wird anhand von ausgewählten Kompetenzen diskutiert, welche Gemeinsamkeiten und Unterschiede diese Studie zur Bedeutung der einzelnen individuellen Kompetenzen für organisationale Kompetenzen mit den im Rahmen der Literaturanalyse diskutierten Studien (siehe Kapitel 4.2.5) aufweist.

Von den **sozialen Kompetenzen** kam dem Kompetenzpärchen „Team- und Kooperationsfähigkeit“ in der empirischen Untersuchung die größte Bedeutung zu. Zu dieser Kompetenz wurden sowohl für Explorations- als auch für Exploitations-Situationen geschildert und sie war von zentraler Bedeutung für die intensive technologieübergreifende Zusammenarbeit im Rahmen der Kernkompetenzen. Die hohe Relevanz dieser Kompetenz findet sich auch in der Analyse der Literatur zur Führungsforschung, zum Change Management und zur Innovations- und Entrepreneurship Forschung wieder. Gemeinsam mit dieser Kompetenz wurden von den Interviewpartnern häufig auch „Beziehungsmanagement“ und „Kommunikationsfähigkeit“ genannt. Zudem benötigen Mitarbeiter zur Unterstützung von organisationalen Kompetenzen „Problemlösungsfähigkeit“ und „Experimentierfreude, Risikobereitschaft und Unkonventionalität“. Auch diese Kompetenzen werden in den verschiedenen Gebieten der psychologischen Kompetenzforschung als wesentlich für die Bewältigung von komplexen neuartigen Aufgaben herausgestellt und sind enthalten in der selbst erstellten Ableitung von individuellen Kompetenzen aus der ressourcenorientierten Forschung des strategischen Managements. Die für die market-access Kernkompetenz wesentliche „Kundenorientierung“ findet sich nur in der Ableitung aus der Ressource-based View Literatur. Nicht enthalten ist in der empirisch erstellten Literaturliste die Kompetenz beziehungsweise Persönlichkeitseigenschaft (Borkenau & Ostendorf, 1993) Gewissenhaftigkeit (S/F), der eine sehr hohe Bedeutung für die berufliche Leistung zukommt (Barrick & Mount, 1991). Aufgrund der Beschränkung der Untersuchung auf ausgewählte Kompetenzen aus dem Kompetenzatlas wurde die damit verwandte Kompetenz „Zuverlässigkeit“ operationalisiert. Wie bei den personalen Kompetenzen gezeigt wurde, ist sie insbesondere für die Effizienz in den Prozessen im Rahmen der Exploitation notwendig (siehe Kapitel 6.2.1.2). Die „Konfliktlösungsfähigkeit“ wurde von den Interviewpartnern nicht als zentrale Kompetenz für alle Mitarbeiter angesehen, da Konflikten im Unternehmen eine untergeordnete Bedeutung zukämen. Diese spezifische Unternehmenskultur könnte die Ursache dafür sein, dass das Ergebnis der empirischen Studie von der Literaturanalyse abweicht, die ergab, dass in Führungs- oder Veränderungssituationen „Konfliktlösungsfähigkeit“ unbedingt notwendig ist.

„Offenheit für Veränderung und Innovationsfreudigkeit“ erwarteten die befragten Interviewpartner von allen Mitarbeitern, damit der laufende Restrukturierungsprozess umgesetzt werden kann sowie Exploration möglich ist. Diese Kompetenz findet sich insbesondere in der Change Management Literatur wieder. Zu den **personalen Kompetenzen** „Delegieren“ und „Mitarbeiterförderung“ wurden auch Situationen mit Bezug auf die organisationalen Kompetenzen genannt, vor allem sind dies aber Führungskompetenzen, die Führungskräfte unbedingt benötigen (siehe dazu „Führungsforschung“ in Tabelle 22). Die

Bedeutung von „Zuverlässigkeit“ für die Kernkompetenzen wurde bereits angesprochen, eine weitere zentrale Grundlage ist die „Loyalität“. Nur dadurch ist der Aufbau von organisationsspezifischem Humankapital möglich. Die Ergebnisse bestätigen diesbezüglich den Ansatz zur Gestaltung eines Humankapitalportfolios von Lepak und Snell (1999). Auch in der Führungsforschung und der Change Management Literatur wird „Loyalität“ als wichtig angesehen, damit große Aufgaben in Unternehmen bewältigt werden können. Die „Lernbereitschaft“, der im Rahmen aller analysierten Forschungsfelder eine zentrale Bedeutung zukommt, wurde von den Interviewpartnern am seltensten ausgewählt. Zum einen betrachteten die Interviewpartner diese als Selbstverständlichkeit, zum anderen sind derartige und weitere lernorientierte Verhaltensweisen in der Untersuchung ebenfalls über die Metakompetenzen mit abgebildet. Wie aufgrund der Literaturanalyse angenommen, wurden in diesem technologieorientierten Unternehmen die Metakompetenzen als zentral für fast alle Mitarbeitergruppen angesehen. Aus der Literatur ergänzt werden könnte die empirisch erstellte Liste eventuell noch um die Kompetenz „Selbstmanagement“, in der nach der Führungs- und Innovationsforschung Führungskräfte hohe Ausprägungen haben sollten.

Aus der Klasse der **Aktivitäts- und Handlungskompetenz** wählten die Interviewpartner zielorientiertes Führen, „Gestaltungswille und Verantwortungsübernahme“ und „Eigeninitiative und Impulsgeben“ als wichtigste Kompetenzen aus. Diese Kompetenzen finden sich in der Literaturanalyse genauso wieder, wie die „Belastbarkeit“, die in diesem produktionsorientierten Unternehmen als Grundvoraussetzung für Exploitations-Bereiche angesehen wurde. Aus der Literatur (Führungsforschung, Change Management) könnte die Entscheidungsfähigkeit ergänzt wurde, die in der Untersuchung nicht berücksichtigt wurde.

„Planungsverhalten und strategische Orientierung“ kam im Rahmen der empirischen Untersuchung unter den **Fach- und Methodenkompetenzen** nach Ansicht der Interviewpartner die zentrale Rolle zu. Nur Mitarbeiter mit dieser Kompetenz können unternehmensweite Prozesse steuern, die sowohl für die bestehenden Kernkompetenzen als auch für die langfristige Entwicklung von entscheidender Bedeutung sind. Die Bedeutung dieser Kompetenz findet sich ebenso in der Literaturanalyse wie die von Fachwissen und „analytischen Fähigkeiten“, die in der Untersuchung den zweiten und dritten Platz erhielten. Fachwissen lag, wie von Green (1999) beschrieben, in hohem Maße den bestehenden Kernkompetenzen zugrunde.

Die in der **empirischen Studie** als zentral für die Unterstützung der Kernkompetenzen und Dynamic Capabilities herausgearbeiteten individuellen Kompetenzen stimmen damit weitgehend mit den Ergebnissen der Literaturanalyse überein. Der Wert dieser Untersuchung liegt insbesondere in der Beschreibung der Funktionen der einzelnen individuellen Kompetenzen für organisationale Kompetenzen.

6.3 Prozess der Kompetenzmodellierung zur Unterstützung von Dynamic Capabilities

6.3.1 Arten von Kompetenzmodellen und Dynamic Capabilities

In Kapitel 3.4.2 wurden die Arten von Kompetenzmodellen beschrieben. Für das vorliegende Kompetenzmodell soll nun die Anwendung der Kriterien Datenerhebung und Bezugsquelle und Differenzierungsgrad diskutiert werden.

Briscoe und Hall (1999) beziehen sich bei ihrer Einteilung von Kompetenzmodellen auf die Art der **Datenerhebung und die Bezugsquelle** der Inhalte für das Kompetenzmodell. Das vorliegende Kompetenzmodell folgt von seiner Grundstruktur her dem strategiebasierten Ansatz. Die individuellen Kompetenzen werden aufgrund der strategischen Ausrichtung des Unternehmens abgeleitet. Der besondere Mehrwert des in dieser Arbeit thematisierten Kompetenzmodells liegt in der Orientierung an organisationalen Kernkompetenzen, die den Kriterien für diese genügen (siehe Kapitel 2.2.2) und damit zumindest einen mittelfristigen Wettbewerbsvorteil für das Unternehmen sichern, ergänzt um die Fähigkeit der Organisation zur systematischen Veränderung im Sinne der Dynamic Capabilities (Teece & Shuen, 1997; Zollo & Winter, 2002). Die Kernkompetenzen und Dynamic Capabilities bilden allerdings nur die strategische Verankerung für ein Kompetenzmodell, das forschungsbasiert ausgefüllt wurde. Die Datenerhebung über die critical indicent Technik (Flanagan, 1954) stellte sicher, dass reale Anforderungen in den einzelnen Bereichen Eingang in das Kompetenzmodell gefunden haben. Darüber hinaus wurden im Rahmen der Interviews mit dem Top-Management und der Dokumentenanalyse sowie durch die angesprochene critical incident Technik organisationale Regeln (Frank & Lueger, 1998; Güttel, 2006) erhoben, die als Grundlage für die organisationalen Kompetenzen berücksichtigt wurden. Somit weist das vorliegende Kompetenzmodell auch Anteile des wertebasierten Ansatzes auf und folgt damit dem Hybrid-Ansatz nach Briscoe und Hall (1999). Aufgrund der Erfahrungen im Rahmen dieser Fallstudie ist dies auch zu empfehlen.

In Bezug auf den **Differenzierungsgrad** unterteilt Mansfield (1996) Kompetenzmodelle in single-job, one-size-fits-all und multijob Kompetenzmodelle. Single-Job Kompetenzmodelle erscheinen im Rahmen der vorliegenden Fallstudie als ungeeignet. Ein gemeinsamer Bezugspunkt wie die Unternehmensstrategie oder organisationale Kompetenzen können in diesen nur schwer umgesetzt werden. Das Konzept der Kernkompetenz (Prahalad & Hamel, 1990) bezieht sich auf die unternehmensweite Nutzung organisationaler Kompetenzen, das der strukturellen Ambidextrie auf die Verknüpfung des Wissens aus Explorations- mit Exploitations-Bereichen durch das Top-Management-Team. Dazu müssen übergreifende Ziele und Visionen entwickelt und kommuniziert werden (Konlechner & Güttel, 2009; O'Reilly III & Tushman, 2008). Bei der Erfüllung dieser Aufgaben könnten „one-size-fits-all" (Mansfield, 1996, S. 9) oder „multiple-job" (Mansfield, 1996, S. 10) das Top-Management-Team nach Ansicht des Autors unterstützen. Im vorliegenden Kompetenzmodell bilden 17 Einzelkompetenzen und Kompetenzpärchen den Block, nach dem unternehmensweit alle Stellen bewertet werden. Vier Kompetenzen sind nur für Führungskräfte relevant. Auf bis zu fünf weitere Kompetenzen kann bei der Erstellung von Kompetenzprofilen für Stellen mit relativ geringen Kompetenzanforderungen verzichtet werden. Diese Kurzversion des Kompetenzmodells mit nur acht Kompetenzen ist damit auch für Bereiche mit einer hohen Führungsspanne geeignet, wie sie im Unternehmen aus der Fallstudie in einigen Produktionsbereichen vorzufinden war.

Der Kompetenzblock, bestehend aus den 17 Einzelkompetenzen und Kompetenzpärchen, wird für die einzelnen Jobfamilien und Stellen um fachliche Kompetenzen und Fertigkeiten ergänzt. Mansfield (1996) empfiehlt, die einzelnen Kompetenzen zunächst allgemein so mit Verhaltensankern zu beschreiben, dass sie für die verschiedenen Bereiche eine Grundlage bilden können, um spezifische Verhaltensbeschreibungen zu formulieren. Im vorliegenden Fall wurden für jede Kompetenz fünf Verhaltensanker formuliert, die für alle Bereiche gelten. In den Schulungen sollte ein Dokument erstellt werden, in dem die Führungskräfte die Verhaltensanker jeweils in für ihren Bereich beobachtbares Verhalten übersetzen. Durch diese Vorgehensweise sollten die Führungskräfte sich die Bedeutung der allgemeinen Verhaltensanker selbst erarbeiten und diese lernen. Durch die Dokumentation können bereichsspezifische Kompetenzmodelle erstellt werden, die aber aufgrund der Ableitung vom unternehmensweiten Kompetenzmodell dennoch bereichsübergreifend vergleichbar blieben. Für Schlüsselstellen sollten zusätzlich umfangreiche Verhaltensbeschreibungen zu den einzelnen Kompetenzen angefertigt werden, von denen Personalentwicklungsmaßnahmen abgeleitet werden können.

6.3.2 Erstellung des Kompetenzmodells und der Soll-Profile

Die Auswahl der individuellen Kompetenzen erfolgt gemäß ihrer Bedeutung für Kernkompetenzen, Dynamic Capabilities und Ambidextrie (siehe Kap. 6.1.4). Das zentrale Kriterium stellt folglich die entsprechende Bedeutung der erzählten Kompetenzsituationen in den Interviews der Delphi 2 Befragung für die organisationalen Kompetenzen dar. Das zweite Kriterium war die Anzahl der Nennungen der jeweiligen Kompetenz in der Delphi 2 Befragung durch die Interviewpartner, gefolgt vom dritten Kriterium, der Anzahl der Nennungen in der Delphi 1 Befragung.

Die Kompetenzen Entwicklungs- und Lernfähigkeit und Selbsteinschätzung (in Anlehnung an „Adaptability“ und „Self-Awareness“) nach Briscoe und Hall (1999) waren aufgrund der hohen Bedeutung in der Literaturanalyse für das Kompetenzmodell gesetzt. Eine besonders hohe Bedeutung kam den Kompetenzpärchen aus der Klasse der Aktivitäts- und Handlungskompetenzen zu. Aufgrund der hohen Bedeutung der Aktivitäts- und Handlungskompetenzen für das erfolgreiche Handeln von Führungskräften (Heyse & Erpenbeck, 2004) und der Integration von zwei Dimensionen des Konstrukts eigenverantwortliches Handelns (Kaschube, 2006) war dies auch zu erwarten. Fach- und Methodenkompetenz wurde im vorliegenden Fall nur mit zwei Kompetenzen aufgenommen und hatte damit eine untergeordnete Bedeutung. Der Bedeutung der Fachkompetenz für Problemlösungsprozesse (Kauffeld et al., 2002) wurde jedoch dadurch Rechnung getragen, dass diese im Sinne eines multi-job Kompetenzmodells (Mansfield, 1996) für die einzelnen Jobfamilien spezifisch ergänzt wurde.

Die Kompetenzen wurden auf einer fünfstufigen Skala (0=Kompetenz nicht vorhanden bis 4=alle Elemente der Kompetenzbeschreibung vorhanden) bewertet. Jede Kompetenz wurde durch fünf Verhaltensanker beschrieben. Die Verhaltensanker wurden in einem ersten Schritt von den im Rahmen einer strukturierenden Inhaltsanalyse (Mayring, 2010) ermittelten Dimensionen abgeleitet. Um eine möglichst trennscharfe Zuordnung von Mitarbeitern zu den Niveaustufen zu ermöglichen, wurden im zweiten Schritt unterschiedliche Schwierigkeitsstufen der Verhaltensanker auf der Grundlage folgender Kriterien konstruiert:

1. Komplexität der Aufgabenbewältigung,
2. Anwendung in einer stabilen oder neuartigen Situation mit hoher Veränderungsdynamik und
3. Reichweite des eigenen Handelns (z. B. am eigenen Arbeitsplatz, im Team, im Bereich, im Gesamtunternehmen).

Dabei wurde auf die Kompetenzdefinition von Erpenbeck et al. (2007, S. 159) und Kauffeld et al. (2003, S. 261) (siehe Kapitel 3.1.1) Bezug genommen. Durch das erste Kriterium wird das Ausmaß an Komplexität beschrieben, das Individuen aufgrund ihrer Kompetenzen (Erpenbeck et al., 2007, S. 159) bewältigen können. Den Umgang auch mit neuartigen Situationen betrachten Kauffeld et al. (2003, S. 261) als ein zentrales Element der Kompetenzdefinition. Sie sprechen darüber hinaus die Kooperation mit anderen Menschen und das verantwortungsbewusste Handeln an (Kauffeld et al., 2003, S. 261). In Anlehnung daran drückt das dritte Kriterium aus, ob sich eine Handlung auf den eigenen Arbeitsplatz bezieht oder ob verantwortungsvoll mit Bezug zu einem Geschäftsbereich oder zum ganzen Unternehmen gehandelt wird.

Im Prozess zur **Erstellung der Kompetenz-Soll-Profile** für die einzelnen Bereiche und Stellen sind nicht nur sachliche, sondern auch „politische" Aspekte zu beachten. Die Kompetenzstufen, mit denen die Anforderungen für eine bestimmte Stelle beschrieben wurden, schienen zumindest in der Startphase des Prozesses aus Sicht der Abteilungsleiter eng verbunden zu sein mit der Wertschätzung für eine bestimmte Position. So wurde kaum akzeptiert, dass beispielsweise in Bezug auf bestimmte Kompetenzen Stellen in der Produktentwicklung höher eingestuft wurden, als hierarchisch vergleichbare Stellen im technischen Vertrieb. Ähnliche Probleme traten auch in anderen Bereichen auf. Für die Mitarbeiter der Personalabteilung und insbesondere der Personalentwicklung erhöhen sich durch die Einführung eines Kompetenzmodells, das sich an den organisationalen Kompetenzen orientiert, die Anforderungen in Bezug auf die Expertise im Kompetenzmanagement, im Bereich des strategischen Managements und des Wissens über derzeitige Geschäftsprozesse, Produkte und Werkstoffe sowie die damit verbundenen Zukunftstrends. Nur dadurch können sie das Top Management bei der Entwicklung von Dynamic Capabilities unterstützen.

6.3.3 Darstellung des Kompetenzmodells

Im Fall des Partnerunternehmens wurde das Kompetenzmodell in Abbildung 22 eingeführt. Daran soll beispielhaft aufgezeigt werden, wie Kompetenzmodelle mit Bezug zu Kernkompetenzen (Prahalad & Hamel, 1990) und Dynamic Capabilities (O'Reilly III & Tushman, 2008; Zollo & Winter, 2002) in der betrieblichen Praxis ausgestaltet sein können.

Die Einteilung in die Kompetenzfelder weicht deutlich von der Einteilung von Erpenbeck und von von Rosenstiel (2007a) ab. Ziel dieses Ansatzes ist es, sich bei der Einteilung der Kompetenzfelder an den Kernkompetenzen und Dynamic Capabilities zu orientieren. Im Folgenden werden die Zusammenhänge zwischen den individuellen und organisationalen Kompetenzen dargestellt.[65]

Das Kompetenzfeld ***Entwicklung und Veränderung*** bezieht sich auf die systematische Anpassungsfähigkeit des Unternehmens und damit auf die dynamischen Fähigkeiten. Diese dynamischen Fähigkeiten bilden sowohl die Grundlage für die Weiterentwicklung der Kernkompetenzen „Verfahrenskombination in der Werkstoffbehandlung“ und „technische Vertriebskompetenz und weltweite Kundenproblemlösungsprozesse“ als auch für innovative Lösungen in neuen Bereichen. Die Kompetenz „Selbsteinschätzung“ ist für Mitarbeiter wichtig, um in Innovations- und Veränderungsprozessen eine eigene Standortbestimmung durchzuführen und auch selbstständig zu erkennen, in welchen Bereichen sie sich fortentwickeln müssen. Ausgehend von der Standortbestimmung, können kompetente Mitarbeiter, die über eine hohe „Entwicklungs- und Lernfähigkeit“ verfügen, sich möglichst selbstständig das Wissen und die Kompetenzen für neue Anforderungen aneignen. „Offenheit für Veränderung und Innovationsfreudigkeit“ bei Mitarbeiten führt dazu, dass Veränderungen mitgetragen und mitgestaltet werden.

Durch das Kompetenzfeld ***Kooperation & Führung*** kommt zum Ausdruck, dass die Fähigkeiten der Organisation nicht durch die Leistung von Einzelnen entstehen, sondern durch das Zusammenwirken vieler Einzelpersonen und Teams. Die beiden Kernkompetenzen „Verfahrenskombination in der Werkstoffbehandlung“ und „technische Vertriebskompetenz und weltweite Kundenproblemlösungsprozesse“ können nur durch die Zusammenarbeit vieler verschiedener Abteilungen entstehen (z. B. Produktion, Produktentwicklung und weltweiter technischer Vertrieb) und systematisch weiterentwickelt werden. Die Gestaltung dieser Zusammenarbeit wird in den Kompetenzen „Team- und Kooperationsfähigkeit“, „zielorientiertes Führen“ und „Delegieren“ beschrieben. Um die Prozesse weltweit gestalten zu können, wird zunehmend „interkulturelle Kompetenz“ benötigt. Kompetente Führungskräfte unterstützen und fördern ihre Mitarbeiter, um gegenwärtigen und zukünftigen Anforderungen gerecht zu werden (Kompetenz „Mitarbeiterförderung“). Die

[65] Der folgende Abschnitt wurde in vereinfachter Form in die vom Autor erstellte Schulungsdokumentation des Unternehmens aufgenommen.

besonderen Aufgaben des höheren Managements bei der Verknüpfung der einzelnen Unternehmensteile und der Sicherung der zukünftigen Wettbewerbspositionen werden in der Kompetenz „Strategische Visions- und Integrationskraft“ abgebildet.

<table>
<tr>
<td rowspan="3">Entwicklung und Veränderung
• Entwicklungs- u. Lernfähigkeit
• Selbsteinschätzung
• Offenheit für Veränderung u. Innovationsfreudigkeit</td>
<td>Kooperation & Führung
• Kooperations- und Kommunikationsfähigkeit
• zielorientiertes Führen
• Mitarbeiterförderung
• Delegieren
• Strategische Integrationskraft und Visionskraft
• Interkulturelle Kompetenz</td>
</tr>
<tr>
<td>Verantwortung & Problemlösung
• Gestaltungswille und Verantwortungsübernahme
• Eigeninitiative und Impulsgeben
• Experimentierfreude und Risikobereitschaft
• Problemlösungsfähigkeit
• Ergebnisorientiertes Handeln
• Zuverlässigkeit, Belastbarkeit und Einsatzbereitschaft</td>
</tr>
<tr>
<td>Methodenkompetenz
• Analytische Fähigkeiten
• Planungsverhalten, Projektemanagement und strategische Orientierung</td>
</tr>
<tr>
<td colspan="2">Arbeitsplatzbezogene Fachkompetenzen
Wird für die einzelnen Jobfamilien und Stellen ergänzt.</td>
</tr>
</table>

Abbildung 22: Kompetenzmodell mit Bezug zu Dynamic Capabilities (Beispiel)

Um technologische Prozesse, den Kundenkontakt oder Veränderungsprozesse zu gestalten, müssen Mitarbeiter zunehmend selbstständig Verantwortung übernehmen (Kompetenz „Gestaltungswille und Verantwortungsübernahme“). Dies wird im Kompetenzfeld ***„Verantwortung und Problemlösung“*** abgebildet. Insbesondere bei technologischen und organisationalen Veränderungen sollen sie „Eigeninitiative“ zeigen und Impulse in ihren Organisationseinheiten (Teams, Abteilungen) setzen (Kompetenz „Eigeninitiative und Impulsgeben“). Vorgehensweisen und Prozesse sind in den Köpfen von Führungskräften und Mitarbeitern häufig so stark verankert, dass sie gar nicht mehr hinterfragt werden. Um das Unternehmen systematisch weiterzuentwickeln, sollte aber jeder einzelne in gewissen Grenzen auch experimentieren, unkonventionell vorgehen und Risiken eingehen (Kompetenz „Experimentierfreude und Risikobereitschaft“). Diese Kompetenz bezieht sich hauptsächlich auf die dynamischen Fähigkeiten des Unternehmens. Diese dienen aber wiederum auch dazu, die bestehenden Stärken (Kernkompetenzen) fortzuentwickeln.

Die Kompetenz „Problemlösungsfähigkeit“ bezieht sich sowohl auf die Lösung von Problemen für Menschen (siehe dazu die Kernkompetenz „technische Vertriebskompetenz und weltweite Kundenproblemlösungsprozesse“) bzw. im Umgang mit ihnen als auch auf die Handhabung von technischen Herausforderungen. Um die bestehenden „Stärken“ der Organisation effizient nutzen zu können, ist in hohem Maße „ergebnisorientiertes Handeln“ und „Zuverlässigkeit, Belastbarkeit und Einsatzbereitschaft“ notwendig. Eine besondere „Belastbarkeit“ und „Einsatzbereitschaft“ ist allerdings auch im Rahmen der dynamischen organisationalen „Fähigkeit zur systematischen Anpassung und Veränderung des Unternehmens“ unbedingt erforderlich.

Prozesse im technologischen Bereich, Kundenkontakte und Veränderungsprojekte müssen geplant werden, um größtmögliche Effizienz zu gewährleisten („Planungsverhalten und strategische Orientierung“). „Analytische Fähigkeiten“ sind sowohl die Grundlage für das Finden von Fehlern und Störungen und damit für die effiziente Nutzung bestehender „Stärken“ der Organisation als auch für das Aufspüren von Möglichkeiten für Innovationen. Das Kompetenzfeld ***Methodenkompetenz*** orientiert sich an der „Fach- und Methodenkompetenz“ des Kompetenzatlasses (Heyse, 2010). Die Kompetenz „Fachwissen“ wurde für die einzelnen Jobfamilien und Stellen ergänzt. Da dieses Wissen allerdings unternehmensspezifisch ist, wird an dieser Stelle auf eine Darstellung und Diskussion verzichtet.

7 Fallstudienbetrachtung II: Lernen und Dynamic Capabilities[66]

Im Mittelpunkt dieser Arbeit steht die Verknüpfung von individuellen und organisationalen Kompetenzen. Nachdem in Kapitel 6.1 die Ansatzpunkte für die Verknüpfung auf Seiten der organisationalen Kompetenzen herausgearbeitet wurden und in 6.2 die Bedeutung der einzelnen individuellen Kompetenzen für die Förderung organisationaler Kompetenzen, sollen nun die Prozesse zur Verknüpfung zwischen individueller und organisationaler Kompetenz dargestellt werden. Wie in Kapitel 2.3.2 erläutert, kann unterschieden werden zwischen struktureller Ambidextrie (Hobus & Busch, 2011; O'Reilly III & Tushman, 2004), die vor allem durch das Prinzip der räumlichen Trennung zwischen Exploitations- und Explorations-Bereichen erreicht wird, und kontextueller Ambidextrie (Birkinshaw & Gibson, 2004), bei der ein Kontext gestaltet wird, in dem eine Organisationseinheit oder ein Individuum Exploitations- und Explorations-Aufgaben parallel übernimmt (Konlechner & Güttel, 2009). Güttel et al. (2011) zeigen, dass die beiden Formen in einem Unternehmen grundsätzlich kombiniert werden können. Anhand einer Fallstudie wird im Folgenden gezeigt, wie diese Kombination umgesetzt werden kann und welche Gestaltungsmaßnahmen die beiden Formen jeweils unterstützen (siehe Abbildung 23).

Eine herausgehobene Bedeutung zur Gestaltung von struktureller Ambidextrie wird dem Top-Management-Team zugeschrieben, das eine gemeinsame Vision für das Unternehmen schaffen soll und für den Wissensaustausch zwischen Exploitations- und Explorations-Bereichen sorgt (Birkinshaw & Gibson, 2004; Konlechner & Güttel, 2009; O'Reilly III & Tushman, 2008). Raisch et al. (2008) zeigen in einer Literaturanalyse allerdings auf, dass eine Verknüpfung zwischen Exploitations- und Explorations-Bereichen auch durch „parallele Strukturen" (S. 390) erfolgen kann. Während in der Primärstruktur das operative Geschäft beziehungsweise Exploitations-Aufgaben bewältigt werden, findet im Rahmen einer sekundären Struktur in Netzwerken und Projektteams eine Zusammenarbeit zwischen Explorations- und Explorations-Bereichen statt, um Explorations-Aufgaben voranzutreiben. Diese zweite Forschungstradition wird aufgegriffen und es wird im Rahmen dieser Fallstudie gezeigt, dass die Verknüpfung zusätzlich über Netzwerke, Projekte und eine gemeinsame Personalentwicklung erfolgen kann.

In kontextueller Ambidextrie werden die Entscheidungen über die Verteilung der zeitlichen Ressourcen weitgehend entweder von den Mitarbeitern selbst oder deren Vorgesetzten getroffen (Birkinshaw & Gibson, 2004, S. 50). Das Unternehmen kann allerdings durch Initiativen zur Gestaltung einer bestimmten Unternehmens- und Führungskultur und den Einsatz von Human Ressource Management Instrumenten (Güttel & Konlechner, 2009;

[66] Zentrale Gedanken dieses Kapitels sowie einzelne Textstellen sind in modifizierter Form in den Konferenzbeiträgen Renzl, Rost und Kaschube (2011) und Renzl, Rost und Kaschube (2012), den Zeitschriftenbeiträgen Renzl, Rost und Kaschube (2013 a) und Renzl, Rost und Kaschube (2013 b) und in dem Buchbeitrag Rost, Renzl und Kaschube (2014) enthalten. Die in diesem Sinne relevanten Textabschnitte beziehen sich auf die Fallstudienbetrachtung, die auf der Untersuchung des Autors der vorliegenden Dissertation beruht. Die Textabschnitte wurden von ihm verfasst.

Konlechner & Güttel, 2009) einen Rahmen für diese Entscheidungsprozesse (Birkinshaw & Gibson, 2004) setzen.

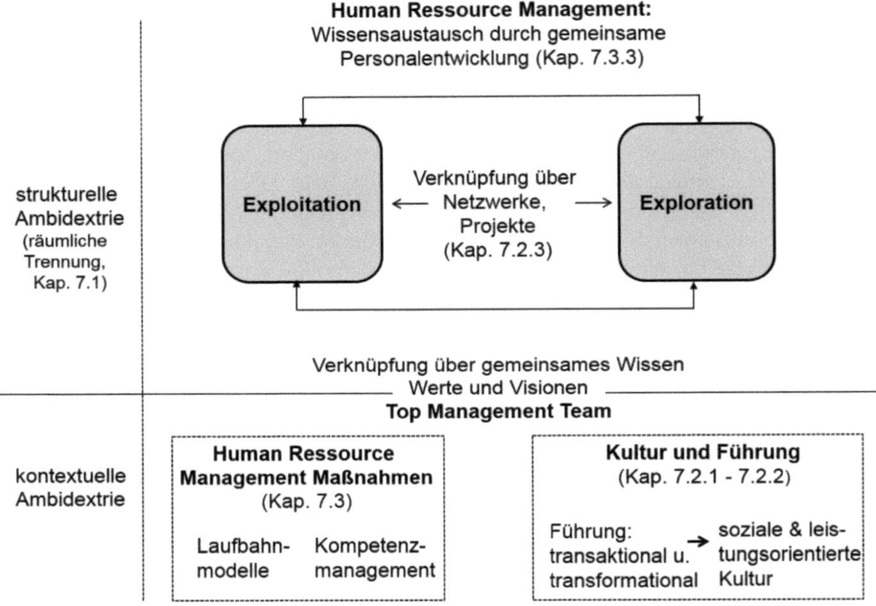

Abbildung 23: Kombination struktureller und kontextueller Ambidextrie[67]

Aufgrund der psychologischen Ausrichtung dieser Arbeit folgt die Gliederung der folgenden Unterkapitel nicht nach Maßnahmen zur Förderung struktureller und kontextueller Ambidextrie. Stattdessen werden die Gestaltungsmöglichkeiten zur Struktur, zum Verhalten von Mitarbeitern (Unternehmenskultur, Führung, Netzwerke) und im Human Ressource Management jeweils unter dem Aspekt der beiden Lernmodi (March, 1991) betrachtet.

Im Rahmen dieser Teiluntersuchung werden folgende Forschungsfragen gestellt:

3.1 Wie und inwieweit können strukturelle und kontextuelle Ambidextrie in einem Unternehmen sinnvoll kombiniert werden?

3.2 Wie können Organisationsstrukturen gestaltet werden, um Ambidextrie zu fördern?

---

[67] Als vereinfachte Graphik enthalten in Renzl, Rost und Kaschube (2013 a, S. 87).

3.3 Wie und in welcher Hinsicht sollte das Verhalten der Mitarbeiter beeinflusst werden, um Ambidextrie zu fördern? Welche Bedeutung kommen dabei dem Management von Kultur und Werten, dem psychologischen Vertrag, dem Führungsstil und der Netzwerkbildung zu?

3.4 Wie kann Ambidextrie durch Human Ressource Management Maßnahmen gefördert werden? Welche Funktionen haben dabei die Personalabteilung, Mitarbeiterjahresgespräche, die Laufbahnentwicklung, Schulungssysteme und Anreizsysteme?

7.1 Zentralisierung und räumliche Trennung[68]

Die erste Möglichkeit zur Handhabung des Konflikts zwischen Exploitation und Exploration stellt die Entwicklung von räumlich getrennten Strukturen für beide Lernmodi dar. Diese Variante wird in der Literatur als strukturelle Ambidextrie bezeichnet (Birkinshaw & Gibson, 2004). Sie steht damit im Gegensatz zu den Gestaltungsherausforderungen im Rahmen der zweiten Möglichkeit, der kontextuellen Ambidextrie, in der sowohl Exploitation als auch Exploration in einer Organisationseinheit oder von einem Individuum bearbeitet werden (Birkinshaw & Gibson, 2004; Konlechner & Güttel, 2009). Strukturelle Ambidextrie bedeutet allerdings nicht, dass die beiden Lernmodi grundsätzlich getrennt werden. Die Verknüpfung findet nur nicht auf individueller Ebene oder auf der Ebene der Organisationseinheit statt, sondern wird insbesondere vom Top-Management-Team geleistet. Eine Verknüpfung ist notwendig, damit exploriertes Wissen im Unternehmen auch genutzt werden kann (Konlechner & Güttel, 2009; O'Reilly III & Tushman, 2008).

Die angesprochene Trennung und Verknüpfung zwischen Exploitation und Exploration fand in dem Unternehmen aus der Fallstudie auf verschiedenen Ebenen statt. Im Mutterunternehmen wurde über die letzten Jahrzehnte hinweg ein breites Spektrum an Technologien und Verfahren zur Bearbeitung von Stahl aufgebaut. Die Stärke des Unternehmens bestand insbesondere darin, diese Verfahren flexibel zu kombinieren. Für die Entwicklung von innovativen Lösungen gewannen allerdings zunehmend andere Werkstoffe eine hohe Bedeutung. Für die Arbeit mit diesen wurde ein Tochterunternehmen in Deutschland gegründet. Ein weiteres Tochterunternehmen in Deutschland wurde gegründet, um die eigenen Halbfertigprodukte unter Einsatz neuer Technologien in innovativer Weise weiterzuverarbeiten und auf diese Weise die eigene Wertschöpfungskette zu verlängern. Durch diese Konzentration des Stammwerkes auf die Nutzung und Weiterentwicklung der bisherigen Technologien und die Gründung neuer Standorte für neue Technologien konnten Konflikte zwischen Exploitation und Exploration vermieden werden. Damit ging das Unternehmen ähnlich vor wie beispielsweise die Mercedes-Benz AG bei der Einführung des Smarts Ende der 1990er-Jahre. Dabei war die neuartige Fertigungsorganisation für diese neue Fahrzeugreihe ebenfalls strukturell abgetrennt worden (Konlechner & Güttel, 2009).

[68] Der Abschnitt entspricht inhaltlich weitgehend Renzl, Rost und Kaschube (2011, S. 14 f.) und Renzl, Rost und Kaschube (2013a, S. 85 f.).

Innerhalb des Stammwerkes wurde strukturelle Ambidextrie im Laufe der Entwicklungsgeschichte zudem durch die Ausdifferenzierung der Funktionen verwirklicht. So wurde zunächst eine eigene Abteilung für Produktentwicklung von der Produktion abgetrennt und immer weiter ausgebaut. In einem zweiten Schritt wurde eine Unterabteilung für Forschung & Entwicklung geschaffen, die die Freiheit und die Ressourcen bekam, auch unabhängig von den bestehenden Technologien und aktuellen Kundenanforderungen nach neuen Lösungen und Möglichkeiten zu suchen (Hobus & Busch, 2011).

Allerdings müssen trotz aller Freiheiten für Explorations-Bereiche deren Forschungsergebnisse im Unternehmen auch genutzt werden können. Dafür dürfen sich diese Bereiche inhaltlich nicht zu weit vom Stammgeschäft entfernen und sollten bei ihrer Entwicklungstätigkeit auf Ressourcen und Wissen der Exploitations-Bereiche Zugriff haben. Eine Verknüpfung der Bereiche ist folglich trotz der Vorteile durch die Trennung unabdingbar. Diese Verknüpfungsfunktion übernimmt klassischerweise das Top-Management-Team (O'Reilly III & Tushman, 2008). In der Literatur finden sich allerdings auch Hinweise, dass diese Funktion der Verknüpfung von weiteren Einheiten unterstützt werden sollte (Güttel et al., 2011). Im Folgenden wird an diese Überlegungen angeknüpft und aufgezeigt, welchen Beitrag das Verhalten zentraler Mitarbeitergruppen (siehe Kap. 7.2) und Human Ressource Management Praktiken leisten können.

7.2 Verhalten von Mitarbeitern und Ambidextrie

7.2.1 Unternehmenskultur und psychologische Verträge

Die Unternehmenskultur ist sowohl für die Verwirklichung von struktureller als auch von kontextueller Ambidextrie von zentraler Bedeutung. Während bei der strukturellen Ambidextrie die für die Zusammenarbeit in einer Organisation notwendigen Gemeinsamkeiten betont werden können (Raisch & Birkinshaw, 2008), ist für die Arbeit unter den Bedingungen von kontextueller Ambidextrie eine Unternehmenskultur förderlich, in der das gegenseitige Vertrauen betont wird (Güttel & Konlechner, 2009).

Struktureller Ambidextrie und Unternehmenskultur: Verknüpfungen durch das Top-Management-Team: Gemeinsames Wissen, Visionen und Werte[69]

Eine Verknüpfung von Exploitations- und Explorations-Bereichen durch gemeinsamen Visionen ermöglicht es Unternehmen, Ressourcen und Wissen gemeinsam zu nutzen und sich dadurch Wettbewerbsvorteile zu erarbeiten. Diese Verknüpfungsfunktion übernimmt nach der vorherrschenden Meinung in der Literatur das Top-Management-Team (Hobus & Busch, 2011; Konlechner & Güttel, 2009; Raisch & Birkinshaw, 2008). Diese Moderation und Wissensverteilung durch das Top-Management-Team war auch im Unternehmen aus der Fallstudie zu finden. Geprägt wurde dieses Team durch die Beziehung zur Gründerfamilie. Es formierte sich um den Hauptgesellschafter aus der Gründerfamilie, der die Funktion des Geschäftsführers innehatte. Durch seine direkte oder indirekte Einbindung

[69] Abschnitt ist in modifizierter Form enthalten in Renzl, Rost und Kaschube (2011, S. 17) sowie in Renzl, Rost und Kaschube (2013 a, 90-91).

in alle größeren Projekte im Unternehmen flossen alle Informationen bei ihm zusammen. Seine Detailkenntnisse in vielen technischen und operativen Themen ermöglichte es ihm, den Wissensaustauch im Top-Management-Team zu organisieren. Die Einbindung der weiteren Hierarchieebenen vom Abteilungsleiter bis hin zu den Meistern in der Produktion gelang aber offenbar vor allem durch seine Beziehungsfähigkeit und seine offene, wertschätzende Art, mit deren Problemen umzugehen (O-1-7; Rost, 2005).

Die Gründerfamilie und insbesondere ihr geschäftsführendes Mitglied prägte durch ihre starke Präsenz maßgeblich die Bildung gemeinsamer Werte, Visionen und eines „Wir"-Gefühls (W-1; W-2). Aufgrund der im Rahmen des Wachstums und der Internationalisierung des Unternehmens zunehmenden Verteilung der Mitarbeiter auf mehrere Standorte und Länder wurde diese Vermittlung der Werte aber zunehmend schwieriger. Um die gemeinsamen Werte dennoch zu erhalten und zeitgemäß zu interpretieren, wurde ein Leitbild formuliert. Den Kern dieses Leitbildes bildete die Beschreibung einer auf gegenseitige Unterstützung ausgerichteten und dabei leistungsorientierten Kultur der innovativen technologischen Entwicklung sowie der Gemeinsamkeiten innerhalb der Unternehmensgruppe. Diese Leitlinien sollten insbesondere zukünftigen Mitgliedern des oberen Managements in der Holding und in den einzelnen Tochterunternehmen, die nicht mehr durch den „Geist" der Gründerfamilie sozialisiert wurden, Orientierung geben. So sollte beispielsweise nach Aussage eines Mitglieds des Top-Management-Teams sichergestellt werden, dass diese soziale zugleich leistungsorientierte Kultur auch für die ausländischen Tochterunternehmen und Joint-Ventures angestrebt wird, denn schlechte bzw. unmenschliche Arbeitsbedingungen in den Tochterunternehmen in den Schwellenländern, wie teilweise bei den Konkurrenten und ortsansässigen Kooperationspartnern üblich, seien mit den Werten des Unternehmens unvereinbar. Dadurch könne die Unternehmenskultur und die „Seele" (O-2) des gesamten Unternehmens beschädigt werden. Die für strukturelle Ambidextrie wichtigen Unterschiede zwischen den verschiedenen Organisationseinheiten mit Schwerpunkt auf Exploitation und auf Exploration bzw. die Subkulturen (Konlechner & Güttel, 2009) konnten trotz dieser Betonung der Gemeinsamkeiten in der Untersuchung festgestellt werden.

Kontextuelle Ambidextrie und Unternehmenskultur[70]

In kontextueller Ambidextrie hingegen ist diese Verknüpfung zwischen Exploitations- und Explorations-Bereichen nicht notwendig. Die Mitarbeiter bearbeiten Aufgaben und Projekte aus beiden Bereichen und müssen zumindest teilweise selbst entscheiden, wie sie ihre Ressourcen einsetzen. Die zentrale Möglichkeit zur Steuerung ist die Gestaltung der Unternehmenskultur. Diese Kultur soll Lernen auf allen Ebenen (Individuum, Team und Organisation) fördern. Dafür sind gegenseitige Unterstützung, Vertrauen und eine ausgeprägte Lern- und Fehlerkultur notwendig. Sofern diese sozialen Komponenten fehlen, führt dies häufig zu hoher Fluktuation und erschwert damit die Bildung von kontextueller

[70] Kapitel ist in modifizierter Form enthalten in Renzl, Rost und Kaschube (2011, S. 17) sowie in Renzl, Rost und Kaschube (2013 a, 89 f.).

Ambidextrie. Aber auch hohe Leistungsanreize und Disziplin sind wesentliche Einflussfaktoren für deren erfolgreiche Entwicklung (Birkinshaw & Gibson, 2004: 51; Konlechner & Güttel, 2009). Dies zeigte sich auch in der vorliegenden Fallstudie. Das Leitbild enthielt insbesondere die Themen einer sozialen und leistungsorientierten Unternehmenskultur, Kooperation und Loyalität.

Das Unternehmen zeichnete sich dadurch aus, dass die meisten Mitarbeiter nach Eintritt bis zu ihrem Ruhestand dort arbeiteten (W-3). Dadurch konnten sich langfristige Netzwerkbeziehungen zwischen Mitarbeitern aus unterschiedlichen Bereichen herausbilden (siehe Kapitel 7.2.3), die Mitarbeiter langfristig in Laufbahnen auf bestimmte Stellen hin entwickelt werden und gemeinsame Werte entstehen. Um die dargestellten Elemente der Kultur lebendig zu halten, wurden verschiedene Projekte gestartet. Zum einen wurden die Werte durch den Leitbildprozess noch einmal explizit kommuniziert. Zum anderen wurden übergreifende Prozesse der Planung und Steuerung, die sowohl für Exploitation als auch für Exploration von hoher Bedeutung waren, ausgearbeitet, dokumentiert und ihre strategische Bedeutung den Mitarbeitern vermittelt (Dok-37; W-1).

Im Folgenden wird die angesprochene Loyalität und ihre Entwicklung und Erhaltung im Rahmen des psychologischen Vertrages (Rousseau & Wade-Benzoni, 1994) diskutiert. Wie bereits in Kapitel 6.2 dargestellt, hatte Loyalität im Partnerunternehmen eine hohe Bedeutung für den langfristigen Erwerb und die Sicherung von Erfahrungswissen. Einige der befragten Führungskräfte sahen eine längerfristige Bindung und eine hohe Einsatzbereitschaft für die Interessen des Unternehmens als Selbstverständlichkeit an (D-4; D-12). Das Unternehmen förderte dieses Verhalten der Mitarbeiter durch langfristige Beschäftigungsverhältnisse. Für Mitarbeiter, die die ihnen übertragenen Aufgaben nicht mehr in ausreichendem Maße erfüllen konnten, wurden, soweit möglich, neue Beschäftigungsmöglichkeiten innerhalb des Unternehmens gesucht (W-3). Langfristige Bindung ist das erste Merkmal von relationalen psychologischen Verträgen (Rousseau & Wade-Benzoni, 1994). Bei dieser Vertragsform ist der Verbleib im Unternehmen zudem nicht oder nur sehr eingeschränkt an die Erbringung einer bestimmten Leistung gebunden (Rousseau & Wade-Benzoni, 1994). Hinzu kommt eine hohe Ausprägung des Commitments (Marr & Fliaster, 2003; Rousseau, 1995). Im Unternehmen lagen sowohl vor dem Restrukturierungsprozess bei der Mitarbeiterbefragung 2004 als auch während des Restrukturierungsprozesses im Jahr 2010 starke Ausprägungen von organisationalem Commitment vor, wie Mitarbeiterbefragungen von 2004 und 2010 zeigen.[71] Damit sind die zentralen Kriterien des relationalen psychologischen Vertrages nach Rousseau (1995) erfüllt.

Die Interviewaussagen belegen (D-3, 302-318; D-12, Z. 83-99; D-23, Z. 222-238), dass diese langfristige Bindung es erst ermöglichte, dass die Mitarbeiter sehr unternehmensspezifisches, seltenes und wertvolles Wissen beziehungsweise entsprechende Fähigkei-

[71] Auf eine Darstellung der Mittelwerte aus der Befragung wird verzichtet.

ten (Barney, 1991) entwickelten, die sich auf die der Kernkompetenz „Verfahrenskombination“ zugrundeliegenden Technologien bezogen. Zudem führte diese Bindung bei den Mitarbeitern zu einer gewissen „Leidensfähigkeit“ (D-12, Z. 76) und zur Bereitschaft, Veränderungen mitzutragen (D-32; Z. 208-213). Die grundlegende Überzeugung, möglichst keine Mitarbeiter zu kündigen, dürfte allerdings auch die Möglichkeit einschränken, die Humanressourcen (Barney, 1991) an neue Aufgaben anzupassen. Auch die Möglichkeit, neues Wissen aus der Umwelt im Sinne der Dynamic Capability Absorptive Capacity (Zahra & George, 2002) aufzunehmen und für das Unternehmen nutzbar zu machen, scheint dadurch begrenzt zu werden. Im vorliegenden Fall konnten diese Nachteile teilweise durch hohes Wachstum und die Bildung von neuen Stellen in der Holding ausgeglichen werden. So wurden für das Rechnungswesen und Controlling mehrere Mitarbeiter angeworben, die zuvor in international tätigen Großunternehmen gearbeitet hatten, um ihr Wissen für den Aufbau eigener Konzernstrukturen nutzbar zu machen (D-1). Im technischen Vertrieb wurde in den letzten zehn Jahren dem Wissen der Bewerber über die entsprechenden Technologien ein zunehmend höherer Stellenwert beigemessen (O-3). Der relationale psychologische Vertrag scheint in dieser Fallstudie sowohl die Nutzung bestehender Kernkompetenzen im Sinne von Exploitation als auch Dynamic Capabilities beziehungsweise Exploration zu unterstützen. Grundsätzlich dürfte er allerdings auch Probleme für Exploration bergen.

7.2.2 Führungsverhalten und Führungsstil und Ambidextrie

Im Rahmen der ersten Interviews zu den organisationalen Kompetenzen konnte kein einheitlicher Führungsstil im Unternehmen festgestellt werden (siehe insbesondere O-1). Allerdings deuteten die hohe Bedeutung von Zielen und das auf Exploitation ausgerichtete Vergütungssystem auf eine Dominanz des transaktionalen Führungsstils hin (O-1 bis O-7; Rost, 2005)[72]. Die Delphi 1 Befragung, in der nach dem Ist-Zustand von erfolgreichem Führungsverhalten im Unternehmen gefragt wurde, ergab jedoch, dass zum Befragungszeitpunkt (März 2011) zusätzlich zu der erwarteten Dominanz von transaktionalem Führungsverhalten in allen Bereichen auch Elemente des transformationalen Führungsstils als ideales Führungsverhalten angesehen wurden.

Als Elemente, die eher auf die Bedeutung des transformationalen Führungsstiles nach Bass (1990) und Neuberger (2002) schließen lassen, können Verhaltensweisen wie „vertraut seinen Mitarbeitern und fördert ihre Selbstständigkeit“[73], „ist kritikfähig und übernimmt Verantwortung für eigene Fehler“ sowie die Orientierung „im Handeln am Leitbild“, durch das Visionen vermittelt werden, angesehen werden. Die angesprochene Kritikfähigkeit und die Übernahme von Verantwortung können der Selbstreflexionsfähigkeit zugeordnet werden, die eine wesentliche Voraussetzung auf Seiten der Führungskraft für transformationales Führen darstellt (siehe dazu Busch & Hobus, 2012, S. 34).

---

[72] Dies zeigte sich auch in zahlreichen informellen Gesprächen mit der Personalabteilung.

[73] Die dargestellten Aussagen wurden inhaltsanalytisch jeweils aus mehreren Interviews zusammengefasst.

In Delphi 2 wurde ein direkter Zusammenhang zwischen Führung und Ambidextrie erfragt. Als Führungskraft müsse man demnach neue Ideen zulassen und im Erfolgsfall dafür sorgen, dass aus ihnen wieder Standards entstehen (D-24). Freiräume für Kreativität sind in diesem sehr stark durch die operativen Abläufe geprägten Unternehmen offenbar vor allem dann möglich, wenn die Arbeitsabläufe hochstandardisiert sind (D-34). Gefahren für die Effizienz dieser operativen Abläufe ergeben sich nach Ansicht der Führungskräfte durch das Gewähren dieser Freiräume kaum.[74] Führungskräfte sollten nach Ansicht einiger Interviewpartner dennoch neben der Förderung von neuen Ideen und dem Experimentieren „Leitplanken" setzen, damit die Mitarbeiter wüssten, in welchen Bereichen sie sich frei bewegen könnten. Zudem müssten Führungskräfte Mitarbeitern mit neuen Ideen zuhören (D-13) und die Nutzung des Ideenmanagements fördern (D-24). Der Lernmodus Exploration kann neben den bereits genannten Freiräumen (D-19) vor allem durch die Ermunterung der Mitarbeiter zur Wissensteilung im Rahmen der Förderung (D-5) sowie eine intensive Information über Veränderungen (D-5) unterstützt werden. Exploitation und der Erhalt der Kernkompetenzen werden durch die Weitergabe des dahinterliegenden Wissens von den älteren Führungskräften an die jüngeren (D-5; D-8) gefördert. Zudem müsste Vertrauen aufgebaut und zur Meldung von Fehlern animiert werden (D-7). Fehler würden vor allem dann von den Mitarbeitern gemeldet und es würde an ihrer Abstellung mitgearbeitet, wenn die Mitarbeiter auch über kleinere Neuerungen wie beispielsweise neue Maschinen intensiv informiert würden (D-28).

Da sowohl Führungskräfte aus Bereichen mit dem Arbeitsschwerpunkt Exploitation als auch Exploration Situationen mit Explorations-Bezug sowie die Anwendung von transformationalem Führungsverhalten schilderten, kann davon ausgegangen werden, dass in allen Bereichen des Unternehmen eine Kombination des transaktionalen und transformationalen Führungsverhaltens sinnvoll war und die beiden Lernmodi Exploitation und Exploration fördert.[75] Ein wesentlicher Grund dafür dürfte darin liegen, dass nicht nur die Mitarbeiter der Abteilungen F & E sowie Produktentwicklung an Explorationsprozessen teilnahmen. Mitarbeiter aus vielen Abteilungen waren über ihre regelmäßigen Arbeitsbeziehungen zur Abteilung Produktentwicklung[76] neben ihren an Exploitation orientierten Aufgaben auch in Explorations-Prozesse eingebunden bzw. leisteten Beiträge zu diesen. Umgekehrt brachten sich die Mitarbeiter aus der Abteilung Produktentwicklung auch in Exploitations-Prozesse ein. In vielen Unternehmensbereichen arbeiteten folglich Mitarbeiter unter den Bedingungen von kontextueller Ambidextrie. Da Effizienz in Exploitations-Prozessen durch transformationales Führungsverhalten nach Ansicht der Befragten nicht gefährdet wurde und transaktionales Führungsverhalten im Unternehmen wie dargestellt ohnehin etabliert war (O-1 bis O-7), stellte sich die Frage, welchen zusätzlichen Beitrag transformationales Führungsverhalten im Unternehmen tatsächlich leistete. Seine Anwendung kann gemäß der Literatur Exploration fördern (Jansen et al., 2009; Nemanich &

[74] Siehe dazu die Diskussion zu eigenverantwortlichem Handeln in Kapitel 7.3.2.

[75] Die folgenden Abschnitte des Kapitels 7.2.2 sind in modifizierter Form enthalten in Renzl, Rost und Kaschube (2013b, S. 265-267).

[76] Siehe dazu die Analyse der Beziehungen der Mitarbeiter der Produktentwicklung 7.2.3.

Vera, 2009; Vera & Crossan, 2004). Insbesondere für die Entfaltung der Mitarbeiter, die unter den angesprochenen Bedingungen von kontextueller Ambidextrie arbeiten, ist eine lernorientierte Unternehmenskultur förderlich, die zudem hohe Leistungsanreize bietet (Birkinshaw & Gibson, 2004, S. 51). Aber auch für Mitarbeiter, deren Arbeit sich ausschließlich auf Exploitations-Prozesse bezog, erschien der transformationale Führungsstil im Rahmen des laufenden Veränderungsprozesses im Unternehmen hilfreich zu sein. Diese Erkenntnis findet sich auch in anderen Studien bzw. in der Literatur wieder. Demnach können durch transformationales Führungshandeln Ängste in Situationen mit hoher Unsicherheit reduziert, Widerstände bei Mitarbeitern abgebaut und ihre Bereitschaft, neue Routinen anzunehmen, erhöht werden (Nemanich & Vera, 2009; Vera & Crossan, 2004).

Im Folgenden wird mit den Daten aus der quantitativen Befragung (siehe Kapitel 5.3.4) untersucht, inwieweit transformationales Führungsverhalten die beschriebenen Faktoren beeinflusst. Mit einer multiplen linearen Regression wird gezeigt, ob transformationales Führungsverhalten zusätzlich zur „allgemeinen Mitarbeiter-Vorgesetzten-Beziehung" und zum „transaktionalen Führungsstil" für die abhängigen Variablen "Lernen und persönliche Entwicklung" der Mitarbeiter, „soziale und leistungsfördernde Kultur", „Zufriedenheit mit dem Restrukturierungsprozess" und „keine Angst vor Arbeitsplatzverlust" Varianz erklärt.

In einem ersten Schritt wurden dabei die „allgemeine Mitarbeiter-Vorgesetzten-Beziehung" und der „transaktionale Führungsstil" in das Modell eingebracht. Sie erklärten signifikant Varianz für alle abhängigen Variablen. Transformationales Führungsverhalten wurde in einem zweiten Schritt in das Modell eingebracht. Es erklärte signifikant Varianz zu den abhängigen Variablen „Lernen und persönliche Entwicklung" (0,041 Veränderung in R-Quadrat), „soziale und leistungsfördernde Kultur" (0,041 Veränderung in R-Quadrat) und „Zufriedenheit mit dem Restrukturierungsprozess" (0,018 Veränderung in R-Quadrat), nicht aber zur Variablen „keine Angst vor Arbeitsplatzverlust" (siehe Tabelle 40).

Transformationales Führungsverhalten kann folglich nach den Ergebnissen im Gesamtunternehmen das Lernen und die persönlichen Entwicklung der Mitarbeiter sowie eine soziale und leistungsfördernde Unternehmenskultur unterstützen. Diese beiden Variablen sind sehr wichtig für Exploration und kontextuelle Ambidextrie (Birkinshaw & Gibson, 2004, S. 51). Auch auf die „Zufriedenheit mit dem Restrukturierungsprozess" wirkte sich der transformationale Führungsstil analog zu der Studie von Nemanich und Vera (2009) positiv aus. Die fehlende Signifikanz für die Variable „Angst vor Arbeitsplatzverlust" dürfte vor allem dadurch zu begründen sein, dass diese Angst aufgrund der guten Auftragslage zum Zeitpunkt der Befragung im Unternehmen sehr gering war.[77]

[77] D.h. dass es in den Interviews, Workshops und zahlreichen informellen Gesprächen fast keine Hinweise auf Angst vor dem Arbeitsplatzverlust gab.

abhängige Variablen	korrigiertes R-Quadrat (erster Schritt)	korrigiertes R-Quadrat (zweiter Schritt)	Veränderung in R-Quadrat	β für transformationale Führung	F-Wert für die Gesamtgleichung
Lernen und persönliche Entwicklung	,295	0,335	0,041	0,404**	97,96**
Soziale und leistungsfördernde Kultur	,388	,433	0,045	0,423**	126,13**
Zufriedenheit mit dem Restrukturierungsprozess	,060	0,078	0,018	0,269**	31,04**
keine Angst vor Arbeitsplatzverlust	,076	0,078	0,002	0,116 n.s.	5,80 n.s.

Tabelle 40: Regressionsmodell: Einfluss von transaktionaler und transformationaler Führung auf die Mitarbeiter.[78] **p < 0,01; n.s.=nicht signifikant; erster Schritt = transaktionale Führung und "Führer-Geführten-Beziehung"; zweiter Schritt = transformationale Führung;. β = standardisierter Beta-Wert

7.2.3 Netzwerkbildung und Ambidextrie[79]

Als weitere Möglichkeit zur Verknüpfung von Exploitations- und Explorations-Bereichen könnten Netzwerkbeziehungen geeignet sein (siehe dazu Kapitel 2.5.4.2). Deshalb wurde im Rahmen der Studie eine Netzwerkanalyse durchgeführt. Als ein zentraler Knotenpunkt konnte die Abteilung Produktentwicklung identifiziert werden.

Sie bildete folglich zusätzlich zum in der Literatur diskutierten Top-Management-Team (Birkhinshaw & Gibson, 2004; Konlechner & Güttel, 2009; O'Reilly III & Tushman, 2008) eine weitere Institution der Verknüpfung und Wissensverteilung. Einerseits entwickeln die Mitarbeiter dieser Abteilung selbst neue Produkte und Technologien und arbeiten eng mit der Abteilung F & E zusammen, andererseits waren deren Mitarbeiter aber auch zentrale Ansprechpartner für Abteilungen wie Produktion, Konstruktion, technischer Vertrieb und externe Kunden (O-3, O-4). Außerdem fand ein intensiver Austausch zwischen den Abteilungen der Produktentwicklung in den einzelnen Tochterunternehmen statt, der die Verbindung des Einsatzes „alter" und neuer Technologien zu neuen Produkten förderte. Um dieses Beziehungsnetz zu pflegen, zeigen Mitarbeiter insbesondere folgende Verhaltensweisen:[80] Sie unterhalten neben den formellen auch informelle Kontakte und tauschen dabei Informationen mit allen Bereichen aus. Partnern werden aktiv regelmäßig Statusberichte über die eigenen Projekte zur Verfügung gestellt und es wird zu den eigenen Mitarbeitern ein angemessenes Verhältnis von Nähe und Distanz gefunden.

[78] Tabelle in modifizierter Form enthalten in Renzl, Rost und Kaschube (2013 b, S. 266).

[79] Siehe dazu in Kurzfassung auch Renzl, Rost und Kaschube (2011, S. 16) sowie Renzl, Rost und Kaschube (2013 a, S. 88).

[80] Auswertung der Führungssituationen aus Delphi 1.

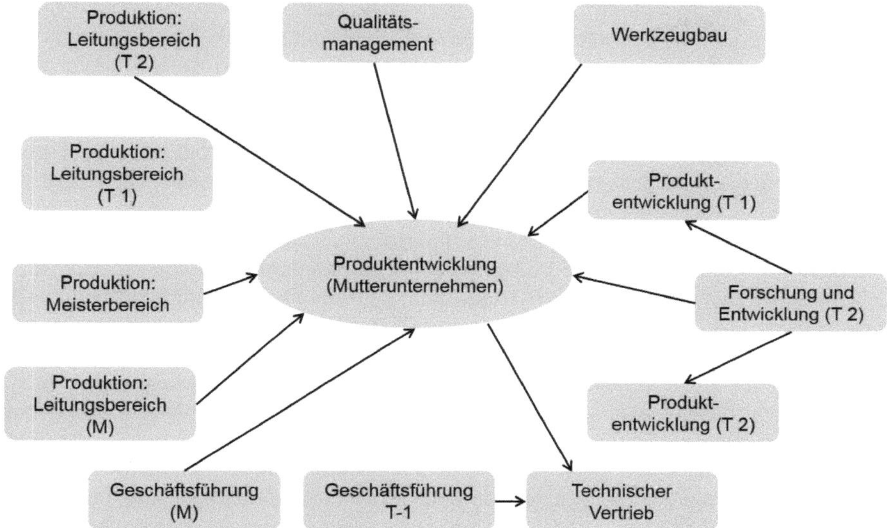

Abbildung 24: Beziehungen der Produktentwicklungsabteilung. M=Konzernmutterunternehmen, T 1=Tochterunternehmen 1, T 2=Tochterunternehmen 2

7.3 Human Ressource Management zur Unterstützung von Dynamic Capabilities

7.3.1 Aufgaben der Personalabteilung

Der Personalabteilung kommen sowohl im Rahmen der Gestaltung von struktureller als auch von kontextueller Ambidextrie Aufgaben zu.

Verknüpfungsfunktion im Rahmen der strukturellen Ambidextrie[81]

Wie in Kapitel 7.2.1 gezeigt wurde, kann die Unternehmenskultur unter den Bedingungen von struktureller Ambidextrie die Verknüpfung von Exploitations- und Explorations-Bereichen und dadurch zusätzlich zum Top Management Team den Wissenstransfer zwischen diesen Bereichen begünstigen. Im folgenden Abschnitte wird untersucht, inwieweit diese Integrationsleistung auch durch zentrale Serviceeinrichtungen wie Rechnungswesen, Informationstechnologie und Human Resources (HR) hergestellt werden kann. Aufgrund der Ausrichtung der Arbeit wird dies exemplarisch am Bereich Personalentwicklung gezeigt. Derartig hoch spezialisierte Organisationseinheiten bilden sich gemäß dem Entwicklungsmodell von Güttel et al. (2011) heraus, wenn Unternehmen von der Phase der kontextuellen in die der strukturellen Ambidextrie übergehen. In dem Unternehmen aus der Fallstudie führte zunächst die starke Wachstumsphase ab Ende der 1980er Jahre zu

[81] Der folgende Abschnitt ist in modifizierter Form enthalten in Renzl, Rost und Kaschube (2011, S. 15 f.) sowie in Renzl, Rost und Kaschube (2013a, S. 88).

einer derartigen Ausdifferenzierung der Verwaltung. Dabei übernahm das Mutterunternehmen eine Lenkungsfunktion und einige Zentralfunktionen für die Tochterunternehmen. Diese Ausdifferenzierung wurde in dem ab 2009 durchgeführten Restrukturierungsprozess fortgesetzt. In diesem wurden die Tochterunternehmen und einige Zentralfunktionen wie beispielsweise die weltweite Personalentwicklung unter einer gemeinsamen Konzernholding angesiedelt. Die Interviews (Delphi 1 und 2) zeigten, dass dadurch eine Verknüpfung auf Ebene der Tochterunternehmen sowie zwischen den verschiedenen Bereichen der jeweiligen Tochterunternehmen gefördert beziehungsweise weiter ausgebaut werden sollte. Zentrale HR Programme wie ein Managemententwicklungsprogramm hatten bereits in der Vergangenheit dazu beigetragen, dass Führungskräfte aus Abteilungen mit Schwerpunkt auf Exploitation (z. B. Produktion) gemeinsam mit Führungskräften aus Bereichen mit Fokus auf Exploration lernten, ihre Persönlichkeit fortzuentwickeln und bereichsübergreifende Netzwerke aufzubauen. Dadurch trug die Personalentwicklung ähnlich wie in der konzeptionellen Studie von Lackner et al. (2011) zum Austausch und zum Empfinden von Gemeinsamkeiten im Unternehmen bei. Das in dieser Arbeit beschriebene konzernweite Kompetenzmodell soll diesen Verknüpfungseffekt weiter verstärken. Es bildet auch die Grundlage für eine auf Ambidextrie ausgerichtete Laufbahnentwicklung. Wie in Kapitel 7.3.3 dargestellt wird, fanden ambidextre Laufbahnentwicklungen bei einigen Mitarbeitern bereits in der Vergangenheit statt. Die Aufgabe der Personalentwicklung könnte es nun sein, diese Form der Verknüpfung zwischen Exploitations- und Explorations-Bereichen durch entsprechende Laufbahnmodelle systematisch zu unterstützen.

Aufgaben im Rahmen der kontextuellen Ambidextrie[82]

Kontextuelle Ambidextrie bedarf einer lernorientierten Unternehmenskultur (Birkinshaw & Gibson, 2004, 51). Die Personalabteilung könnte folglich Angebote zur Weiterentwicklung der Mitarbeiter machen und das Lernen auf individueller Ebene, im Team sowie auf organisationaler Ebene durch Initiativen betonen. Eine derartige Initiative war im Unternehmen aus der Fallstudie die Entwicklung des beschriebenen Kompetenzmodells. Bei dessen Entwicklung wurde darauf geachtet, dass die meisten der ausgewählten Kompetenzen für beide Lernmodi (Exploitation und Exploration) von Bedeutung waren, wenn auch in unterschiedlich hoher Ausprägung.[83] Besonderer Wert wurde dabei auf solche Kompetenzen, wie die Meta-Kompetenzen (Briscoe & Hall, 1999; Dimitrova, 2009) oder das Konzept des eigenverantwortlichen Handelns, (Kaschube, 2006) gelegt, die es Mitarbeitern ermöglichen, an sehr unterschiedlichen Lernprozessen teilzunehmen und eigenständig Entscheidungen über den Einsatz von Ressourcen zu treffen. Dies sind insbesondere unter den Bedingungen von kontextueller Ambidextrie zentrale Anforderungen. Bereichsspezifisch ergänzt wurden die Fachkompetenzen.

---

[82] Kapitel in modifizierter Form enthalten in Renzl, Rost und Kaschube (2011, S.18) sowie Renzl, Rost & Kaschube (2013a, S. 90).

[83] Siehe zum Kompetenzmodell Kapitel 6.3 und zur Zuordnung zu Exploration und Exploitation Kapitel 6.2.2.2.

Die ausgewählten Kompetenzen wurden in einem multi-job Kompetenzmodell zusammengestellt (Mansfield, 1996). Derartige Kompetenzmodelle können die Grundlage für die Kompetenzprofile für alle Unternehmensbereiche und Stellen in einer Organisation bilden (Mansfield, 1996)(siehe Kapitel 3.3). Die geforderten Ausprägungen in den Soll-Kompetenzprofilen hingen neben weiteren Faktoren wesentlich davon ab, ob sich die Stelle in einem Exploitations- oder in einem Explorations-Bereich befand oder sich der Stelleninhaber mit den Bedingungen unter kontextueller Ambidextrie auseinandersetzen musste. Diese Spezialisierung in den Kompetenzausprägungen auf einen der beiden Lernmodi galt grundsätzlich auch für Führungskräfte. Da diese allerdings zunehmend Mitarbeiter führten, die über Projekte oder Netzwerke in beide Lernmodi eingebunden waren, sollten alle Führungskräfte ausreichend hohe Kompetenzausprägungen sowohl für Exploitations- als auch für Explorations-Bereiche haben, um kontextuelle Ambidextrie fördern zu können.

Im Folgenden wird gezeigt, wie die zentralen Kompetenzen aus dem Kompetenzmodell entwickelt werden können.

7.3.2 Entwicklung zentraler Kompetenzen

Aufbauend auf dem Kompetenzmodell, sollten aus dem vorhandenen Schulungskatalog für jede Kompetenz Schulungen und Maßnahmen vorgeschlagen werden. Auf die Darstellung muss hier verzichtet werden, da sich der Prozess zum Zeitpunkt der Erstellung dieser Arbeit noch in der Konzeptionsphase befand und der Schulungskatalog unternehmensspezifisch ist.

Die Entwicklung von Kompetenzen kann durch Schulungen allerdings nur unterstützt werden. Im Trainingskatalog zu den 64 Kompetenzen aus dem Kompetenzatlas (Heyse & Erpenbeck, 2004) werden im Wesentlichen Übungen vorgeschlagen, die sich auf Reflexionsfragen beziehen. Dadurch wird deutlich, dass der Erwerb dieser Kompetenzen von den Individuen selbst geleistet werden muss. Dies gilt insbesondere für die Entwicklung der im Rahmen dieser Fallstudie wesentlichen Kompetenzen wie der Metakompetenzen (Briscoe & Hall, 1999) und der Dimensionen von eigenverantwortlichem Handeln (Kaschube, 2006). Sie können kaum im Rahmen von Kompetenzentwicklungsprogrammen entwickelt werden. Vielmehr werden in der Literatur Maßnahmen vorgeschlagen, die sich auf den Arbeitskontext wie z. B. Führung oder die Möglichkeiten zur Reflexion beziehen (Dimitrova, 2009; Kaschube, 2006). Im Folgenden wird anhand der Fallstudie beispielhaft dargestellt, wie Metakompetenzen und eigenverantwortliches Handeln unter den Bedingungen von kontextueller Ambidextrie entwickelt werden können.

Entwicklung von Metakompetenzen in der Fallstudie[84]

Die Metakompetenz Self-Awareness kann nach Dimitrova (2009) vor allem durch Maßnahmen entwickelt werden, die „... die Reflexion bezüglich der eigenen Kompetenzen, im

---

[84] Siehe dazu in Kurzfassung auch Renzl, Rost und Kaschube (2013a, S. 91 f.).

Alleingang und im Austausch mit anderen [...] anregen ..." (S. 106). Im Unternehmen aus der Fallstudie entstanden solche Reflexionsprozesse nach Ansicht der befragten Führungskräfte vor allem durch Feedback von Vorgesetzten und Kollegen (D-11; D-12; D-23; D-32; D-33), aber auch bei der eigenständigen Reflexion von neuen Herausforderungen wie etwa beim Eintritt in das Unternehmen (D-7; D-30). Die Metakompetenz Adaptability erscheint noch weniger direkt vermittelbar zu sein als Self-Awareness. Briscoe und Hall (1999) nennen dafür die Übernahme von Aufgaben wie „[m]anaging a major change process, leading a turnaround, or launching a start-up venture ..." und "international assignments" (S. 49). Diese Aufgabenliste findet sich auch in den Ergebnissen dieser Fallstudie weitgehend wieder. Adaptability entstand insbesondere durch die Übertragung von herausfordernden Projekten und Aufgaben (Projekten zu neuen Themen) (D-7; D-10; D-17; D-18; D-24; D-28; D-30; D-32), die Übernahme von Personalverantwortung (D-7; D-9), Auslandsaufenthalte (D-32) und durch Freiräume zum Experimentieren bzw. durch Lernen von anderen (z. B. Beobachtung und Befragung von erfahrenen Kollegen) (D-8; D-16; D-17; D-20; D-24; D-27; D-28). Beide Metakompetenzbestandteile konnten nach Ansicht der Befragten gefördert werden, indem Weiterbildungsprogramme und die Übernahme von neuen Aufgaben durch Gespräche mit dem Vorgesetzten oder Paten reflektiert werden (D-7; D-9) und die Mitarbeiter durch das Aufzeigen der nächsten möglichen Karriereschritte motiviert werden (D-4; D-17; D-28).

Im Rahmen dieser Befragung konnten die Entwicklungssituationen für Self-Awareness und Adaptability nicht eindeutig voneinander getrennt werden, da die genannten Herausforderungen zur Entwicklung der Adaptability häufig zu Reflexionsprozessen führten:

„Also ein wesentlicher Schritt war sicherlich, ich war relativ lange an der Universität, also noch für die Promotion. [...] Und daraus [war es] sicherlich ein wesentlicher Schritt [...] in die Industrie zu gehen, um dann zu merken, was ist das ganze theoretische Fachwissen wert. [...] Und was ist dann in der Industrie wirklich gefordert? Das war sicher ein wesentlicher Schritt für diese Selbsteinschätzung." (D-7; Z. 224-235)

„Wir beschäftigen uns da ja auch mit völlig neuen Werkstoffen und neuen Themen, die wir jetzt noch nicht hatten, wo man aber sagt: "Jetzt schaue dir das einmal an, recherchiere einmal" und dann entwickelt sich dort auch entsprechend so ein Gefühl dafür, diese Kompetenz: Wo stehe ich jetzt und was muss ich mir noch aneignen?" (D-30; Z. 316-320)

Im Rahmen der Untersuchung bezogen sich die dargestellten Situationen aus Sicht der Organisation sowohl auf die Nutzung von bekanntem Wissen für die Gestaltung von effizienten Prozessen (beispielsweise den Aufbau einer neuartigen Maschine) im Sinne der Exploitation

„Am besten ist es, wenn man einen Mitarbeiter schon beim Aufbau einer Maschine, die für ihn totales Neuland ist, fördert. [...] Ich habe die Maschine von Grund auf aufgebaut bis zu den ersten Serienteilen [...]. [...] Wenn ich auf eine Schulung [zu der neuen Maschine] gehe, frage ich oft, ob das überhaupt sinnvoll ist, was derjenige gemacht hat, ob

das überhaupt so sein muss. Beispiel Verfahrensanweisungen, da wissen die Leute oft gar nicht, ob das wirklich so umsetzbar ist in der Produktion. Wenn jemand eine Verfahrensanweisung schreibt, denke ich mir manchmal, war der eigentlich vor Ort?" (D-26, Z. 215-226)

als auch auf die Beschäftigung mit neuen Wissensgebieten wie beispielsweise neuen Werkstoffen *(D-30; Z. 316-320)* im Sinne von Exploration. Aus Sicht des Individuums ging es bei den meisten Entwicklungssituationen zur Metakompetenz um Herausforderungen in neuen Bereichen. Für die Förderung dieser Kompetenz bieten sich damit in Explorations-Bereichen sicherlich mehr Gelegenheiten als in Exploitations-Bereichen, sie ist allerdings auch in letzteren möglich und notwendig. Kontextuelle Ambidextrie könnte insofern besonders günstige Umstände zur Entwicklung von Metakompetenzen bieten, da sich das Individuum sehr unterschiedlichen neuartigen Situationen (Steigerung der Effizienz oder Exploration) stellen muss und zudem über die Annahme der entsprechenden Herausforderungen in vielen Fällen selbstständig entscheidet (Birkinshaw & Gibson, 2004).

Förderung von eigenverantwortlichem Handeln[85]

Die Förderung von Eigenverantwortung der Mitarbeiter wurde von fast allen Befragten mit dem unmittelbaren Arbeitsprozess und der Gestaltung des Arbeitsumfeldes in Verbindung gebracht, kaum hingegen mit Förder- oder Weiterbildungsprogrammen des Unternehmens. Die Führungskräfte sollten eine Vertrauenskultur und Freiräume (D-9; D-10; D-14; D-15; D-16; D-21; D-22; D-29; D-32) für die Entwicklung von „Verantwortungsübernahme", „Eigeninitiative", „unkonventionellem Vorgehen" und „Risikobereitschaft" schaffen. Gleichzeitig muss es offenbar in der Organisation einen begrenzenden Rahmen geben, um das bestehende Geschäft beziehungsweise die Produktion nicht zu gefährden.

„... [I]nnovation passiert nur an den Grenzen. Und wenn ich an die Grenze gehe, dann [...] wenn ich vielleicht auch mal drüber gehe oder ein gewisses Risiko eingehe. Gleichzeitig müssen wir auch sicherstellen, dass wir sichere Prozesse generieren. [...] [D]as ist ein Spannungsfeld. Wir müssen uns weiterentwickeln [...] aus den vorhandenen Stärken raus (...) und gewisse Stabilität [bewahren]. Aber trotzdem das Ganze nach vorne treiben." (D-12, Z. 216-221)

Diese Aussage wurde von einem Mitarbeiter getroffen, der unter kontextueller Ambidextrie arbeitete. Wie im Folgenden gezeigt wird, sahen die meisten befragten Führungskräfte nicht die Notwendigkeit, die Mitarbeiter von zu viel eigenverantwortlichem Handeln (Kaschube, 2006) abzuhalten, sondern vielmehr die Möglichkeiten für dieses zu schaffen. Dennoch konnten sie sehr detailliert beschreiben, wie ein Rahmen abgesteckt werden

[85] Siehe dazu in Kurzfassung auch Renzl, Rost und Kaschube (2013 a, S. 92 f.).

kann, durch den für die Organisation eventuell gefährliches eigenverantwortliches Handeln (Kaschube, 2006) verhindert werden kann (D-1; D-7; D-10; D-12; D-15; D-14; D-23; D-27).

Im Zentrum der Förderung von Eigenverantwortlichem Handeln stand aber eine Vertrauenskultur, wie folgende Aussagen zeigen:

„Ich glaube, da muss man Vertrauen haben dann zu dem Mitarbeiter und ihm auch ja Verantwortung abgeben, […] es entwickelt sich ja kein eigenverantwortliches Handeln, wenn man jeden Handgriff abstimmen muss [und] der Mitarbeiter […] beim Vorgesetzten Rechenschaft ablegen muss. Also insofern brauchen wir ja einen gewissen Freiraum und – sag mal – Vertrauen oder ein bisschen Loslassen vom Vorgesetzten" (D-32, Z. 422-425).

„Entwickeln kann man es, dass man es zulässt. Das ist einmal das erste, zulassen. Und dann, auch wenn einmal etwas schief geht." (D-31, Z. 551-552).

Führungskräfte sollten den Mitarbeitern also Vertrauen und Freiräume geben und abweichende Meinungen zulassen und bewusst anhören (D-7, Z. 331-346). Auch müssen Fehler vorrübergehend in Kauf genommen werden, um den Mitarbeitern die Möglichkeit zu geben, etwas auszuprobieren. Dafür eignen sich beispielsweise herausfordernde Projekte (D-15, Z. 412-441). Die Aufgabe der Mitarbeiter ist es, selbstständig zu erkennen, in welchen Bereichen ihrer Tätigkeit sie sich Freiräume nehmen können.

Das Ausmaß der angemessenen Freiräume ist je nach Funktion unterschiedlich (D-10, Z. 316-320; D-23, Z. 537-545) und in der Produktentwicklung (D-21, Z. 530-546) deutlich größer als beispielsweise in der Produktion. Aber auch in der Produktion sollte ein derartiges Verhalten gefördert werden (D-16, Z. 341-343). Das Setzen von Meilensteinen und Absprachen könnten eine Möglichkeit darstellen, den Mitarbeitern einerseits Freiräume zu lassen und andererseits das Handeln im Interesse des Unternehmens sicherzustellen *(D-32, Z. 431-437)*. Die Grenzen des eigenverantwortlichen Handelns wurden aber offenbar in vielen Arbeitsbeziehungen bereits durch die Management-, Beurteilungs- und Vergütungssysteme bestimmt.

„Das kann man oder muss man dadurch fördern, dass man den Mitarbeitern entsprechenden Freiraum gibt, dass man führt mit Zielen, mit Kennzahlen. Ich sage es immer so: Führen mit Kennzahlen. […] Kennzahlen, die markieren ein Spielfeld. Ja? Das ist aber die Markierung am Boden und keine Bande, gegen die man rennt …." (D-9-, Z. 425-428).

Auch die zeitlichen Vorgaben und die Budgets (D- 23, Z. 468-478) begrenzten bei diesem Unternehmen das eigenverantwortliche Handeln. Die Förderung von „eigenverantwortlichem Handeln", das dem Unternehmen nützt, kann auch durch eine Personalauswahl gefördert werden, bei der man die Anzahl der „Kreative[n]" (D-23, Z. 527) begrenzt. Vor allem benötigen Mitarbeiter aber auch eine angemessene Selbsteinschätzung, um zu wissen, in welchen Bereichen sie eigenverantwortlich handeln müssen und in welchen dies schädlich sein kann *(D-31, Z. 530-534)*.

Im Rahmen der Ambidextrieforschung wurde gezeigt, dass die beschriebene Vertrauens- und Lernkultur vor allem durch den transformationalen Führungsstil unterstützt wird (Busch & Hobus, 2012; Nemanich & Vera, 2009). Der begrenzende Rahmen mit Vorgaben von klaren Absprachen und Zielen entspricht eher dem transaktionalen Führungsstil. Diese Kombination der beiden Führungsstile leitet auch Kaschube (2006) für die Förderung von eigenverantwortlichem Handeln ab.

Zusammenfassend kann festgestellt werden, dass die Möglichkeiten zur Entwicklung von eigenverantwortlichem Handeln vor allem in der Gestaltung der Organisation beziehungsweise ihres Klimas liegen. Auf Förderungsmöglichkeiten durch Trainings oder Personalauswahlverfahren gibt es hingegen kaum Hinweise. Diese Studie kommt damit zu einem ähnlichen Ergebnis wie Kaschube (2006) in seiner literaturgestützten Analyse.

7.3.3 Instrumente des Personalmanagements und ihre Funktionen

In diesem Kapitel soll nun gezeigt werden, wie durch einzelne Instrumente der Personal- und Organisationsentwicklung Dynamic Capabilities und insbesondere Ambidextrie unterstützt werden können. Im Entwicklungsgespräch sollen die bei den Mitarbeitern für die Teilnahme an Exploitations- und Explorations-Prozessen bestehenden Kompetenzlücken sowie Hinweise für das Vorliegen von Potenzial herausgearbeitet werden. In der Untersuchung zur Laufbahngestaltung wird analysiert, in welchen Karriereschritten Mitarbeiter auf Führungs- oder anspruchsvolle Fachaufgaben unter den Bedingungen von kontextueller Ambidextrie vorbereitet werden können. Bei den Anreizsystemen wird betrachtet, welche Rolle einzelne Elemente für die Förderung von Exploitation und Exploration haben können.

Entwicklungsgespräch: Kompetenz- und Potenzialeinschätzung[86]

Das Kompetenzeinschätzungs- oder Entwicklungsgespräch ist eine Form des Mitarbeitergesprächs und somit der Leistungsbeurteilung (Nerdinger, 2009; Schuler, 2007). Als Bewertungsgrundlage können sowohl vereinbarte Leistungsziele als auch die zu entwickelnden Kompetenzen herangezogen werden (Nerdinger, 2009; Schuler, 2007). Auf die Diskussion der Bewertung von entgeltrelevanten Leistungszielen wird an dieser Stelle verzichtet, da dies nicht Teil dieser Studie war. Im Folgenden wird deshalb nur auf die Einschätzung individueller Kompetenzen eingegangen und erörtert, in welchen Gesprächsabschnitten Bezüge zu den organisationalen Kompetenzen hergestellt werden können und welche Funktionen des Mitarbeitergespräches mit den einzelnen Schritten erfüllt werden sollen.[87] Die im Rahmen des strategischen Kompetenzmanagements als

---

[86] Dieses Kapitel bildet die Grundlage für das Buchkapitel Rost, Renzl und Kaschube (2014).

[87] Begleitend zur Konzeption des Entwicklungsgesprächs im Unternehmen, wurde von Warnebold (2011) eine Diplomarbeit geschrieben, in der neun Experten aus dem Bereich Personalentwicklung zu den Einsatzmöglichkeiten und

besonders relevant angenommenen Funktionen sind Feedback, Planung von Personalentwicklungsmaßnahmen und Kommunikation von gewünschten Verhaltensweisen (Schuler, 2007).

Grundlage für die Diskussion ist die Entwicklung eines Leitfadens für dieses Gespräch und die Durchführung einer Schulung (W-7). Es handelt sich folglich um Beobachtungen und Einschätzungen des Autors, die in einer Evaluationsstudie überprüft werden sollten. Das Entwicklungsgespräch ist in Anlehnung an Nerdinger (2009, S. 194) in sechs Abschnitte unterteilt (siehe Abbildung 25).

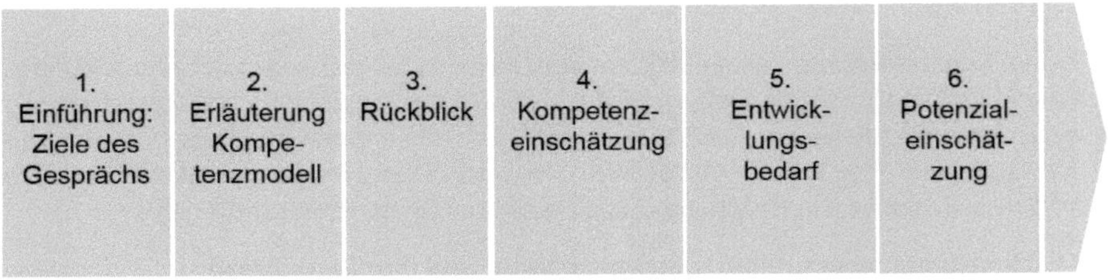

1. Einführung: Ziele des Gesprächs	2. Erläuterung Kompetenzmodell	3. Rückblick	4. Kompetenzeinschätzung	5. Entwicklungsbedarf	6. Potenzialeinschätzung

Abbildung 25: Entwicklungsgespräch mit Bezug zu den organisationalen Kompetenzen (Aufbau des Gespräches in Anlehnung an Nerdinger, 2009, S. 194)[88]

In der Einführung (1.) erläutern die Führungskräfte den Mitarbeitern noch einmal die organisationalen Kompetenzen und die Möglichkeiten der jeweiligen Abteilungen und Mitarbeiter, zu diesen Leistungsbeiträge zu erbringen. Darauf aufbauend, wird den Mitarbeitern mitgeteilt, wie die Kompetenz- und Potenzialeinschätzungen erfolgen und wie gemeinsam Entwicklungsziele und Personalentwicklungsmaßnahmen abgeleitet werden sollen. Im zweiten Abschnitt „Erläuterung des Kompetenzmodells" (2.) stellen die Führungskräfte das Kompetenzmodell und die Bedeutung der einzelnen Kompetenzfelder für die organisationalen Kompetenzen dar. Die ersten beiden Schritte dienen folglich insbesondere der Kommunikation der strategischen Ziele (in Form der Nutzung und Entwicklung der organisationalen Kompetenzen) und deren Übersetzung in individuelle Verhaltensweisen, die diese unterstützen (Schuler, 2007, S. 543). Im *„Rückblick"* (Nerdinger, 2009, S. 194) des Mitarbeitergespräches (3.) wird zunächst offen über das Verhalten des Mitarbeiters im letzten Jahr gesprochen. Dadurch kann die Führungskraft ihre vorgenommenen Kompetenzeinschätzungen noch einmal überprüfen, die sie im Gesprächsabschnitt „Mitteilung und Diskussion der Kompetenzeinschätzung" (4.) dem Mitarbeiter erläutert. In Punkt vier wird damit der Rückblick abgeschlossen und in einer Diskussion im Rahmen der *„Standortbestimmung"* (Nerdinger, 2009, S. 194) werden die Ursachen für bisher nicht gezeigte Verhaltensweisen, die im Rahmen der Arbeitstätigkeit erforderlich

Funktionsweisen von Mitarbeitergesprächen (ohne Bezug zu den organisationalen Kompetenzen) befragt wurden. Die Ergebnisse wurden als Hintergrundinformation für die Entwicklung des Entwicklungsgesprächs im Partnerunternehmen herangezogen.

[88] Ablauf des Entwicklungsgesprächs in ähnlicher Darstellungsform enthalten in Rost, Renzl und Kaschube (2014, S. 47).

sind, analysiert. Dabei wird nicht explizit auf die organisationalen Kompetenzen Bezug genommen. Diskussionsgrundlage sind die Verhaltensanker der einzelnen Kompetenzen, die sich allerdings auf die organisationalen Kompetenzen beziehen. In diesem Gesprächsabschnitt erhält der Mitarbeiter Feedback zu seinem Verhalten, das wie im Rahmen der Interviews zur Delphi-Befragung von verschiedenen Führungskräften angemerkt, die Selbsteinschätzung teilweise ausgleichen kann (siehe beispielsweise D-7, Z. 122-127). Diese Selbsteinschätzung ist insbesondere für die Entwicklung der Metakompetenzen, die für die Entwicklung von organisationalen Kompetenzen von besonderer Bedeutung sind (siehe Kapitel 6.2.1.5), wichtig. Auch in Bezug auf die Ableitung des Entwicklungsbedarfs (5.) und die Potenzialeinschätzung (6.), die die Funktion der Planung von Personalentwicklungsmaßnahmen haben (Schuler, 2007), ist der Bezug zu den organisationalen Kompetenzen hauptsächlich indirekt vorhanden und dürfte sich nur in einzelnen Erklärungen der Führungskräfte wiederfinden. Er ist allerdings sichergestellt, da der Personalentwicklungskatalog, die Laufbahngestaltung und die Potenzialanalyse mit Bezug auf die „Verknüpfung“ konstruiert wurden sollen (siehe Kapitel 8.2).

Im Rahmen des Kompetenzeinschätzungs- und -entwicklungsgespräches sollen Führungskräfte eine erste Potenzialeinschätzung vornehmen, die anschließend im Rahmen einer Potenzialanalyse durch das Human Resource Management zu überprüfen ist. Demnach sollen Kompetenzträger für die Metakompetenzen Adaptability und Self-Awareness mindestens die Stufe 3 (von vier möglichen) erreichen. Trotz der höheren Bedeutung dieser individuellen Kompetenzen für Exploration (siehe Kapitel 6.2.1.5) wurde für alle Bereiche ein einheitlicher Wert gewählt, da Potenzialkandidaten zumindest grundsätzlich sowohl an Exploitations- als auch an Explorations-Prozessen teilnehmen können sollten und auch unabhängig davon eine hohe Lerngeschwindigkeit benötigen. Mitarbeiter, denen Führungspotenzial zugeschrieben wird, sollten im Rahmen dieser Fallstudie die für Führung besonders relevanten Kompetenzen „Team- und Kooperationsfähigkeit“, „zielorientiertes Führen“ „Mitarbeiterförderung“, „Delegieren“ und „Gestaltungswille und Verantwortungsübernahme“ in Bezug auf die derzeitige Stelle bereits mindestens erfüllen. Potenzial in Bezug auf die Fachkräftelaufbahn soll anhand der Kompetenzen „analytische Fähigkeiten“, „Gestaltungswille und Verantwortungsübernahme“, „Eigeninitiative und Impulsgeben“ und „Experimentierfreude und Risikobereitschaft“ erkannt werden. Die Führungskraft soll zusätzlich anhand von einzelnen Situationen begründen, warum ein Potenzialkandidat sich in diese Richtung noch deutlich weiter entwickeln kann. Der Bezug zu Exploitation und Exploration ist grundsätzlich durch die Höhe der Kompetenzausprägungen in den einzelnen Bereichen gegeben. So wird beispielsweise zumindest grundsätzlich auf ähnlich hierarchisch angesiedelten Positionen in der Produktentwicklung eine höhere Ausprägung in „Experimentierfreude und Risikobereitschaft“ erwartet als im technischen Vertrieb oder in der Produktion.

Nachdem die Entwicklungsziele durch Mitarbeitergespräche und Potenzialanalysen ermittelt wurden, können die Mitarbeiter durch den Einsatz von Personalentwicklungsmaßnahmen darauf vorbereitet werden. Eine gezielte Laufbahngestaltung soll im Folgenden beispielhaft für derartige Maßnahmen diskutiert werden.

Laufbahngestaltung

Anhand einiger Beispiele aus den Interviews mit dem Management und der Delphi-Befragung wird im Folgenden analysiert, wie Laufbahnen mit Fokus auf Exploitation, Exploration und kontextueller Ambidextrie im Partnerunternehmen in der Vergangenheit verlaufen sind. Daraus werden Handlungsempfehlungen für die im Laufe der Einführung des Kompetenzmanagements neu gestalteten Laufbahnmodelle abgeleitet. Die Analyse der Karrierewege wird aufbauend auf dem Modell von Schein (2004) vorgenommen werden. Dies wird in Abbildung 26 dargestellt. Danach können laufbahnbezogene Bewegungen funktional (beispielsweise von der Abteilung Produktentwicklung in den Bereich Produktion), in der Hierarchie nach oben sowie von der Peripherie der Organisation (beispielsweise Produktionsstandorte mit großer räumlicher Distanz zur Zentrale und untergeordneter Bedeutung für das Gesamtunternehmen) zu Bereichen, die intensiv mit den Entscheidungsgremien der Organisation zusammenarbeiten, (siehe dazu Schein, 2004) erfolgen. Aufbauend auf den Beobachtungen in der Fallstudie, wird anhand von fünf Beispielen gezeigt, wie Laufbahnen zur Unterstützung von Ambidextrie verlaufen könnten.

Die Förderung von kontextueller Ambidextrie verläuft nach der Analyse vor allem entlang der funktionalen Bewegungen, also beispielsweise durch einen Wechsel als Mitarbeiter in der Abteilung Produktentwicklung (Fokus auf Exploration oder kontextueller Ambidextrie) hin zur Leitung einer Produktionsabteilung (siehe Laufbahn 1). Mitarbeiter mit einem derartigen Hintergrund dürften auch im Rahmen ihrer Exploitations-Funktion das Verständnis für Explorations-Prozesse behalten (D-31, Z. 43-44) und können diese Prozesse unterstützen. Durch diese funktionalen Bewegungen kann auch die gemeinsame Nutzung der Kernkompetenzen (Hamel, 1994) gefördert werden. Festgestellt wurde auch, dass Potenzialkandidaten teilweise direkt nach einer Promotion zentrale Leitungsaufgaben im Bereich F & E übernahmen und nach einigen Jahren in die Produktentwicklung wechselten (siehe Laufbahn 2, O-4, O-6). Diese Laufbahn wurde von einem Interviewpartner durch die Übernahme der Leitung eines ausländischen Produktionsstandortes und den Aufstieg in das obere Management fortgesetzt (O-6). Grundsätzlich dürfte auch eine hierarchische „Zurückstufung" auf eigenen Wunsch aus dem oberen Management zu einer Führungsaufgabe in den Bereichen F & E sowie Produktentwicklung von Neuprodukten eine ambidextre Entwicklung eines Mitarbeiters begünstigen (siehe Laufbahn 2, O-6). Im Unternehmen waren deutlich mehr Führungspositionen mit Aufgaben mit Fokus auf Exploitation vorhanden als solche mit Fokus auf Exploration. Ein Mitarbeiter zog sich deshalb auf eigenen Wunsch aus dem Top Management auf eine Position in der zweiten Führungsebene zurück, die durch Entwicklungsaufgaben geprägt war (O-6). Wie die Laufbahnen 1 und 2 beginnt Laufbahn 3 mit einer Aufgabe, die auch Explorations-Elemente enthält. Sie fängt an in einer Stabsabteilung in einem Bereich mit kontextueller Ambidextrie und endet bei der Übernahme einer Leitungsfunktion in einem ausländischen Produktionsstandort (W-2). Laufbahn 4 macht deutlich, dass gerade auch in der Produktion Meister ihre Mitarbeiter derartig förderten, dass sie in Abteilungen in kontextueller Ambidextrie wechseln konnten (D-16, Z. 175-179). Laufbahn 5a zeigt den Aufstieg innerhalb von Exploitations-Bereichen, beispielsweise in der Produktion oder im Werkzeugbau (D-15, D-24, Z. 198-

202, Dok-43). Diese Laufbahn lässt aber auch einen Wechsel in Bereiche mit kontextueller Ambidextrie zu (Laufbahn 5b).

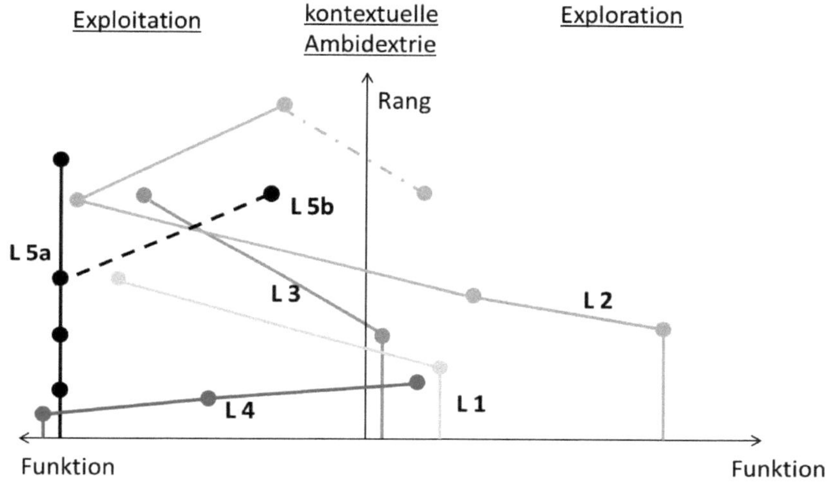

Abbildung 26: Laufbahngestaltung und Ambidextrie. Abkürzung: L= Laufbahn

Die Betrachtung der Karrierebeispiele verdeutlicht, dass in diesem technologieorientierten Unternehmen aus der Automobilzulieferindustrie Laufbahnen, die sowohl auf kontextuelle Ambidextrie vorbereiten als auch zu hierarchischem Aufstieg führen, meistens in Bereichen beginnen, deren Schwerpunkt auf der Exploration liegt. Die Beschäftigung mit aktuellen, aber auch zukünftigen Technologien scheint ihnen in der weiteren Karriere zu helfen. Allerdings stehen in diesem Bereich nur relativ wenige Führungspositionen zur Verfügung, sodass der hierarchische Aufstieg in Exploitations-Bereichen verläuft. Auf die Bewältigung der Anforderungen, die kontextuelle Ambidextrie an Mitarbeiter stellt, dürfte sich dieser Wechsel positiv auswirken. Allerdings scheint es schwierig zu sein, Mitarbeitern nach dem erfolgten hierarchischen Aufstieg angemessene Stellen für den Wechsel zurück in Explorations-Bereiche (oder solche unter kontextueller Ambidextrie) anbieten zu können. Einen Ausweg bietet zum einen die im Rahmen des Projektes neu entwickelte Fachkräftelaufbahn, die über den Expertenstatus den hierarchischen Aufstieg auch ohne Übernahme von Führungsverantwortung ermöglicht. Zum anderen erscheint die Lösung in einem neuen Verständnis von Karriere zu liegen, das diesen Begriff nicht mehr nur mit hierarchischem Aufstieg in Verbindung bringt (Gasteiger, 2007). Ein Beispiel dafür ist Laufbahn 2.

Anreizsysteme und Ideenmanagement[89]

Im Partnerunternehmen zeigt sich in den Workshops, den Einzelgesprächen mit der Personalabteilung und den Interviews zu den organisationalen Kompetenzen, dass die bestehenden Anreizsysteme vor allem die Exploitations-Prozesse unterstützen (W-1, W-2, prozessbegleitende Beobachtungen). Dies galt insbesondere für die Entgeltsysteme in den Produktionsbereichen. Dadurch wurde beispielsweise eine überzogene Risikobereitschaft verhindert. Die Kompetenzanalyse zeigt jedoch, dass eigenverantwortliches Handeln auch in Exploitations-Bereichen und -Prozessen benötigt wird und eine wesentliche Voraussetzung für Ambidextrie ist (siehe Kapitel 6.2.1.5). Deshalb sollten Anreizsysteme nicht nur auf vorab fixierte Ziele festgelegt sein, sondern auch Elemente berücksichtigen, die die Führungskraft nur beobachten kann. Zudem sollten sie einen Bezug zum Erfolg des Gesamtunternehmens haben (Kaschube, 2006, S. 138). Gemäß der Untersuchung zeigte sich, dass die auf Exploitation ausgerichteten Anreizsysteme die Gefahr einer zu starken Ausprägung von eigenverantwortlichem Handeln und von einer Konzentration auf Explorations-Prozesse verhinderten.

Die Generierung von neuen Ideen in allen Unternehmensbereichen sollte das Ideenmanagement fördern. Mit diesem Instrument sollen die Mitarbeiter angeregt werden, über ihre Aufgaben, das Arbeitsumfeld und die Prozesse, an denen sie beteiligt sind, nachzudenken und sich durch das Einreichen von Verbesserungsvorschlägen an der Weiterentwicklung des Unternehmens zu beteiligen (Bumann, 1991). Krüger und Homp (1997) sehen in kontinuierlichen Verbesserungsprozessen eine organisationale Metakompetenz, die auch als Dynamic Capability verstanden werden kann. Gemäß dieser Einordnung wäre das Ideenmanagement schwerpunktmäßig der Exploration oder den Dynamic Capabilities zuzuordnen.

Im Unternehmen aus der Fallstudie sammelte eine eigene Abteilung die Vorschläge der Mitarbeiter, koordinierte die Informationsweitergabe, unterstützte die Fachabteilungen und Bereiche bei der Umsetzung der eingereichten Ideen und organisierte die Zuteilung der Prämien für die Vorschläge. Grundsätzlich wäre diese Einheit damit geeignet, eine Verknüpfungsfunktion zwischen Exploitation und Exploration zu übernehmen. Allerdings richteten sich die Vorschläge im Rahmen des Ideenmanagements fast ausschließlich auf die Steigerung der Effizienz beziehungsweise Exploitation.

„Das geht um kleine Prozessverbesserungen, die jetzt nicht direkt in die große Entwicklung einfließen, aber die die Arbeitssicherheit erleichtern, die Ergonomie, die auch Taktzeitverkürzungen bedeuten und damit auch Kostenreduzierungen." (O-6)

Im Rahmen des Rückmeldeprozesses der Mitarbeiterbefragung 2010 gab es Überlegungen, wie das Ideenmanagement stärker auch in die Exploration eingebunden werden

[89] Einzelne Argumente des Kapitels sind enthalten in Renzl, Rost und Kaschube (2011, S. 20 f.).

könnte. Auf dieser Grundlage erscheint die Verknüpfungsfunktion des Ideenmanagements zwischen Exploitations- und Explorations-Bereichen möglich, sie konnte allerdings im Rahmen dieser Untersuchung nicht festgestellt werden.

7.3.4 Beitrag der verschiedenen Gestaltungsmaßnahmen zur Gestaltung von Ambidextrie

Abschließend werden zu dieser Fallstudienbetrachtung nun die Beiträge der verschiedenen Gestaltungsmöglichkeiten zur Herstellung von struktureller und kontextueller Ambidextrie zusammengefasst (siehe Tabelle 41 und Tabelle 42).

	Strukturelle Ambidextrie	**Kontextuelle Ambidextrie**
Strukturgestaltung (Forschungsfrage 3.2)	Räumliche Trennung, Ausdifferenzierung von Abteilungen	Exploitations- und Explorations-Aktivitäten in einer Abteilung
Verhalten von Mitarbeitern (Forschungsfrage 3.3)		
Unternehmenskultur	gemeinsame übergreifende Ziele und Visionen für das Gesamtunternehmen	Lern- und Vertrauenskultur, Leistungsnormen
Psychologischer Vertrag	Relationale psychologische Verträge fördern die langfristige Nutzung von Erfahrungswissen für Exploitations- und Explorations-Aktivitäten	
Führungsverhalten	Kombination von transaktionalem und transformationalem Führungsverhalten für beide Lernmodi notwendig	
Netzwerkbildung	Verknüpfung von Exploitation und Exploration durch das „Beziehungsnetzwerk" der Produktentwicklung	Im Rahmen der Netzwerkaktivitäten übernehmen Produktentwickler Aufgaben sowohl in Exploitations- als auch in Explorations-Bereichen. Mitarbeiter aus Exploitations-Bereichen werden durch Netzwerkaktivitäten in Explorations-Aufgaben eingebunden

Tabelle 41: Gestaltungsmöglichkeiten: Strukturelle und kontextuelle Ambidextrie I

	Strukturelle Ambidextrie	**Kontextuelle Ambidextrie**
Human Ressource Management Aktivitäten (Forschungsfrage 3.4)		
Rolle der Personalabteilung	Verknüpfung durch gemeinsame Personalentwicklung	
	Unterstützung bei der Vermittlung gemeinsamer Ziele und Visionen	Betonung von Kompetenzen, die für kontextuelle Ambidextrie notwendig sind, durch ein Kompetenzmodell
Kompetenzentwicklung	Betonung von Metakompetenzen und eigenverantwortlichem Handeln in der Kompetenzentwicklung, um viele Mitarbeiter auf die Teilnahme an kontextueller Ambidextrie vorzubereiten (Methoden: Übertragung von neuartigen Aufgaben, Führungsstilentwicklung und Kulturgestaltung) Kompetenzen in beiden Lernmodi bei struktureller Ambidextrie in unterschiedlichen Ausprägungen wichtig	
Entwicklungsgespräch	Instrument grundsätzlich geeignet, um beide Lernmodi zu kommunizieren	
Laufbahngestaltung	Ambidextre Laufbahnen beginnen häufig in Explorations-Bereichen oder solchen mit kontextueller Ambidextrie. Im weiteren Karriereverlauf findet eine Entwicklung in Richtung Exploitation statt.	
Anreizsysteme	Zentrale Anreizsysteme im Bereich der Exploitation. Das Ideenmanagement bietet Ansatzpunkte zur Verknüpfung von Exploration und Exploitation, wird aber für Exploration kaum genutzt.	

Tabelle 42. Gestaltungsmöglichkeiten: Strukturelle und kontextuelle Ambidextrie II

8 Erkenntnisgewinn aus der Fallstudie und Implikationen

8.1 Erkenntnisgewinn aus der Fallstudie sowie Ableitung von Thesen

In Tabelle 43 sind die zentralen Beiträge der Fallstudie zusammengestellt. Die Fragen konnten im Rahmen dieser Fallstudie nicht abschließend beantwortet werden, sie leisten aber wichtige Hinweise für die weitere Forschung.

1. Erarbeitung eines Entstehungsprozesses und einer Struktur für Kompetenzmodelle mit Bezug zu Dynamic Capabilities.
2. Herstellen von Beziehungen zwischen Teilen des Kompetenzatlasses (Heyse, 2010) und Dynamic Capabilities. Integration des Konzeptes der Metakompetenz (Briscoe und Hall, 1999) und des eigenverantwortlichen Handelns (Kaschube, 2006).
3. Unterlegung von Kernkompetenzen und Dynamic Capabilities mit einer umfassenden Liste von individuellen Kompetenzen.
4. Beiträge zur Analyse der Grundlagen von Dynamic Capabilities (Teece, 2007) aus organisationspsychologischer Sicht. Dabei wurde auf das Kompetenzmanagement, die Rolle der Personalabteilung, die Unternehmens- und Führungskultur, psychologische Verträge und Netzwerke eingegangen.

Tabelle 43: Erkenntnisgewinn aus der Fallstudie

Diese Erkenntnisse wurden anhand der Forschungsfragen diskutiert. Bei der vorliegenden Untersuchung handelt es sich um eine Fallstudie, in der unterschiedliche Datenerhebungsmethoden (siehe Kapitel 5) kombiniert wurden (Eisenhardt, 1989). Das Untersuchungsobjekt konnte dadurch aus verschiedenen Perspektiven betrachtet, umfangreich beschrieben und in Bezug auf die Forschungsfragen analysiert werden. Daraus wurden Erklärungen sowie Thesen abgeleitet. Diese Forschungsstrategie ist damit geeignet, weitere empirische Untersuchungen vorzubereiten. Die Aussagen können jedoch nicht generalisiert werden (Eisenhardt, 1989; Heimerl, 2007; Kromrey, 1998). In Kapitel 6 und Kapitel 7 wurde deutlich, welche empirische Methode für die Analyse des jeweiligen Themenbereiches herangezogen wurde. Während beispielsweise für die Untersuchung der Bedeutung einzelner individueller Kompetenzen Fragebögen und Interviews aus der Delphi-Befragung sowie Experteninterviews mit dem oberen Management des Unternehmens herangezogen wurden, beruht die Erkenntnisse zum Prozess der Kompetenzmodellierung auf einer Prozessbeschreibung. Den einzelnen Ergebnissen kommt damit eine unterschiedliche Aussagekraft zu.

8.1.1 Forschungsfragen 1: Prozess der Kompetenzmodellierung

Der erste Block der Forschungsfragen bezog sich auf die Verknüpfung von individuellen und organisationalen Kompetenzen im Prozess der Kompetenzmodellierung.

Forschungsfrage 1.1: Welche Ansatzpunkte bieten Ressourcen und organisationale Kompetenzen für die Verknüpfung von individuellen und organisationalen Kompetenzen?

Forschungsfrage 1.2: Wie muss der Prozess der Kompetenzmodellierung gestaltet werden, um Dynamic Capabilities zu unterstützen?

Forschungsfrage 1.3: Wie sollte ein Kompetenzmodell aufgebaut sein, um Dynamic Capabilities zu unterstützen?

Im Rahmen der Analyse ergaben sich folgende **Ansatzpunkte für die Verknüpfung** der individuellen und organisationalen Ebene (Forschungsfrage 1): Über die Analyse der zentralen Ressourcen konnten die für den langfristigen Erfolg wesentlichen Mitarbeitergruppen identifiziert und im Kompetenzmodell in besonderer Weise berücksichtigt werden. Die Analyse des organisationalen Regelsystems (Frank & Lueger, 1995; Güttel, 2006) bot die Möglichkeit zu analysieren, ob eine Kultur vorliegt, die Ambidextrie fördert. Durch die organisationsspezifische Operationalisierung der Kernkompetenzen nach Prahalad und Hamel (1990) bot sich im Gegensatz zur abstrakten Operationalisierung von Schreyögg und Kliesch (2003) oder Wilkens, Keller und Schmette (2006) die Möglichkeit, anhand der Kriterien für Kernkompetenzen (siehe Kapitel 2.2.2) zu prüfen, ob sie tatsächlich wertvoll, selten und schwer zu imitieren sowie nicht zu substituieren sind. Darüber hinaus war es möglich, zwischen einer kontinuierlichen Weiterentwicklung dieser Kompetenzen und der Entwicklung von neuen zu unterscheiden.

In der Fallstudie wurde zur Verknüpfung von individuellen und organisationalen Kompetenzen kein vollständig neues Modell entwickelt. Die Verknüpfung zwischen individueller und organisationaler Kompetenz wurde aber theoriegeleitet beleuchtet und die Fallstudie bot eine umfassende Prozessbeschreibung, die bisher in dieser Form fehlte. Green (1999) bietet zwar eine praxisorientierte Prozessbeschreibung zur Verknüpfung von individuellen Kompetenzen und organisationalen Kernkompetenzen. Diese Fallstudie diente dazu, den **Verknüpfungsprozess im Rahmen der Kompetenzmodellierung** vor dem Hintergrund der Theorie erneut zu beleuchten und vor allem das empirische Vorgehen (Kap. 5) detailliert zu beschreiben. Herausgestellt ist dabei die Darstellung des Prozesses (siehe Kapitel 5.3). Die Kombination von Experteninterviews und einer zweistufigen Delphi-Befragung konnte als geeignet angesehen werden, um sowohl den organisationalen Kontext als auch das erfolgsrelevante Verhalten der Mitarbeiter ausreichend zu erfassen. Zudem ging der dargestellte Ansatz durch die Integration der Konzepte Dynamic Capabilities und Ambidextrie über bestehende Ansätze deutlich hinaus. Der Ansatz von Sprafke et al. (2011) enthält zwar organisationale und individuelle Dynamic Capabilities, allerdings keine Kernkompetenzen, die gegenwärtige Wettbewerbsvorteile abbilden. Zudem sind die individuellen Kompetenzen nicht nach den in der psychologischen Kompetenzforschung verwendeten Kompetenzklassen (Erpenbeck & von Rosenstiel, 2007a) gegliedert, was die Anschlussfähigkeit zu dieser Forschungstradition erschwert.

Für die **Kompetenzmodellierung** (Forschungsfrage 2) wurde ein Hybridansatz nach Briscoe und Hall (1999) gewählt. Durch die Orientierung an den organisationalen Kompetenzen fand eine strategiebasierte Vorgehensweise statt. Um jedoch die organisationsspezifischen erfolgsrelevanten Verhaltensweisen zu erfassen, wurde diese aber mit einer forschungsbasierten Vorgehensweise kombiniert. Da Einstellungen Teil der organisationalen Kompetenzen sind (Hinterhuber & Stuhec, 1997), wurde der werteorientierte Ansatz der Kompetenzmodellierung (Briscoe & Hall, 1999) mit einbezogen. Trotz der sehr unterschiedlichen Mitarbeitergruppen und Bereiche mit Fokus auf Exploitation oder Exploration konnte ein multi-job Kompetenzmodell (Mansfield, 1996) eingesetzt werden. Es konnte einen gemeinsamen Rahmen für die Gestaltung von Ambidextrie bilden (Raisch & Birkinshaw, 2008). Die Analyse ergab, dass die meisten Kompetenzen sowohl in Exploitations-Bereichen als auch für die Unterstützung von Exploration benötigt werden, nur in unterschiedlich starken Ausprägungen. Die Inhalte des Kompetenzmodells wurden anhand der folgenden Forschungsfragen diskutiert.

Es werden folgende Thesen aufgestellt:

These 1: *Um individuelle und organisationale Kompetenzen in einem Kompetenzmodellierungsprozess zu verknüpfen, sollten der forschungs-, der strategie- sowie der wertebasierte Ansatz kombiniert werden.*

These 2: *Kompetenzmodelle können von den Mitarbeitern als integrierender Rahmen für die Verknüpfung von Exploitations- und Explorations-Bereichen wahrgenommen werden.*

8.1.2 Forschungsfragen 2: Bedeutung einzelner Kompetenzen für die Entstehung von organisationalen Kompetenzen

Forschungsfrage 2.1: Welche Bedeutung und Funktion haben die Kompetenzklassen (soziale, fachlich-methodische, personale sowie aktivitäts- und handlungsorientierte Kompetenzen) für die bestehenden Kernkompetenzen und für Dynamic Capabilities?

Forschungsfrage 2.2: Welche Bedeutung haben Metakompetenzen für Dynamic Capabilities?

Forschungsfrage 2.3: Welche Bedeutung hat eigenverantwortliches Handeln für organisationale Kompetenzen, insbesondere Ambidextrie?

Die folgenden forschungsleitenden Annahmen wurden dazu aufgestellt:

- Eigenverantwortliches Handeln (EVH) (Kaschube, 2006) ist besonders wichtig für Explorations-Prozesse, kann aber eine Gefahr für Exploitations-Prozesse sein!
- Eigenverantwortliches Handeln ermöglicht das verantwortliche Abwägen zwischen einer Hinwendung zu Aufgaben mit Schwerpunkt auf Exploration und solchen mit Schwerpunkt auf Exploitation!

Als zentralen Erkenntnisgewinn sieht der Autor der Arbeit die **Erstellung einer strategisch orientierten Kompetenzliste** an. Sie orientiert sich in ihrem Aufbau an dem Kompetenzatlas (Heyse & Erpenbeck, 2004; Heyse, 2010). Der Erkenntnisgewinn liegt darin, dass für einen Teil der dort dargestellten Kompetenzen die Bedeutung für die verschiedenen organisationalen Kompetenzen (Kernkompetenzen, Dynamic Capabilities, Ambidextrie) erläutert wird (siehe Kapitel 6.2.1). Diese Liste bezieht sich nicht nur auf das im Rahmen der Ambidextrieforschung als besonders erfolgsrelevant angesehene Top-Management-Team (O'Reilly III & Tushman, 2008), sondern grundsätzlich auf alle Mitarbeitergruppen. Im Folgenden werden zentrale Aspekte der Bedeutung der Kompetenzklassen und Kompetenzen aus der psychologischen Kompetenzforschung (Erpenbeck & von Rosenstiel, 2007a; Heyse & Erpenbeck, 2004) für die organisationalen Kompetenzen zusammengefasst.

Market-access Kernkompetenzen werden, wie von Meynhardt (2007) beschrieben, auf individueller Ebene durch soziale Kompetenzen unterstützt. Die schwere Imitierbarkeit entsteht gemäß der Fallstudie aber nicht durch „Beziehungsmanagement“ und einen kooperativen Umgang mit dem Kunden oder im Unternehmen alleine. Von zentraler Bedeutung sind auch sehr spezifisches „Fachwissen“ über die Technologien, um dies dem Kunden vermitteln zu können und ausgeprägte Fähigkeiten im „Projektmanagement“, um an internen Projekten mitwirken zu können. Zusätzlich stellen „Belastbarkeit“ sowie „ergebnisorientiertes Handeln und zielorientiertes Führen“ offenbar Selbstverständlichkeiten für den erfolgreichen Marktzugang dar.

Functional-related Kernkompetenzen wurden in der Fallstudie ebenfalls wie von Meynhardt (2007) diskutiert auf individueller Ebene in hohem Maße durch Fach- und Methodenkompetenzen unterstützt. Da die Kernkompetenz „Verfahrenskombination in der Werkstoffbehandlung“ sowohl als Beispiel für eine functional-related als auch für eine integrity-related Kernkompetenz verwendet wurde, hätte den Aktivitäts- und Handlungskompetenzen nach Meynhardt (2007) ebenfalls eine sehr hohe Bedeutung zukommen müssen. Die Analyse der Kompetenzsituationen (siehe Kapitel 6.2.1 und 6.2.2.1) zeigte allerdings, dass für diese beiden Kernkompetenzarten aus der Fallstudie auch die sozialen Kompetenzen eine zentrale Grundlage waren. In Anbetracht des Konzeptes von Kernkompetenzen, in denen Ressourcen kombiniert und gebündelt werden sollen (Prahalad & Hamel, 1990; Schreyögg & Kliesch, 2003), ist dies insbesondere dann zu erklären, wenn Humanressourcen im Rahmen der Kernkompetenzen dabei eine besondere Bedeutung zukommt. Aus der Klasse der Aktivitäts- und Handlungskompetenzen benötigen Individuen insbesondere „ergebnisorientiertes Handeln und zielorientiertes Führen“, um gemeinsame Ziele zu verfolgen und abgestimmt etwas zu gestalten. Wertvolle und durch Entwicklung einzigartige Humanressourcen (Barney, 1991) setzen auf Ebene der Führungskräfte die Kompetenz „Mitarbeiterförderung“ voraus. Für eine langfristige Nutzung der Humanressourcen in Bereichen, in denen einzelne Personen wettbewerbsrelevantes Wissen erlangen, ist „Loyalität“ von hoher Bedeutung.

Aufbauend auf diesen Überlegungen, wird folgende These aufgestellt:

These 3: *Um die Kernkompetenzen zu unterstützen, benötigen Mitarbeiter ein breites Spektrum an sozialen Kompetenzen sowie Fach- und Methodenkompetenzen.*

In Kompetenzmodellen sind diese Kompetenzklassen je nach Art der organisationalen Kernkompetenz durch einzelne Kompetenzen aus den beiden Klassen „personale Kompetenz“ sowie Aktivitäts- und Handlungskompetenz zu ergänzen. Allgemeine Führungskompetenzen wie „Mitarbeiterförderung“ und „Delegieren“ werden zudem unabhängig von den organisationalen Kompetenzen benötigt. Für die Weiterentwicklung von bestehenden Technologien, die Anpassung an neue Prozesse und Maschinen oder die Nutzung der Kernkompetenzen auf unterschiedlichen Märkten (Prahalad & Hamel 1990) sollten die Mitarbeiter zudem mindestens mittlere Ausprägungen (im Rahmen eines Kompetenzeinschätzungssystems) in den Metakompetenzen Adaptability und Self-Awareness (Briscoe & Hall, 1999; Dimitrova, 2009) haben. Für die einzelnen Mitarbeiter kann auch die Nutzung von bestehenden organisationalen Kompetenzen in hohem Maße zu neuartigen Situationen führen.

Die **Dynamic Capabilities** werden im Gegensatz zu den bestehenden Kernkompetenzen insbesondere durch die Aktivitäts- und Handlungskompetenzen unterstützt. Für die Teilnahme an Restrukturierungsprozessen benötigen die Mitarbeiter die Kompetenzen „Gestaltungswille“ (A/P), „Verantwortungsübernahme“ (Kaschube, 2006) beziehungsweise „Verantwortungsbewusstsein“ (A/S), „ergebnisorientiertes Handeln (A/F), „zielorientiertes Führen“ (A/F), „Belastbarkeit“ (A/P). Der Kompetenzblock „Experimentierfreude, Risikobereitschaft und Unkonventionalität“ zählte in dieser Untersuchung zu den sozialen Kompetenzen. Da die Interviewpartner allerdings insbesondere die „Risikobereitschaft“ (A/P) betonten, kann diese, beziehungsweise die Bestandteile „Risikobereitschaft“ und „Unkonventionalität“, auch den Aktivitäts- und Handlungskompetenzen zugeordnet werden. Von den personalen Kompetenzen kam „Offenheit für Veränderung und Innovationsfreudigkeit“ eine besondere Bedeutung zu, wobei „Innovationsfreudigkeit“ (A/P) eine Aktivitäts- und Handlungskompetenz ist. Da organisationaler Wandel in der Regel auch Veränderungen auf der individuellen Ebene erfordert, werden zudem die beiden Metakompetenzen (Briscoe & Hall, 1999) benötigt.

Auch für **Explorations-Prozesse** werden insbesondere Aktivitäts- und Handlungskompetenzen wie „Eigeninitiative“ (A/P), „Risikobereitschaft“ (A/P) und „Innovationsfreudigkeit (A/P) sowie „Unkonventionalität“ als Dimension von eigenverantwortlichem Handeln (Kaschube, 2006) benötigt. Zudem sind „Offenheit für Veränderung“ (P/A) und die beiden sozialen Kompetenzen „Experimentierfreude“ (S/A) und „Anpassungsfähigkeit“ (S) sowie die beiden Metakompetenzen wichtig. Relativ eindeutig der **Exploitation** zuzuordnen waren die Kompetenzen „Zuverlässigkeit“, „Einsatzbereitschaft“, „Belastbarkeit“, „Kundenorientierung“, „Konzeptionsstärke“ und „systematisch-methodisches Vorgehen“. Die meisten Kompetenzen, insbesondere die sozialen, werden in beiden Bereichen oder zur Verknüpfung der beiden Bereiche benötigt.

Hohe Ausprägungen in den Metakompetenzen **Adaptability und Self-Awareness** (Briscoe & Hall, 1999; Dimitrova, 2009) sind für Mitarbeiter bei der Bewältigung von Explorations-Aktivitäten sehr hilfreich, aber auch für die Mitarbeit an Veränderungen in Exploitations-Bereichen, wie die Einführung von neuen Prozessen (siehe Kapitel 6.2.1.5, 6.2.2.3 und 6.2.2.2).

Aus dem Konstrukt **eigenverantwortliches Handeln** (Kaschube, 2006) setzen Mitarbeiter die Dimensionen „Eigeninitiative“, „Risikobereitschaft“ und „Unkonventionalität“ ein, um neues Wissen zu generieren oder neue Wege zu erschließen. Hohe Ausprägungen in der Dimension „Verantwortungsübernahme“ hilft Mitarbeitern, Innovations- und Veränderungsprozesse auch umzusetzen. Wenn Mitarbeiter hohe Ausprägungen in Metakompetenzen und eigenverantwortlichem Handeln haben, stellt der Konflikt zwischen Exploitation und Exploration im Rahmen der kontextuellen Ambidextrie für das Unternehmen ein begrenztes Risiko dar. Es wird deshalb angenommen, dass sich ein signifikanter Zusammenhang zwischen der Leistungsbewertung unter den Bedingungen von kontextueller Ambidextrie und den Ausprägungen in den Dimensionen von eigenverantwortlichem Handeln ergibt.

Aus der Fallstudie konnten keine eindeutigen Bezüge zwischen Dynamic Capabilities und einzelnen Kompetenzklassen (Erpenbeck & von Rosenstiel, 2007a; Heyse & Erpenbeck, 2004) geschlossen werden. Wie aus der psychologischen Kompetenzforschung zu erwarten war (Heyse & Erpenbeck, 2002), benötigen Personen auch für die organisationalen Prozesse und Verhaltensweisen, die den Dynamic Capabilities zugrunde liegen, Kompetenzen aus unterschiedlichen Kompetenzklassen. Allerdings ist zwar zu erkennen, dass den Aktivitäts- und Handlungskompetenzen sowie den Metakompetenzen eine besondere Bedeutung für die Unterstützung der Explorations- und Restrukturierungsprozesse im Sinne der Dynamic Capabilities zukommt. Wie bereits von Birkinshaw und Gibson (2004) abgeleitet, benötigen Mitarbeiter unter den Bedingungen von kontextueller Ambidextrie hohe Ausprägungen in einem breiten Spektrum an Kompetenzen. Dies zeigt auch diese Fallstudie. Aufbauend auf den Tendenzen, werden aber dennoch folgende Thesen abgeleitet:

These 4: *Um die Exploration und Veränderungsfähigkeit im Sinne der Dynamic Capabilities in einem Unternehmen sicherzustellen, sollten die zentralen Mitarbeitergruppen hohe Ausprägungen in den „Aktivitäts- und Handlungskompetenzen“ haben.*

Als zentrale Mitarbeitergruppen sind insbesondere das Top-Management-Team (O'Reilly III & Tushman, 2008) und die Abteilung Produktentwicklung (Teece, 2007) anzusehen, die genaue Festlegung muss jedoch organisationsspezifisch erfolgen.

These 5: *Metakompetenzen werden sowohl in Explorations- als auch in Exploitations-Bereichen benötigt. In Explorations-Bereichen sind höhere Ausprägungen dieser Kompetenzen notwendig als in Exploitations-Bereichen.*

These 6: *Das Ausmaß der Ausprägungen in den Dimensionen von „eigenverantwortlichem Handeln“ (Verantwortungsübernahme, Eigeninitiative, Risikobereitschaft und Unkonventionalität) korreliert signifikant mit den Leistungsbeiträgen, die Mitarbeiter unter den Bedingungen von kontextueller Ambidextrie erbringen.*

Als Leistungsbeiträge in diesem Kontext könnten insbesondere die Förderung von sowohl Innovation als auch Effizienz (March, 1991) gewertet werden. Als überdurchschnittliche Leistung sollte nur eine derartige Aufgabenerledigung angesehen werden, die den Anforderungen der Explorations- und der Exploitations-Prozesse gerecht wird. Besondere Leistungen in einem Bereich bei Vernachlässigung des anderen sollten in einem derartigen System als unterdurchschnittliche Zielerreichung gewertet werden.

These 7: *Sofern Mitarbeiter hohe Ausprägungen in „Self-Awareness“ und der EVH-Dimension „Verantwortungsübernahme“ haben, stellen starke „Eigeninitiative“ und hohe „Risikobereitschaft“ in Exploitations-Bereichen keine Gefahr dar.*

8.1.3 Forschungsfragen 3: Lernen und Dynamic Capabilities

Hintergrund für die Fallstudienbetrachtung II in Kapitel 7 waren folgende vier Forschungsfragen:

Forschungsfrage 3.1: Wie und inwieweit können strukturelle und kontextuelle Ambidextrie in einem Unternehmen sinnvoll kombiniert werden?

Forschungsfrage 3.2: Wie können Organisationsstrukturen gestaltet werden, um Ambidextrie zu fördern?

Forschungsfrage 3.3: Welche Bedeutung kommt dem Management von Kultur und Werten, dem psychologischen Vertrag, dem Führungsstil und der Netzwerkbildung zu?

Forschungsfrage 3.4: Wie kann Ambidextrie durch Human Ressource Management Maßnahmen gefördert werden? Welche Funktionen haben dabei die Personalabteilung, Mitarbeiterjahresgespräche, die Laufbahnentwicklung, Schulungssysteme und Anreizsysteme?

Forschungsfrage 3.1 bildet den übergeordneten Rahmen für die Forschungsfragen 3.2 bis 3.4. Güttel et al. (2011) zeigen in einer theoretischen Analyse auf, wie die beiden unterschiedlichen Formen der strukturellen und kontextuellen Ambidextrie kombiniert werden können. Dabei weisen sie auch auf verschiedene Möglichkeiten der Verknüpfung zwischen Exploitations- und Explorations-Bereichen hin. Der Erkenntnisgewinn dieser Fallstudie liegt darin, eine Möglichkeit der Kombination von struktureller und kontextueller Ambidextrie anhand eines Fallbeispiels ausführlich zu beschreiben sowie neue Möglichkeiten der Verknüpfung hinzuzufügen.

In Bezug auf Forschungsfrage 3.2 konnte anhand eines familiengeführten Unternehmens aus der Automobilzulieferindustrie gezeigt werden, wie strukturelle Ambidextrie sowohl auf der Unternehmensebene als auch in Bezug auf Abteilungen innerhalb eines Werkes sinnvoll gestaltet werden kann. Sowohl für die Erschließung neuer Technologien als auch für die Nutzung bestehender Technologien in neuen Auslandsmärkten wurden Tochterunternehmen und Joint-Ventures gegründet, die unter dem Dach einer gemeinsamen Konzernholding angesiedelt wurden. Auf Abteilungsebene fand eine Ausdifferenzierung in die Abteilungen Produktentwicklung, F & E sowie technischer Vertrieb statt. Zudem gab es eigene Produktentwicklungsabteilungen in den Tochterunternehmen, die für die Erschließung neuer Technologien zuständig waren. Die Konzernholding sowie das Wirken der Besitzerfamilie im Unternehmen bildeten einen gemeinsamen Bezugsrahmen (Raisch & Birkinshaw, 2008) für die Integration der verschiedenen Unternehmensteile. Diese Verknüpfungen wurden ausführlich anhand der Forschungsfragen 3.3 und 3.4 diskutiert. Der Beitrag der Strukturbetrachtung zum Forschungsfeld der Ambidextrie muss allerdings als sehr begrenzt angesehen werden. Die Unternehmensstruktur bildete vor allem den Ausgangspunkt, um das Handeln von einzelnen Individuen und ihre Interaktionen verstehen zu können.

Anhand der Forschungsfrage 3.3 wurde die Bedeutung der Unternehmenskultur, der psychologischen Verträge, des Führungsstiles und der Netzwerke einer ausgewählten Mitarbeitergruppe diskutiert. Die Unternehmenskultur soll im Rahmen der strukturellen Ambidextrie einen gemeinsamen Rahmen für Unternehmensteile und -bereiche mit einer Fokussierung auf Exploitation und solchen auf Exploration bilden (Raisch & Birkinshaw, 2008). Diese Funktion wurde im Unternehmen aus der Fallstudie über lange Zeit vom Geschäftsführer wahrgenommen, der gleichzeitig Haupteigentümer war. Da sich dieser unmittelbar vor Beginn des Betrachtungszeitraumes zurückzog, musste die Kommunikation der Werte im Rahmen eines langfristig angelegten Projektes vom gesamten Management verstärkt werden. Wie in Kapitel 7.2.1 beschrieben, war die Kultur sowohl durch gemeinsame Werte, eine vertrauensvolle Zusammenarbeit, aber auch Leistungsnormen (Güttel & Konlechner, 2009) geprägt. Damit lagen die Voraussetzungen für die Unterstützung von struktureller als auch kontextueller Ambidextrie vor. Der Wert dieses Fallstudienbeitrages besteht in einer umfassenden Betrachtung verschiedener Elemente zur Gestaltung von Ambidextrie in einem realen Unternehmenskontext.

Einen weiteren Beitrag leistete die Fallstudie zur **Führungsforschung**. Im Rahmen der Interviews zu Delphi 2 zeigte sich, dass sowohl Elemente des transaktionalen als auch des transformationalen Führungsstiles in allen Bereichen des Unternehmens benötigt wurden. Um Ambidextrie zu unterstützen, können offenbar auch den Mitarbeitern in Produktionsbereichen mit Fokus auf Exploitation Freiräume gewährt und neue Ideen gefördert werden, ohne dass dadurch die Effizienz in Exploitations-Bereichen gefährdet wird. Eine Voraussetzung dafür ist eine hohe Standardisierung der operativen Prozesse und das Treffen von klaren Absprachen. Durch ein Regressionsmodell wurde zudem nachgewiesen, dass transformationales Führungsverhalten zusätzlich zu transaktionalem Führungsverhalten für die Variablen „Lernen und persönliche Entwicklung", „soziale und leistungsfördernde Kultur" und „Zufriedenheit mit dem Restrukturierungsprozess" Varianz erklärt und damit eine für kontextuelle Ambidextrie förderliche Kultur unterstützt. Nach Kaschube (2006) ist diese Kombination der Führungsstile auch geeignet, um eigenverantwortliches Handeln zu fördern, das in der Fallstudie sowohl in Explorations- als auch in Exploitations-Bereichen entwickelt werden sollte (siehe Kapitel 7.3.2). Die Fallstudie leistet ähnlich wie die Studie von Nemanich und Vera (2009) einen Beitrag dazu, dass transformationales Führungsverhalten auf Teamebene auch in Exploitations-Bereichen förderlich sein kann. Aufgrund dieser Ergebnisse wird folgende These aufgestellt:

***These 8**: Wenn Mitarbeiter in Exploitations-Bereichen in ein System aus Standardprozessen und Absprachen eingebunden sind, kann der transaktionale Führungsstil um Elemente des transformationalen Führungsstiles ergänzt werden, ohne dass dadurch die Effizienz der dortigen Prozesse gefährdet wird.*[90]

In der Fallstudie konnte der relationale psychologische Vertrag als geeignete Form der Beziehungsgestaltung zwischen Mitarbeitern und Unternehmen identifiziert werden. Wie aufgrund der von Marr und Fliaster (2003) zusammengestellten Vorteile dieser Vertragsform zu erwarten war, unterstützt diese Vertragsform den langfristigen Aufbau und die Nutzung von Wissen und fördert auf diese Weise die Kernkompetenzen. Wie in Kapitel 7.2.1 dargestellt, dürfte für die Förderung von kontextueller Ambidextrie der balancierte psychologische Vertrag insbesondere von den Führungskräften, die ihre Mitarbeiter fördern sollen, als besser geeignet angesehen werden als der relationale oder transaktionale. Die spezifizierten Leistungsanforderungen entsprechen eher den notwendigen hohen Leistungsnormen unter den Bedingungen von kontextueller Ambidextrie (Güttel & Konlechner, 2009) als die unspezifizierten in relationalen psychologischen Verträgen (Rousseau & Wade-Benzoni, 1994). Gespräche mit der Personalabteilung des Unternehmens aus der Fallstudie deuten darauf hin, dass es im Rahmen des laufenden Restrukturierungsprozesses zu einer Anpassung des psychologischen Vertrages in diese Richtung kommen könnte. Die Fallstudie kann dies allerdings nicht belegen. Zudem leistet die Fallstudie einen Beitrag zur Erklärung der Gestaltung des Sozialkapitals (Bolino et al., 2002; Stegmaier & Sonntag, 2007) unter den Bedingungen von kontextueller Ambidextrie. Das sehr dichte Netzwerk der Mitarbeiter aus der Abteilung Produktentwicklung auch zu Mitarbeitern aus Exploitations-Bereichen erwies sich als grundsätzlich nützlich, um Explorations- und Exploitations-Bereiche zu verknüpfen. Die optimale Intensität dieser Kontakte konnte in dieser Studie hingegen nicht geklärt werden.

***These 9:** Die Verknüpfung von Exploitations- mit Explorations-Bereichen kann durch ein umfangreiches Beziehungsnetzwerk der Mitarbeiter der Abteilung Produktentwicklung gefördert werden.*

In Forschungsfrage 3.4 wurden die Möglichkeiten der Personalarbeit bei der Unterstützung von Ambidextrie beleuchtet. Dabei kann die Personalabteilung durch gemeinsame Einarbeitungs- und Entwicklungsprogramme die Verknüpfung zwischen den verschiedenen Exploitations- und Explorations-Bereichen fördern (siehe dazu auch Lackner, Güttel,

---

[90] Ähnliche These enthalten in Renzl, Rost und Kaschube (2013b, S. 261).

Garaus, Konlechner & Müller, 2011). Die Entwicklung eines entsprechenden Kompetenzmodells kann zudem kontextuelle Ambidextrie unterstützen. Das jährliche Mitarbeitergespräch beziehungsweise Entwicklungsgespräch kann als grundsätzlich geeignet angesehen werden, um die Beziehungen zwischen individuellen und organisationalen Kompetenzen gegenüber den Mitarbeitern zu kommunizieren. Mitarbeiter könnten dadurch auch besser verstehen, wie sie sich auf Veränderungen einstellen können, als bei Entwicklungsgesprächen ohne diesen strategischen Bezug. Dies sollte allerdings noch im Rahmen einer Evaluationsstudie überprüft werden. Für die Karriereforschung erbringt die Fallstudie einen Beitrag in Bezug auf die Bedeutung von funktionalen Bewegungen (Schein, 2004) zwischen Exploitations- und Explorations-Bereichen für die Förderung von Mitarbeitern, die in kontextueller Ambidextrie erfolgreich arbeiten können. Die explorativen Ergebnisse der Fallstudie deuten darauf hin, dass ambidextre Karrieren häufig in Abteilungen mit Fokus auf Exploration beginnen und in späteren Karrierestationen auch Exploitations-Aufgaben übernommen werden. Karrieren, die in Exploitations-Bereichen starten, verlaufen hingegen tendenziell weiter im Bereich Exploitation (siehe Kapitel 7.3.2). Vermutlich kann das für Exploration notwendige Spezialwissen in späteren Karrierestufen nicht mehr erworben werden.

In Bezug auf die Kompetenzentwicklung zeigte sich, dass die Förderung von Metakompetenzen und eigenverantwortlichem Handeln in allen Bereichen möglich und sinnvoll ist. Die Entwicklung von eigenverantwortlichem Handeln wurde in Exploitations-Bereichen wie der Produktion kaum als Gefahr für die Effizienz der Prozesse angesehen. Die für die Entwicklung notwendigen Freiräume könnten durch Absprachen und das Setzen von Meilensteinen sinnvoll begrenzt werden. Im Unternehmen aus der Fallstudie unterstützten die Anreizsysteme vor allem Exploitation. Auch das Ideenmanagement, das Teil des kontinuierlichen Verbesserungsprozesses ist, den Krüger und Homp (1997) als organisationale Metakompetenz ansehen, unterstützte nur in sehr geringem Umfang Exploration. Aufgrund der Dokumentenanalyse und der Beobachtungen im Unternehmen wurde in der Untersuchung davon ausgegangen, dass das Ideenmanagement eine weitere Möglichkeit zur Verknüpfung von Exploitations- und Explorations-Bereichen darstellt. Dies wurde jedoch durch die weitere Untersuchung nicht in ausreichendem Maße bestätigt. Vielmehr kann aufgrund der Fallstudie angenommen werden, dass das Ideenmanagement fast ausschließlich Exploitation fördert.

These 10: *Die Kommunikation der organisationalen Kompetenzen (insbes. Ambidextrie) in Entwicklungsgesprächen leistet aus Mitarbeitersicht einen zusätzlichen Beitrag für das Verständnis der eigenen notwendigen Entwicklungsschritte.*

These 11: *Ambidextre Karrieren beginnen in der Regeln in Abteilungen mit Fokus auf Exploration.*

These 12: *Eigenverantwortliches Handeln kann in Exploration und in Exploitation sinnvoll gefördert werden. Risiken durch die Förderung für Exploitations-Prozesse können weitgehend ausgeschlossen werden.*

Die verschiedenen dargestellten Möglichkeiten zur Verknüpfung von kontextueller und struktureller Ambidextrie lassen abschließend folgende These zu.

These 13: *Die Verknüpfung zwischen Exploitations- und Explorations-Bereichen kann außer durch das Top-Management-Team durch folgende Gestaltungselemente erfolgen:*

- *Informelle Netzwerke zwischen Exploitations- und Explorations-Bereichen und dezentrale Einheiten wie die Produktenwicklung*
- *Zentrale Serviceeinrichtungen wie das Human Ressource Management.*[91]

8.1.4 Übersicht zu den abgeleiteten Thesen

I. Hypothesen zum Prozess der Verknüpfung zwischen individuellen und organisationalen Kompetenzen
These 1: Um individuelle und organisationale Kompetenzen in einem Kompetenzmodellierungsprozess zu verknüpfen, sollten der forschungs-, der strategie- sowie der wertebasierte Ansatz kombiniert werden.
These 2: Kompetenzmodelle können von den Mitarbeitern als integrierender Rahmen für die Verknüpfung von Exploitations- und Explorations-Bereichen wahrgenommen werden.
II. Hypothesen zur Bedeutung einzelner Kompetenzen für die Entstehung von organisationalen Kompetenzen
These 3: Um die Kernkompetenzen zu unterstützen, benötigen Mitarbeiter ein breites Spektrum an sozialen Kompetenzen sowie Fach- und Methodenkompetenzen.
These 4: Um die Exploration und Veränderungsfähigkeit im Sinne der Dynamic Capabilities in einem Unternehmen sicherzustellen, sollten die zentralen Mitarbeitergruppen hohe Ausprägungen in den „Aktivitäts- und Handlungskompetenzen" haben.
These 5: Metakompetenzen werden sowohl in Explorations- als in Exploitations-Bereichen benötigt. In Explorations-Bereichen sind höhere Ausprägungen dieser Kompetenzen notwendig als in Exploitations-Bereichen.
These 6: Das Ausmaß der Ausprägungen in den Dimensionen von „eigenverantwortlichem Handeln" (Verantwortungsübernahme, Eigeninitiative, Risikobereitschaft und Unkonventionalität) korreliert signifikant mit den Leistungsbeiträgen, die Mitarbeiter unter den Bedingungen von kontextueller Ambidextrie erbringen.
These 7: Sofern Mitarbeiter hohe Ausprägungen in „Self-Awareness" und der EVH-Dimension „Verantwortungsübernahme" haben, stellen starke „Eigeninitiative" und hohe „Risikobereitschaft" in Exploitations-Bereichen keine Gefahr dar.

Tabelle 44: Übersicht zu den Thesen I

[91] Siehe dazu Renzl, Rost und Kaschube (2011; 2012; 2013a; 2013b).

III. Hypothesen zur Gestaltung von Lernprozessen zur Unterstützung von Dynamic Capabilities
These 8: Wenn Mitarbeiter in Exploitations-Bereichen in ein System aus Standardprozessen und Absprachen eingebunden sind, kann der transaktionale Führungsstil um Elemente des transformationalen Führungsstiles ergänzt werden, ohne dass dadurch die Effizienz der dortigen Prozesse gefährdet wird.
These 9: Die Verknüpfung von Exploitations- mit Explorations-Bereichen kann durch ein umfangreiches Beziehungsnetzwerkt der Mitarbeiter der Abteilung Produktentwicklung gefördert werden.
These 10: Die Kommunikation der organisationalen Kompetenzen (insbesondere Ambidextrie) in Entwicklungsgesprächen leistet aus Mitarbeitersicht einen zusätzlichen Beitrag für das Verständnis der eigenen notwendigen Entwicklungsschritte.
These 11: Ambidextre Karrieren beginnen in der Regel in Abteilungen mit Fokus auf Exploration.
These 12: Eigenverantwortliches Handeln kann in Exploration und in Exploitation sinnvoll gefördert werden. Risiken durch die Förderung für Exploitations-Prozesse können weitgehend ausgeschlossen werden.
These 13: Die Verknüpfung zwischen Exploitations- und Explorations-Bereichen kann außer durch das Top-Management-Team durch folgende Gestaltungselemente erfolgen: • zentrale Serviceeinrichtungen wie Human Ressource Management, • informelle Netzwerke zwischen Exploitations- und Explorations-Bereichen, • und dezentrale Einheiten wie die Produktenwicklung.

Tabelle 45: Übersicht zu den Thesen II

8.2 Implikationen für die weitere Forschung

In Kapitel 4 wurden die individuellen Kompetenzen aus der ressourcenorientierten Forschung des strategischen Managements explorativ abgeleitet. Die entstandene Kompetenzliste wurde mit Erkenntnissen aus der Kompetenzforschung zusammengeführt. Dazu wurden die Kompetenzen, die Manager und Mitarbeiter in Veränderungs-, Innovations- und Unternehmensgründungsprozessen benötigen, in die Analyse mit aufgenommen. Sowohl die Ableitung von Kompetenzen aus der ressourcenorientierten Forschung des strategischen Managements als auch die genannten Felder der Kompetenzforschung bieten einen Ansatzpunkt für einen **Literaturreview-Artikel**. Zusätzlich könnten in diese Analyse insbesondere auch die Kompetenzen von Produktentwicklern aufgenommen werden, da dieser Personengruppe für den Aufbau von Dynamic Capabilities eine besondere Bedeutung zukommt (O'Reilly III & Tushman, 2008; Teece, 2007).

Im Rahmen der empirischen Analyse wurde mit einer **Delphi-Befragung die Verknüpfung zwischen individuellen und organisationalen Kompetenzen** hergestellt. Die daraus abgeleiteten Bedeutungen einzelner individueller Kompetenzen und ihre Zuordnung zu Exploitation oder Exploration sind quantitativ zu überprüfen. Jansen et al. (2009) bieten für die quantitative Messung von Ambidextrie ein Erhebungsinstrument an. Neben einem Fragebogendesign könnte auch die Messung der Kompetenzen über die **Beobachtung von Gruppendiskussionen** analog zum Kassler-Kompetenz-Raster (Kauffeld, 2009) einen geeigneten Ansatzpunkt für die Analyse der Kompetenzanforderungen unter den Bedingungen von kontextueller Ambidextrie bieten. Die in diesem Verfahren vorgesehene Gruppenaufgabe könnte in Exploitations- und Explorations-Anteile aufgeteilt werden.

Für **eigenverantwortliches Handeln** wird aufgrund der Fallstudie angenommen, dass es bei einer Einbindung der Mitarbeiter in standardisierte Prozesse und ein System aus Absprachen kaum eine Gefahr für die Effizienz in Exploitations-Bereichen darstellt. Diese Erkenntnis sollte zunächst mit einer qualitativen Studie in unterschiedlichen Unternehmen vertieft und anschließend quantitativ überprüft werden. Experimentell könnte eventuell die Bedeutung von eigenverantwortlichem Handeln für die Anforderungen von kontextueller Ambidextrie geklärt werden.

Für die Erkenntnisse zum **Kompetenzmodellierungsprozess** unter den Bedingungen von kontextueller Ambidextrie bietet diese Arbeit nur eine detaillierte Prozessbeschreibung, die auf einem Entwicklungs- und Einführungsprozess beruht. Die zentralen Wirkungen eines derartigen Kompetenzmanagementprozesses müssen im Rahmen einer Evaluationsstudie geklärt werden. Dazu ist zu untersuchen, inwieweit die Mitarbeiter die Beziehungen zu den organisationalen Kompetenzen tatsächlich wahrnehmen und sie zu einer Orientierung für ihre persönliche Entwicklung werden. Zudem stellt sich die Frage, wie die Personalabteilungen und Führungskräfte ein derartiges System langfristig nutzen. Findet beispielsweise tatsächlich bei der Gestaltung der Trainingsprogramme eine Orientierung an Ambidextrie statt oder wird die Zusammenstellung weiterhin durch andere Einflussfaktoren dominiert? Ein erster Schritt dazu ist eine geplante Evaluationsstudie in dem Unternehmen, in dem diese Fallstudie durchgeführt wurde. Weitere mögliche Schritte sind eine Multifallanalyse, qualitative Interviews mit Personalverantwortlichen und schließlich eine quantitative Befragung.

Ein weiteres Forschungsanliegen sind die **Beziehungen der Mitarbeiter**, die unter kontextueller Ambidextrie arbeiten. Dazu sollte eine umfassende Team- und Netzwerkanalyse durchgeführt werden. Beispielsweise sollte erforscht werden, wie hoch die Interaktionshäufigkeit in Exploitations-Bereichen sein sollte, um den Bezug der Mitarbeiter in kontextueller Ambidextrie zum Kerngeschäft zu erhalten, aber ihre Explorations-Aktivitäten nicht zu behindern. Zudem ist zu klären, welche Kompetenzen sie für die Unterhaltung eines derartigen Beziehungsnetzwerkes benötigen. Aufgrund der Definition der Kompetenzklassen (Erpenbeck & von Rosenstiel, 2007a) kann davon ausgegangen werden, dass für die Gestaltung von Beziehungen insbesondere soziale Kompetenzen benötigt werden. Die Fallstudie zeigt aber, dass beispielsweise für die Wissensaufnahme unter den Bedingungen von kontextueller Ambidextrie Eigeninitiative gefordert ist.

Im Bereich der **Führungsforschung** sind weitere Studien zu einem ausgewogenen Verhältnis zwischen transaktionalem und transformationalem Führungsverhalten unter den

Bedingungen von Ambidextrie notwendig. Sofern der transaktionale und der transformationale Führungsstil kombiniert werden, ist zu klären, in welchen Situationen welche Verhaltensweisen gezeigt werden sollten.

Analog zum **Lernkulturinventar** (Schaper et al., 2006) sollte ein quantitatives Instrument entwickelt werden, das Kulturelemente misst, die Exploration, Exploitation und die Verknüpfung dieser Bereiche fördern. Darauf aufbauend, könnten die Zusammenhänge quantitativ überprüft werden. Nemanich und Vera (2009) bieten mit ihrer quantitativen Studie zum Zusammenhang von Lernkultur und Ambidextrie einen ersten Zugang. Ihre Operationalisierung bildet das Konstrukt Lernkultur jedoch gemäß dem in dieser Arbeit dargestellten psychologischen Begriffsverständnis nicht vollständig ab.

8.3 Implikationen für die Gestaltung von Personalmanagementprozessen in Unternehmen

Diese Arbeit kann für Personalmanager hilfreich sein, um die eigenen Möglichkeiten zur Entwicklung einer nachhaltigen Wettbewerbsfähigkeit des Unternehmens zu bestimmen. Es wurde gezeigt, wie Kompetenzmodelle mit Bezug zu den organisationalen Kompetenzen (insbesondere Ambidextrie) entwickelt werden können. Dazu bietet die Arbeit insbesondere eine sehr detaillierte Prozessbeschreibung. Zudem kann die Bedeutung einzelner individuellen Kompetenzen für die organisationalen Kompetenzen aus einer „strategisch orientierten Kompetenzliste" (siehe Kapitel 6.2.1) entnommen werden. Einige Möglichkeiten zur Entwicklung der relevanten Kompetenzen wurden bereits aufgezeigt. Wesentliche Aufgaben der Personalabteilung, wie die Identifizierung von Potenzialkandidaten und die Entwicklung von Talentmanagementprogrammen, wurden jedoch in der Fallstudie nicht diskutiert.

Wie in Kapitel 7.3.3 dargestellt, können Führungskräfte aufbauend auf der Kompetenzeinschätzung Potenzialkandidaten vorschlagen.[92] Die eigentliche Auswahl sollte jedoch mit einem Potenzialanalyseverfahren erfolgen. Sarges und Stracke (2005) zeigen auf, wie diese Auswahl mit Hilfe eines Lernpotenzial Assessment Centers durchgeführt werden kann. Sie leiten die Ansatzpunkte für die Konstruktion der Übungen von den Beziehungen zwischen Unternehmen, Kunden und der Konkurrenz ab. Potenzialkandidaten sollen sich auf der kognitiven, emotional-motivationalen und sozial-interaktiven Ebene mit entsprechenden Problemen auseinandersetzen und daraus lernen. Für die Arbeit unter den Bedingungen von kontextueller Ambidextrie müssen Mitarbeiter die Fähigkeiten, aber auch die Motivation besitzen, sich auf sehr unterschiedliche Aufgaben einzulassen. Güttel und Konlechner (2009) nennen dies einen „ambidextren mindset" (S. 162). Um die Eignung eines Kandidaten für kontextuelle Ambidextrie zu überprüfen, könnten in Anlehnung an die Übungsvorschläge von Sarges und Stracke (2005) beispielsweise Schnittstellenprobleme zwischen Bereichen mit Fokus auf Exploitation und Exploration thematisiert werden

[92] Siehe zu den zentralen Gedanken auch Renzl, Rost und Kaschube (2013a, S. 95).

oder es könnte überprüft werden, ob Mitarbeiter nebeneinander innovative Projekte bearbeiten und den Servicegedanken gegenüber dem Kunden leben können.

Der Aufbau von Talentmanagementprogrammen könnte eine weitere Möglichkeit zur Förderung von Ambidextrie sein. Genau wie gemeinsame Elemente in Einführungsprogrammen für Mitarbeiter aus Exploitations- und Explorations-Bereichen (Lackner et al., 2011), könnte das Talentmanagement eine Gelegenheit zur Verknüpfung der unterschiedlichen Unternehmensbereiche darstellen. Die Teilnehmer an derartigen Programmen sollten Arbeitsstationen sowohl in Exploitations- als auch in Explorations-Bereichen absolvieren. In Anlehnung an die explorativen Ergebnisse dieser Fallstudie zur Laufbahngestaltung (7.3.3) ist eine Sensibilisierung von Mitarbeitern, die später Führungspositionen in Exploitations-Bereichen, wie der Produktion, übernehmen sollen, in den ersten Karrierestufen besonders wichtig.

9 Fazit und Ausblick

Ziel dieser Arbeit war es, zunächst die Konzepte und Grundlagen von organisationalen Kompetenzen zu analysieren (**Kapitel 2**). Eine zentrale Grundlage stellten die Kompetenzen von Mitarbeitern dar. In **Kapitel 3** wurden deshalb die Kompetenzen von Individuen sowie Möglichkeiten ihrer Entwicklung umfassend beschrieben. Darauf aufbauend, wurden Ansatzpunkte und bestehende Konzepte zur Verknüpfung individueller und organisationaler Kompetenzen dargestellt (**Kapitel 4**). Im Rahmen der Ableitung der Forschungsfragen wurde sowohl herausgearbeitet, wie der Prozess der Verknüpfung von individuellen und organisationalen Kompetenzen ablaufen sollte, als auch welche Kompetenzen Individuen benötigen, um die organisationalen Prozesse, die den Dynamic Capabilities zugrunde liegen, zu unterstützen.

In **Kapitel 5** wurden die verschiedenen eingesetzten empirischen Methoden der Fallstudie in einem Unternehmen aus der Automobilzulieferindustrie beschrieben, die sich auf eine Dokumentenanalyse, Experteninterviews, eine zweistufige Delphi-Befragung sowie eine quantitative Befragung stützt. Die umfangreiche Darstellung der Delphi-Methode zur Verknüpfung von individuellen und organisationalen Kompetenzen sollte neben einer Methodenbeschreibung im Rahmen dieser Arbeit auch dazu dienen, beispielhaft zu zeigen, wie ein derartiger Prozess in der Unternehmenspraxis gestaltet werden kann.

In **Kapitel 6** wurde eine aus der Fallstudie abgeleitete Kompetenzliste dargestellt, in der die Bedeutungen der einzelnen individuellen Kompetenzen für die organisationalen Kompetenzen beschrieben wurden. Einen Schwerpunkt bildete dabei die Zuordnung der individuellen Kompetenzen zu Exploitation und Exploration auf Organisationsebene (siehe Kapitel 6.2.2.2). Zudem wurden die Ansatzpunkte für die Verknüpfung auf organisationaler Ebene aufgezeigt sowie der Prozess der Kompetenzmodellierung dargestellt.

Die Kompetenzmodellierung wurde in **Kapitel 7** in die Gestaltung von struktureller und kontextueller Ambidextrie in einem Unternehmen eingebettet. Es wurde aufgezeigt, wie das Personalmanagement durch Personalentwicklung den Austausch zwischen Explorations- und Exploitations-Bereichen verbessern und mit einem einheitlichen Kompetenzmodell einen gemeinsamen Bezugsrahmen schaffen kann. Aufbauend auf diesem Kompetenzmodell, wurde diskutiert, wie insbesondere Metakompetenzen (Briscoe & Hall, 1999) und eigenverantwortliches Handeln (Kaschube, 2006) unter den Bedingungen von Ambidextrie entwickelt werden können. Möglichkeiten der Unterstützung derartiger Entwicklungsprozesse bieten das Mitarbeiterjahresgespräch und die Gestaltung von Laufbahnen. Zudem wurde gezeigt, dass in allen Unternehmensteilen eine Ergänzung des transaktionalen Führungsstils um transformationales Führungsverhalten eine entwicklungsorientierte soziale und zugleich leistungsorientierte Unternehmenskultur fördert und für Exploitations-Prozesse keine Gefahr darzustellen scheint.

Die Fallstudie konnte die dargestellten Fragen und Zusammenhänge nicht abschließend klären. Ziel war es vielmehr, das Forschungsfeld des psychologischen Kompetenzmanagements mit dem Dynamic Capability Konzept aus der ressourcenorientierten Forschung des strategischen Managements zusammenzuführen und daraus Fragen und Thesen für weitere Untersuchungen abzuleiten.

10 Literaturverzeichnis

Adner, R. & Helfat, C. E. (2003). Corporate effects and dynamic managerial capabilities. *Strategic Management Journal, 24* (10), 1011–1025.

Allen, N. & Meyer, J.P. (1990). The measurement and antecedents of affective, continuance and normative commitment to the organization. *Journal of Occupational Psychology, 63 (1),* 1–18.

Ambrosini, V. & Bowman, C. (2009). What are dynamic capabilities and are they a useful construct in strategic management? *International Journal of Management Reviews, 11* (1), 29–49.

Ammon, U. (2009). Delphi-Befragung. In S. Kühl (Hrsg.), *Handbuch Methoden der Organisationsforschung. Quantitative und qualitative Methoden* (1. Aufl., S. 458–476). Wiesbaden: VS Verlag für Sozialwissenschaften.

Anand, J., Oriani, R. & Vassolo, R. S. (2010). Alliance Activity as a Dynamic Capability in the Face of a Discontinuous Technological Change. *Organization Science, 21* (6), 1213–1232.

Ang, S., van Dyne, L. & Koh, C. (2006). Personality Correlates of the Four-Factor Model of Cultural Intelligence. *Group & Organization Management, 31* (1), 100–123.

Argyris, C. & Schön, D. A. (1999). *Die lernende Organisation. Grundlagen, Methode, Praxis.* Stuttgart: Klett-Cotta.

Argyris, C. & Schön, D. A. (2006). *Die lernende Organisation. Grundlagen, Methode, Praxis* (3. Aufl.). Stuttgart: Klett-Cotta.

Aulerich, G. (2003). Der Programmbereich “Lernen in Weiterbildungseinrichtungen”. In Arbeitsgemeinschaft Betriebliche Weiterbildungsforschung e.V. (Hrsg.), *Zwei Jahre “Lernkultur Kompetenzentwicklung” Inhalte – Ergebnisse – Perspektiven* (QUEM-Report, Bd. 79, S. 191–254). Berlin.

Baitsch, C. (1985). *Kompetenzentwicklung und partizipative Arbeitsgestaltung* (Europäische Hochschulschriften, Bd. 162). Frankfurt am Main: Lang.

Barney, J. B. (1986). Organizational Culture: Can It Be a Source of Sustained Competitive Advantage? *Academy of Management Review, 11* (3), 656–665.

Barney, J. B. (1991). Firm resources and sustained competitive advantage. *Journal of Management, 17* (1), 99–120.

Barney, J. B. (2001). Is the Resource-Based "View" a Useful Perspective for Strategic Management Research? Yes. *Academy of Management Review, 26* (1), 41–56.

Barney, J. B. & Wright, P. M. (1998). Becoming a strategic partner: The role of human resources in gaining competitive advantage. *Human Resource Management, 37,* 31–46.

Barrick, M. R. & Mount, M. K. (1991). The Big Five Personality Dimensions and Job Performance: A Meta-Analysis. *Personnel Psychology, 44* (1), 1–26.

Bass, B. M. (1990). From Transactional to Transformational Leadership: Learning to Share the Vision. *Organizational Dynamics, 18* (3), 19–31.

Bass, B. M. & Avolio, B. J. (1994). Introduction. In B. M. Bass & B. J. Avolio (Hrsg.), *Improving organizational effectiveness through transformational leadership* (S. 1–9). Thousand Oaks: Sage Publications.

Becker, C. M. (2004). Organizational routines: a review of the literature. *Industrial and Corporate Change, 13* (4), 643-677.

Becker, M. C. (2005). A framework for applying organizational routines in empirical research: linking antecedents, characteristics and performance outcomes of recurrent interaction patterns. *Industrial and Corporate Change, 14* (5), 817–846.

Birkinshaw, J. & Gibson, C. (2004). Building Ambidexterity Into an Organization. *MIT Sloan Management Review, 45* (4), 47–55.

Bögel, R. & Rosenstiel, L. von. (1997). Die Entwicklung eines Instruments zur Mitarbeiterbefragung: Konzepte, Bestimmung der Inhalte und Operationalisierung. In W. Bungard (Hrsg.), *Mitarbeiterbefragung. Ein Instrument des Innovations- und Qualitätsmanagements* (S. 84–96). Weinheim: Beltz.

Bolino, M. C., Turnley, W. H. & Bloodgood, J. M. (2002). Citizenship behavior and the creation of social capital in organizations. *Academy of Management Review, 27 (4)* 505–532.

Bolten, J. (2005). Interkulturelle Personalentwicklung: Training, Coaching und Mediation. In G. K. Stahl (Hrsg.), *Internationales Personalmanagement* (1. Aufl., S. 307–324). Mering: Rainer Hampp Verlag.

Boos, F. & Jarmai, Heinz (1994). Kernkompetenzen gesucht und gefunden. *Harvard Business Manager* (4), 19–24.

Boos, M. (1992). *A typology of case studies.* München; Mering: Hampp.

Bootz, I. & Kirchhöfer, D. (2003). Der Programmbereich “Lernen im sozialen Umfeld”. In P. Q.-u. E. Arbeitsgemeinschaft Betriebliche Weiterbildungsforschung e.V. (Hrsg.), *Zwei Jahre “Lernkultur Kompetenzentwicklung” Inhalte – Ergebnisse – Perspektiven* (QUEM-Report, Bd. 79, S. 139–190). Berlin.

Borg, I. (2003). *Führungsinstrument Mitarbeiterbefragung.* Göttingen [u.a.]: Hogrefe.

Borkenau, P. & Ostendorf, F. (1993). *NEO-FÜNF-FAKTOREN Inventar (NEO-FFI). nach Costa und McCrae.* Göttingen; Bern; Toronto; Seattle: Hogrefe.

Bormann, W. C. & Brush, D. H. (1993). More progress towards taxonomy of managerial performance requirements. *Human Performance, 6* (1), 1–21.

Bortz, J. & Döring, N. (2002). *Forschungsmethoden und Evaluation. Für Human- und Sozialwissenschaftler* (3., überarb. Aufl.). Berlin [u. a.]: Springer.

Brinckmann, J. (2008). *Competence of Top Management Teams and the Success of New Technology-Based Firms* (1. Aufl). Wiesbaden: Deutscher Universitäts-Verlag.

Briscoe, J. P. & Hall, D. T. (1999). Grooming and Picking Leaders Using Competency Frameworks: Do They Work? An Alternative Approach and New Guidelines for Practice. *Organizational Dynamics, 28* (2), 37–51.

Bruggemann, A., Groskurth, P. & Ulich, E. (1975). *Arbeitszufriedenheit.* Bern: Hans Huber.

Budner, S. (1962). Intolerance of Ambiguity as a personality variable. *Journal of Personality, 30,* 29–50.

Buhmann, M. (2006). *Kompetenzorientiertes Management multinationaler Unternehmen. Ein Ansatz zur Integration von strategischer und internationaler Managementforschung* (Gabler Edition WissenschaftStrategisches Kompetenz-Management, 1. Aufl.). Wiesbaden: Deutscher Universitäts-Verlag.

Bumann, A. (1991). *Das Vorschlagswesen als Instrument innovationsorientierter Unternehmensführung. Ein integrativer Gestaltungsansatz, dargestellt am Beispiel der Schweizerischen PTT-Betriebe.* Freiburg: Universitätsverlag.

Busch, M. W. & Hobus, B. (2012). Kreativ und umsetzungsstark. Ambidextrie in Teams. *Zeitschrift Führung + Organisation, 81* (1), 29–36.

Campion, M. A., Fink, A. A. & Phillips, G. M. (2011). Doing Competencies Well: Best Practice in Competency Modeling. *Personnel Psychology, 64,* 225–262.

Carmeli, A., Meitar, R. & Weisberg, J. (2006). Self-leadership skills and innovative behavior at work. *International Journal of Manpower, 27* (1), 75–90.

Cohen, W. M. & Levinthal, D. A. (1990). Absorptive Capacity: A New Perspective on Learning and Innovation. *Administrative Science Quarterly, 35* (1), 128–152.

Comelli, G. & Rosenstiel, L. von. (2001). *Führung durch Motivation. Mitarbeiter für Organisationsziele gewinnen* (2. Aufl.). München: Vahlen.

Crawford, L. & Nahmias, A. H. (2010). Competencies for managing change. *International Journal of Project Management, 28* (4), 405–412.

Crossan, M. M., Lane, H. W. & White, R. E. (1999). An Organizational Learning Framework: From Intuition to Institution. *Academy of Management Review, 24* (3), 522–537.

Dierig, C. & Doll, N. (18.11.11). BMW hält Volkswagen bei SGL Carbon auf Abstand. *WELT ONLINE.* Zugriff am 28.06.2012. Verfügbar unter http://www.welt.de/wirtschaft/article13724390/BMW-haelt-Volkswagen-bei-SGL-Carbon-auf-Abstand.html.

Dimitrova, D. (2009). *Das Konzept der Metakompetenz. Theoretische und empirische Untersuchung am Beispiel der Automobilindustrie.* Wiesbaden: Gabler Verlag / GWV Fachverlage GmbH, Wiesbaden.

Doppler, K. & Lauterburg, C. (2008). *Change Management. Den Unternehmenswandel gestalten* (Management, 12. Aufl.). Frankfurt am Main: Campus.

Du Chatenier, E., Verstegen, J. A. A. M., Biemans, H. J. A., Mulder, M. & Omta, O. S. W. F. (2010). Identification of competencies for professionals in open innovation teams. *R&D Management, 40* (3), 271–280.

Earley, P. C. (2002). Redefining Interactions across Cultures and Organizations: Moving Forward with Cultural Intelligence. *Research on organizational behavior, 24,* 271–299.

Economist Intelligence Unit (The Economist, Hrsg.). (2005). *Business 2010 Embracing the challenge of change.* Zugriff am 05.10.2012. Verfügbar unter http://graphics.eiu.com/files/ad_pdfs/Business%202010_Global_FINAL.pdf.

Edelmann, D. & Tippelt, R. (2004). Kompetenzen messen. *Durchblick* (3), 7–10.

Edge, G., Klein, J. A., Hiscocks, P. G. & Plasoning, G. (1995). Technologiekompetenz und Skillbasierter Wettbewerb. In E. Zahn (Hrsg.), *Handbuch Technologiemanagement* . Stuttgart: Schäffer-Poeschel.

Eichinger, F. (2012). *Team diversity and human capital dimensions of nascent entrepreneurs.* Vallendar: WHU - Otto Beisheim School of Management, Diss.

Eisenhardt, K. M. & Martin, J. A. (2000). Dynamic Capabilities: What Are They? *Strategic Management Journal, 21,* 1105–1121.

Erpenbeck, J. & Heyse, V. (1999). *Die Kompetenzbiographie. Strategien der Kompetenzentwicklung durch selbstorganisiertes Lernen und multimediale Kommunikation.* New York, München, Berlin: Wasmann.

Erpenbeck, J. & Rosenstiel, L. v. (2005). Kompetenz: Modische Worthülse oder innovatives Konzept? *Wirtschaftspsychologie aktuell, 39* (3).

Erpenbeck, J. & Rosenstiel, L. von. (2007a). Einführung. In J. Erpenbeck & L. von Rosenstiel (Hrsg.), *Handbuch Kompetenzmessung. Erkennen, verstehen und bewerten von Kompetenzen in der betrieblichen, pädagogischen und psychologischen Praxis* (2., überarb. und erw. Aufl., S. XVII–XLVI). Stuttgart: Schäffer-Poeschel.

Erpenbeck, J. & Rosenstiel, L. von (Hrsg.) (2007b). *Handbuch Kompetenzmessung. Erkennen, verstehen und bewerten von Kompetenzen in der betrieblichen, pädagogischen und psychologischen Praxis* (2., überarb. und erw. Aufl.). Stuttgart: Schäffer-Poeschel.

Erpenbeck, J., Heyse, V., Meynhardt, T. & Weinberg, J. (2007). *Die Kompetenzbiographie. Wege der Kompetenzentwicklung* (2., aktualisierte und überarb. Aufl.). Münster: Waxmann.

Fiedler, F. E. (1967). *A theory of leadership effectiveness.* New York: McGraw-Hill.

Flanagan, J. C. (1954). The Critical Incident Technique. *Psychological Bulletin, 51* (4), 327–359.

Fliaster, A. (2007). *Innovationen in Netzwerken. Wie Humankapital und Sozialkapital zu kreativen Ideen führen.* Mering: Rainer Hampp Verlag.

Folkman, S., Lazarus, R. S., Gruen, R. J. & DeLongis, A. (1986). Appraisal, coping, health status, and psychological symptoms. *Journal of Personality and Social Psychology, 50* (3), 571–579.

Frank, H. & Lueger, M. (1995). Zur Re-Konstruktion von Entwicklungsprozessen. *Die Betriebswirtschaft, 55* (6), 721–742.

Frank, H. & Lueger, M. (1998). Reconstructing Development Processes. Conceptual Basis and Empirical Analysis of Setting Up a Business. *International Studies of Management & Organisation, 27* (3), 34–63.

Franken, S. (2010). *Verhaltensorientierte Führung. Handeln, Lernen und Diversity in Unternehmen* (3., überarb. und erw. Aufl.). Wiesbaden: Gabler.

Freiling, J., Gersch, M. & Goeke, C. (2006). Notwendige Basisentscheidungen auf dem Weg zu einer Competence-based Theory of the Firm. In C. Burmann, J. Freiling & M. Hülsmann (Hrsg.), *Neue Perspektive des Strategischen Kompetenzmanagements* (S. 3–34). Wiesbaden: Gabler.

Friebe, J. (2005). *Merkmale unternehmensbezogener Lernkulturen und ihr Einfluss auf die Kompetenzen der Mitarbeiter. Kulturwissenschaften der Ruprecht-Karls-Universität Heidelberg*. Inaugural-Dissertation zur Erlangung des akademischen Grades eines Dr. phil. der Fakultät für Verhaltens- und Empirische Kulturwissenschaften der Ruprecht-Karls-Universität Heidelberg. Zugriff am 05.10.2012. Verfügbar unter http://d-nb.info/976844265/34.

Friesl, M. (2007). *Managing Capability Development: Eine empirische Analyse der Handlungsmöglichkeiten und Einflussfaktoren bei der Entwicklung der Kernfähigkeiten junger Technologieunternehmen am Beispiel der Biotechnologie Branche in Deutschland*. Dissertation, Universität der Bundeswehr München. Neubiberg.

Fugate, M., Kinicki, A. J. & Ashforth, B. E. (2004). Employability: A psycho-social construct, its dimensions, and applications. *Journal of Vocational Behavior, 65,* 14–38.

Gasteiger, R. M. (2007). *Selbstverantwortliches Laufbahnmanagement. Das proteische Erfolgskonzept*. Göttingen, Bern, Wien, Paris, Oxford, Prag, Toronto, Cambridge, MA, Amsterdam, Kopenhagen: Hogrefe.

Gawellek, U. (1987). *Erkenntnisstand, Probleme und praktischer Nutzen der Arbeitszufriedenheitsforschung*. Frankfurt am Main, New York: P. Lang.

Gebert, D. (2002). *Führung und Innovation*. Stuttgart: Kohlhammer.

Geyer, A. & Steyrer, J. (1998). Messung und Erfolgswirksamkeit transformationaler Führung. *Zeitschrift für Personalforschung, 12* (4), 377–401.

Gibson, C. B. & Birkinshaw, J. (2004). The Antecedents, Consequences, and Mediating Role of Orgaizational Ambidexterity. *Academy of Management Journal, 47* (2), 209–226.

Gilbert C. G. (2006). Change in the Presence of Residual Fit: Can Competing Frames Coexist? *Organization Science, 17,* 150–167.

Grant, R. M. (1991). The resource-based theory of competitive advantage: Implications for strategy formulation. *California Management Review,* 114–135.

Green, P. C. (1999). *Building Robust Competencies. Linking Human Resource Systems to Organizational Strategies*. San Francisco: Jossey-Bass.

Greif, S. (1998). Selbstorganisation. In F. Dorsch, H. Häcker & C. Becker-Carus (Hrsg.), *Psychologisches Wörterbuch* (13. Aufl., S. 777–778). Bern: Hans Huber.

Guldin, A. (2006). Förderung von Innovation. In H. Schuler (Hrsg.), *Lehrbuch der Personalpsychologie* (2., überarb.und erw. Aufl., S. 305–330). Göttingen: Hogrefe.

Güttel, W. H. (2003). *Die Identifikation strategischer immaterieller Vermögenswerte im Post-Merger-Integrationsprozess. Ressourcen- und Wissensmanagement bei Mergers-and-Acquisitions* (Personalwirtschaftliche Schriften, Bd. 20, 1. Aufl.). München: Hampp.

Güttel, W. H. (2006). Methoden der Identifikation organisationaler Kompetenzen: Mapping vs. Interpretation. In C. Burmann, J. Freiling & M. Hülsmann (Hrsg.), *Neue Perspektiven des Strategischen Kompetenz-Managements* (Gabler Edition WissenschaftStrategisches Kompetenz-Management, 1. Aufl., S. 411–435). Wiesbaden: Deutscher Universitäts-Verlag.

Güttel, W. H. & Konlechner, S. W. (2009). Continously Hanging by a Thread: Managing Ambidextrous Organizations. *Schmalenbach Business Review, 61* (2), 150-172.

Güttel, W. H., Garaus, C., Konlechner, S. W., Lackner, H. & Müller, B. (2011). *Head in the Clouds ... Feet on the Ground: A Process Perspective on Organizational Ambidexterity* (Working Paper Nr. 2011.1). Linz: Institut of Human Ressource und Change Management, Johannes Kepler University Linz.

Hagan, C. M. (1996). The core competence organisation: Implications for human resource management. *Human Resource Management Review, 6* (2), 147–164.

Hall, D. T. (2004). Self-Awareness, Identity, and Leader Development. In D. V. Day, S. J. Zaccaro & S. M. Halpin (Hrsg.), *Leader development for transforming organizations. Growing leaders for tomorrow* (S. 153–176). Mahwah, N.J.: Lawrence Erlbaum Associates.

Hamel, G. (1994). The Concept of Core Competece. In G. Hamel & A. Heene (Hrsg.), *Competence-based competition* (S. 11–33). Chichester [England]; New York: Wiley.

Hamel, G. & Prahalad, C. K. (1996). *Wettlauf um die Zukunft. Wie Sie mit bahnbrechenden Strategien die Kontrolle über Ihre Branche gewinnen und die Märkte von morgen schaffen* (Manager-Magazin-Edition, 5. Aufl.). Wien: Ueberreuter.

Heimerl, P. (2007). Fallstudien als forschungsstrategische Entscheidung. In R. Buber & H. H. Holzmüller (Hrsg.), *Qualitative Marktforschung. Konzepte - Methoden - Analysen* (1. Aufl., S. 381–400). Wiesbaden: Gabler.

Heyse, V. (2007a). Kode®X-Kompetenz-Explorer. In J. Erpenbeck & L. von Rosenstiel (Hrsg.), *Handbuch Kompetenzmessung. Erkennen, verstehen und bewerten von Kompetenzen in der betrieblichen, pädagogischen und psychologischen Praxis* (2., überarb. und erw. Aufl., S. 504–514). Stuttgart: Schäffer-Poeschel.

Heyse, V. (2007b). Strategien – Kompetenzanforderungen – Potenzialanalysen. In V. Heyse & J. Erpenbeck (Hrsg.), *Kompetenzmanagement. Methoden, Vorgehen, KODE® und KODE®X im Praxistest* (Kompetenzmanagement in der Praxis, Band, Bd. 1, 1. Aufl., S. 11–179). Münster: Waxmann.

Heyse, V. (2010). Verfahren zur Kompetenzermittlung und Kompetenzentwicklung. KODE® im Praxistest. In V. Heyse, J. Erpenbeck & S. Ortmann (Hrsg.), *Grundstrukturen menschlicher Kompetenzen. Praxiserprobte Konzepte und Instrumente* (Bd. 5, S. 55–174). Münster: Waxmann.

Heyse, V. & Erpenbeck, J. (1997). *Der Sprung über die Kompetenzbarriere. Kommunikation, selbstorganisiertes Lernen und Kompetenzentwicklung von und in Unternehmen.* Bielefeld: Bertelsmann.

Heyse, V. & Erpenbeck, J. (2004). *Kompetenztraining. 64 Informations- und Trainingsprogramme.* Stuttgart: Schäffer-Poeschel.

Heyse, V., Erpenbeck, J. & Michel, L. (2002). *Kompetenzprofiling. Weiterbildungsbedarf und Lernformen in Zukunftsbranchen.* Münster [u.a.]: Waxmann.

Hinterhuber, H. H. (2004). *Strategisches Handeln. Ziele und Rahmenbedingungen für die Funktionsbereiche, Organisation, Umsetzung, Unternehmenskultur, strategisches Controlling, Leadership* (Strategische Unternehmungsführung / Hans H. Hinterhuber, Bd. 2, 7. Aufl.). Berlin [u.a.]: de Gruyter.

Hinterhuber, H. H. & Stuhec, U. (1997). Kernkompetenzen und strategisches In-/Outsourcing. *Zeitschrift für Betriebswirtschaft, 67* (Ergänzungsheft 1), 1–20.

Hobus, B. & Busch, M. W. (2011). Organisationale Ambidextrie. Organisationale Ambidextrie. *Die Betriebswirtschaft, 70* (02), 189–193.

Hülsmann, M. & Müller-Martini, M. (2006). Kompetenzen externer Individuen im Competence-based view - einige Basisüberlegungen. In C. Burmann, J. Freiling & M. Hülsmann (Hrsg.), *Neue Perspektiven des Strategischen Kompetenz-Managements* (Gabler Edition WissenschaftStrategisches Kompetenz-Management, 1. Aufl., S. 373–393). Wiesbaden: Deutscher Universitäts-Verlag.

Hümmer, B. (2001). *Strategisches Management von Kernkompetenzen im Hyperwettbewerb.* Wiesbaden: Diss. DUV.

Jansen, J. J. P., Vera, D. & Crossan, M. (2009). Strategic leadership for exploration and exploitation: The moderating role of environmental dynamism. *The Leadership Quarterly, 20* (1), 5–18.

Jokinen, T. (2005). Global Leadership Competencies: A Review and Discussion. *Journal of European Industrial Training, 29* (3), 199–216.

Judge, T. A., Thoresen, C. J., Pucik, V. & Welbourne, T. M. (1999). Managerial Coping Organizational Change: A Dispositional Change. *Journal of Applied Psychology, 84* (1), 107–122.

Kaiser, A. (2012). Autozulieferer Leoni setzt auf Solarthermie. *managermagain online.* Zugriff am 27.04.2012. Verfügbar unter URL: http://www.manager-magazin.de/unternehmen/energie/0,2828,830118,00.html.

Kanning, U. P. (2002). Soziale Kompetenz - Definition, Strukturen und Prozesse. *Zeitschrift für Psychologie, 210* (4), 154–163.

Kaschube, J. (2006). *Eigenverantwortung, eine neue berufliche Leistung. Chance oder Bedrohung für Organisationen?* Göttingen: Vandenhoeck & Ruprecht.

Kaschube, J. & Gasteiger, R. M. (2005). Berufliches Handeln in Dilemmasituationen - Führungskräfte zwischen Pflichterfüllung und Eigenverantwortung. *Gruppendynamik und Organisationsberatung, 36* (2), 191–206.

Katz, R. L. (1974). Skills of an Effective Adminstrator. *Havard Business Review* (September-Oktober), 90–102.

Kauffeld, S. (2009). Strukturierte Beobachtung. In S. Kühl, P. Strodtholz & A. Taffertshofer (Hrsg.), *Methodenausbildung in den Sozialwissenschaften* (S. 580–599). Wiesbaden: Verlag für Sozialwissenschaften.

Kauffeld, S., Frieling, E. & Grote, S. (2002). Soziale, personale, methodische oder fachliche: Welche Kompetenzen zählen bei der Bewältigung von Optimierungsaufgaben in betrieblichen Gruppen? *Zeitschrift für Psychologie, 210* (4), 197–208.

Kauffeld, S., Grote, S. & Frieling, E. (2003). Das Kasseler-Kompetenz-Raster (KKR). In J. Erpenbeck & L. von Rosenstiel (Hrsg.), *Handbuch Kompetenzmessung. Erkennen, verstehen und bewerten von Kompetenzen in der betrieblichen, pädagogischen und psychologischen Praxis* (S. 261–282). Stuttgart: Schäffer-Poeschel.

Kauffeld, S., Jonas, E., Grote, S., Frey, D. & Frieling, E. (2004). Innovationsklima - Konstruktion und erste psychometrische Überprüfung eines Messinstrumentes. *Diagnostica, 50* (3), 153–164.

Kim, D. H. (1993). The Link between Individual and Organizational Learning. *Sloan Management Review, 35* (1), 37–50.

Kirsch, W. (1997). *Strategisches Management: die geplante Evolution von Unternehmen. Die geplante Evolution von Unternehmen* (Münchener Schriften zur angewandten Führungslehre, Bd. 88, völlig überarb. Neuaufl. wesentlicher Teile der Veröff. "Beiträge zur Management strategischer Programme" und "Unternehmenspolitik und strategische Unternehmensführung."). Herrsching: Kirsch.

Kirsch, W. (2001). *Die Führung von Unternehmen. Ausgewählte Studientexte* (Münchener Schriften zur angewandten Führungslehre, Bd. 100). Herrsching: Kirsch.

Kozica, A., Bonss, U. & Kaiser, S. (2014). Freelancers and the absorption of external knowledge: practical implications and theoretical contributions. *Knowledge Management Research & Practice, 12* (4), 421–431.

Kromrey, H. (1998). *Empirische Sozialforschung. Modelle und Methoden der Datenerhebung und Datenauswertung* (8. Aufl.). Opladen: Leske + Budrich.

Konlechner, S. W. & Güttel, W. H. (2009). Kontinuierlicher Wandel mit Ambidexterity. Vorhandenes Wissen nutzen und gleichzeitig neues entwickeln. *Zeitschrift Führung + Organisation, 78* (1), 45–53.

Krüger, W. (1994). Umsetzung neuer Organisationsstrategien: Das Implementierungsproblem. *Zeitschrift für betriebswirtschaftliche Forschung, 33,* 197–221.

Krüger, W. & Homp, C. (1997). *Kernkompetenz-Management.* Wiesbaden: Gabler.

Kupke, S. (2006). *Alliancing as a Dynamic Capability, Outlining a Research Field.* In: Proceedings of the EIASM Workshop on Coopetition, Milan.

Kupke, S. & Lattenann, C. (2008). Alliance Capability: Exploration of its Path Dependent Development. Special Issue on Co-opetition. *Management Research: The Journal of the Iberoamerican Academy of Management. 6 (3),* 165-177.

Kurzhals, Y. & Schaper, N. (2008). Was sind erfolgsrelevante Kompetenzen von Personalmanagern? Ergebnisse einer empirischen Studie zur Frage „Was sind erfolgsrelevante Kompetenzen von Personalmanagern?“ (7). Zugriff am 20.09.2012. Verfügbar unter http://www.dgfp.de/wissen/personalwissen-direkt/dokument/81802/herunterladen

Lackner, H., Güttel, W. H., Garaus, C., Konlechner, S. W. & Müller, B. (2011). *Different Ambidextrous Learning Architectures and the Role of HRM Systems* (DRUID Working Paper Nr. 11-10). Zugriff am 05.10.2012. Verfügbar unter http://druid8.sit.aau.dk/-acc_papers/mdrmhpp30rikerjyoy18ja2hmbtu.pdf

Lang-von Wins, T., Kaschube, J. & Rosenstiel, L. von. (2006). Führungskompetenz bei Unternehmensrestrukturierung. Einbindung und Beurteilung des Managements. In U. Hommel, T. C. Knecht & H. Wohlenberg (Hrsg.), *Handbuch Unternehmensrestrukturierung /-sanierung. Grundlagen - Instrumente - Strategien* (S. 253–276). Wiesbaden: Gabler.

Lawler III & Edward E. (1994). From Job-Based to Competency-Based Organizations. *Journal of Organizational Behavior, 15* (1), 3–15.

Lei, D., Hitt, M. A. & Bettis, R. (1996). Dynamic Core Competences Through Meta-Learning and Strategic Context. *Journal of Management, 22* (4), 549-569.

Leonard-Barton, D. (1992). Core Capabilities and Core Rigidities: A Paradox in Managing New Product Development. *Strategic Management Journal, 13,* 111–125.

Lepak, D. & Snell, S. (1999). The Human Resource Architecture: Towards a Theory of Human Capital Allocation Development. *Academy of Management Review, 24* (1), 31–48.

Levinthal, D. A. & March, J. G. (1993). The myopia of learning. *Strategic Management Journal, 14* (S2), 95–112.

Lubatkin, M. H., Simsek, Z., Ling, Y. & Veiga, J. F. (2006). Ambidexterity and Performance in Small-to Medium-Sized Firms: The Pivotal Role of Top Management Team Behavioral Integration. *Journal of Management, 32* (5), 646–672.

manager magazin (2009, 19. Mai). Daimler beteiligt sich an Tesla. *manager magazin online.* Zugriff am 28.06.2012. Verfügbar unter http://www.manager-magazin.de/unternehmen/artikel/0,2828,625763,00.html.

manager magazin (2012). BMW will mit Toyota Sportwagen bauen. *manager magazin online.* Zugriff am 29.06.2012. Verfügbar unter URL: http://www.manager-magazin.de/unternehmen/autoindustrie/0,2828,841732,00.html.

Mansfield, R. S. (1996). Building competency models: Approaches for HR professionals. *Human Resource Management, 35* (1), 7–18.

March, J. G. (1991). Exploration and Exploitation in Organizational Learning. *Organization Science, 2* (1), 71–87.

Marr, R. & Fliaster, A. (2003). *Jenseits der "Ich AG". Der neue psychologische Vertrag der Führungskräfte in deutschen Unternehmen.* Mering: Rainer Hampp Verlag.

Marr, R. (Hrsg.). (2002). *Kaderschmiede Bundeswehr? Vom Offizier zum Manager : Karriereperspektiven von Absolventen der Universitäten der Bundeswehr in Wirtschaft und Verwaltung* (2. Aufl.). Neubiberg: Edition GFW, Gesellschaft zur Förderung der Weiterbildung an der Universität der Bundeswehr München e.V.

Matiaske, R. & Keil-Slawik, R. (2003). Der Programmbereich "Lernen im Netz und mit Multimedia". In P. Q.-u. E. Arbeitsgemeinschaft Betriebliche Weiterbildungsforschung e.V. (Hrsg.), *Zwei Jahre "Lernkultur Kompetenzentwicklung" Inhalte – Ergebnisse – Perspektiven* (QUEM-Report, Bd. 79, S. 255–292). Berlin.

Mayring, P. (2010). *Qualitative Inhaltsanalyse. Grundlagen und Techniken* (11. Aufl.). Weinheim: Beltz.

McClelland, D. (1973). Testing for competence rather than 'intelligence'. *American Psychologist, 28,* 1–14.

Meuser, M. & Nagel, U. (1991). ExpertInneninterviews – vielfach erprobt, wenig bedacht: ein Beitrag zur qualitativen Methodendiskussion. In D. Garz & K. Kraimer (Hrsg.), *Qualitativ-empirische Sozialforschung. Konzepte, Methoden, Analysen* (S. 441–471). Opladen: Westdeutscher Verlag.

Meynhardt, T. (2007). Zur Verbindung zwischen unternehmerischer Kernkompetenz und individueller Kompetenz. In E. Barthel, J. Erpenbeck, J. Hasebrook, O. Zawacki-Richter & E. Barthel (Hrsg.), *Kompetenzkapital heute – Wege zum integrierten Kompetenzmanagement* (1. Aufl., S. 294–325). Frankfurt am Main: Frankfurt School Verl.

Milliken, F. J. (1987). Three Types of Perceived Uncertainty about the Environment: State, Effect, and Response Uncertainty. *Academy of Management Review, 12* (1), 133–143.

Miner, J. B., Smith, A. & Bracker, J. S. (1989). Role of Entrepreneural Task Motivation in the Growth of Technology Innovative Firms. *Journal of Applied Psychology, 74* (4), 554–560.

Mintzberg, H. (1973). *The Nature of Managerial Work*. New York: Harper & Row.

Mintzberg, H. (2010). *Managen*. Offenbach: Gabal Verlag.

Mintzberg, H. & Fischer, I. (1995). *Die strategische Planung. Aufstieg, Niedergang und Neubestimmung*. München [etc.], London: Hanser; Prentice-Hall Internat.

Mirabile, R. J. (1997). Everything you wanted to know about competency modeling. *Training & Develepement, 51 (8)* 73–77.

Morrison, R. F. & Hall, D. T. (2002). Career Adaptability. In D. T. Hall (Hrsg.), *Careers in and out of organizations*. Thousand Oaks, Calif: Sage.

Muck, P. M. (2007). Führung. Leadership. In H. Schuler & K. Sonntag (Hrsg.), *Handbuch der Arbeits- und Organisationspsychologie* (Handbuch der Psychologie, Bd. 6, S. 355–365). Göttingen: Hogrefe.

Nahapiet, J. &. G. S. (1998). Social capital, intellectual capital, and the organizational advantage. *Academy of Management Review, 23* (2), 242–266.

Nemanich, L. A. & Vera, D. (2009). Transformational leadership and ambidexterity in the context of an acquisition. Leadership and Organizational Learning. *The Leadership Quarterly, 20* (1), 19–33.

Nerdinger, F. W. (2007). Kundenorientiertes Verhalten. Customer Orientation. In H. Schuler & K. Sonntag (Hrsg.), *Handbuch der Arbeits- und Organisationspsychologie* (Handbuch der Psychologie, Bd. 6, S. 261–265). Göttingen: Hogrefe.

Nerdinger, F. W. (2009). Formen der Beurteilung. In L. von Rosenstiel, M. Domsch & E. Regnet (Hrsg.), *Führung von Mitarbeitern. Handbuch für erfolgreiches Personalmanagement* (6., überarb. Aufl., S. 192–203). Stuttgart: Schäffer-Poeschel.

Neuberger, O. (2002). *Führen und führen lassen. Ansätze, Ergebnisse und Kritik der Führungsforschung ; mit zahlreichen Tabellen und Übersichten* (6., völlig neu bearb. und erw.). Stuttgart: Lucius und Lucius.

Ng, K.-Y. & Earley, P. C. (2006). Culture + Intelligence. Old Constructs, New Frontiers. *Group & Organization Management, 31* (1), 4–19.

Nikolaou, I., Goura, A., Vakola, M. & Bourantas, D. (2007). Selecting Change Agents: Exploring Traits and Skills in a Simulated Environment. *Journal of Change Management, 7* (3–4), 291–313.

North, K. & Reinhardt, K. (2005). *Kompetenzmanagement in der Praxis. Mitarbeiterkompetenzen systematisch identifizieren, nutzen und entwickeln; mit vielen Fallbeispielen* (1. Aufl.). Wiesbaden: Gabler.

O'Reilly III, C. A. & Tushman, M. L. (2004). The Ambidextrous Organization. *Harvard Business Review, 82* (4), 74–81.

O'Reilly III, C. A. & Tushman, M. L. (2008). Ambidexterity as a dynamic capability: Resolving the innovator's dilemma. *Research on organizational behavior, 28,* 185–206.

O'Reilly, C. & Tushman, M. (2007). *Ambidexterity as a Dynamic Capability: Resolving the Innovator's Dilemma* (In: Stanford Graduate School of Business Research Paper No. 1963.). Zugriff am 20.09.2012. Verfügbar unter http://ssrn.com/abstract=978493.

Paschen, M. (2003). Kompetenzmodelle – konzeptioneller Hintergrund und praktische Empfehlungen. *Wirtschaftspsychologie* (2), 54–59.

Pätzold, G. & Lang, M. (2004). *Förderung des selbst gesteuerten Lernens in der beruflichen Erstausbildung* (Modellversuchsprogramm SKOLA.). Universität Dortmund.

Pescher, J. (2010). *Change Management. Taxonomie und Erfolgsauswirkungen* (Gabler research : Neue Perspektiven der marktorientierten Unternehmensführung, 1. Aufl.). Wiesbaden: Gabler.

Prahalad, C. K. & Hamel, G. (1990). The Core Competence of the Corporation. *Harvard Business Review, 68* (3), 79–91.

Raich, M. & Schober, P. (2006). Die Identifikation von intangiblen Kernkompetenzen in Organisationen. In C. Burmann, J. Freiling & M. Hülsmann (Hrsg.), *Neue Perspektive des Strategischen Kompetenzmanagements* (S. 437–457). Wiesbaden: Gabler.

Raisch, S. & Birkinshaw, J. (2008). Organizational Ambidexterity: Antecedents, Outcomes, and Moderators. *Journal of Management, 34* (3), 375–409.

Reichhuber, A. W. (2010). *Strategie und Struktur in der Automobilindustrie. Strategische und organisatorische Programme zur Handhabung automobilwirtschaftlicher Herausforderungen*. Wiesbaden: Gabler.

Reiß, M. (1997a). Aktuelle Konzepte des Wandels. In M. Reiß, L. von Rosenstiel & A. Lanz (Hrsg.), *Change Management. Programme, Projekte und Prozesse* (S. 31–90). Stuttgart: Schäffer-Poeschel.

Reiß, M. (1997b). Change Management als Herausforderung. In M. Reiß, L. von Rosenstiel & A. Lanz (Hrsg.), *Change management. Programme, Projekte und Prozesse* (S. 5–29). Stuttgart: Schäffer-Poeschel.

Renzl, B., Rost, M. & Kaschube, J. (2011). *Gestaltung des Wandels mit struktureller und kontextueller Ambidextrie am Beispiel eines Technologieführers in der Automobilzulieferbranche*. Paper presented at 7th SKM Symposium jointly with 9th International, 28-30 September 2011, Linz, Austria.

Renzl, B., Rost, M. & Kaschube, J. (2012). *Employees Coping with Ambidexterity – A Case Study of an Automotive Supplier.* Paper presented at Seventeenth International Working Seminar on Production Economics, 20-24. Februar 2012, Innsbruck, Austria. Zugriff am 10.06.2012. Verfügbar unter http://www.medifas.net/IGLS/Index.htm.

Renzl, B., Rost, M. & Kaschube, J. (2013a). Gestaltung des Wandels mit struktureller und kontextueller Ambidextrie am Beispiel eines Technologieführers in der Automobilzulieferbranche. Jahrbuch strategisches Kompetenzmanagement, 6, 77–100.

Renzl, B., Rost, M. & Kaschube, J. (2013b). Facilitating Ambidexterity with HR Practices. A Case Study of an Automotive Supplier. International Journal of Automotive Technology and Management, 9 (2), 229–255.

Reuther, U. & Weiß, R. (2003). Der Programmbereich "Lernen im Prozess der Arbeit". In P. Q.-u. E. Arbeitsgemeinschaft Betriebliche Weiterbildungsforschung e.V. (Hrsg.), *Zwei Jahre "Lernkultur Kompetenzentwicklung" Inhalte – Ergebnisse – Perspektiven* (QUEM-Report, Bd. 79, S. 91–138). Berlin.

Ritz, A. & Sinelli, P. (2010). Talent Management - Überblick und konzeptionelle Grundlagen. In A. Ritz & N. Thom (Hrsg.), *Talent Management. Talente identifizieren, Kompetenzen entwickeln, Leistungsträger erhalten* (1. Aufl., S. 3–23). Wiesbaden: Gabler.

Rohrschneider, U., Friedrichs, S. & Lorenz, M. (Hrsg.). (2010). *Erfolgsfaktor Potenzialanalyse. Aktuelles Praxiswissen zu Methoden und Umsetzung in der modernen Personalentwicklung* (1. Aufl.). Wiesbaden: Gabler.

Rose, P. M. (2006). Marktorientiertes Kernkompetenzmanagement. In C. Zerres & M. P. Zerres (Hrsg.), *Handbuch Marketing-Controlling* (3., überarb. Aufl., S. 57–74). Berlin: Springer.

Rosenstiel, L. von. (2009). Grundlagen der Führung. In L. von Rosenstiel, M. Domsch & E. Regnet (Hrsg.), *Führung von Mitarbeitern. Handbuch für erfolgreiches Personalmanagement* (6., überarb. Aufl., S. 3–27). Stuttgart: Schäffer-Poeschel.

Rosenstiel, L., Molt, W., Rüttinger, B. & Selg, H. (1995). *Organisationspsychologie* (8. Aufl.). Stuttgart [u.a.]: Kohlhammer.

Rost, M. (2005). *Nutzen und Probleme der Messung von Arbeitszufriedenheit, Betriebsklima und organizational Commitment bei Mitarbeiterbefragungen. Eine Fallstudie bei einem großen Familiengeführten Unternehmen aus der Automobilzulieferindustrie. Freie wissenschaftliche Arbeit zur Erlangung des Grades eines Diplom-Kaufmanns.* Unveröffentlichte Diplomarbeit, Ludwig-Maximilians-Universität München. München

Rost, M., Renzl, B. & Kaschube, J. (2014). „Organisationale Ambidextrie - Mit Kompetenzmodellen Mitarbeiter einbinden und Veränderung kommunizieren". In M. Stumpf & S. Wehmeier (Hrsg.), *Kommunikation in Change und Risk* (S. 33–55). Wiesbaden: Springer VS.

Rothenberg, S. & Ettlie, J. E. (2011). Strategies to Cope with Regulatory Uncertainty in the Auto Industry. *California Management Review, 54,* 126–144.

Rousseau, D. M. (1995). *Psychological Contract in Organizations.* Thousand Oaks: Sage Publications, Ltd.

Rousseau, D. M. & Wade-Benzoni, K. A. (1994). Linking Strategy and Human Resource Practices: How Employee und Customer Contracts Are Created. *Human Resource Management, 33* (3), 463–489.

Sackmann, S. A. (2004a). *Erfolgsfaktor Unternehmenskultur. Mit kulturbewusstem Management Unternehmensziele erreichen und Identifikation schaffen; 6 Best-practice-Beispiele* (1. Aufl.). Wiesbaden: Gabler.

Sackmann, S. A. (2004b). *Unternehmenskultur. Erkennen, Entwickeln, Verändern.* Neubiberg: Eigenverlag.

Sarges, W. (2000). Diagnose vom Managementpotential - Für eine sich immer schneller und unvorhersehbarer ändernde Wirtschaftswelt. In L. von Rosenstiel & T. Lang-von Wins (Hrsg.), *Perspektiven der Potentialbeurteilung* (S. 107–128). Göttingen: Verlag für Angewandte Psychologie.

Sarges, W. (2006). Competencies statt Anforderungen – nur alter Wein in neuen Schläuchen? In H.-C. Riekhof (Hrsg.), *Strategien der Personalentwicklung. Mit Praxisbeispielen von Bosch, Linde, Philips, Siemens, Volkswagen und Weka* (6. Aufl., S. 133–148). Wiesbaden: Gabler Verlag / Springer Fachmedien Wiesbaden GmbH, Wiesbaden.

Sarges, W. & Stracke, F. (2005). Das Lernpotential-Assessment-Center (LP-AC). Feedback schon während des Assessment Centers. In I. Jöns & W. Bungard (Hrsg.), *Feedbackinstrumente im Unternehmen – Grundlagen, Gestaltungshinweise, Erfahrungsberichte* (S. 63–70). Wiesbaden: Gabler.

Schaper, N. (2007). Lerntheorien. Theories of Learning. In H. Schuler & K. Sonntag (Hrsg.), *Handbuch der Arbeits- und Organisationspsychologie* (Handbuch der Psychologie, Bd. 6, S. 43–50). Göttingen: Hogrefe.

Schaper, N., Friebe, J., Wilmsmeier, A. & Hochholdinger, S. (2006). Ein Instrument zur Erfassung unternehmensbezogener Lernkulturen – das Lernkulturinventar (LKI). In Rapp P. Sedlmeier & G. Zunker-Rapp, R. Rapp & M. Wettler (Hrsg.), *Perspectives on cognition. A Festschrift for Manfred Wettler = Perspektiven der Kognitionsforschung* (S. 175–198). Lengerich [u.a.]: Pabst Science Publ.

Schein, E. H. (1995). *Unternehmenskultur. Ein Handbuch für Führungskräfte.* Frankfurt: Campus Verlag.

Schein, E. H. (2004). *Karriereanker. Die verborgenen Muster in Ihrer beruflichen Entwicklung* (9. Aufl.). Darmstadt [u.a.]: Beratungssozietät Lanzenberger, Looss, Stadelmann.

Schmidt, K.-H., Hollmann, S. & Sodenkamp, D. (1998). Psychometrische Eigenschaften und Validität einer deutschen Fassung des Commitment-Fragebogens von Allen und Meyer (1990). *Zeitschrift für Differentielle und Diagnostische Psychologie, 19* (2), 93–109.

Scholz, C. (2000). *Personalmanagement. Informationsorientierte und verhaltenstheoretische Grundlagen* (Vahlens Handbücher der Wirtschafts- und Sozialwissenschaften, 5., neubearbeitete und erw. Aufl.). München: Vahlen.

Scholz, C. (2007). Die ökonomische Bewertung des Wissens - Erfahrungen mit dem Einsatz der Saarbrücker Formel. In E. Barthel, J. Erpenbeck, J. Hasebrook, O. Zawacki-Richter & E. Barthel (Hrsg.), *Kompetenzkapital heute – Wege zum integrierten Kompetenzmanagement* (1. Aufl.). Frankfurt am Main: Frankfurt School Verl.

Scholz, C. & Stein, V. (2007). Humankapitalstrategien bei DAX30-Unternehmen. *Personalwirtschaft* (1), 30–32.

Scholz, C., Stein, V. & Bechtel, R. (2004). *Human Capital Management. Wege aus der Unverbindlichkeit.* München: Luchterhand.

Schreiber, M. & Rietiker, J. (2010). Laufbahngestaltung und Talent-Management. In B. Werkmann-Karcher (Hrsg.), *Angewandte Psychologie für das Human-Resource-Management. Konzepte und Instrumente für ein wirkungsvolles Personalmanagement; mit 35 Tabellen* (S. 295–320). Berlin, Heidelberg, New York: Springer.

Schreyögg, G. & Kliesch, M. (2003). Rahmenbedingungen für die Entwicklung Organisationaler Kompetenz. Organisationale Kompetenzen (Quem-Materialien Nr. 48). Zugriff am 05.10.2012. Verfügbar unter http://www.abwf.de/content/main/publik/materialien/materialien48.pdf

Schuler, H. (2000). Das Rätsel der Merkmals-Methoden-Effekte: Was ist "Potenzial" und wie lässt es sich messen? In L. von Rosenstiel & T. Lang-von Wins (Hrsg.), *Perspektiven der Potentialbeurteilung* (S. 54–71). Göttingen: Verlag für Angewandte Psychologie.

Schuler, H. (2007). Funktionen und Formen der Leistungsbeurteilung. In H. Schuler & K. Sonntag (Hrsg.), *Handbuch der Arbeits- und Organisationspsychologie* (Handbuch der Psychologie, Bd. 6, S. 542–554). Göttingen: Hogrefe.

Schuler, H. & Höft, S. (2006). Konstruktorientierte Verfahren der Personalauswahl. In H. Schuler (Hrsg.), *Lehrbuch der Personalpsychologie* (2. Aufl., S. 101–144). Göttingen [u.a.]: Hogrefe, Verl. für Psychologie; Hogrefe.

Seibert, K. W. (1999). Reflection-in-Action: Tools for Cultivating On-the-Job Learning Conditions. *Organizational Dynamics, 27* (3), 54–65.

Senge, P. M. (1996). *Die fünfte Disziplin. Kunst und Praxis der lernenden Organisation* (3. Aufl.). Stuttgart: Klett-Cotta.

Shippmann, J. S., Ash, R., Battista, M., Carr, L., Hesketh, B., Kehoe, J. et al. (2000). The Practice of Competency Modeling. *Personnel Psychology, 53,* 703–740.

Six, B. & Eckes, A. (1991). Der Zusammenhang von Arbeitszufriedenheit von Arbeitszufriedenheit und Arbeitsleistung - Resultate einer metaanalytischen Studie. In L. Fischer & I. Borg (Hrsg.), *Arbeitszufriedenheit. (*S. 21-45) Stuttgart: Verl. für Angewandte Psychologie.

Sonntag, K. & Schmidt-Rathjens, C. (2004). Kompetenzmodelle - Erfolgsfaktoren im HR-Management. *Personalführung, 37* (10), 18–26.

Sonntag, K. & Stegmaier, R. (2007). *Arbeitsorientiertes Lernen. Zur Psychologie der Integration von Lernen und Arbeit* (Kohlhammer Standards Psychologie, 1. Aufl.). Stuttgart: Kohlhammer.

Sonntag, K., Schaper, N. & Benz, D. (1999). Leitfaden zur qualitativen Personalplanung bei technisch-organisatorischen Innovationen (LPI). In H. Dunckel (Hrsg.), *Handbuch psychologischer Arbeitsanalyseverfahren* (Mensch, Technik, Organisation, Bd. 14, S. 285–317). Zürich: Vdf-Hochschulverl.

Spencer, L. M. & Spencer, S. M. (1993). *Competence at work – Models for superior performance*. New York: John Wiley & Sons.

Sprafke, N., Externbrink, K. & Wilkens, U. (2011). *Microfoundations of Dynamic Capabilities. Exploring the Impact of Individual Capabilities and the Role of Empowerment as Additional Condition.* Paper presented at 7th SKM Symposium jointly with 9th International, 28-30 September 2011, Linz, Austria.

Sprafke, N., Externbrink, K. & Wilkens, U. (2012). Exploring Micro-Foundations of Dynamic Capabilities: Insights from a Case Study in the Engineering Sector. *Research in Competence-Based Management, 6,* 117–152.

Stegmaier, R. & Sonntag, K. (2007). Kompetenzmanagement und Lernkultur zur Förderung der Nicht-Imitierbarkeit individueller und organisationaler Kompetenz. In E. Barthel, J. Erpenbeck, J. Hasebrook, O. Zawacki-Richter & E. Barthel (Hrsg.), *Kompetenzkapital heute – Wege zum integrierten Kompetenzmanagement.* (1. Aufl., S. 79–122). Frankfurt am Main: Frankfurt School Verl.

Teece, D. J. (2007). Explicating dynamic capabilities: the nature and microfoundations of (sustainable) enterprise performance. *Strategic Management Journal, 28* (13), 1319–1350.

Teece, D. P. G. & Shuen, A. (1997). Dynamic Capabilities and Strategic Management. *Strategic Management Journal, 18,* 509–533.

Tett, R. P. & Meyer, J. P. (1993). Job satisfaction, organizational commitment, turnover intention, and turnover: Path analyses bases on meta-analytic findings. *Personnel Psychology* (2), 259–293.

Tett, R. P., Guterman, H. A., Bleier, A. & Murphy, P. J. (2009). Development and Content Validation of a "Hyperdimensional" Taxonomy of Managerial Competence. *Human Performance, 13* (3), 205–251.

Thomas, M. & Schölmerich, F. (2011). Potenziale oder Kompetenzen? Diagnostik mit einem Potenzial-Assessment-Center. *ZFO - Zeitschrift Führung und Organisation 80 (01),* 36-41.

Thomsen, E.-H. (2001). *Management von Kernkompetenzen. Methodik zur Identifikation und Entwicklung von Kernkompetenzen für die erfolgreiche strategische Ausrichtung von Unternehmen* (Schriftenreihe Managementorientierte Betriebswirtschaft, Bd. 2). Sternenfels: Verlag Wissenschaft & Praxis.

Träger, M. (2006). Der Beitrag des strategischen Kompetenzmanagements zur Erklärung von Wettbewerbsvorteilen. In C. Burmann, J. Freiling & M. Hülsmann (Hrsg.), *Neue Perspektiven des Strategischen Kompetenz-Managements* (Gabler Edition Wissenschaft Strategisches Kompetenz-Management, 1. Aufl., S. 35–66). Wiesbaden: Deutscher Universitäts-Verlag.

Tramelan, S. I. von (2005). *Wirkungsvolles Change Management in Abhängigkeit von situativen Anforderungen. Organisationale Veränderungsprozesse im Spannungsfeld von betrieblichen Voraussetzungen und Umweltanforderungen unter Berücksichtigung der wirtschaftlichen, organisationsbezogenen und qualifikatorischen Erfolgskriterien.* Dissertation, Universität Potsdam. Zürich, Schweiz. Zugriff am 20.09.2012. Verfügbar unter http://opus.kobv.de/ubp/volltexte/2005/549/pdf/inversini.pdf

Unternehmensgrößenstruktur - Gabler Wirtschaftslexikon. (2013). Zugriff am 18.11.2013. Verfügbar unter http://wirtschaftslexikon.gabler.de/Definition/unternehmensgroessen-struktur.html

Uotila, J., Maula, M., Keil, T. & Zahra, S. A. (2009). Exploration, exploitation, and financial performance: analysis of S&P 500 corporations. *Strategic Management Journal, 30* (2), 221–231.

van Wart, M. & Kapucu, N. (2011). Crisis Management Competencies. *Public Management Review, 13* (4), 489–511.

Vera, D. & Crossan, M. (2004). Strategic Leadership and Organizational Learning. *Academy of Management Review, 29* (2), 222–240.

Wagner, D., Debo, S. & Bültel, N. (2005). Individuelle und organisationale Kompetenzen: Schritte zu einem integrierten Modell. *QUEM-report - Schriften zur beruflichen Weiterbildung* (94), 51–148.

Warnebold, K. (2011). *Das Steuerungs- und Beurteilungspotential des Mitarbeiterjahresgesprächs als Instrument des Talentmanagements, Diplomarbeit,* Universität der Bundeswehr München. Neubiberg.

Wenger, E. (1999). *Communities of practice* (1. Aufl.). Cambridge [u.a.]: Cambridge Univ. Press.

Wernerfelt, B. (1984). A Resource-based View of the Firm. *Strategic Management Journal, 5* (2), 171–180.

West, M. A. & Anderson, N. R. (1996). Innovation in top management teams. *Journal of Applied Psychology, 81* (6), 680–693.

Wikens, U. & Gröschke, D. (2007). Kompetenzbeziehungen im Wissenschaftssystem - Theoretische Überlegeungen und empirische Einblicke. In E. Barthel, J. Erpenbeck, J. Hasebrook, O. Zawacki-Richter & E. Barthel (Hrsg.), *Kompetenzkapital heute – Wege zum integrierten Kompetenzmanagement* (1. Aufl., S. 269–292). Frankfurt am Main: Frankfurt School Verl.

Wilkens, U., Keller, H. & Schmette, M. (2006). Wirkungsbeziehungen zwischen Ebenen individueller und kollektiver Kompetenz. Theoriebezüge und Modellbildung. *Managementforschung, 16,* 121–161.

Winter, S. G. (2003). Understanding Dynamic Capabilities. *Strategic Management Journal, 24,* 991–995.

Wollersheim, J. (2010). Exploration und Exploitation als zwei Seiten derselben Medaille: Eine systematische Zusammenführung bestehender Konzepte zur Förderung von Ambidextrie in Unternehmen. *Jahrbuch strategisches Kompetenzmanagement, 4,* 3–26.

Wren, J. & Dulewicz, V. (2005). Leader Competencies, Activities and Successful Change in Royal Air Force. *Journal of Change Management, 5* (3), 295–309.

Zahra, S. A. & George, G. (2002). Absorptive Capacity: A Review, Reconceptualization, and Extension. *Academy of Management Review, 27* (2), 185–203.

Zollo, M. & Winter, S. G. (2002). Deliberate Learning and the Evolution of Dynamic Capabilities. *Organization Science, 13* (3), 339–351.

Anhang

Anhangsverzeichnis

Abbildungsverzeichnis

Tabellenverzeichnis

1 Dokumentenanalyse: Verzeichnis[93]

D-1	Auszeichnung für die Holding	D-22	Genauigkeit: Getriebe
D-2	Gründung Joint Venture in Indien	D-23	Aktivität: Antriebsstrang
D-3	Wachstumskurs und Joint Venture in Indien	D-24	Faszination: Fahrwerk
D-4	Neue Organisationsstruktur	D-25	Motivation: Motor
D-5	Stahl-Innovationspreis	D-26	Unser Leitbild
D-6	Zukunft, Struktur und Organisation	D-27	Mit Blick in die Zukunft
D-7	Ideenmanagement	D-28	gelebtes Umweltbewusstsein
D-8	Individualität: Produktentwicklung	D-29	Leitbild Umweltschutz
D9	Massivumformung	D-30	Jahresgespräch für Angestellte
D-10	Heiße Möglichkeiten: Warmumformung	D-31	Immer das richtige Werkzeug zur Hand - Werkzeugbau
D-11	Kaltumformung	D-32	Unsere Kunden
D-12	Das Beste aus zwei Welten: Halbwarmumformung	D-33	Vom Motivations- zum Verbesserungsinstrument – Ideenmanagement
D-13	Verfahrenskombinationen Umformtechnik	D-34	Internationalisierung
D-14	Aluminium-Schmieden	D-35	Chronik der Unternehmensgruppe
D-15	Komponentenfertigung	D-36	Präsentation Kundentag
D-16	Abwälzfräsen	D-37	large scale projects (Gesprächsnotiz vom 04.10.2010)
D-17	Festigkeitsstrahlen	D-38	Fit für den Salto Globale
D-18	Finishen	D-39	Auszeichnungen des Unternehmens
D-19	Plasmanitrieren	D-40	Hauszeitung: aktuelle Informationen zum Unternehmen
D-20	Rundschleifen	D-41	Hauszeitung: Geburtstag eines Mitgliedes der Gründerfamilie
D-21	Vom Stief- zum Lieblingskind: Der Dieselmotor	D-42	Hauszeitung: Geburtstag eines Werksleiters

Tabelle A 1: Dokumentenanalyse: Verzeichnis

[93] **Hinweis:** Bei den folgenden Dokumenten (D) handelt es sich um Dokumente des Unternehmens sowie um Presseberichte über das Unternehmen. Da der Name des Unternehmens in dieser Arbeit nicht genannt werde darf, wird auf die Angabe der Quellen auch dann verzichtet, wenn die Dokumente öffentlich zugänglich sind und lediglich das Thema bzw. ein Kurztitel angegeben.

2 Durchführung der Datenerhebungen

2.1 Interview-, Fragebogen- und Workshopverzeichnisse

Workshops			
Nr.	Datum	Themen	Beteiligte Person
W-1	30.07.2010	Unternehmenssituation und Projektabstimmung	Personalabteilung
W-2	15.09.2010	Unternehmenssituation, Veränderungsprozess, strategische Projekte und Präsentation des eigenen Projektkonzeptes	Personalabteilung
W-3	08.12.2010	Analyse der Personalmanagementsysteme	Mitarbeiter der Personalentwicklung
W-4	18.02.2011	Rückmeldeworkshop zu den organisationalen Kompetenzen	Personalabteilung
W-5	05.07.2011	Workshop zur Gestaltung des Kompetenzmodells	Personalabteilung und interne Beratung
W-6	04.08.2011	Abstimmung der Kompetenzprofile für die Produktentwicklung und den technischen Vertrieb	Abteilungsleiter technischer Vertrieb, Produktentwicklung, Personalabteilung
W-7	14.05.2012	Durchführung der Schulung zum Kompetenzmanagement (Pilotversuch)	Führungskräfte Produktentwicklung und technischer Vertrieb, Personalabteilung

Tabelle A 2: Übersicht zu den Workshops im Projekt Kompetenzmanagement. Abkürzung: W = Workshop im Projekt Kompetenzmanagement

Interviews zu den organisationalen Kompetenzen		
Nr.	Bereich	Hierarchiestufe
O-1	Personalmanagement	Abteilungsleiter
O-2	interne Beratung	Abteilungsleiter
O-3	weltweiter Vertrieb	Abteilungsleiter
O-4	Produktentwicklung	Abteilungsleiter
O-5	technische Leitung	stellvertretender Geschäftsführer Tochterunternehmen
O-6	technische Leitung	Geschäftsführer Holding
O-7	kaufmännische Leitung	Geschäftsführung Holding

Tabelle A 3: Interviews im Rahmen der Befragung zu den organisationalen Kompetenzen. Abkürzung: O = Interview zu den organisationalen Kompetenzen

Delphi 1: Zurückgesendete Fragebögen			
Nr.	Bereich[94]		
DF-1	Produktion	DF-13	Forschung und Entwicklung
DF-2	Produktion	DF-14	Produktion
DF-3	Logistik	DF-15	Produktion
DF-4	Produktion	DF-16	Top Management (Tochterunternehmen)
DF-5	Produktion	DF-17	Werkzeugbau
DF-6	Instandhaltung	DF-18	Produktion
DF-7	Werkzeugbau	DF-19	Produktion
DF-8	technischer Vertrieb	DF-20	Produktion
DF-9	Produktion	DF-21	Top Management Holding
DF-10	IT	DF-22	Produktion
DF-11	Qualitätsmanagement	DF-23	Produktion
DF-12	Top Management	DF-24	Produktentwicklung

Tabelle A 4: Delphi-Fragebogenverzeichnis

Nr.	Bereich	Nr.	
D-1	Verwaltung/IT	D-19	Werkzeugbau/ Instandhaltung
D-2	Produktion	D-20	Produktion
D-3	Produktentwicklung	D-21	Produktentwicklung
D-4	Produktion (Umformung)	D-22	Produktion
D-5	Produktion (Warmumformen)	D-23	Top Management und Produktion (zwei Personen)
D-6	Instandhaltung / technisches Management	D-24	Werkzeugbau/ Instandhaltung
D-7	Werkzeugbau	D-25	Top Management: Mutterunternehmen
D-8	Logistik	D-26	Produktion
D-9	Top Management	D-27	Produktion
D-10	Verwaltung/IT	D-28	Produktion
D-11	Produktion	D-29	Produktion + Produktion (zwei Personen)
D-12	Produktentwicklung	D-30	Produktentwicklung
D-13	Produktion	D-31	Produktion
D-14	Qualitätsmanagement	D-32	Qualitätsmanagement
D-15	Produktion	D-33	Top Management
D-16	Produktion	D-34	Verwaltung
D-17	Technischer Vertrieb		
D-18	Technischer Vertrieb		

Tabelle A 5: Übersichtstabelle Interviews Delphi 2 Befragung. Abkürzungen: D= Interview im Rahmen der Delphi 2 Befragung[95]

[94] Angaben zu den Hierarchiestufen können beim Autor erfragt werden.

[95] Angaben zu den Hierarchiestufen der Interviewpartner können beim Autor erfragt werden.

2.2 *Erhebungsinstrumente*

2.2.1 Interviewleitfaden zu den organisationalen Kompetenzen

Martin Rost

Interviewleitfaden zu den organisationalen Kompetenzen

Vorstellung
• Zweck des Interviews • Ich möchte mit Ihnen vor allem über die Abläufe in der [Produktentwicklung, Produktion, Vertrieb, etc. / je nach Funktion des Interviewpartners] sprechen!
Bisherige Erfolge des Unternehmens
• Bitte erzählen Sie mir, wie die „Erfolge" des Unternehmens (d.h. Wachstum, Innovationen, etc.) entstanden sind!
Produkte, Prozesse und organisationale Kompetenzen

• Welche Produkte und Prozesse bestimmen die Wettbewerbsfähigkeit des Unternehmens heute und voraussichtlich in der Zukunft?
• In welchen **Bereichen der Wertschöpfungskette** liegen die Wettbewerbsvorteile des Unternehmens? Lassen Sie uns dazu auch die einzelnen Verfahren der [...] [Nennung der technischen Verfahren] betrachten! Wie sehen Sie das Unternehmen in diesen Bereichen jeweils im Vergleich zu den Wettbewerbern positioniert?
• Welche organisationalen Kompetenzen (Stärken) können daraus abgeleitet werden?
  o Warum sind diese Kompetenzen bzw. Stärken schwer imitierbar?
  o Bieten diese Kompetenzen Zugang zu verschiedenen Märkten?

Grundlagen für organisationale Kompetenzen

- Wie wird wettbewerbsrelevantes Wissen im Unternehmen gespeichert? (In welchen Strukturen, Prozessen, Wissensdatenbanken und von welchen Mitarbeitern?)
- Welche Mitarbeitergruppen haben eine besondere Bedeutung für die Entwicklung und den Erhalt der angesprochenen organisationalen Kompetenzen? Wodurch werden diese Mitarbeitergruppen zu einem schwer imitierbaren Wettbewerbsvorteil?
    - Betrachten wir diese Mitarbeitergruppen (die vom Interviewpartner genannten, z. B. Vertrieb, F&E,...) jeweils unter folgenden Kriterien?
        - Sind sie selten (d. h. kaum am Arbeitsmarkt zu bekommen)?
        - Können diese Mitarbeiter (z. B. aus der Produktentwicklung) mit ihren spezifischen Fähigkeiten und der Art, wie sie zusammmen arbeiten von Wettbewerber nur schwer / mit hohem Aufwand entwickelt werden?
        - Welche Beziehungen haben diese Mitarbeitergruppen jeweils intern und extern? Bitte beschreiben Sie die Art dieser Beziehungen.
        - (falls nicht genannt): Zu welchen Personen (bzw. Personengruppen) haben die mittleren Führungskräfte in dem von Ihnen verantworteten Bereich (z. B. Produktion, Produktentwicklung, Vertrieb) Kontakt?
        - Inwieweit verlieren Sie wertvolles Wissen, wenn ein Wettbewerber einen dieser angesprochenen besonders wertvollen Mitarbeiter abwirbt? Inwieweit wird dadurch die schwere Imitierbarkeit ihrer Prozesse und Produkte gefährdet?
- Welche Regeln prägen die Zusammenarbeit im Unternehmen?
- Wie laufen Entscheidungsprozesse und Konflikte im Unternehmen ab?
- Lassen Sie uns über das Thema Führung sprechen! Bitte beschreiben Sie den vorherrschenden Führungsstil im Unternehmen. Setzen Sie diesen nun bitte in Beziehung zu den Stärken des Unternehmens!

Veränderungen
• Wie passt sich das Unternehmen an Veränderungen der Umweltbedingungen an? Wodurch entsteht **Flexibilität**? Welchen **Beitrag kann die** [...] (je nach Interviewpartner z. B. Produktentwicklung, Produktion/Produktionssteuerung) zur Flexibilität des Unternehmens leisten? • Wie können bestehende organisationale Kompetenzen effizient eingesetzt und gleichzeitig neue Kompetenzen entwickelt werden? • Wie findet im Unternehmen Lernen auf individueller und organisationaler Ebene statt? Wie entsteht Innovation? Wie fördern Führungskräfte das Zustandekommen von Innovation im Unternehmen? • Welche Bedeutung haben die Instrumente des Ideenmanagements für Produkt- und Prozessentwicklung, für Innovation und für die Entwicklung neuer organisationaler Kompetenzen bzw. „Stärken“? • Welche Bedeutung hat „Experimentieren“ im Unternehmen? Gehen Sie dabei bitte sowohl auf Experimentieren im Sinne eines Ausprobierens bei der Anwendung von Technologien ein, als auch auf das Experimentieren in Bezug auf die organisatorischen Abläufen! Was bedeutet Experimentieren speziell in der Produktion? • Wie beurteilen Sie die Qualität des Wissensaustausches im Unternehmen? • Welche Bedeutung haben Kooperationen mit anderen Unternehmen und die Internationalisierung für die Entwicklungs- und Veränderungsprozesse des Unternehmens? • Inwiefern muss sich das Unternehmen evtl. verändern, um mehr Wissen von außen (Kooperationspartnern, Wettbewerbern) besser aufnehmen zu können? • Wie wird sich das Unternehmen durch die geplanten „large-scale projects“ verändern?
Gesprächsabschluss

2.2.2 Fragebogen Delphi 1 Befragung

Befragung zum Kompetenzmanagement

Sehr geehrte Damen und Herren,

im Rahmen meiner Doktorarbeit an der Ludwig-Maximilians-Universität München (Prof. Dr. Kaschube) konstruiere ich im **Auftrag der Personalabteilung** der [Name des Konzernmutterunternehmens] ein **Kompetenzmodell**. Mit Hilfe dieses Kompetenzmodells sollen alle Mitarbeiter zielorientiert auf die zukünftigen Herausforderungen vorbereitet werden.

In einem ersten Schritt wurden bereits die Stärken und Entwicklungsmöglichkeiten des Unternehmens analysiert. Darauf aufbauend sollen nun die Anforderungen an Mitarbeiter und Führungskräfte ermittelt werden. **Dafür sind Sie die Experten!** Aus den Ergebnissen werde ich ein Kompetenzmodell für Ihr Unternehmen entwickeln.

Zur Erhebung der Anforderungen an Mitarbeiter und Führungskräfte bitte ich um Ihre Teilnahme an dieser Befragung!

Es handelt sich um eine zweistufige Befragung, d.h. Sie werden in etwa einem Monat erneut befragt. Die zweite Befragung baut auf diese auf. Die Bearbeitung des Fragebogens wird ca. 45 Minuten in Anspruch nehmen.

Bitte füllen Sie diesen Fragebogen aus und schicken ihn per E-Mail bis **spätestens 11.04.2011** an mich zurück.

Hinweis: Bitte den Fragebogen zum Ausfüllen auf dem eigenen Rechner speichern.

Herzlichen Dank für Ihre Unterstützung!

Mit freundlichen Grüßen

Martin Rost

Martin Rost

Inhalt des Fragebogens

Der Fragebogen ist in zwei Teile unterteilt:

1. Erfolgskritische Kompetenzen

2. Fragen zu Arbeit, Kontakten und Führungssituationen

Vertraulichkeit der Angaben:

Die Fragebögen werden am Institut für Psychologie der Universität München ausgewertet und danach sofort vernichtet. Aufgrund der Auswertung und Ergebnispräsentation können von Mitarbeitern der [Name des Unternehmens] keine Rückschlüsse auf einzelne Personen gezogen werden. Das Unternehmen erhält ausschließlich die zusammengefassten Ergebnisse sowie das daraus abgeleitete Kompetenzmodell.

Sollten Sie weitere Fragen haben, wenden Sie sich bitten an:

Frau ..., Personalabteilung: Tel.: ....

Herr Martin Rost, Doktorand der Organisations- & Wirtschaftspsychologie, LMU München;

Tel: ...

Teil 1: Erfolgskritische Kompetenzen

Hinweise zum Ausfüllen:

Technisches Vorgehen: Der Fragebogen ist ein **geschütztes Word-Dokument. Speichern Sie dieses bitte nach dem Öffnen auf Ihrem Rechner** und füllen dann die dafür vorgesehenen Felder (Kästchen zum Anklicken und Schreibfelder) aus. Nachdem Sie das Dokument zurückgeschickt haben, können Sie es auf Ihrem Computer wieder löschen.

Bitte **wählen Sie zunächst** aus jedem der folgenden vier Kompetenzblöcke **die Kompetenzen** aus, die nach Ihrer Ansicht für die Bewältigung der täglichen Aufgaben, für die Zusammenarbeit, für die Mitarbeit in konzernweiten Projekten sowie für Führungssituationen besonders wichtig sind. **Beschreiben** Sie bitte anschließend in jedem Kompetenzblock für mindestens **eine Kompetenz** eine für die erfolgreiche Arbeit in Ihrem Bereich entscheidende **Situation**, die eine/ein Mitarbeiter(in) aufgrund der hohen **Ausprägung der ausgewählten Kompetenz besonders gut** oder aufgrund der geringen Ausprägung besonders **schlecht bewältigt** hat. Alternativ können Sie die Bedeutung der Kompetenzen auch **anhand von Beispielen beschreiben**.

Die von Ihnen beschriebenen Situationen bzw. Beispiele können sich auf Mitarbeiterinnen und Mitarbeiter **mit oder ohne Führungsverantwortung,** auf Kollegen oder auf Sie selbst beziehen! (Bitte keine Namen nennen. Sie können auch von sich selbst in der dritten Person sprechen. Selbstverständlich werden alle Hinweise auf einzelne Personen in der Auswertung gelöscht!).

Beispiel: Wenn Sie diese Kompetenzen auswählen wollen, klicken Sie bitte auf die Felder links. Unter **„Situation bzw. Beispiel“** erfolgt die Beschreibung.

Kompetenz	Beschreibung	Situation bzw. Beispiele zu den ausgewählten Kompetenzen (bitte Situation oder Beispiel für mindestens eine der angekreuzten Kompetenzen beschreiben)
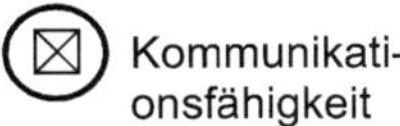 Kommunikationsfähigkeit	Fähigkeit, mit anderen zu kommunizieren	....

Im **fünften Fragenblock** werden Sie gebeten, die Bedeutung der „Kompetenzen zur selbstständigen Weiterentwicklung“ für Ihren Funktionsbereich zu bewerten.

1. Personale Kompetenz

Bitte wählen Sie **drei Kompetenzen** aus und kreuzen Sie diese an.

Beschreiben Sie anschließend bitte für mindestens **eine Kompetenz anhand einer Situation bzw. eines Beispiels**, inwiefern diese bei Mitarbeitern in Ihrem Bereich zu einem erfolgreichen Arbeiten insbesondere beiträgt (siehe Ausfüllhinweise auf der dritten Seite)!

Anmerkung: Die Darstellung **in Stichpunkten** ist ausreichend! Die Beschreibung aller ausgewählten Kompetenzen wäre für die Ergebnisauswertung zwar hilfreich und ist erwünscht, wir möchten Ihre Zeit jedoch nicht zu lange in Anspruch nehmen. Für die Situationsbeschreibung in diesem Fragenblock sollten deshalb in der Regel **höchstens 10 Minuten** aufgewendet werden.[96]

	Kompetenz	Beschreibung[97]	**Situation bzw. Beispiele zu den ausgewählten Kompetenzen** (bitte Situation oder Beispiel für mindestens eine der angekreuzten Kompetenzen beschreiben)[98]
☐	Loyalität	Fähigkeit, redlich zu handeln und sich mit dem Unternehmen zu identifizieren	
☐	Mitarbeiterförderung	Fähigkeit, andere (Mitarbeiter oder Kollegen) zu fördern bzw. zu unterstützen	
☐	Delegieren	Fähigkeit, Aufgaben sinnvoll zu verteilen (als Führungskraft oder in der Zusammenarbeit mit Kollegen)	
☐	Lernbereitschaft	Fähigkeit, gern und erfolgreich zu lernen	
☐	Zuverlässigkeit und Pflichterfüllung	Fähigkeit, zuverlässig zu handeln und seine Pflichten zu erfüllen	
☐	Offenheit für Veränderungen und Innovationsfreudigkeit	Fähigkeit, Veränderungen als Lernsituation zu verstehen, Neuerungen gerne anzugehen und neuartig zu handeln	

[96] Hinweis im Originalfragebogen als Einleitung zu jedem Kompetenzblock angeführt. Darauf wird im Folgenden verzichtet.

[97] Die Kompetenzbeschreibungen wurden wörtlich oder leicht modifiziert aus Heyse, 2010, S. 121-155 entnommen.

[98] Hinweis im Originalfragebogen als Einleitung zu jedem Kompetenzblock angeführt. Darauf wird im Folgenden verzichtet.

2. Handlungsorientierte Kompetenzen

Bitte wählen Sie **drei Kompetenzen** aus und kreuzen Sie diese an.

Beschreiben Sie anschließend bitte für mindestens **eine Kompetenz anhand einer Situation bzw. eines Beispiels**, inwiefern diese bei Mitarbeitern in Ihrem Bereich zu einem erfolgreichen Arbeiten insbesondere beiträgt (siehe Ausfüllhinweise auf der dritten Seite)!

	Kompetenz	**Beschreibung**	**Situation bzw. Beispiele zu den ausgewählten Kompetenzen**
☐	Gestaltungswille und Verantwortungsübernahme	Fähigkeit, etwas willensstark zu gestalten und Verantwortung zu übernehmen	
☐	Belastbarkeit und Einsatzbereitschaft	Fähigkeit, belastbar zu sein und mit vollem Einsatz zu handeln	
☐	Eigeninitiative und Impulsgeben	Fähigkeit Handlungen selbstständig aktiv zu beginnen und anderen Handlungsanstöße zu geben	
☐	Ergebnisorientiertes Handeln und zielorientiertes Führen	Fähigkeit, an Ergebnissen orientiert zu handeln und andere auf Ziele hin zu führen	
☐	Beharrlichkeit	Fähigkeit, beharrlich zu handeln	

3. Soziale Kompetenzen

Bitte wählen Sie **fünf Kompetenzen** aus und kreuzen Sie diese an.

Beschreiben Sie anschließend bitte für mindestens **eine Kompetenz anhand einer Situation bzw. eines Beispiels**, inwiefern diese bei Mitarbeitern in Ihrem Bereich zu einem erfolgreichen Arbeiten insbesondere beiträgt (siehe Ausfüllhinweise auf der dritten Seite)!

	Kompetenz	Beschreibung	Situation bzw. Beispiele zu den ausgewählten Kompetenzen
☐	Konfliktlösungsfähigkeit	Fähigkeit, auch in Konfliktsituationen erfolgreich zu arbeiten	
☐	Team- und Kooperationsfähigkeit	Fähigkeit, in und mit Teams erfolgreich zu arbeiten und mit weiteren Personen erfolgreich zusammen zu wirken	
☐	Kundenorientierung	Fähigkeit, sich auf andere (insbes. interne und externe Kunden) im Gespräch einzustellen sowie Wissen über ihre Situation und ihre Bedürfnisse zu erlangen	
☐	Problemlösungsfähigkeit	Fähigkeit, Problemlösungen erfolgreich zu gestalten	
☐	Risikobereitschaft, Experimentierfreudigkeit und Unkonventionalität	Fähigkeit, Risiken einzugehen, zu experimentieren und unkonventionell vorzugehen	
☐	Beratungsfähigkeit	Fähigkeit, Menschen, Gruppen/Teams und Organisationen zu beraten	
☐	Kommunikationsfähigkeit	Fähigkeit, mit anderen zu kommunizieren	
☐	Beziehungsmanagement	Fähigkeit, persönliche und arbeitsbezogene Beziehungen zu gestalten	
☐	Anpassungsfähigkeit	Fähigkeit, sich Menschen und Verhältnissen anzupassen	

4. Fach- und Methodenkompetenz

Bitte wählen Sie **drei Kompetenzen** aus und kreuzen Sie diese an.

Beschreiben Sie anschließend bitte für mindestens **eine Kompetenz anhand einer Situation bzw. eines Beispiels**, inwiefern diese bei Mitarbeitern in Ihrem Bereich zu einem erfolgreichen Arbeiten insbesondere beiträgt!

	Kompetenz	Beschreibung	Situation bzw. Beispiele zu den ausgewählten Kompetenzen
☐	Analytische Fähigkeiten	Fähigkeit, Sachverhalte und Probleme zu durchdringen	
☐	Konzeptionsstärke	Fähigkeit, sachlich gut begründete und kreative Handlungskonzepte zu entwickeln	
☐	Systematisch-methodisches Vorgehen	Fähigkeit, Handlungsziele systematisch-methodisch zu verfolgen	
☐	Projektmanagement und Organisationsfähigkeit	Fähigkeit, Aufgaben zu organisieren und Projekte erfolgreich durchzuführen	
☐	Fachwissen	Fähigkeit, unter Berücksichtigung neuester fachlicher Kenntnisse zu handeln	
☐	Planungsverhalten und strategische Orientierung	Fähigkeit, vorausschauend und mit Bezug zu den Unternehmenszielen planvoll zu handeln	

5. Kompetenzen zur selbstständige Weiterentwicklung

Beschreiben Sie bitte, inwiefern diese Kompetenzen für eine(n) Mitarbeiter(in) in Ihrem Bereich wichtig sind.

Hinweis: Falls Sie zusätzlich ein Beispiel beschreiben können, wie Mitarbeiter in Ihrem Bereich diese Kompetenzen einsetzen bzw. durch diese ihre Wissens- und Kompetenzbasis fortentwickeln, wäre dies hilfreich.

Wenden Sie bitte **maximal 10 Minuten** für diese Erläuterungen auf.

	Kompetenz	Beschreibung	Die genannten Kompetenzen sind wichtig, weil...
☐	Weiterentwicklung eigener Kompetenzen	Fähigkeit, die **eigenen Kompetenzen** und die Wissensbasis **selbstständig fort zu entwickeln** und kontinuierlich zu lernen.	
☐	Selbsteinschätzung	Fähigkeit, die eigenen **Kompetenzen einzuschätzen** und Wissens- und **Kompetenzlücken** sowie die Notwendigkeit für deren Schließung zu **erkennen**.	

Teil 2: Fragen zu Arbeit, Kontakten und Führungssituationen

Beantworten Sie bitte im Folgenden die Fragen zu Ihrer Arbeit, zu Kontakten und zu Führungssituationen.

(1) Arbeitssituation	
Fassen Sie bitte kurz die **zentralen Aufgaben** von Mitarbeitern in Ihrem Bereich **ohne Führungsverantwortung** zu drei Punkten zusammen. (Wenn Sie sehr unterschiedliche Gruppen von Mitarbeitern in Ihrem Bereich haben, beziehen Sie sich bitte gedanklich auf die größte.)	…
Beschreiben Sie bitte kurz ein **Problem** (z. B. in der Leistungserstellung oder der Zusammenarbeit) bei der Bewältigung einer dieser Aufgaben, das aufgetreten ist, weil ein Mitarbeiter bestimmte Kompetenzen nicht ausreichend besaß. (kurze Darstellung in Stichpunkten ist ausreichend)	…
Benötigt ein€ Mitarbeiter(in)ohne Führungsverantwortung in Ihrem Bereich Sprachkenntnisse in Englisch? Wenn ja, **nennen** Sie bitte ein bis drei Situationen.	…

(2) Wichtige Kontakte		
Zu welchen Personen innerhalb und außerhalb des Unternehmens (Kunden, Lieferanten, Kooperationspartner, etc.) haben **Mitarbeiter in ihrem Bereich** regelmäßig Kontakt?		**Häufigkeit:** (Wenn Sie mehrere Kontakte genannt haben, können Sie diese zusammenfassen.)
	Kontakte außerhalb des Unternehmens: (nennen) …	mehrmals pro Woche ☐ ca. einmal pro Woche ☐ ca. einmal pro Monat ☐ seltener ☐
	Kontakte zu anderen Unternehmensteilen innerhalb der [Name des Unternehmens/Unternehmensgruppe] (z. B. Funktionen der Kontaktpartner/Abteilungen nennen) …	mehrmals pro Woche ☐ ca. einmal pro Woche ☐ ca. einmal pro Monat ☐ seltener ☐
	Abteilungs-/bereichs-übergreifende Kontakte innerhalb des eigenen Werkes (z. B. innerhalb von […Namen der einzelnen Konzernunternehmen]) (Funktionen oder Abteilungen der Kontaktpartner nennen) …	mehrmals pro Woche ☐ ca. einmal pro Woche ☐ ca. einmal pro Monat ☐ seltener ☐
	Kontakte innerhalb der eigenen Abteilung, aber nicht mit den unmittelbaren Kollegen und den direkten Vorgesetzten (Funktionen der Personen nennen) …	mehrmals pro Woche ☐ ca. einmal pro Woche ☐ ca. einmal pro Monat ☐ seltener
Beschreiben Sie bitte kurz das Verhalten eines Mitarbeiters, der ein für Ihren Bereich nützliches „Beziehungsnetzwerk" knüpft. …………………………………………………………………………		

(3) Förderliches Führungsverhalten	
Beschreiben Sie bitte kurz, was für Sie gute und erfolgreiche Führung in Ihrem Bereich bedeutet.	…
Erläutern Sie bitte ein Beispiel für Verhalten einer Führungskraft in Ihrem Bereich, das zu Problemen geführt hat.	…

(4) Sonstiges – freie Kommentare

Weitere Anmerkungen zu den Themen Arbeit, Kontakte, Führung und Anforderungen an Mitarbeiter oder **sonstige Anmerkungen**. …

Ich arbeite bei […(Unternehmensname)]	☐ Holding ☐ Umformtechnik ☐ Komponenten ☐ Eisenach
Ich arbeite in Organisationseinheit/ Abteilung: (bitte Abkürzung eintragen)	…
Funktion (z. B. Meister, Abteilungsleiter, etc.)	☐ Abteilungsleiter ☐ Meister ☐ sonstige Funktionen: Bitte angeben…

Vielen Dank für Ihre Mitarbeit

2.2.3 Interviewleitfaden Delphi 2 Befragung

1. Einführung

Grüß Gott Herr „Mustermann"! Vielen Dank, dass Sie sich Zeit für dieses Interview über das Kompetenzmanagement im Unternehmen nehmen. Die Personalabteilung möchte mit mir zusammen ein Kompetenzmodell entwickeln, das die Veränderungsfähigkeit und damit die Wettbewerbsfähigkeit des Unternehmens in der Zukunft unterstützt.

- Zunächst eine organisatorische Frage: Darf ich dieses Gespräch bitte aufnehmen?
- Sie haben bereits einen Fragebogen zum Kompetenzmanagement erhalten. In diesem konnten Sie die wichtigsten Kompetenzen für die derzeitige Arbeit in Ihrem Bereich auswählen und anhand von Situationen beschreiben.
- Heute soll es nun darum gehen, die wichtigsten Kompetenzen von Mitarbeitern und Führungskräften aus Ihrem Bereich vor dem Hintergrund der Stärken und der Veränderungsfähigkeit der Organisation erneut auszuwählen.
- Um die Kompetenzen des Unternehmens [Name des Unternehmens] herauszuarbeiten, habe ich Interviews mit Mitgliedern der Geschäftsleitung und einigen Hauptabteilungsleitern geführt und die gewonnenen Erkenntnisse anhand einer Theorie aus dem strategischen Management bewertet.
- Die aus diesen Interviews abgeleiteten Stärken bzw. Kompetenzen ihres Unternehmens möchte ich Ihnen im Folgenden kurz vorstellen. Die zentralen Elemente dieser Kompetenzen werden in der Abbildung A 1 dargestellt.

2. Zuordnung der individuellen zu den organisationalen Kompetenzen

Ich habe Ihnen nun die **aktuellen Stärken des Unternehmens und seine Fähigkeiten zur Veränderung vorgestellt**, die [...] [Unternehmensname] von seinen Wettbewerbern unterscheiden.

<u>Wenn Sie diese nun betrachten</u>:

Welche der Ihnen hier vorliegenden individuellen Kompetenzen sind nach Ihrer Ansicht für **Führungskräfte und Mitarbeiter in Ihrem Bereich** besonders wichtig, um die dargestellten Stärken und die Veränderungsfähigkeit des Unternehmens zu unterstützen? Dies bedeutet, dass Führungskräfte und Mitarbeiter aufgrund dieser individuellen Kompetenzen an den **Prozessen teilnehmen oder diese sogar vorantreiben können**, die die Verfahrenskombination, den technologieorientierten Vertriebs- und Kundenserviceprozess und die dargestellte systematische Veränderungsfähigkeit des Unternehmens abbilden.

Zur Orientierung dienen Ihnen dabei die **Ergebnisse aus der ersten Runde der Delphi-Befragung**. Der Unterschied zur ersten Befragung ist allerdings, dass Sie bitte nicht mehr allgemein die Wichtigkeit der individuellen Kompetenzen für die Arbeit in ihrem Bereich beschreiben, sondern eine Beziehung zu den **Fähigkeiten des Unternehmens** herstellen sollen.

Bitte bringen Sie die Karten (siehe Abbildung A 2 und Abbildung A 3) mit den individuellen Kompetenzen in eine Reihenfolge und begründen Sie Ihre Entscheidung für die ersten drei Plätze möglichst anhand von Beispielen!

3. Metakompetenzen und Dynamic Capabilities

Eine besondere Bedeutung für die gerade besprochenen dynamischen Fähigkeiten des Unternehmens haben außerdem die sogenannten **Metakompetenzen** einer Person, also die „Fähigkeiten zur Weiterentwicklung und Selbsteinschätzung eigener Kompetenzen".

(Weitere Erläuterungen dazu finden Sie auf den Karten: Wichtig sind dabei vor allem die Definitionen. Unten auf den Karten stehen die auf der Grundlage der ersten Befragung zusammengestellten Gründe, warum diese Metakompetenzen für Führungskräfte und Mitarbeiter wichtig sind. Diese können Sie als Hilfe für Ihre eigene Begründung verwenden.)

- Bitte begründen Sie nun, warum diese Metakompetenzen insbesondere zur Förderung der dynamischen Fähigkeiten wichtig sind. Gehen Sie dabei bitte möglichst auf reale oder auch fiktive aber mögliche Beispiele aus dem Unternehmen ein!
- Bei welchen Entwicklungsschritten (Karriereschritte, Projekte, Fortbildungen) entwickeln Mitarbeiter nach Ihrer Ansicht Metakompetenzen (beziehungsweise haben sie selbst solche Kompetenzen entwickelt). Wie können die von Ihnen genannten Entwicklungsschritte durch das Unternehmen unterstützt werden?

4. Führung und Ambidextrie

Eine dynamische Fähigkeit ist es, gleichzeitig bestehende Stärken und bestehendes Wissen durch effiziente Prozesse zu nutzen und neue Stärken und neues Wissen aufzubauen.

Wie sollte Führung Ihrer Meinung nach aussehen, um diese dynamische Fähigkeit (Beidhändigkeit/engl.: ambidexterity) zu fördern? (die zentralen Merkmale für förderliches Führungsverhalten aus Delphi 1 vorlegen)

5. Eigenverantwortliches Handeln und Ambidextrie

Eine dynamische Fähigkeit ist es, gleichzeitig bestehende Stärken und bestehendes Wissen durch effiziente Prozesse zu nutzen und neue Stärken und neues Wissen aufzubauen.

- Folgende Kompetenzen bilden „eigenverantwortliches Handeln" ab. (Karte wird vorgelegt) Beschreiben Sie bitte, wie diese Mitarbeiterkompetenzen aus Ihrer Sicht die genannte „dynamische Fähigkeit" unterstützen.
- Inwiefern sehen Sie Gefahren des „eigenverantwortlichen Handelns" von Mitarbeitern für das Unternehmen?
- Durch welche Entwicklungsschritte (Karriereschritte, Projekte, Fortbildungen, etc.) können oder könnten Mitarbeiter diese Kompetenzen bei [...] [Name des Unternehmens] erwerben und wie könnte dies durch die Organisation gefördert werden?

6. Gesprächsabschluss

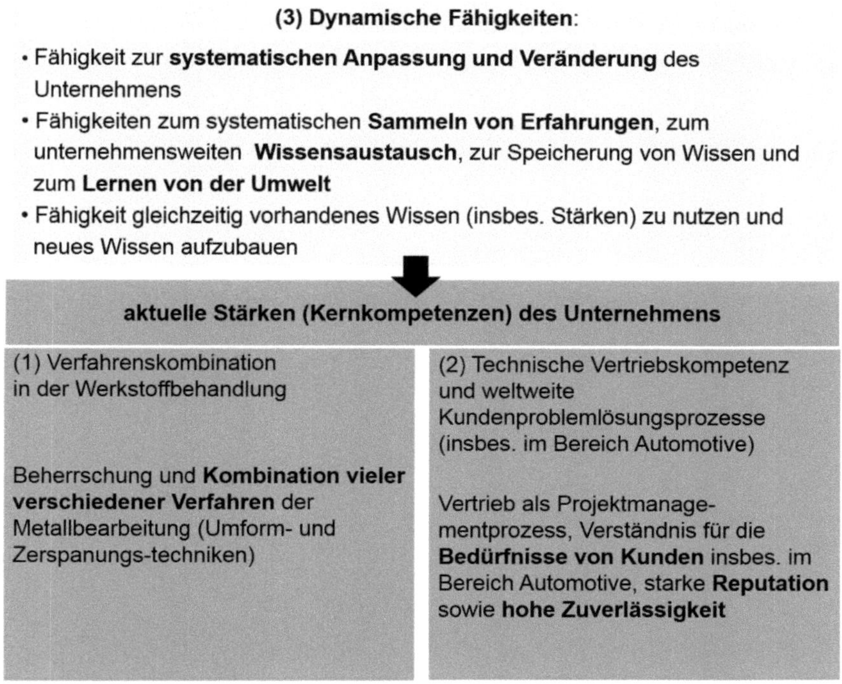

(3) Dynamische Fähigkeiten:

- Fähigkeit zur **systematischen Anpassung und Veränderung** des Unternehmens
- Fähigkeiten zum systematischen **Sammeln von Erfahrungen**, zum unternehmensweiten **Wissensaustausch**, zur Speicherung von Wissen und zum **Lernen von der Umwelt**
- Fähigkeit gleichzeitig vorhandenes Wissen (insbes. Stärken) zu nutzen und neues Wissen aufzubauen

aktuelle Stärken (Kernkompetenzen) des Unternehmens

(1) Verfahrenskombination in der Werkstoffbehandlung	(2) Technische Vertriebskompetenz und weltweite Kundenproblemlösungsprozesse (insbes. im Bereich Automotive)
Beherrschung und **Kombination vieler verschiedener Verfahren** der Metallbearbeitung (Umform- und Zerspanungs-techniken)	Vertrieb als Projektmanagementprozess, Verständnis für die **Bedürfnisse von Kunden** insbes. im Bereich Automotive, starke **Reputation** sowie **hohe Zuverlässigkeit**

Abbildung A 1: Darstellung der organisationale Kompetenzen in den Interviews

3 Ergebnisse: Delphi-Befragung

3.1 Ergebnisse Delphi 1 Befragung: Verhaltensbeschreibungen zu den Kompetenzen

An dieser Stelle werden Beispiele zu den Verhaltensbeschreibungen dargestellt, die auf der Grundlage der Delphi 1 Befragung herausgearbeitet wurden.[99]

Offenheit für Veränderung und Innovationsfreudigkeit
Definition: Fähigkeit, Veränderungen als Lernsituation zu verstehen, Neuerungen gerne anzugehen und neuartig zu handeln
Verhaltensweisen von kompetenten Personen • ist **offen für Neuerungen**, hinterfragt Altes und hat die Bereitschaft zum "Ausprobieren" • sieht **Veränderungen als laufenden Prozess** an • setzt **Veränderungen effizient um** • integriert und **motiviert andere** bei Veränderungen

Abbildung A 2: Ergebnisse Delphi 1: Verhaltensbeschreibung „Offenheit für Veränderung und Innovationsfreudigkeit“

Team- und Kooperationsfähigkeit
Definition: Fähigkeit, in und mit Teams erfolgreich zu arbeiten und mit weiteren Personen erfolgreich zusammen zu wirken
Verhaltensweisen von kompetenten Personen • verhält sich unabhängig vom Status anderer **respektvoll** • kann auf unterschiedliche Personen eingehen und hat **Verständnis für andere** • bewältigt Aufgaben **werks- und abteilungsübergreifend** und stimmt sich dabei sinnvoll ab • übernimmt Verantwortung in einem **Team** und treibt es zu guter Leistung an • respektiert formelle und informelle **Regeln** • setzt **Instrumente zur Teamführung** sinnvoll ein

Abbildung A 3: Ergebnisse Delphi 1: Verhaltensbeschreibung „Team- und Kooperationsfähigkeit“

[99] Einige der unternehmensspezifisch entwickelten Kompetenzbeschreibungen wurden um Verhaltensanker aus dem Kompetenzatlas (Heyse & Erpenbeck, 2004; Heyse, 2010) ergänzt.

3.2 Das Kompetenzmodell als Ergebnis der Delphi 2 Befragung: Verhaltensbeschreibungen zu den Kompetenzen (Beispiele)

Offenheit für Veränderung und Innovationsfreudigkeit
Definition: Fähigkeit, Veränderungen als Lernsituation zu verstehen, Neuerungen gerne anzugehen und neuartig zu handeln
Verhaltensweisen von kompetenten Personen • ist in hohem Maße **offen für Neuerungen und Innovationen (technische- und organisatorische-)** und kann sich darauf sehr gut einstellen • **trägt Veränderungen loyal mit und treibt** sie konstruktiv mit voran • kann andere bei te**chnologischen oder organisatorischen** Veränderungen überzeugen, begleiten und spricht Probleme dabei offen an • setzt **Veränderungen** in Bezug auf den eigenen Arbeitsbereich, die Abteilung oder das Gesamtunternehmen sehr gut um • bringt häufig **neue Ideen** ein oder erkennt sie als Führungskraft und stellt auch komplexe Zusammenhänge zu den zukünftigen Herausforderungen des Marktes her

Abbildung A 4: Verhaltensbeschreibung „Offenheit für Veränderung und Innovationsfreudigkeit"

Planungsverhalten und strategische Orientierung
Definition: Fähigkeit, vorausschauend und mit Bezug zu den Unternehmenszielen planvoll zu handeln
Verhaltensweisen von kompetenten Personen • **plant** für sich und seine Kollegen/Mitarbeiter die Arbeit so, dass sie **effizient erledigt** werden kann und Termine eingehalten werden • plant sehr **vorausschauend** und behält **Ziele (auch langfristig)** bei Einzelaufgaben im Auge • berücksichtigt bei seiner Planung die **Bedürfnisse anderer Bereiche** oder Abteilungen • richtet einzelne Pläne (für Person, Abteilung, Bereich, etc.) an den **Interessen der Unternehmensgruppe** aus • berücksichtig bei der Planung **bestehende Stärken** des eigenen Bereiches und des Unternehmens und integriert **neues Wissen**

Abbildung A 5: Verhaltensbeschreibung „Planungsverhalten und strategische Orientierung"

4 Verzeichnis der Konferenz- und Zeitschriftenbeiträge

Konferenz- und Zeitschriftenbeiträge begleitend zur Dissertation von Martin Rost:

1. Renzl, B., Rost, M. & Kaschube, J. (2011). Gestaltung des Wandels mit struktureller und kontextueller Ambidextrie am Beispiel eines Technologieführers in der Automobilzulieferbranche. Paper presented at 7th SKM Symposium jointly with 9th International Conference on Competence-based Management, 28-30. September 2011, Linz, Austria.

2. Renzl, B., Rost, M. & Kaschube, J. (2012a). *Employees Coping with Ambidexterity – A Case Study of an Automotive Supplier.* Paper presented at Seventeenth International Working Seminar on Production Economics, 20-24. Februar 2012, Innsbruck, Austria.

3. Renzl, B., Rost, M. und Kaschube, J. (2012b). *Mit Ambidextrie Veränderungsprozesse bewältigen – Personalentwicklungsmaßnahmen bei einem Technologieführer in der Automobilzulieferbranche.* Vortrag auf dem 12. Interdisziplinäres Symposium der Forschungskooperation Europäische Kulturen in der Wirtschaftskommunikation – European cultures in business and corporate communication (EUKO), Salzburg, Österreich, 4.-6. Oktober 2012.

4. Renzl, B., Rost, M. & Kaschube, J. (2013a). Gestaltung des Wandels mit struktureller und kontextueller Ambidextrie am Beispiel eines Technologieführers in der Automobilzulieferbranche. Jahrbuch strategisches Kompetenzmanagement, 6, 77–100.

5. Renzl, B., Rost, M. & Kaschube, J. (2013b). Facilitating Ambidexterity with HR Practices. A Case Study of an Automotive Supplier. International Journal of Automotive Technology and Management, 9 (2), 229–255.

6. Rost, M., Renzl, B. & Kaschube, J. (2014). „Organisationale Ambidextrie - Mit Kompetenzmodellen Mitarbeiter einbinden und Veränderung kommunizieren". In M. Stumpf & S. Wehmeier (Hrsg.), *Kommunikation in Change und Risk* (S. 33–55). Wiesbaden: Springer VS.

SCHRIFTEN DES INSTITUTS FÜR ENTWICKLUNG ZUKUNFTSFÄHIGER ORGANISATIONEN

Herausgegeben von Prof. Sonja A. Sackmann, Ph. D., Prof. Dr. Stephan Kaiser, Prof. Dr. Hans A. Wüthrich und Prof. Dr. Axel Schaffer, Universität der Bundeswehr München

Band 1
Katharina Schuster
Akzeptanz organisationaler Veränderungen – Eine experimentelle Studie zur Implementierung und Wirkung variabler Vergütung
Lohmar – Köln 2013 • 384 S. • € 65,- (D) • ISBN 978-3-8441-0227-7

Band 2
Nicola B. Klaus
Kreativität bei virtueller Zusammenarbeit – Eine experimentelle Analyse des Einflusses von Virtualität, Vertrautheit und Vergütung auf die kreative Leistung von Individuen in Team-Settings
Lohmar – Köln 2013 • 276 S. • € 58,- (D) • ISBN 978-3-8441-0261-1

Band 3
Manuela Maria Bräuer
Führung im Kontext von lebenskritischen Situationen und Hochleistung – Eine empirische Analyse anhand ausgewählter Einsatzeinheiten von Bundeswehr und Technischem Hilfswerk
Lohmar – Köln 2014 • 432 S. • € 68,- (D) • ISBN 978-3-8441-0362-5

Band 4
Martin Rost
Kompetenzmanagement und Dynamic Capabilities – Eine empirische Fallstudie bei einem Unternehmen aus der Automobilzulieferindustrie
Lohmar – Köln 2014 • 344 S. • € 63,- (D) • ISBN 978-3-8441-0381-6